化学工程与技术研究生教学丛书

高等化工传递原理

王　涛　编

科　学　出　版　社

北　京

内 容 简 介

本书系统介绍传递过程特别是质量传递的基本理论和方法。第 1 章绪论主要介绍传递现象和传递过程原理的作用、范畴和任务。第 2 章主要介绍传递过程原理的基本概念，以及描述传递推动力与通量之间关系的本构方程。第 3 章讨论分子传递的机理。第 4 章讨论传递过程的守恒方程。第 5 章讨论各类传质实例的理论解析。第 6 章讨论伴化学反应的传质过程。第 7 章讨论多种推动力下多组分体系传质的本构方程。第 8 章讨论电场和离心力场作用下的传质。第 9 章讨论多孔介质孔道内的传质。第 10 章讨论质量和热量同时传递。第 11 章讨论湍流体系传递过程。为了便于读者查阅所涉及的数学知识，附录介绍了矢量和张量运算、矩阵分析。

本书可作为高等学校化学工程及相关专业研究生的传递过程原理教材，也可供相关专业的科技工作者参考。

图书在版编目（CIP）数据

高等化工传递原理 / 王涛编. —北京：科学出版社，2020.8

(化学工程与技术研究生教学丛书)

ISBN 978-7-03-065861-6

Ⅰ. ①高… Ⅱ. ①王… Ⅲ. ①化工过程-传递-研究生-教材 Ⅳ. ①TQ021

中国版本图书馆 CIP 数据核字（2020）第 153315 号

责任编辑：陈雅娴 付林林 / 责任校对：何艳萍

责任印制：张 伟 / 封面设计：无极书装

科学出版社 出版

北京东黄城根北街 16 号

邮政编码：100717

http://www.sciencep.com

北京中石油彩色印刷有限责任公司 印刷

科学出版社发行 各地新华书店经销

*

2020 年 8 月第 一 版 开本：787 × 1092 1/16

2021 年 12 月第三次印刷 印张：17 1/2

字数：415 000

定价：99.00 元

（如有印装质量问题，我社负责调换）

前　言

传递过程原理是化学工程的基础理论，也是化学工程作为一门独立工程学科的基础。通常所说的化学工程的“三传一反”中的“三传”就是传递过程所包括的动量传递、热量传递和质量传递。传递过程和反应动力学一起决定了物质和能量转化过程得以实现的速率。流程工业中，物质和能量转化过程的规模相关性，即小规模(实验室或中试装置)过程行为与大规模(生产装置)过程行为的差异性，也就是放大效应，就是由传递过程所决定的。因此，传递过程原理是化学工程学科的各级学位获得者必须掌握的知识，是化学工程专业研究生的必修课程。

20 世纪 80 年代中，我从清华大学化工系本科毕业，随即作为研究生继续在清华大学化工系学习。由于在本科阶段学过“传递过程原理”课程，在学习研究生课程“化工传递过程原理”时，对比而言，无论是课堂学习还是查阅参考书，我都感到有三方面的困惑：一是，研究生的传递过程原理课程与本科课程的区别度不明显，内容的深度和广度都需要提高；二是，无论本科课程还是研究生课程，都是将“三传”各自独立讨论，按动量传递、热量传递和质量传递的次序放在一起，没有体会到传递机理和模型方面在理论上的统一性；三是，课程内容方面都是过于偏重微分方程的解析解，在基本概念、分子尺度的机理、与实际应用的联系等方面都有欠缺。从教与学两方面来看，没有一本合适的教材是主要的原因。

2001 年开始，我和朱慎林教授一起承担清华大学化工系研究生课程“化工传递过程原理”的教学任务，努力在课程内容和教学方式上进行探索，力图避免“炒本科课程的冷饭”，让学生不再有前述的三方面困惑，而是学后确实有所收获。从 2005 年开始，我独立承担该课的教学任务，通过参照世界一流大学的研究生传递过程课程的设置和教学内容，参考国外传递过程原理的主要教材和传递现象的相关文献，在充分考虑学生的基础和本科教学特点的前提下，确定了课程的大纲和内容，自编了讲义。与世界一流大学相同专业同类课程相比，我们在课程的内涵上减少了数学解法内容，而是更注重基本概念、基本方法和基本方程的运用，也更注重传递过程尤其传质过程新理论的介绍，在实例选取上注重化学工程所涉及的新领域。

本书讲义已在清华大学十多年的研究生课程教学实践中使用，得到学生的认可并取得了较好的教学效果。“化工传递过程原理”研究生课程在 2013 年被评为清华大学精品课，2019 年复审通过再度获得这一称号。多年来，我的同事们一直鼓励我将本书讲义作为教材出版，而我一直惶恐，觉得需要完善再完善。直至今年年初结束了第十五次修改和使用后，我才觉得其完善程度已可以承受全国同行的评判指正。因此，在清华大学的支持下，接受科学出版社的邀请，将其付梓出版。

衷心感谢所有为本书的完成和出版提供帮助的朋友们。尤其感谢清华大学化工系朱慎林教授，是他引导我进入化工传递过程原理研究生课程的教学工作，最终成为课程负责人。特别感谢化学工程联合国家重点实验室的同事们，和他们之间的讨论给了我很大的启发和帮助。还要感谢清华大学化工系传递过程原理研究生课程的历任助教和历年选课的研究生，正是他们的参与和付出使得本书内容不断完善、错误不断修正。感谢清华大学及其化工系所给予的大力支持，也感谢本书编辑的辛勤付出。

尽管本书的内容已作为讲义经过了反复修改和十多年的使用，但由于编者的水平和精力所限，书中不妥之处在所难免。真诚希望全国从事传递过程原理教学和科研的同行给予批评指正，也希望有更多更好的传递过程原理研究生教材出现。

王　涛

2020 年 4 月于清华园

目录

第1章 绪　论

1.1 化学工程与传递现象

在四大类工程学科土木工程、机械工程、电气和电子工程、化学工程中，化学工程是唯一涉及分子之间相互作用的工程学科。化学工程所涉及的应用领域十分广泛，包含了人类生产和生活的各个领域，如化工、医药、环境、能源、材料、电子和食品等。

在工业领域中，化学工程的对象是所谓的“流程工业”，也就是利用分子或(和)离子之间的相互作用，改变物质的物理性质或化学性质，产生高价值的物质或能量的工业规模过程。这类过程本质上都是物质转化和能量转化的过程。因此，化学工程是关于物质及能量工业规模转化的工程学科，其任务是创建物质和能量转化技术，以及改进已有的物质和能量转化技术。换言之，化学工程是创建、设计、强化和优化物质和能量转化大规模过程的方法论。化学工程的研究尺度很宽广，包括宏观尺度的化工园区、工厂和设备整体的研究，设备内部的微元直至介微观尺度的传递现象，也涉及分子尺度的化学作用和物理作用。

化学工程的内容经历了以下几个发展阶段：19 世纪末至 20 世纪初，以三酸(盐酸、硫酸和硝酸)两碱(烧碱和纯碱)一氨(合成氨)为代表的各种化学品的生产工艺；针对各种化学品生产工艺的具有共性的操作步骤，在 20 世纪 30 年代和 40 年代发展起来的统一的单元操作；描述各种单元操作中共同存在的微米尺度下的能量和质量在空间净迁移现象，即传递现象，而在 20 世纪 60 年代发展起来的传递过程原理，其标志就是 Bird、Stewart 和 Lightfoot 三人共同撰写的奠基性教科书[1]；同一时期发展起来的多个不同单元操作之间以及不同产品生产线之间优化配置的过程系统工程；进入 21 世纪以来，化学工程进入了应用领域日益宽广、研究尺度更加微小的介观尺度阶段，而且更加关注不同尺度之间的联系，即所谓介观现象和多尺度方法。

除了工程学科所共有的自然科学基础以外，化学工程专有的基本科学理论有：化工热力学(物性、相平衡和化学平衡)、传递过程原理(动量传递、热量传递和质量传递)和化学反应动力学(反应本征动力学)。传递过程原理的作用和地位十分重要，因为物质转化和能量转化的过程伴随着质量、热量和动量传递。化工热力学决定物质和能量转化过程发生的可能性，而化工动力学(传递现象和反应动力学)决定物质和能量转化过程得以实现的速率。物质和能量转化过程的规模相关性，即小规模(实验室或中试装置)过程行为与大规模(生产装置)过程行为的差异性，也就是放大效应，就是由传递现象所决定的。毫不夸张地说,传递过程原理是化学工程得以产生并发展成为一个重要学科的科学基础。没有传递现象，就不会有化学工程这一学科。

从热力学观点看，任何一个物质体系的状态可以分为平衡状态和非平衡状态两种。平衡状态下，体系处于能量极小值态，体系中强度物理量(浓度、温度等)的时空分布均匀。若平衡状态体系受到干扰，就处于非平衡状态，产生强度物理量的时空不均匀性。强度物理量分布的时空不均匀性在数学上可以用梯度描述。根据热力学规律，如果外界干扰消失，在没有外界能量和物质输入输出的封闭体系中，非平衡状态要归于另一平衡状态，梯度要自发地随时间而消亡，这一过程中有能量和质量在空间的迁移，直至重新达到能量极小值状态。如果要将体系维持在一个非平衡状态，就需要体系与外界有质量和能量的交换，这必然存在能量和质量在空间的迁移。

传递现象就是能量(动量和热量等)和质量在空间的净迁移。这里的空间尺度是微米量级。传递过程原理就是关于传递现象的理论，即从物理和数学上描述由粒子(分子、离子、原子)构成的物质体系从一个状态(平衡或非平衡)到另一个状态(平衡或非平衡)的过程中或者维持一个非平衡的过程中，能量和质量在空间净迁移的动力学。

作为工程学科，对传递现象的讨论主要针对由工程师所设计、建造和操作的人工系统。作为化学工程师，尤其关注通过物质和能量转化生产新物质的工业过程所涉及的传递现象。然而，传递现象所涉及的范围包括各个方面的物理和化学变化，它也是宇宙发展和地球生命存在的基本原理之一。地球自然环境的变化受到传递过程的支配。传递现象也是生命现象和过程的基本原理之一。在自然界以及人类的进化和生活中，传递现象无处不在，并起着关键性的作用。传递现象是自然界中的普遍现象。无论你的专业是什么，传递过程原理都是你所从事领域的基本原理之一。

1.2 传递过程原理的任务

从物理和数学角度对传递现象进行描述，需要完成以下任务：

(1) 理解质量和能量传递的机理。

(2) 明确传递推动力及其数学表述。

(3) 建立传递推动力和传递通量之间的关系，即本构方程。

(4) 明确系统内物理量的传递通量、累积速率和生成速率之间的关系，即守恒方程。

(5) 明确系统与外界之间的联系，即界面守恒方程。

(6) 求解由本构方程、守恒方程、边界条件和初始条件构成的传递数学模型，确定单位体积物理量(场变量)的时空分布。

(7) 确定传递通量的时空分布。

图 1.1 是对一个由传递现象所决定的问题进行模型化的总体框架。

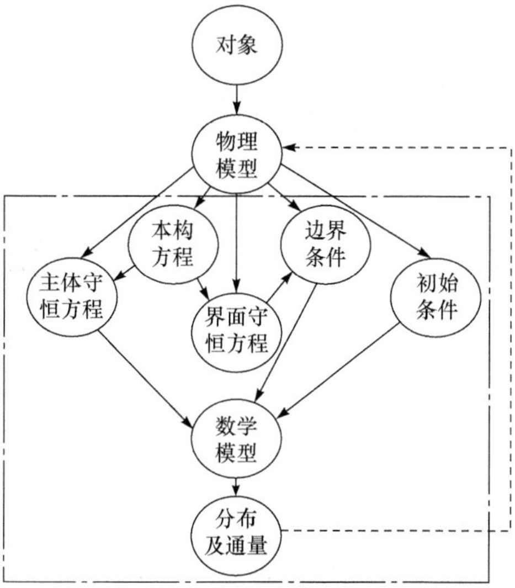

图 1.1　传递过程模型化的框架图

1.3　本书的内容

本书的重点是质量传递，因为质量传递是化学工程与其他学科相区分的基础。在系统介绍传递现象基本概念、传递机理和传递基本方程的基础上，侧重多推动力作用下多组分体系和多孔介质中的传质现象和理论，关注化学反应、传质耦合过程以及热量传递和质量传递耦合过程的有关概念、理论和数学模型。

参 考 文 献

[1] Bird R B, Stewart W E, Lightfoot E N. Transport Phenomena. New York: John Wiley & Sons, 1960.

第2章

传递通量和本构方程

2.1 基本概念

本章首先阐明以下重要概念。

传递现象：能量和质量在空间发生的净迁移，包括主体运动引起的对流传递，以及由分子微观运动(在微小尺度上的位移等)所引起的分子传递。

传递速度：能量和质量在空间发生净迁移的速度。传递速度不是由个别分子的运动所决定的，而是由集合体内所有分子运动的综合结果所决定的。它是矢量，其大小和方向与参考态有关。

传递通量：单位时间内通过单位截面积的能量或质量的净迁移量。它表征传递过程的速率，具有方向性，其大小与参考态有关。相对于特定固定坐标的传递通量包括两部分：对应于对流传递的对流通量和对应于分子传递的扩散通量。

分子传递的推动力：体系中所有强度变量的空间不均匀性，即梯度。主要推动力对应主要梯度，次要推动力对应次要梯度。

本构方程：传递通量与其推动力之间的关系，与传递量和体系相关，也与传递的机理相关。有经验性的本构方程，也有由机理模型推导出的本构方程，更多的是半经验性的本构方程。

传递性质：本构方程所含的特征参数，与分子传递机理相关，由本构方程的形式所决定。

质量传递：物质在空间的净迁移。它关注的是组分浓度的时空分布、扩散传质推动力和传质通量。

2.2 浓度和相关参数

在描述传质过程时，要用到表示体系组成的参数，包括摩尔浓度、摩尔分数、质量浓度和质量分数等，以及一些与组成密切相关的量。表 2.1 给出了混合物体系的浓度和相关参数。表示体系组成通常用各组分的摩尔分数或质量分数，表 2.2 给出了这两个量之间的转换关系。

表 2.1　混合物体系的浓度和相关参数

参数	定义及表达式
C_i /(kmol/m^3)	组分 i 的摩尔浓度；$C_i = \rho_i / M_i$
C_t /(kmol/m^3)	混合物的总摩尔浓度；$C_t = \sum_{i=1}^{n} C_i$
x_i	组分 i 的摩尔分数；$x_i = C_i / C_t$
ρ_i /(kg/m^3)	组分 i 的质量浓度；$\rho_i = C_i M_i$
ρ_t /(kg/m^3)	混合物的总质量浓度；$\rho_t = \sum_{i=1}^{n} \rho_i$
ω_i	组分 i 的质量分数；$\omega_i = \rho_i / \rho_t$
M_i /(kg/kmol)	组分 i 的摩尔质量
M /(kg/kmol)	混合物的平均摩尔质量；$M = \rho_t / C_t$
$\bar{V}_i$ /(m^3/kmol)	组分 i 的偏摩尔体积；$\sum_{i=1}^{n} x_i \bar{V}_i = \tilde{V}$
$\tilde{V}$ /(m^3/kmol)	混合物的摩尔体积；$\tilde{V} = 1 / C_t$
ϕ_i	组分 i 的体积分数；$\phi_i = C_i \bar{V}_i$；$\sum_{i=1}^{n} \phi_i = 1$
f_i /(N/m^2)	组分 i 的逸度
μ_i /(kJ/kmol)	组分 i 的摩尔化学势
a_i	组分 i 的活度
γ_i	组分 i 的活度系数

表 2.2　摩尔分数和质量分数及其梯度之间的转换关系

摩尔分数及其梯度	质量分数及其梯度
$x_i = \dfrac{\omega_i / M_i}{\sum_{j=1}^{n} (\omega_j / M_j)}$	$\omega_i = \dfrac{x_i M_i}{\sum_{j=1}^{n} (x_j M_j)}$
$\nabla x_i = -\dfrac{M^2}{M_i} \sum_{j=1, j\neq i}^{n} \left[\dfrac{1}{M} + \omega_i \left(\dfrac{1}{M_j} - \dfrac{1}{M_i} \right) \right] \nabla \omega_j$	$\nabla \omega_i = -\dfrac{M_i}{M^2} \sum_{j=1, j\neq i}^{n} \left[M + x_i \left(M_j - M_i \right) \right] \nabla x_j$

空间位置上的浓度不均匀性用浓度梯度表示，可以是摩尔浓度梯度或质量浓度梯度。混合物组成的不均匀性用所含各组分分数的梯度表示。在体系的总摩尔浓度恒定的情况下，常用各组分的摩尔分数梯度表示组成的不均匀性；对于总质量浓度恒定的情况，则常用各组分的质量分数梯度表示组成的不均匀性。摩尔分数梯度和质量分数梯度之间的变换关系也列于表 2.2 中。

2.3　组分速度和参照速度

传质过程是组分在空间的净迁移，各组分传递的方向和速率由其净迁移速度所决定。表 2.3 给出了组分相对于静止参照系的速度、各种参照速度和扩散速度。表 2.4 给出各种参照速度之间的变换关系。

表 2.3 组分速度、参照速度和扩散速度

速度	定义及表达式
$\boldsymbol{v}_i$ /(m/s)	组分 i 相对于静止参照系的速度
$\boldsymbol{v}$ /(m/s)	质量平均速度，权重因子 ω_i；$\boldsymbol{v}=\sum_{i=1}^{n}\omega_i\boldsymbol{v}_i$
$\boldsymbol{v}^M$ /(m/s)	摩尔平均速度，权重因子 x_i；$\boldsymbol{v}^M=\sum_{i=1}^{n}x_i\boldsymbol{v}_i$
$\boldsymbol{v}^V$ /(m/s)	体积平均速度，权重因子 ϕ_i；$\boldsymbol{v}^V=\sum_{i=1}^{n}\phi_i\boldsymbol{v}_i$
$\boldsymbol{v}^a$ /(m/s)	任意参照速度，权重因子 a_i；$\boldsymbol{v}^a=\sum_{i=1}^{n}a_i\boldsymbol{v}_i$；$\sum_{i=1}^{n}a_i=1$
$\boldsymbol{v}_i-\boldsymbol{v}^M$ /(m/s)	组分 i 相对于摩尔平均速度的扩散速度
$\boldsymbol{v}_i-\boldsymbol{v}$ /(m/s)	组分 i 相对于质量平均速度的扩散速度
$\boldsymbol{v}_i-\boldsymbol{v}^a$ /(m/s)	组分 i 相对于参照速度 $\boldsymbol{v}^a$ 的扩散速度

表 2.4 参照速度之间的变换关系

参照速度	变换式
$\boldsymbol{v},\boldsymbol{v}^M$	$\boldsymbol{v}-\boldsymbol{v}^M=\sum_{i=1}^{n}\omega_i(\boldsymbol{v}_i-\boldsymbol{v}^M)$ $\boldsymbol{v}^M-\boldsymbol{v}=\sum_{i=1}^{n}x_i(\boldsymbol{v}_i-\boldsymbol{v})$
$\boldsymbol{v}^a,\boldsymbol{v}^b$	$\boldsymbol{v}^a-\boldsymbol{v}^b=\sum_{i=1}^{n}a_i(\boldsymbol{v}_i-\boldsymbol{v}^b)$

2.4 传质通量

传质通量是指单位时间内通过单位面积的物质量，它包括方向和大小两个方面，是一个矢量。传质通量可以用质量单位表示，也可以用摩尔单位表示，分别称为质量通量和摩尔通量。

相对于固定参照系的传质通量包括两部分：主体流动所引起的对流通量和分子扩散所引起的扩散通量，各部分与参照速度的选择有关。表 2.5 给出了相对于各种参照速度的扩散通量的定义及表达式。需要指出的是，因为扩散通量是以混合物为参照系的，所以对于 n 个组分构成的体系，只有 $n-1$ 个独立的扩散通量。所对应的各组分的扩散通量之间的关系也列于表 2.5 中。表 2.6 给出了相对于静止坐标的传质通量及其与扩散通量之间的关系。

表 2.5　扩散通量

扩散通量	定义及表达式
$\boldsymbol{j}_i^a$/[kg/(m^2·s)]	相对于任意参照速度的质量扩散通量；$\boldsymbol{j}_i^a=\rho_i(\boldsymbol{v}_i-\boldsymbol{v}^a)$；$\sum_{i=1}^{n}\frac{a_i}{\omega_i}\boldsymbol{j}_i^a=0$
$\boldsymbol{j}_i$/[kg/(m^2·s)]	相对于质量平均速度的质量扩散通量；$\boldsymbol{j}_i=\rho_i(\boldsymbol{v}_i-\boldsymbol{v})$；$\sum_{i=1}^{n}\boldsymbol{j}_i=0$
$\boldsymbol{j}_i^M$/[kg/(m^2·s)]	相对于摩尔平均速度的质量扩散通量；$\boldsymbol{j}_i^M=\rho_i(\boldsymbol{v}_i-\boldsymbol{v}^M)$；$\sum_{i=1}^{n}\frac{x_i}{\omega_i}\boldsymbol{j}_i^M=0$
$\boldsymbol{j}_i^V$/[kg/(m^2·s)]	相对于体积平均速度的质量扩散通量；$\boldsymbol{j}_i^V=\rho_i(\boldsymbol{v}_i-\boldsymbol{v}^V)$；$\sum_{i=1}^{n}\frac{\phi_i}{\omega_i}\boldsymbol{j}_i^V=0$
$\boldsymbol{J}_i^a$/[kmol/(m^2·s)]	相对于任意参照速度的摩尔扩散通量；$\boldsymbol{J}_i^a=C_i(\boldsymbol{v}_i-\boldsymbol{v}^a)$；$\sum_{i=1}^{n}\frac{a_i}{x_i}\boldsymbol{J}_i^a=0$
$\boldsymbol{J}_i$/[kmol/(m^2·s)]	相对于质量平均速度的摩尔扩散通量；$\boldsymbol{J}_i=C_i(\boldsymbol{v}_i-\boldsymbol{v})$；$\sum_{i=1}^{n}\frac{\omega_i}{x_i}\boldsymbol{J}_i=0$
$\boldsymbol{J}_i^M$/[kmol/(m^2·s)]	相对于摩尔平均速度的摩尔扩散通量；$\boldsymbol{J}_i^M=C_i(\boldsymbol{v}_i-\boldsymbol{v}^M)$；$\sum_{i=1}^{n}\boldsymbol{J}_i^M=0$
$\boldsymbol{J}_i^V$/[kmol/(m^2·s)]	相对于体积平均速度的摩尔扩散通量；$\boldsymbol{J}_i^V=C_i(\boldsymbol{v}_i-\boldsymbol{v}^V)$；$\sum_{i=1}^{n}\overline{V}_i\boldsymbol{J}_i^V=0$
$\boldsymbol{J}_i^r$/[kmol/(m^2·s)]	相对于组分 r 速度的摩尔扩散通量；$\boldsymbol{J}_i^r=C_i(\boldsymbol{v}_i-\boldsymbol{v}_r)$；$\boldsymbol{J}_r^r=0$

表 2.6　以静止坐标为参照系的传质通量及其与扩散通量的关系[1]

传质通量	定义及表达式
$\boldsymbol{n}_i$/[kg/(m^2·s)]	组分 i 相对于静止坐标的质量通量；$\boldsymbol{n}_i=\rho_i\boldsymbol{v}_i=\boldsymbol{j}_i+\rho_i\boldsymbol{v}=\boldsymbol{j}_i^M+\rho_i\boldsymbol{v}^M=\boldsymbol{j}_i+\omega_i\boldsymbol{n}_t$
$\boldsymbol{n}_t$/[kg/(m^2·s)]	相对于静止坐标的总质量通量；$\boldsymbol{n}_t=\sum_{i=1}^{n}\boldsymbol{n}_i=\rho_t\boldsymbol{v}$
$\boldsymbol{N}_i$/[kmol/(m^2·s)]	组分 i 相对于静止坐标的摩尔通量；$\boldsymbol{N}_i=C_i\boldsymbol{v}_i=\boldsymbol{J}_i+C_i\boldsymbol{v}=\boldsymbol{J}_i^M+C_i\boldsymbol{v}^M=\boldsymbol{J}_i^M+x_i\boldsymbol{N}_t$
$\boldsymbol{N}_t$/[kmol/(m^2·s)]	相对于静止坐标的总摩尔通量；$\boldsymbol{N}_t=\sum_{i=1}^{n}\boldsymbol{N}_i=C_t\boldsymbol{v}^M$

2.5　传质通量的转换

根据实际体系的特点，有时候需要使用不同定义的扩散通量。例如，涉及化学反应的体系，其组成通常用摩尔分数和摩尔浓度表示，所以常用以摩尔平均速度为参照的扩散通量；然而，对于涉及流体力学的问题，混合物的速度就要用到质量平均速度，相应地要用以质量平均速度为参照的扩散通量。在很多情况下，需要进行不同定义的扩散通量之间的转换。不同单位的扩散通量之间的转换相对简单。不同参照速度的扩散通量之间的转换则要复杂得多。

2.5.1 相同参照速度通量之间的转换

相对于固定坐标的通量：

$$\boldsymbol{n}_i = M_i \boldsymbol{N}_i \tag{2.5.1}$$

相对于任意参照速度的扩散通量：

$$\boldsymbol{j}_i^a = M_i \boldsymbol{J}_i^a \tag{2.5.2}$$

用矩阵形式表示为

$$(\boldsymbol{n}) = [M](\boldsymbol{N}) \tag{2.5.3}$$

$$(\boldsymbol{j}^a) = [M](\boldsymbol{J}^a) \tag{2.5.4}$$

其中，$[M]$ 是以摩尔质量 M_i 为对角元素的对角矩阵。

2.5.2 不同参照速度通量之间的转换

1. 相对于不同参照速度的质量扩散通量 $\boldsymbol{j}_i^a$ 和 $\boldsymbol{j}_i^b$ 之间的转换

由 $\boldsymbol{v}^a$ 和 $\boldsymbol{j}_i^a$ 的定义式：

$$\boldsymbol{v}^a = \sum_{i=1}^{n} a_i \boldsymbol{v}_i \tag{2.5.5}$$

$$\sum_{i=1}^{n} a_i = 1 \tag{2.5.6}$$

$$\boldsymbol{j}_i^a = \rho_i(\boldsymbol{v}_i - \boldsymbol{v}^a) \tag{2.5.7}$$

$$\sum_{i=1}^{n} \frac{a_i}{\omega_i} \boldsymbol{j}_i^a = 0 \tag{2.5.8}$$

以及 $\boldsymbol{v}^b$ 和 $\boldsymbol{j}_i^b$ 的定义式：

$$\boldsymbol{v}^b = \sum_{i=1}^{n} b_i \boldsymbol{v}_i \tag{2.5.9}$$

$$\sum_{i=1}^{n} b_i = 1 \tag{2.5.10}$$

$$\boldsymbol{j}_i^b = \rho_i(\boldsymbol{v}_i - \boldsymbol{v}^b) \tag{2.5.11}$$

$$\sum_{i=1}^{n} \frac{b_i}{\omega_i} \boldsymbol{j}_i^b = 0 \tag{2.5.12}$$

可以推导出用扩散通量表示的两种参照速度 $\boldsymbol{v}^a$ 和 $\boldsymbol{v}^b$ 之间的关系：

$$a_i \boldsymbol{j}_i^b / \omega_i = \rho_t a_i (\boldsymbol{v}_i - \boldsymbol{v}^b)$$

$$\rho_t(\boldsymbol{v}^a - \boldsymbol{v}^b) = \sum_{k=1}^{n} \frac{a_k}{\omega_k} \boldsymbol{j}_k^b \tag{2.5.13}$$

由式(2.5.7)和式(2.5.11)可以得出：

$$\boldsymbol{j}_i^a - \boldsymbol{j}_i^b = \rho_t \omega_i (\boldsymbol{v}^b - \boldsymbol{v}^a) \tag{2.5.14}$$

由式(2.5.13)和式(2.5.14)可以得出：

$$\boldsymbol{j}_i^a = \boldsymbol{j}_i^b - \omega_i \sum_{k=1}^{n} \frac{a_k}{\omega_k} \boldsymbol{j}_k^b \tag{2.5.15}$$

由式(2.5.12)可知：

$$\boldsymbol{j}_n^b = -\frac{\omega_n}{b_n} \sum_{k=1}^{n-1} \frac{b_k}{\omega_k} \boldsymbol{j}_k^b \tag{2.5.16}$$

由式(2.5.15)和式(2.5.16)可以得出：

$$\boldsymbol{j}_i^a = \boldsymbol{j}_i^b - \sum_{k=1}^{n-1} \omega_i \left(\frac{a_k}{\omega_k} - \frac{a_n}{b_n} \frac{b_k}{\omega_k} \right) \boldsymbol{j}_k^b \tag{2.5.17}$$

可以将式(2.5.17)写成：

$$\boldsymbol{j}_i^a = \sum_{k=1}^{n-1} A_{ik}^{ab} \boldsymbol{j}_k^b \tag{2.5.18}$$

其中

$$A_{ik}^{ab} = \delta_{ik} - \omega_i \left(\frac{a_k}{\omega_k} - \frac{a_n}{b_n} \frac{b_k}{\omega_k} \right) \quad (i, k = 1, 2, \cdots, n-1) \tag{2.5.19}$$

$$\delta_{ik} = \begin{cases} 1 & i = k \\ 0 & i \neq k \end{cases}$$

写成矩阵形式为

$$(\boldsymbol{j}^a) = [A^{ab}](\boldsymbol{j}^b) \tag{2.5.20}$$

应用式(2.5.19)和式(2.5.20)，可以写出 $\boldsymbol{j}_i^M$ 和 $\boldsymbol{j}_i$ 之间的变换式：

$$(\boldsymbol{j}^M) = [A^{x\omega}](\boldsymbol{j}) \tag{2.5.21}$$

其中

$$A_{ik}^{x\omega} = \delta_{ik} - \omega_i \left(\frac{x_k}{\omega_k} - \frac{x_n}{\omega_n} \right) \quad (i, k = 1, 2, \cdots, n-1) \tag{2.5.22}$$

$$\delta_{ik} = \begin{cases} 1 & i = k \\ 0 & i \neq k \end{cases}$$

2. 相对于不同参照速度的摩尔扩散通量 $\boldsymbol{J}_i^a$ 和 $\boldsymbol{J}_i^b$ 之间的转换

由定义式：

$$\boldsymbol{J}_i^a = C_i (\boldsymbol{v}_i - \boldsymbol{v}^a) \tag{2.5.23}$$

$$\sum_{i=1}^{n}\frac{a_i}{x_i}\boldsymbol{J}_i^a=0 \tag{2.5.24}$$

$$\boldsymbol{J}_i^b=C_i(\boldsymbol{v}_i-\boldsymbol{v}^b) \tag{2.5.25}$$

$$\sum_{i=1}^{n}\frac{b_i}{x_i}\boldsymbol{J}_i^b=0 \tag{2.5.26}$$

可以推导出两种参照速度之间的关系:

$$a_i\boldsymbol{J}_i^b/x_i=C_{\mathrm{t}}a_i(\boldsymbol{v}_i-\boldsymbol{v}^b)$$

$$C_{\mathrm{t}}(\boldsymbol{v}^a-\boldsymbol{v}^b)=\sum_{k=1}^{n}\frac{a_k}{x_k}\boldsymbol{J}_k^b \tag{2.5.27}$$

由式(2.5.23)和式(2.5.25)可以得出:

$$\boldsymbol{J}_i^a-\boldsymbol{J}_i^b=C_{\mathrm{t}}x_i(\boldsymbol{v}^b-\boldsymbol{v}^a) \tag{2.5.28}$$

由式(2.5.27)和式(2.5.28)可以得出:

$$\boldsymbol{J}_i^a=\boldsymbol{J}_i^b-x_i\sum_{k=1}^{n}\frac{a_k}{x_k}\boldsymbol{J}_k^b \tag{2.5.29}$$

由式(2.5.26)可知:

$$\boldsymbol{J}_n^b=-\frac{x_n}{b_n}\sum_{k=1}^{n-1}\frac{b_k}{x_k}\boldsymbol{J}_k^b \tag{2.5.30}$$

由式(2.5.29)和式(2.5.30)可以得出:

$$\boldsymbol{J}_i^a=\boldsymbol{J}_i^b-\sum_{k=1}^{n-1}x_i\left(\frac{a_k}{x_k}-\frac{a_n}{b_n}\frac{b_k}{x_k}\right)\boldsymbol{J}_k^b \tag{2.5.31}$$

可以将式(2.5.31)写成:

$$\boldsymbol{J}_i^a=\sum_{k=1}^{n-1}B_{ik}^{ab}\boldsymbol{J}_k^b \tag{2.5.32}$$

其中

$$B_{ik}^{ab}=\delta_{ik}-x_i\left(\frac{a_k}{x_k}-\frac{a_n}{b_n}\frac{b_k}{x_k}\right)\quad(i,k=1,2,\cdots,n-1) \tag{2.5.33}$$

$$\delta_{ik}=\begin{cases}1 & i=k\\ 0 & i\neq k\end{cases}$$

写成矩阵形式为

$$(\boldsymbol{J}^a)=[B^{ab}](\boldsymbol{J}^b) \tag{2.5.34}$$

应用式(2.5.33)和式(2.5.34)，可以写出 $\boldsymbol{J}_i^M$ 和 $\boldsymbol{J}_i^V$ 之间的变换式:

$$(\boldsymbol{J}^M)=[B^{x\phi}](\boldsymbol{J}^V) \tag{2.5.35}$$

$$B_{ik}^{x\phi}=\delta_{ik}-x_i\left(1-\frac{x_n}{\phi_n}\frac{\phi_k}{x_k}\right)=\delta_{ik}-x_i(1-\bar{V}_k/\bar{V}_n)\quad(i,k=1,2,\cdots,n-1) \tag{2.5.36}$$

$$\delta_{ik}=\begin{cases}1 & i=k\\ 0 & i\neq k\end{cases}$$

也可以写出 $\boldsymbol{J}_i^M$ 和 $\boldsymbol{J}_i$ 之间的变换式：

$$(\boldsymbol{J})=[B^{\omega x}](\boldsymbol{J}^M) \tag{2.5.37}$$

$$B_{ik}^{\omega x}=\delta_{ik}-x_i\left(\frac{\omega_k}{x_k}-\frac{\omega_n}{x_n}\right)\quad(i,k=1,2,\cdots,n-1) \tag{2.5.38}$$

$$\delta_{ik}=\begin{cases}1 & i=k\\ 0 & i\neq k\end{cases}$$

2.6　分子传递的本构方程

质量传递、热量传递和动量传递的通量都由两部分构成：由主体移动而产生的对流传递通量和由分子运动产生的分子传递通量。

对流传递通量可以用通用的形式很容易地表示。在已确定主体运动速度的前提下，某个传递量的对流通量就是其“浓度”(单位体积内的量)与主体运动速度的乘积。

分子传递是由体系中存在的传递推动力驱动的，传递推动力就是体系中存在的各种场变量的不均匀性所造成的梯度。表 2.7 给出了引起热量和质量的分子传递通量的若干种梯度。

表 2.7　热量和质量的分子传递通量和梯度

梯度	热量通量	质量通量
温度	热传导[傅里叶(Fourier)定律]	热扩散[索雷(Soret)效应]
混合物的组成、电势、压力、其他外场力	扩散热效应(Dufour 效应)	二元或稀溶液扩散[菲克(Fick)定律] 多组分多推动力扩散[麦克斯韦-斯特藩(Maxwell-Stefan)方程]

分子传递通量与推动力之间的关系就是所谓的本构方程。构建合理的本构方程是传递过程原理的核心内容之一。本构方程中的特征参数就是所谓的传递性质。

2.6.1　质量传递的经典本构方程：分子扩散的 Fick 定律

人们最为熟知的质量传递的本构方程就是描述二组分混合物中组分扩散的 Fick 定律，它是 19 世纪中叶由 Adolph Fick 根据二组分低压气体混合物扩散传质实验结果而提出的经验方程。根据所选择的参照速度和所用的通量单位，Fick 定律可以用四种形式表示，见表 2.8[2]。这四种形式的 Fick 定律是等价的。对于组分 A 和 B，它们都含有一个相同的比例系数，即所谓的二元 Fick 扩散系数(D_{AB})。很容易证明 $D_{AB}=D_{BA}$，因此表征任何一对组分的扩散只有一个 Fick 扩散系数。如果将 Fick 定律扩展到多组分混合物，就会有多个独立的 Fick 扩散系数，而且所有组分的通量和浓度梯度都是相互不独立的，这在第 7 章中将会详细讨论。事实上，除了特殊的场合(如稀溶液)，Fick 定律不适用于多组分体系。

表 2.8 二元混合物(A+B)的 Fick 定律[2]

参照速度	质量单位	摩尔单位
$\boldsymbol{v}$	$\boldsymbol{j}_A=-\rho_t D_{AB}\nabla\omega_A$ (A)	$\boldsymbol{J}_A=-\dfrac{\rho_t D_{AB}}{M_A}\nabla\omega_A$ (B)
$\boldsymbol{v}^M$	$\boldsymbol{j}_A^M=-C_t M_A D_{AB}\nabla x_A$ (C)	$\boldsymbol{J}_A^M=-C_t D_{AB}\nabla x_A$ (D)

气体、液体和固体中的二元 Fick 扩散系数的近似范围如图 2.1 所示。低分子量溶质在普通液体中的扩散系数的典型数值大约是 $10^{-9}m^2/s$，即大概比气体中的典型数值($10^{-5}m^2/s$)小 4 个数量级。对于液体，图 2.1 中的下限($10^{-11}m^2/s$)代表了某些蛋白质大分子在水中的扩散系数。对于高分子量溶质，在液体稀溶液中的扩散系数与溶质的分子半径成反比，也反比于溶剂的黏度。因此，对于很大的聚合物溶质、胶体颗粒和很黏的溶剂，扩散系数可能远远小于图 2.1 所示的最小值。固体中的扩散系数是最难预计的，但通常不会超过 $10^{-12}m^2/s$，这不包括多孔材料(如木材、催化剂载体、某些膜等)，因为在多孔材料中扩散可以在孔道内的气相或液相中进行，从而产生较大的表观扩散系数值。固体中的扩散系数可能会比图 2.1 所示的数值低很多数量级。

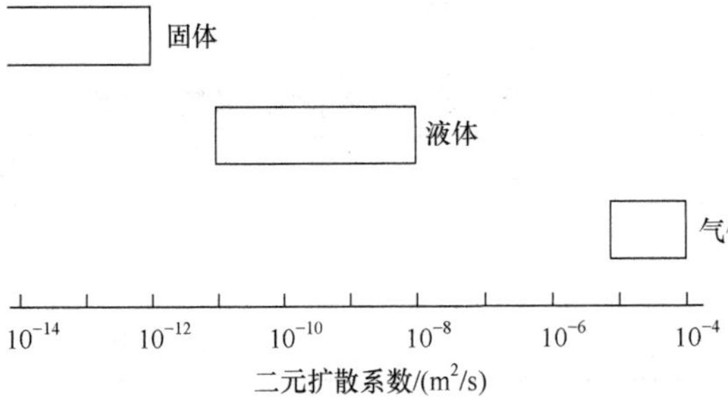

图 2.1 气体、液体和固体中的二元 Fick 扩散系数的近似范围[2]

若干二元气体体系的 D_{AB} 数值见表 2.9。气体的 D_{AB} 随温度升高而增大。稀溶液的 D_{AB}^0 也随温度升高而增大，见表 2.10。在中低压力下，气体的 D_{AB} 与压力成反比。在大多数情况下，压力对液体 D_{AB} 的影响可以忽略。

表 2.9 大气压下的气体二元扩散系数[3]

气体混合物	T/K	$D_{AB}/(10^{-5}m^2/s)$	气体混合物	T/K	$D_{AB}/(10^{-5}m^2/s)$
CO_2/N_2	298	1.69	N_2/NH_3	298	2.33
CO_2/He	298	6.20		358	3.32
	498	14.3	N_2/H_2O	308	2.59
H_2/NH_3	263	5.8		352	3.64
	358	11.1	O_2/H_2O	352	3.57
	473	18.9			

表 2.10 若干无限稀溶液的扩散系数[3]

溶质(A)	溶剂(B)	T/K	$D_{AB}^0/(10^{-9}m^2/s)$
正庚烷	苯	298	2.10
		353	4.25
苯	正庚烷	298	3.40
		372	8.40
水	乙酸乙酯	298	3.20
乙酸乙酯	水	293	1.00
甲烷	水	275	0.85
		333	3.55

对于气体，在压力不是很高的条件下，D_{AB} 一般可以认为与摩尔分数无关。对于液体，在溶液的组成不同时，所观察到的 D_{AB} 值可能会有很大的差别，也就是 D_{AB} 与摩尔分数相关。

表 2.8 所定义的二元扩散系数称为互扩散系数，它是宏观的组成梯度存在时所测定的系数。使用放射性同位素，通过光散射技术或其他方法，也可以测量宏观上组成均匀的混合物中的扩散，用这种方法确定的扩散系数称为痕量扩散系数或无限稀扩散系数。在只含有 A 和 B 的混合物中，当 $x_A \to 0$ 时，$D_{AB} \to D_{AB}^0$，这里 D_{AB}^0 是 A 分子在近乎纯的 B 中的无限稀扩散系数。类似地，当 $x_B \to 0$ 时，$D_{BA} \to D_{BA}^0$，这里 D_{BA}^0 是 B 分子在近乎纯的 A 中的无限稀扩散系数。一般而言，$D_{AB}^0 \neq D_{BA}^0$。这两个无限稀扩散系数的不等性反映了 D_{AB} 与组成的关系，并不说明 D_{AB}=D_{BA} 的失效。也就是说，在任何给定组成下 D_{AB}=D_{BA}，但是 D_{AB}^0 和 D_{BA}^0 对应于两个完全不同的组成(分别是 $x_A \to 0$ 和 $x_B \to 0$)。

在含有组分 A 和化学上一致的同位素 A*的二元混合物中，所获得的扩散系数是 D_{AA}，称为自扩散系数。这实际上是一种特殊类型的扩散系数，对应于组分 A 被其自身围绕的条件。由于分子间作用力的差别，被 A 围绕的 A 的淌度一般不同于被 B 围绕的 A 或被 A 围绕的 B 的淌度，因此 $D_{AA} \neq D_{AB}^0 \neq D_{BA}^0$。

2.6.2 热量传递的经典本构方程：热传导的 Fourier 定律[2]

描述热传导的本构方程是 Fourier 定律，其经典形式为

$$\boldsymbol{q} = -k\nabla T \tag{2.6.1}$$

这意味着热传导通量 $\boldsymbol{q}$ 的推动力是温度梯度。比例常数 k 就是所谓的导热系数。对于一个单位法向量为 $\boldsymbol{n}$ 的表面，垂直于该表面的热传导通量是

$$q_n = \boldsymbol{n}\cdot\boldsymbol{q} = -k(\boldsymbol{n}\cdot\nabla T) \tag{2.6.2}$$

如果表面垂直于直角坐标系的 y 轴，那么 $\boldsymbol{n} = \boldsymbol{e}_y$，垂直于该表面的热传导通量是

$$q_y = \boldsymbol{e}_y\cdot\boldsymbol{q} = -k\frac{\partial T}{\partial y} \tag{2.6.3}$$

这就是 Fourier 定律的一维形式。

需要注意的是：①Fourier 定律只表达了温度梯度对热传导通量的贡献，因此它只适用于成分恒定的固体和流体。严格地讲，应该是只有体系中没有传质发生时，热传导通量才可以用 Fourier 定律表达。②对于混合流体，$\boldsymbol{q}$ 只是相对于质量平均速度的热量通量。相对于固定坐标的热量通量应该包括主体流动的贡献。

在式(2.6.1)中导热系数是标量，这意味着热传导没有优先方向，即热传导是各向同性的。这对于很多固体以及几乎所有流体的确如此。然而，对于各向异性的材料，其内部结构使得导热系数与方向有关。对于各向异性材料，标量导热系数 k 必须用导热系数张量 $\boldsymbol{\kappa}$ 代替，这时 Fourier 定律表示为

$$\boldsymbol{q} = -\boldsymbol{\kappa}\cdot\nabla T \tag{2.6.4}$$

导热系数的范围如图 2.2 所示。对于气体，导热系数从 10^{-2}W/(m·K)至 10^{-1}W/(m·K)变化，而非金属液体的导热系数则是气体的 10 倍以上。大多数有机液体的导热系数在一个很窄的范围内[0.01～0.17W/(m·K)]，而水及其他强极性液体的导热系数则是该数值的几倍。导热系数最大的是金属固体。非金属固体的导热系数范围很宽，它们有的是优良绝热材料，有的则是优良热导体。气体的导热系数随温度的升高而增大，而除水以外的液体的导热系数则随温度升高而减小。在中低压力下，压力对气体和液体的导热系数的影响几乎可以忽略。

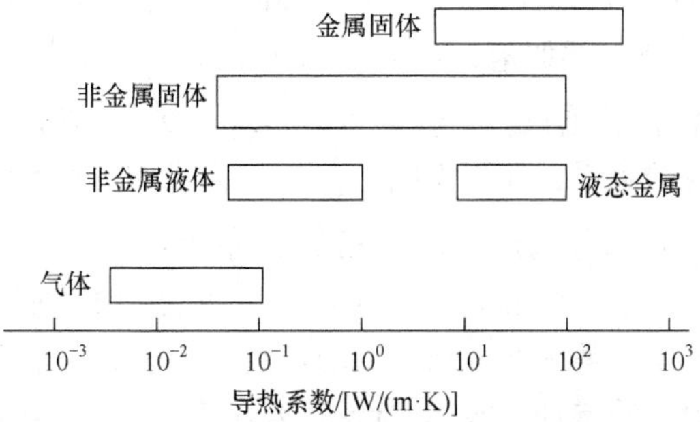

图 2.2　各类物质的导热系数的近似范围[2]

2.6.3　动量传递的经典本构方程：牛顿流体黏性定律[2,4]

质量为 m、速度为 $\boldsymbol{v}$ 的流体单元的线性动量是 $m\boldsymbol{v}$ 。其中 $\boldsymbol{v}$ 是相对于所选定固定坐标的速度，对混合物应该是质量平均速度。流体中局部位置的动量传递速率由应力所决定。应力即单位面积的力，表示了动量通量。

考虑流体中一个想象的平面，其单位法向量为 $\boldsymbol{n}$ 。在该平面上某个点处的应力 $\boldsymbol{s}(\boldsymbol{n})$ 定义为由与 $\boldsymbol{n}$ 反方向侧的流体所施加在该平面上的应力。如图 2.3 所示，对于一个任意表面，$\boldsymbol{s}(\boldsymbol{n})$ 可以分解成与表面垂直的分量(s_n)以及与表面相切的分量(s_1, s_2)。每个分量都可以分解成三个空间坐标方向上的分量。一共九个分量，它们就是对应的应力张量的分量。

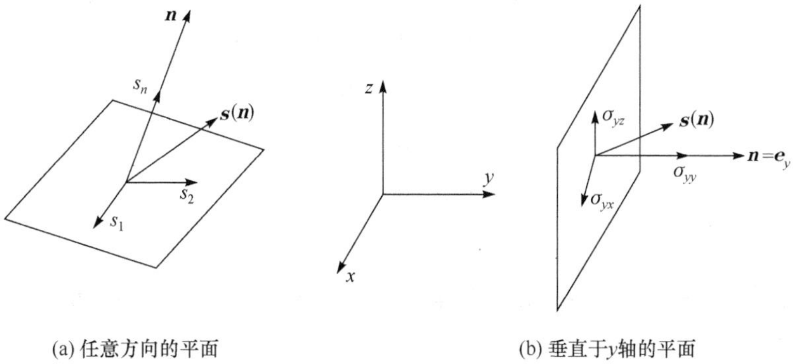

图 2.3　应力向量的表示

应力与应力张量之间的关系为

$$\boldsymbol{s}(\boldsymbol{n})=\boldsymbol{n}\cdot\boldsymbol{\sigma}=\boldsymbol{n}\cdot\sum_i\sum_j\sigma_{ij}\boldsymbol{e}_i\boldsymbol{e}_j \tag{2.6.5}$$

应力张量用分量形式表示为

$$\boldsymbol{\sigma}=\begin{bmatrix}\sigma_{xx} & \sigma_{xy} & \sigma_{xz}\\ \sigma_{yx} & \sigma_{yy} & \sigma_{yz}\\ \sigma_{zx} & \sigma_{zy} & \sigma_{zz}\end{bmatrix} \tag{2.6.6}$$

对于一个垂直于直角坐标系中 y 轴的平面，有

$$\boldsymbol{s}(\boldsymbol{n})=\boldsymbol{n}(\boldsymbol{e}_y)=\sigma_{yx}\cdot\boldsymbol{e}_x+\sigma_{yy}\cdot\boldsymbol{e}_y+\sigma_{yz}\cdot\boldsymbol{e}_z \tag{2.6.7}$$

应力张量矩阵中的元素 σ_{ij} 的定义包括三方面：①第一下标表示参考面；②第二下标表示方向；③正负号的约定。例如，σ_{yx} 表示一个单位面积的力作用于垂直于 y 轴平面的 x 方向上，而且是由大于 y 处的流体所施加的。

应力张量 $\boldsymbol{\sigma}$ 与流体的运动及物性相关。总应力中包含了压力和黏性应力等。当流体静止时，压力是唯一的应力。压力是一种特殊的机械作用力，它垂直于流体的表面。压力是各向同性的，即压力同等作用在所有方向上，其大小可以用标量 P 表示。

对于静止流体，应力张量为

$$\boldsymbol{\sigma}=-P\boldsymbol{\delta} \tag{2.6.8}$$

单位张量 $\boldsymbol{\delta}$ 与 P 相乘保证了压力是垂直应力(只对 $\boldsymbol{\sigma}$ 的对角元素有贡献)并且是各向同性的(对角元素相等)。负号的作用是表示压缩力为正压力。

对于经受形变的流体，更一般化的总应力表示式为

$$\boldsymbol{\sigma}=-P\boldsymbol{\delta}+\boldsymbol{\tau} \tag{2.6.9}$$

其中，$\boldsymbol{\tau}$ 是黏性应力张量。黏性应力与流体的形变速率相关联。由于 $\boldsymbol{\sigma}$ 的非对角元素等于 $\boldsymbol{\tau}$ 的非对角元素，所以 $\boldsymbol{\sigma}$ 的对称性隐含了 $\boldsymbol{\tau}$ 的对称性。在式(2.6.8)和式(2.6.9) 中的压力与热力学中的压力一致，因而遵循状态方程 $P=P(\rho, T)$。

动量传递的推动力是流体速度场的不均匀性，可以用速度梯度 $\nabla\boldsymbol{v}$ 描述。速度梯度是一个并向量，在三维空间坐标系中，它由九个元素构成，即三个速度分量对三个坐标的一阶偏导。$\nabla\boldsymbol{v}$ 可以分解成对称部分 $\boldsymbol{\Gamma}$ 和非对称部分 $\boldsymbol{\Omega}$：

$$\nabla\boldsymbol{v}=\boldsymbol{\Gamma}+\boldsymbol{\Omega} \tag{2.6.10}$$

$$\boldsymbol{\Gamma}\equiv\frac{1}{2}\left[\nabla\boldsymbol{v}+(\nabla\boldsymbol{v})^{\mathrm{T}}\right] \tag{2.6.11}$$

$$\boldsymbol{\Omega}\equiv\frac{1}{2}\left[\nabla\boldsymbol{v}-(\nabla\boldsymbol{v})^{\mathrm{T}}\right] \tag{2.6.12}$$

其中，$\boldsymbol{\Gamma}$是拉伸速率张量；$\boldsymbol{\Omega}$是旋涡张量。拉伸速率是形变速率的度量，而旋涡指的是旋转运动的流体。

流体的形变包括两种类型：①膨胀引起的形变，其速率可以用 $\frac{1}{3}(\nabla\cdot\boldsymbol{v})\boldsymbol{\delta}$ 度量，其中 $\boldsymbol{\delta}$ 是单位张量；②形状变化引起的形变，其速率是总的形变速率减去膨胀形变速率，即 $\boldsymbol{\Gamma}-\frac{1}{3}(\nabla\cdot\boldsymbol{v})\boldsymbol{\delta}$ 。

黏性应力是流体内摩擦的反映，因而与流体的形变速率相关。牛顿在 17 世纪就提出了黏性应力与形变速率成正比的思想。可以合理地假设，膨胀形变和形状变化形变的阻力在分子水平上是不同的，从而导致不同的比例系数。那么，对于牛顿流体，黏性应力就可以表示为

$$\boldsymbol{\tau}=2\mu\left[\boldsymbol{\Gamma}-\frac{1}{3}(\nabla\cdot\boldsymbol{v})\boldsymbol{\delta}\right]+3\kappa\left[\frac{1}{3}(\nabla\cdot\boldsymbol{v})\boldsymbol{\delta}\right]=2\mu\boldsymbol{\Gamma}+\left(\kappa-\frac{2}{3}\mu\right)(\nabla\cdot\boldsymbol{v})\boldsymbol{\delta} \tag{2.6.13}$$

其中，比例系数μ就是流体的黏度，而 κ 是膨胀黏度。这两个系数与流体组成有关，也随温度和压力变化，然而根据牛顿流体的定义，它们与 $\boldsymbol{\Gamma}$ 及 $\nabla\cdot\boldsymbol{v}$ 无关。

膨胀黏度 κ 对流体力学的影响很难探测，通常被忽略。理论上已证明单原子理想气体的 $\kappa=0$，而且一般认为其他流体 $\kappa\ll\mu$ 。基于这些原因，可以假设 $\kappa=0$。

令式(2.6.13)中的 $\kappa=0$，牛顿流体的动量传递本构方程就降阶为

$$\boldsymbol{\tau}=2\mu\left[\boldsymbol{\Gamma}-\frac{1}{3}(\nabla\cdot\boldsymbol{v})\boldsymbol{\delta}\right] \tag{2.6.14}$$

该方程在三种坐标系中的分量分别列于表 2.11～表 2.13 中。对于密度恒定的牛顿流体，黏性应力张量与速度梯度之间的关系为

$$\boldsymbol{\tau}=2\mu\boldsymbol{\Gamma}=\mu\left[\nabla\boldsymbol{v}+(\nabla\boldsymbol{v})^{\mathrm{T}}\right] \tag{2.6.15}$$

这就是所谓的牛顿流体黏性定律。气体和低分子量液体通常是牛顿流体。各种高分子量液体(如聚合物熔融液)、某些悬浮液(如血浆)和复杂流体(如微乳和泡沫)是非牛顿流体。

表 2.11　直角坐标系中牛顿流体黏性应力的分量

黏性应力分量	黏性应力分量
$\tau_{xx}=2\mu\left[\dfrac{\partial v_x}{\partial x}-\dfrac{1}{3}(\nabla\cdot\boldsymbol{v})\right]$	$\tau_{xy}=\tau_{yx}=\mu\left(\dfrac{\partial v_x}{\partial y}+\dfrac{\partial v_y}{\partial x}\right)$
$\tau_{yy}=2\mu\left[\dfrac{\partial v_y}{\partial y}-\dfrac{1}{3}(\nabla\cdot\boldsymbol{v})\right]$	$\tau_{yz}=\tau_{zy}=\mu\left(\dfrac{\partial v_y}{\partial z}+\dfrac{\partial v_z}{\partial y}\right)$
$\tau_{zz}=2\mu\left[\dfrac{\partial v_z}{\partial z}-\dfrac{1}{3}(\nabla\cdot\boldsymbol{v})\right]$	$\tau_{zx}=\tau_{xz}=\mu\left(\dfrac{\partial v_z}{\partial x}+\dfrac{\partial v_x}{\partial z}\right)$

表 2.12　柱坐标系中牛顿流体黏性应力的分量

黏性应力分量	黏性应力分量
$\tau_{rr}=2\mu\left[\dfrac{\partial v_r}{\partial r}-\dfrac{1}{3}(\nabla\cdot\boldsymbol{v})\right]$	$\tau_{r\theta}=\tau_{\theta r}=\mu\left[r\dfrac{\partial}{\partial r}\left(\dfrac{v_\theta}{r}\right)+\dfrac{1}{r}\dfrac{\partial v_r}{\partial\theta}\right]$
$\tau_{\theta\theta}=2\mu\left[\dfrac{1}{r}\dfrac{\partial v_\theta}{\partial\theta}+\dfrac{v_r}{r}-\dfrac{1}{3}(\nabla\cdot\boldsymbol{v})\right]$	$\tau_{\theta z}=\tau_{z\theta}=\mu\left(\dfrac{\partial v_\theta}{\partial z}+\dfrac{1}{r}\dfrac{\partial v_z}{\partial\theta}\right)$
$\tau_{zz}=2\mu\left[\dfrac{\partial v_z}{\partial z}-\dfrac{1}{3}(\nabla\cdot\boldsymbol{v})\right]$	$\tau_{zr}=\tau_{rz}=\mu\left(\dfrac{\partial v_z}{\partial r}+\dfrac{\partial v_r}{\partial z}\right)$

表 2.13　球坐标系中牛顿流体黏性应力的分量

黏性应力分量	黏性应力分量
$\tau_{rr}=2\mu\left[\dfrac{\partial v_r}{\partial r}-\dfrac{1}{3}(\nabla\cdot\boldsymbol{v})\right]$	$\tau_{r\theta}=\tau_{\theta r}=\mu\left[r\dfrac{\partial}{\partial r}\left(\dfrac{v_\theta}{r}\right)+\dfrac{1}{r}\dfrac{\partial v_r}{\partial\theta}\right]$
$\tau_{\theta\theta}=2\mu\left[\dfrac{1}{r}\dfrac{\partial v_\theta}{\partial\theta}+\dfrac{v_r}{r}-\dfrac{1}{3}(\nabla\cdot\boldsymbol{v})\right]$	$\tau_{\theta\phi}=\tau_{\phi\theta}=\mu\left[\dfrac{\sin\theta}{r}\dfrac{\partial}{\partial\theta}\left(\dfrac{v_\phi}{\sin\theta}\right)+\dfrac{1}{r\sin\theta}\dfrac{\partial v_\theta}{\partial\phi}\right]$
$\tau_{\phi\phi}=2\mu\left[\dfrac{1}{r\sin\theta}\dfrac{\partial v_\phi}{\partial\phi}+\dfrac{v_r}{r}+\dfrac{v_\theta\cot\theta}{r}-\dfrac{1}{3}(\nabla\cdot\boldsymbol{v})\right]$	$\tau_{\phi r}=\tau_{r\phi}=\mu\left[\dfrac{1}{r\sin\theta}\dfrac{\partial v_r}{\partial\phi}+r\dfrac{\partial}{\partial r}\left(\dfrac{v_\phi}{r}\right)\right]$

对于$\boldsymbol{v}=v_x(y)\boldsymbol{e}_x$的单方向流动，只有在 x 方向上有速度分量，而且该分量只与 y 有关，那么式(2.6.15)降阶为

$$-\tau_{yx}=-\mu\frac{\mathrm{d}v_x}{\mathrm{d}y} \tag{2.6.16}$$

气体和常规液体在常温常压下的黏度范围如图 2.4 所示。气体的黏度随温度升高而增大，而液体黏度则相反。在中低压下，压力对黏度的影响可以忽略。

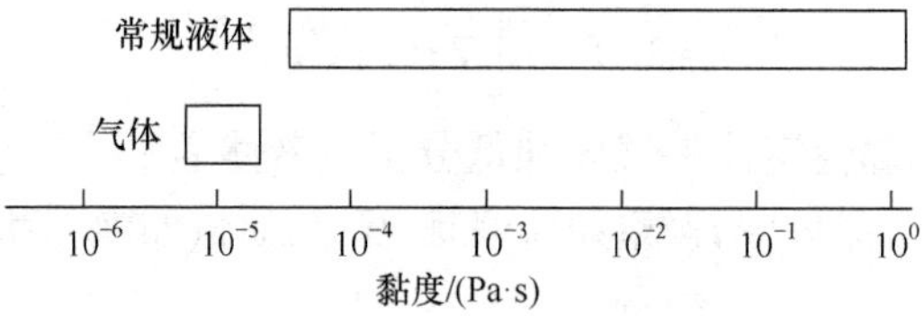

图 2.4　气体和常规液体的黏度范围[2]

任何不满足式(2.6.13)的流体都是非牛顿流体。通常，这些流体的内部结构会受到流动的影响，因而黏性应力和拉伸速率之间的关系也会受到流动的影响，如聚合物熔融物、高浓度聚合物溶液，以及非球形和(或)强相互作用颗粒的悬浮液。非牛顿流体的特性是表观黏度与拉伸速率相关、黏性应力的垂直分量异常大，以及应力和拉伸速率之间关系的记忆效应。黏度和拉伸速率的关系反映了流动改变流体结构的能力，即排布颗粒或大分子、打破颗粒聚团及影响聚合物分子构型。

非牛顿流体的黏度和拉伸速率之间的关系式可以通过对牛顿流体本构方程的直接修正加以确定。若干经验表达式已被用于描述表观黏度随拉伸速率的变化关系。注意到拉伸速率张量 $\boldsymbol{\Gamma}$ 是对称的，拉伸速率的标度表示为

$$\Gamma=\left(\frac{1}{2}\sum_i\sum_j\Gamma_{ij}^2\right)^{1/2} \tag{2.6.17}$$

表 2.14 给出了三种常用坐标系中拉伸速率的表达式。对于 $v_x=v_x(y)$ 及 $v_y=v_z=0$ 的流动，有

$$\Gamma=\frac{1}{2}\left|\frac{\mathrm{d}v_x}{\mathrm{d}y}\right| \tag{2.6.18}$$

表 2.14　三种坐标系中拉伸速率的标度

坐标系	拉伸速率的标度
直角坐标	$(2\Gamma)^2=2\left[\left(\frac{\partial v_x}{\partial x}\right)^2+\left(\frac{\partial v_y}{\partial y}\right)^2+\left(\frac{\partial v_z}{\partial z}\right)^2\right]+\left(\frac{\partial v_y}{\partial x}+\frac{\partial v_x}{\partial y}\right)^2+\left(\frac{\partial v_z}{\partial y}+\frac{\partial v_y}{\partial z}\right)^2+\left(\frac{\partial v_x}{\partial z}+\frac{\partial v_z}{\partial x}\right)^2$
柱坐标	$(2\Gamma)^2=2\left[\left(\frac{\partial v_r}{\partial r}\right)^2+\left(\frac{1}{r}\frac{\partial v_\theta}{\partial \theta}+\frac{v_r}{r}\right)^2+\left(\frac{\partial v_z}{\partial z}\right)^2\right]+\left[r\frac{\partial}{\partial r}\left(\frac{v_\theta}{r}\right)+\frac{1}{r}\frac{\partial v_r}{\partial \theta}\right]^2+\left(\frac{1}{r}\frac{\partial v_z}{\partial \theta}+\frac{\partial v_\theta}{\partial z}\right)^2+\left(\frac{\partial v_r}{\partial z}+\frac{\partial v_z}{\partial r}\right)^2$
球坐标	$(2\Gamma)^2=2\left[\left(\frac{\partial v_r}{\partial r}\right)^2+\left(\frac{1}{r}\frac{\partial v_\theta}{\partial \theta}+\frac{v_r}{r}\right)^2+\left(\frac{1}{r\sin\theta}\frac{\partial v_\phi}{\partial \phi}+\frac{v_r}{r}+\frac{v_\theta\cot\theta}{r}\right)^2\right]$ $+\left[r\frac{\partial}{\partial r}\left(\frac{v_\theta}{r}\right)+\frac{1}{r}\frac{\partial v_r}{\partial \theta}\right]^2+\left[\frac{\sin\theta}{r}\frac{\partial}{\partial \theta}\left(\frac{v_\phi}{\sin\theta}\right)+\frac{1}{r\sin\theta}\frac{\partial v_\theta}{\partial \phi}\right]^2+\left[\frac{1}{r\sin\theta}\frac{\partial v_r}{\partial \phi}+r\frac{\partial}{\partial r}\left(\frac{v_\phi}{r}\right)\right]^2$

大多数液态聚合物(溶液或熔体)的黏度在低剪切速率下为常数，而在高剪切速率下随拉伸速率指数下降。在某些场合，在很高剪切速率下，黏度又重新变为常数。描述这一行为的一个经验模型是 Carreau 模型，即

$$\frac{\mu-\mu_\infty}{\mu_0-\mu_\infty}=\left[1+(2\lambda\Gamma)^2\right]^{(n-1)/2} \tag{2.6.19}$$

其中，μ_0、μ_∞、λ 和 n 是拟合常数。当 $n<1$ 时，μ 随 Γ 的增大而减小；对于聚合物溶液，n 的典型范围是 0.2～0.6。对于大多数液态聚合物(溶液或熔体)，可以用 $\mu_\infty=0$ 进行拟合。

另一个只含两个参数的关系式是指数定律模型，即

$$\mu=m(2\Gamma)^{n-1} \tag{2.6.20}$$

其中，m 和 n 是常数。尽管式(2.6.20)要求 Γ 值在一定的范围内，但是其范围经常跨越好几个数量级。

对于某些物质，存在一个剪切应力的临界值，低于临界值时其行为类似固体，而高于临界值时其行为类似液体，如湿涂料和各种食品。将诱导流动所需的最小应力称为屈服应力。宾厄姆(Bingham)模型是对这类行为的一种简单表述：

$$\mu=\begin{cases}\infty & \tau<\tau_0\\ \mu_0+\dfrac{\tau_0}{2\Gamma} & \tau\geqslant\tau_0\end{cases} \tag{2.6.21}$$

其中，τ_0 是屈服应力；τ 是 $\boldsymbol{\tau}$ 的大小。

非牛顿流体的黏性应力仍然用与式(2.6.13)相同形式的方程描述，但是其中的黏度是与拉伸速率相关的，即 $\mu=\mu(\Gamma)$。因此，对于不可压缩的非牛顿流体，有

$$\boldsymbol{\tau}=\mu(\Gamma)\left[\nabla\boldsymbol{v}+(\nabla\boldsymbol{v})^{\mathrm{T}}\right] \tag{2.6.22}$$

参 考 文 献

[1] Taylor R, Krishna R. Multicomponent Mass Transfer. New York: John Wiley & Sons, 1993.

[2] Deen W M. Analysis of Transport Phenomena. New York: Oxford University Press, 1998.

[3] Reid R C, Prausnitz J M, Poling B E. The Properties of Gases and Liquids. 4th ed. New York: McGraw-Hill, 1987.

[4] Deen W M. Analysis of Transport Phenomena. 2nd ed. New York: Oxford University Press, 2012.

习　　题

1. 证明二元 Fick 扩散系数的一致性，即对于任何一个二元混合物，有 $D_{\mathrm{AB}}=D_{\mathrm{BA}}$。

2. Fick 定律各种形式的等效性验证。

(1) 证明对于一个二组分(A+B)体系，$\boldsymbol{j}_{\mathrm{A}}$、$\boldsymbol{J}_{\mathrm{A}}$ 和 $\boldsymbol{J}_{\mathrm{A}}^M$ 之间有以下关系：

$$\frac{\boldsymbol{j}_{\mathrm{A}}}{\rho_{\mathrm{t}}\omega_{\mathrm{A}}\omega_{\mathrm{B}}}=\frac{\boldsymbol{J}_{\mathrm{A}}^M}{C_{\mathrm{t}}x_{\mathrm{A}}x_{\mathrm{B}}} \quad 和 \quad \boldsymbol{J}_{\mathrm{A}}=\frac{M_{\mathrm{B}}C_{\mathrm{t}}}{\rho_{\mathrm{t}}}\boldsymbol{J}_{\mathrm{A}}^M$$

其中，$\boldsymbol{j}_{\mathrm{A}}$ 是相对于质量平均速度的质量扩散通量；$\boldsymbol{J}_{\mathrm{A}}^M$ 是相对于摩尔平均速度的摩尔扩散通量。

(2) 利用(1)的结果，从 $\boldsymbol{J}_{\mathrm{A}}^M=-C_{\mathrm{t}}D_{\mathrm{AB}}\nabla x_{\mathrm{A}}$ 导出 $\boldsymbol{j}_{\mathrm{A}}=-\rho_{\mathrm{t}}D_{\mathrm{AB}}\nabla\omega_{\mathrm{A}}$。

3. 定义体积平均速度 $\boldsymbol{v}^V = \sum_{i=1}^{n} \phi_i \boldsymbol{v}_i$，其中 $\phi_i = x_i \bar{V}_i / \sum_{i=1}^{n} x_i \bar{V}_i$，是组分 i 的体积分数。$\boldsymbol{J}_i^V$ 是相对于 $\boldsymbol{v}^V$ 的摩尔扩散通量，$\bar{V}_i$ 和 x_i 分别是组分 i 的偏摩尔体积和摩尔分数。

(1) 试证明：

$$\sum_{i=1}^{n} \bar{V}_i \boldsymbol{J}_i^V = 0$$

(2) 对于 A 和 B 两个组分的二元体系，证明：

$$\boldsymbol{J}_{\mathrm{A}}^V = C_{\mathrm{t}} \bar{V}_{\mathrm{B}} \boldsymbol{J}_{\mathrm{A}}^M$$

(3) 利用(2)的结果，证明对于二元体系：

$$\boldsymbol{J}_{\mathrm{A}}^V = -D_{\mathrm{AB}} \nabla C_{\mathrm{A}}$$

4. 在 n 个组分的体系中，选择组分 n 作为溶剂。然后，定义 $\boldsymbol{j}_i^n = \rho_i(\boldsymbol{v}_i - \boldsymbol{v}_n)$ 为相对于溶剂速度的质量通量。

(1) 证明：

$$\boldsymbol{j}_i^n = \boldsymbol{j}_i - (\rho_i / \rho_n) \boldsymbol{j}_n$$

(2) 对于总质量浓度为 ρ_{t} 的二元体系(B 标为溶剂)，证明：

$$\boldsymbol{j}_{\mathrm{A}}^{\mathrm{B}} = (\rho_{\mathrm{t}} / \rho_{\mathrm{B}}) \boldsymbol{j}_{\mathrm{A}} = -(\rho_{\mathrm{t}}^2 / \rho_{\mathrm{B}}) D_{\mathrm{AB}} \nabla \omega_{\mathrm{A}}$$

5. 定义任意参考速度 $\boldsymbol{v}^a = \sum_{i=1}^{n} a_i \boldsymbol{v}_i$，其中 a_i 是权重因子，满足 $\sum_{i=1}^{n} a_i = 1$。$\boldsymbol{j}_i^a$ 是相对于该参考速度 $\boldsymbol{v}^a$ 的质量扩散通量，$\boldsymbol{J}_i^a$ 是相对于速度 $\boldsymbol{v}^a$ 的摩尔扩散通量，ω_i 是组分 i 的质量分数，x_i 是组分 i 的摩尔分数。试证明：

$$\sum_{i=1}^{n} \frac{a_i}{\omega_i} \boldsymbol{j}_i^a = 0 \quad 和 \quad \sum_{i=1}^{n} \frac{a_i}{x_i} \boldsymbol{J}_i^a = 0$$

第3章

分子传递机理

3.1 引 言

分子传递现象的本质是分子的随机运动。分子传递的机理就是在分子尺度上对传递现象的清晰理解。由于分子运动引起热量、质量和动量的传递，分子传递现象的机理模型就是要描述分子运动的图像并加以数学表达，再将分子运动状态与分子传递通量关联起来，从而确定分子传递的本构方程及相对应的传递系数。

到目前为止，已有若干种描述分子传递现象的机理模型，但都只是针对某些体系在某些条件下一定程度上近似反映了传递的机理。首先，本章讨论一个相对简单的基本模型，即格点模型(lattice model)，它提供了一个相对清晰的传递现象的分子机理，并可以推导出第 2 章中所给出的三个经典传递本构方程。随后，本章分别针对气体、液体和固体体系，从机理出发推导出三个经典传递本构方程所含传递系数的表达式。

3.2 格 点 模 型[1]

格点模型对分子运动做以下假定：

(1) 分子的运动受限于一个立方格子内，如图 3.1 所示。

(2) 分子集合体只出现在格子中的离散点，即格点上；每一个格点在任何时刻都可以被分子集合体占据。

(3) 每个分子集合体都可以跳跃到六个相邻的格点。

(4) 相邻格点之间的距离为 l，它对应于分子每一次跳跃的距离。

(5) 所有分子均以速度 u 沿三个坐标轴运动，而且没有优先方向，即各向同性。在每个方向($+x$, $-x$, $+y$, $-y$, $+z$, $-z$)上，以 u 运动的概率相等。

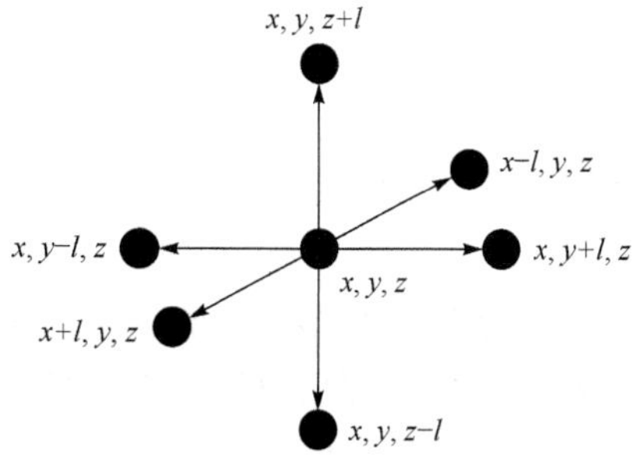

图 3.1 分子运动的立方格点模型

为了建立分子运动与质量、热量和动量的分子传递之间的关系，进一步假设：

(1) 在特定格点上，一定量的分子所具有的能量和动量是一定的。离开某格点的分子都要带走一定量的对应于该格点的能量或动量。

(2) 在特定的格点上，分子之间的能量和动量交换很快，使之很快达到平衡。分子到达格点就处于平衡状态，所以只需要考虑格点之间的传递。

对于这样的分子传递现象，用 $\boldsymbol{f}$ 表示分子传递通量，b 表示单位体积内的对应量，即浓度。对于一个特定的格点，该浓度就是该格点上的热量、质量或动量的总量除以单位格点体积 l^3。

讨论在 y 方向上的传递。通量 f_y 是由分子在格点 (x, y, z) 与另一格点 $(x, y+l, z)$ 之间的净迁移产生的，那么

$$f_y = \frac{1}{6}u\left[b(x,y,z) - b(x,y+l,z)\right] \tag{3.2.1}$$

其中，因子 1/6 是分子在六个方向上的跳跃概率相同而导致的。

如果跳跃距离 l 远远小于系统的宏观特征尺寸 L，即 b 有明显变化的长度尺寸，那么 b 可以看作位置的连续函数而不是离散函数。将其用 Taylor 级数展开，有

$$b(x,y+l,z) = b(x,y,z) + l\left.\frac{\partial b}{\partial y}\right|_{(x,y,z)} + \frac{l^2}{2}\left.\frac{\partial^2 b}{\partial y^2}\right|_{(x,y,z)} + \cdots \tag{3.2.2}$$

当 $l \ll L$ 成立时，取式(3.2.2)的前两项就有足够的精度，将其代入式(3.2.1)得

$$f_y = -D\frac{\partial b}{\partial y} \tag{3.2.3}$$

其中

$$D = \frac{ul}{6} \tag{3.2.4}$$

相邻格点之间的跳跃频率为

$$\omega = \frac{u}{l} \tag{3.2.5}$$

因此，分子传递系数也可以表示为

$$D = \frac{\omega l^2}{6} \tag{3.2.6}$$

同理，对于 x 方向和 z 方向，可以导出：

$$f_x = -D\frac{\partial b}{\partial x} \tag{3.2.7}$$

和

$$f_z = -D\frac{\partial b}{\partial z} \tag{3.2.8}$$

因此，分子传递通量与浓度梯度之间的关系可以表示为

$$\boldsymbol{f} = -D\nabla b \tag{3.2.9}$$

根据格点模型导出的式(3.2.9)给出了分子传递通量与浓度梯度之间的关系，它具有与经典本构方程相同的形式，即分子传递通量和其对应的浓度梯度呈比例关系。对于热量、质量和动量传递，式(3.2.3)中的各量见表 3.1。根据式(3.2.4)，热量、质量和动量传递的分子传递系数相等，都是正比于分子的运动速度和跳跃距离。这意味着在格点模型

中，热量、质量和动量传递的机理是相同的，都是由分子在格点之间的跳跃所引起的净迁移所致。

表 3.1　热量、质量和动量传递所对应的分子传递通量、浓度和传递系数[1]

传递现象	y 方向的通量(f_y)	浓度(b)	分子传递系数(D)
热量传递	q_y	$\rho C_p T$	α
质量传递	J_{Ay}	C_A	D_{AB}
动量传递	$-\tau_{yx}$	ρu	v

3.3　气体内的分子传递

将格点模型应用于真实体系的传递现象，关键在于跳跃速度 u 和跳跃距离 l 的解释和确定。对于中低压气相体系，可以由气体动力学理论确定这两个量。根据动力学理论，质量传递和能量传递是分子碰撞时发生的质量及能量交换的结果。这里的碰撞意味着分子相遇阶段的时间要远小于两次相遇的间隔时间。

3.3.1　基本动力学理论概要[2-3]

气体动力学理论假设，气体粒子集合体的传递性质和热力学性质可以由它们的质量、数密度和速度分布的信息获得。每个气体粒子假设是刚性的非吸引性弹性圆球，其直径为 d、质量为 m。粒子之间的间距足够大，以致可以将它们近似当作质点。粒子之间的碰撞假设是完全弹性碰撞。这些假设足以保证气体是理想气体。动力学理论的初始目的就是试图从基本原理推导理想气体定律。动力学理论的两个基本方程描述了一定温度下，气体施加在容器壁上的压力和气体粒子的速度分布。

理想气体的速度分布首先由 Maxwell(1831—1879)提出，随后由玻尔兹曼(Boltzmann，1844—1906)在理论上加以证明。这个 Maxwell-Boltzmann 速度分布给出了气体粒子具有 $u\left(u=\sqrt{u_x^2+u_y^2+u_z^2}\right)$ 和 $u+\mathrm{d}u$ 之间速度的概率 P_u：

$$P_u(u)=\left(\frac{m}{2\pi k_b T}\right)^{3/2}\exp\left[-\frac{m\left(u_x^2+u_y^2+u_z^2\right)}{2k_b T}\right] \tag{3.3.1}$$

其中，Boltzmann 常量 $k_b=1.38\times10^{-23}\,\mathrm{J/K}$。

气体粒子在容器壁上反弹会引起其动量变化，气体压力通过这一动量变化加以确定。在一个三维的盒子中，假设没有优先的速度方向，$u_x=u_y=u_z$，压力为

$$P=\frac{1}{3}\left(\frac{N}{V}\right)m\overline{u}^2 \tag{3.3.2}$$

其中，N 是气体粒子的数目；V 是体积。计算压力就需要求得均方速度 $\overline{u}^2$。对于其他计

算，需要平均速度$\bar{u}$和均方根速度$\sqrt{\overline{u^2}}$。这三种衡量速度的量都是通过速度分布及其矩加以确定的。均方速度定义为

$$\overline{u^2}=\int_0^\infty u^2 P_u(u)\mathrm{d}u=\frac{3k_\mathrm{b}T}{m}=\frac{3RT}{M} \tag{3.3.3}$$

平均速度定义为

$$\bar{u}=\int_0^\infty uP_u(u)\mathrm{d}u=\left(\frac{8k_\mathrm{b}T}{\pi m}\right)^{1/2}=\left(\frac{8RT}{\pi M}\right)^{1/2} \tag{3.3.4}$$

均方根速度定义为

$$\sqrt{\overline{u^2}}=\left(\frac{3k_\mathrm{b}T}{m}\right)^{1/2}=\left(\frac{3RT}{M}\right)^{1/2} \tag{3.3.5}$$

其中，R是摩尔气体常量；M是摩尔质量；T是热力学温度。

当粒子运动时，它会遇到其他粒子并与之发生碰撞。如果两个粒子相接近，以致它们的中心都位于另一个粒子的直径范围内，那么这两个粒子必然发生碰撞。为了确定这类碰撞的频率，考虑只有一个粒子运动，所有其他粒子都固定在时空中。当这个自由粒子移动时，它会清除出一个圆柱形的碰撞体积，$\sigma_\mathrm{c}\bar{u}\Delta t$，如图 3.2 所示。其中心位于该圆柱形内的粒子数目是$\sigma_\mathrm{c}\bar{u}\Delta tN/V$。单位时间的碰撞次数即粒子的碰撞频率是$\sigma_\mathrm{c}\bar{u}N/V$。与碰撞相关的真实速度并不是自由粒子的速度，而是该粒子相对于与其相碰撞的相邻粒子的速度，$\sqrt{2}\bar{u}$。据此，定义碰撞频率ω_c为

$$\omega_\mathrm{c}=\sqrt{2}\bar{u}\sigma_\mathrm{c}\left(\frac{N}{V}\right) \tag{3.3.6}$$

按式(3.3.6)计算的碰撞频率是单个粒子的碰撞次数。要获知全部粒子所做的碰撞总数，需要将该碰撞频率乘以二分之一的单位体积内的粒子数。对于质量均为m的粒子 A 的集合体，总碰撞频率为

$$\Omega_\mathrm{c}(\mathrm{A,A})=\frac{1}{2}\omega_\mathrm{c}\left(\frac{N}{V}\right)=\frac{1}{\sqrt{2}}\bar{u}\sigma_\mathrm{c}\left(\frac{N}{V}\right)^2 \tag{3.3.7}$$

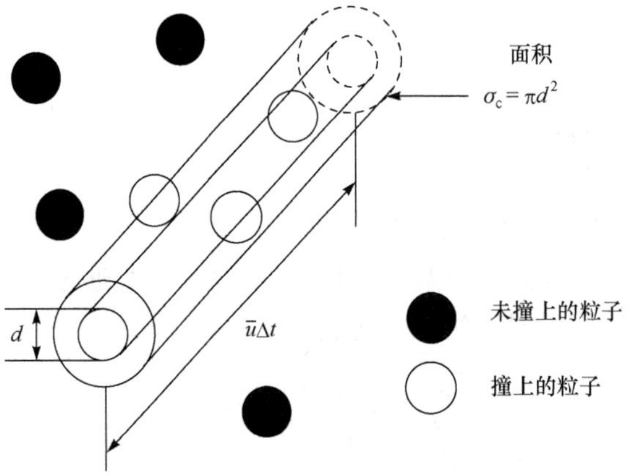

图 3.2　直径为 d 的粒子的碰撞截面和碰撞管

利用$\bar{u}$的表达式[式(3.3.4)]和σ_c的表达式，总碰撞频率就成为热力学温度、粒子质量和粒子直径的函数：

$$\Omega_c(A,A)=\frac{\pi}{\sqrt{2}}d^2\left(\frac{8k_bT}{\pi m}\right)^{1/2}\left(\frac{N}{V}\right)^2 \tag{3.3.8}$$

碰撞频率已知，就可以确定气体动力学理论的一个最重要的量，即碰撞之间的平均自由程λ。如果一个粒子以频率ω_c发生碰撞并以平均速度$\bar{u}$移动，那么在两次碰撞之间，它将耗时$1/\omega_c$并在这个时段移动$\bar{u}/\omega_c$的距离。平均自由程恰好是这一移动距离，即

$$\lambda(A,A)=\frac{\bar{u}}{\omega_c}=\frac{1}{\sqrt{2}\pi d^2\left(\frac{N}{V}\right)} \tag{3.3.9}$$

根据气体压力P的表达式[式(3.3.2)]，可以将平均自由程表示为热力学温度、压力和分子直径的函数：

$$\lambda(A,A)=\frac{RT}{\sqrt{2}\pi d^2N_{Av}P} \tag{3.3.10}$$

其中，T是热力学温度；d是分子直径；P是压力；N_{Av}是阿伏伽德罗(Avogadro)常量。

利用式(3.3.4)和式(3.3.10)可以获得低密度气体分子的平均速度和平均自由程。对于二元气体混合物(A+B)，则采用平均摩尔质量和平均分子直径：

$$M=2\left(\frac{1}{M_A}+\frac{1}{M_B}\right)^{-1} \tag{3.3.11}$$

$$d=\frac{d_A+d_B}{2} \tag{3.3.12}$$

求得平均速度和平均自由程：

$$\bar{u}=2\left(\frac{RT}{\pi}\right)^{1/2}\left(\frac{1}{M_A}+\frac{1}{M_B}\right)^{1/2} \tag{3.3.13}$$

$$\lambda(A,B)=\frac{4RT}{\sqrt{2}\pi(d_A+d_B)^2N_{Av}P} \tag{3.3.14}$$

3.3.2　基于动力学理论的气体传递

将格点模型中的分子运动速度u用$\bar{u}$代替，分子的跳跃距离l用λ代替，就可以估算低密度气体的传递系数，即

$$D=\frac{u}{6}l=\frac{1}{3}\frac{(RT)^{3/2}}{\pi^{3/2}M^{1/2}d^2PN_{Av}} \tag{3.3.15}$$

将其转换成导热系数、二元 Fick 扩散系数和黏度，分别得出

$$k=\rho\hat{C}_PD=\frac{1}{3\pi^{3/2}}\frac{(MRT)^{1/2}\hat{C}_P}{N_{Av}d^2} \tag{3.3.16}$$

$$D_{AB}=D=\frac{1}{3}\frac{(RT)^{3/2}}{\pi^{3/2}M^{1/2}d^2PN_{Av}} \tag{3.3.17}$$

$$\mu=\rho D=\frac{1}{3\pi^{3/2}}\frac{(MRT)^{1/2}}{N_{Av}d^2} \tag{3.3.18}$$

根据格点模型，可以导出普朗特(Prandtl)数 Pr、施密特(Schmidt)数 Sc 和路易斯(Lewis)数 Le 都等于 1，这对于低密度气体是与实际相符合的。这也意味着，对于低密度气体，质量传递、热量传递和动量传递的机理是相同的，都是由分子的净迁移所引起的。

利用式(3.3.17)，计算摩尔质量为 30kg/kmol、分子直径为 3Å 的典型气体在 293K 和 1atm(1atm=1.01325×10^5Pa)下的扩散系数 D_{AB}，得到的数值是 $0.8\times10^{-5}\mathrm{m^2/s}$，具有大多数气体的扩散系数的数量级。也就是说，利用格点模型和气体动力学理论可以准确预测低密度气体传递系数的数量级。另外，式(3.3.16)～式(3.3.18)正确地预测了气体的导热系数和黏度随温度的升高而增大，而且在低密度下与压力无关；也正确地预测了二元扩散系数随温度的升高而增大，随压力的增大而减小。总之，运用格点模型并根据气体动力学理论可以正确预测气体传递性质的主要特征，但是其结果与实际有两方面的差别。一方面，格点模型和气体动力学理论所预测的低密度气体的传递性质在数值上不精确，只是在数量级上与实际相符合。另一方面，格点模型和气体动力学理论低估了温度对低密度气体传递性质的影响。根据该模型，导热系数和黏度都与温度的 1/2 次方成正比，二元扩散系数与温度的 3/2 次方成正比。事实上，气体的导热系数和黏度与温度的 1 次方成正比，二元扩散系数与温度的 7/4 次方成正比。这些偏差可以由查普曼-恩斯库格(Chapman-Enskog)的严格动力学理论加以很好的校正。

3.3.3 Chapman-Enskog 理论和气体传递[4]

Chapman-Enskog 理论同样假设，所有的分子碰撞均为二元碰撞，而且是弹性碰撞，分子为对称的球形分子。该理论考虑了分子间势能 Φ 对碰撞分子之间相互作用的影响，考虑了分子之间的长程作用力和短程作用力，而且不再把分子当作刚性球处理。它将气体传递性质与分子之间的相互作用势能相关联。

分子之间的作用力为

$$\boldsymbol{F}=-\frac{\mathrm{d}\Phi(r)}{\mathrm{d}r} \tag{3.3.19}$$

分子间势能 Φ 是分子间距离 r 的函数。从原理上，Φ 可以用量子力学计算，然而其确切的函数形式却很难获得。大量的实验证据表明，伦纳德-琼斯(Lennard-Jones)(6-12)势能函数可以作为一种很好的近似，用以描述分子之间的相互作用势能：

$$\Phi=4\varepsilon\left[\left(\frac{\sigma}{r}\right)^{12}-\left(\frac{\sigma}{r}\right)^{6}\right] \tag{3.3.20}$$

其中，σ 是分子的特征直径；ε 是分子之间的特征相互作用能。

Lennard-Jones (6-12)势能函数如图 3.3 所示。它显示了分子相互作用的特性，包括大间距时的弱吸引作用和小间距时的强排斥作用。一般而言，该势能函数可以很好地表示非极性分子之间的相互作用。对于极性分子，由于存在很多其他类型的长程相互作用，用式(3.3.20)这样的简单模型并不合适。很多分子的 σ 和 ε 值可以在若干手册中获得，表 3.2 和表 3.3 给出了若干物质的 Lennard-Jones 势能函数参数。如果不能查到特定化合物的数据，那么 Lennard-Jones 势能参数也可以根据气体的临界点、液体的正常沸点或固体的凝固点参数求得：

气体

$$\frac{\varepsilon}{k_b} = 0.77T_{\text{critical}} \qquad \sigma = 0.841\sqrt[3]{V_{\text{critical}}} \tag{3.3.21}$$

液体

$$\frac{\varepsilon}{k_b} = 1.15T_{\text{boiling}} \qquad \sigma = 1.166\sqrt[3]{V_{\text{boiling}}} \tag{3.3.22}$$

固体

$$\frac{\varepsilon}{k_b} = 1.92T_{\text{fusion}} \qquad \sigma = 1.222\sqrt[3]{V_{\text{fusion}}} \tag{3.3.23}$$

其中，ε / k_b 和 T 的单位是 K；σ 的单位是 Å；V 是摩尔体积，cm^3/mol。

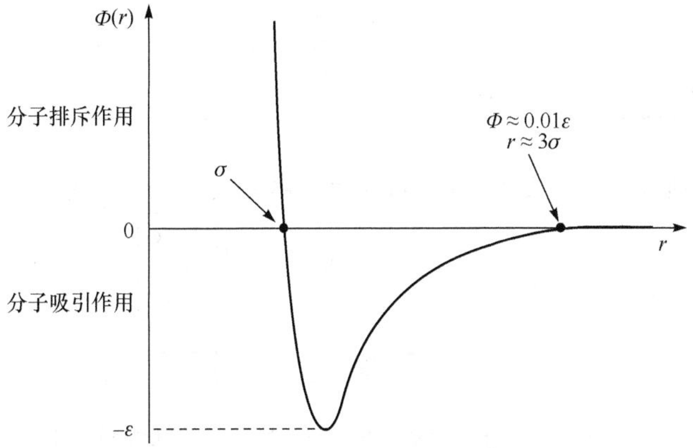

图 3.3　Lennard-Jones (6-12)势能函数

表 3.2　部分物质的 Lennard-Jones(6-12)势能函数参数

物质	Lennard-Jones 参数		物质	Lennard-Jones 参数	
	σ /Å	(ε / k_b) /K		σ /Å	(ε / k_b) /K
H_2	2.915	38.0	Xe	4.009	234.7
He	2.576	10.2	空气	3.617	97.0
Ne	2.789	35.7	N_2	3.667	99.8
Ar	3.432	122.4	O_2	3.433	113.0
Kr	3.675	170.0	CO	3.590	110.0

续表

物质	Lennard-Jones 参数		物质	Lennard-Jones 参数	
	σ /Å	(ε / k_b) /K		σ /Å	(ε / k_b) /K
CO_2	3.996	190.0	F_2	3.653	112.0
NO	3.470	119.0	Cl_2	4.115	357.0
N_2O	3.879	220.0	Br_2	4.268	520.0
SO_2	4.026	363.0	I_2	4.982	550.0

表 3.3 部分烃类物质的 Lennard-Jones(6-12)势能函数参数

物质	Lennard-Jones 参数		物质	Lennard-Jones 参数	
	σ /Å	(ε / k_b) /T		σ /Å	(ε / k_b) /T
甲烷	3.780	154.0	正丁烷	5.604	304.0
乙炔	4.114	212.0	异丁烷	5.393	295.0
乙烯	4.228	216.0	一氯甲烷	4.151	355.0
乙烷	4.388	232.0	二氯甲烷	4.748	398.0
丙炔	4.742	261.0	三氯甲烷	5.389	340.0
丙烯	4.766	275.0	四氯化碳	5.947	323.0
丙烷	4.934	273.0	二氯二氟甲烷	5.116	280.0

对于二元混合物(A+B)，Lennard-Jones 势能函数为

$$\Phi_{AB}(r) = 4\varepsilon_{AB}\left[\left(\frac{\sigma_{AB}}{r}\right)^{12} - \left(\frac{\sigma_{AB}}{r}\right)^{6}\right] \tag{3.3.24}$$

$$\sigma_{AB} = \frac{\sigma_A + \sigma_B}{2} \qquad \varepsilon_{AB} = \sqrt{\varepsilon_A \varepsilon_B}$$

在 Chapman-Enskog 理论中，摩尔质量为 M 的单原子气体纯物质的黏度可以由 σ、ε、k_b 和 T 求取，即

$$\mu = \frac{5}{16}\frac{\sqrt{mk_bT/\pi}}{\sigma^2\Omega_\mu} \quad 或 \quad \mu = 2.6693\times10^{-6}\frac{\sqrt{MT}}{\sigma^2\Omega_\mu}(\text{Pa}\cdot\text{s}) \tag{3.3.25}$$

其中，m 是单个分子的质量；摩尔质量 M 的单位是 kg/kmol；σ 的单位是 Å；T 的单位是 K。Ω_μ 是随无量纲温度 $T^* = k_bT/\varepsilon$ 缓慢变化的函数，而且它与 $T^{0.6}$～$T^{1.0}$ 成正比。对应于 $T^* = k_bT/\varepsilon$ 的 Ω_μ 值可以由式(3.3.27)求取。如果气体是由硬球构成的，那么 Ω_μ 应该为 1。因此，可以认为 Ω_μ 表征了分子与硬球的偏差。

一旦参数 σ 和 ε / k_b 已知，式(3.3.25)可以很好地用于求取单原子气体的黏度，令人惊讶的是，它也能很好地用于求取多原子气体的黏度。在高压下，Chapman-Enskog 模型

也会失效，因为它没有预测黏度和压力之间的关系。

对于气体的导热系数，也可以用 Chapman-Enskog 理论获得一个更精确的表达式：

$$k=\frac{25}{32}\frac{\sqrt{mk_{\mathrm{b}}T/\pi}}{\sigma^2\Omega_k}\hat{C}_V \quad 或 \quad k=8.332\times10^{-2}\frac{\sqrt{T/M}}{\sigma^2\Omega_k}[\mathrm{W/(m\cdot K)}] \tag{3.3.26}$$

其中，$\hat{C}_V$ 是单位质量的等容比热；摩尔质量 M 的单位是 kg/kmol；σ 的单位是 Å；T 的单位是 K。Ω_k 是对导热系数的非硬球校正因子，它与对黏度的非硬球校正因子 Ω_μ 相等，可以由式(3.3.27)求取。式(3.3.26)对于单原子气体是非常精确的，对于多原子气体也具有很高的精度。同样，它也不能用于压力高于 10atm 的气体。

$$\Omega_\mu=\Omega_k=\frac{1.16145}{T^{*0.14874}}+\frac{0.52487}{\exp(0.77320T^*)}+\frac{2.16178}{\exp(2.43787T^*)} \tag{3.3.27}$$

为了更准确地预测扩散系数，必须考虑分子之间的力场并考虑到它们的直径是有限的。Chapman-Enskog 理论提供了一个扩散系数与温度的关系式，它比由动力学理论导出的关系式更为精确。自扩散系数的表达式为

$$C_{\mathrm{t}}D_{\mathrm{AA}}=\frac{6}{16}\frac{\sqrt{k_{\mathrm{b}}T/\pi m}}{\sigma^2\Omega_D} \quad 或 \quad C_{\mathrm{t}}D_{\mathrm{AA}}=3.2027\times10^{-6}\frac{\sqrt{T/M_{\mathrm{A}}}}{\sigma^2\Omega_D} \tag{3.3.28}$$

其中，摩尔质量的单位是 kg/kmol；σ 的单位是 Å；T 的单位是 K；总摩尔浓度 C_{t} 的单位是 kmol/m^3；扩散系数的单位是 m^2/s。碰撞函数 Ω_D 也是 $T^*=k_{\mathrm{b}}T/\varepsilon$ 的函数，尽管它与对黏度和导热系数的 Ω_μ 和 Ω_k 不完全相同，但与这两个量非常接近。

二元扩散系数的表达式为

$$C_{\mathrm{t}}D_{\mathrm{AB}}=2.265\times10^{-6}\frac{\sqrt{T\left(\frac{1}{M_{\mathrm{A}}}+\frac{1}{M_{\mathrm{B}}}\right)}}{\sigma_{\mathrm{AB}}^2\Omega_{D_{\mathrm{AB}}}} \tag{3.3.29}$$

其中，$\Omega_{D_{\mathrm{AB}}}$ 可以由式(3.3.30)求取：

$$\Omega_{D_{\mathrm{AB}}}=\frac{1.6036}{T^{*0.15610}}+\frac{0.19300}{\exp(0.47635T^*)}+\frac{1.03587}{\exp(1.52996T^*)}+\frac{1.76474}{\exp(3.89411T^*)} \tag{3.3.30}$$

如果用理想气体定律近似表示气体的总浓度 C_{t}，就可以将二元扩散系数表示成温度和压力的函数，即

$$D_{\mathrm{AB}}=1.8583\times10^{-7}\frac{\sqrt{T^3\left(\frac{1}{M_{\mathrm{A}}}+\frac{1}{M_{\mathrm{B}}}\right)}}{P\sigma_{\mathrm{AB}}^2\Omega_{D_{\mathrm{AB}}}} \tag{3.3.31}$$

其中，摩尔质量的单位是 kg/kmol；σ_{AB} 的单位是 Å；T 的单位是 K；压力的单位是 atm；扩散系数的单位是 m^2/s。

对于高压下的稠密气体，分子之间的距离较小，以至于气体的行为不再只由二元相

互作用所决定，必须考虑多元相互作用以及分子簇作用。因为这些作用与压力相关，所以分子动力学理论和 Chapman-Enskog 理论都不能用于高压气体。高压下稠密气体中的质量传递、热量传递和动量传递的机理也不相同，因为热量传递和动量传递不仅由分子位移所引起。稠密气体中的传递现象更类似于液体中的传递。

3.4 液体内的分子传递

液体中的分子排布紧密，分子之间的相互作用强烈，分子运动的位移比气体中分子位移小很多。摩尔质量 M 为 30kg/kmol、密度 ρ 为 1000kg/m^3 的液体，其分子数密度 n 为 2.0×10^{28}m^{-3}，分子平均间距 l_0 为 3.7×10^{-10}m。l_0 值接近于分子的特性直径 σ 的量级，这表明在任何时刻分子之间都有强烈的相互作用。因此，对于液体弹性碰撞假设就与实际相差甚远，这与低压气体的情况完全不同。

液体中的质量、热量和动量传递不是由共同的机理所决定的。液体的普朗特数和施密特数都远离 1，这表明质量、热量和动量传递的本征速率相差甚远。在液体中，导热系数、黏度和二元扩散系数与温度的关系明显不同，二元扩散系数随温度升高而增大，导热系数和黏度则随温度升高而减小。在液体中，物质的运动黏度 v 和热量扩散系数 α 都要远大于二元扩散系数 D_{AB}。这些都表明在液体中热量和动量的传递不完全取决于分子的净位移，分子的旋转和振动对热量和动量传递起了相当大的作用。因此，液体中的传递机理和传递系数都与气体有很大的差别。

一般，液体组分的扩散系数比气体组分的扩散系数小，相差 4～5 个数量级甚至更多。气体扩散系数一般在 10^{-5}～10^{-3}m^2/s 范围内，而液体扩散系数一般在 10^{-10}～10^{-9}m^2/s 范围内。稀溶液中，溶质分子在液体溶剂中的扩散取决于溶剂和溶质之间的相互作用。这些相互作用很复杂，它们涉及溶剂黏度以及溶质分子和溶剂分子之间的分子作用力。例如，水分子之间的氢键作用可以严重影响各种溶质在水中的扩散系数。低密度气体中的分子扩散可以用严格的动力学理论或 Chapman-Enskog 理论加以描述，与之不同的是，至今没有一种关于液相分子扩散的严格理论。

3.4.1 Stokes-Einstein 模型[5]

对于液体中的分子扩散，最著名的也是最有价值的近似理论是斯托克斯-爱因斯坦(Stokes-Einstein)模型。如图 3.4 所示，真实的液体结构是无规则紧密排布的运动粒子的聚集体，扩散粒子在液体中的扩散是一个随机漫步的过程。Stokes-Einstein 模型用水力学理论描述粒子在液体中的扩散，它假设：①溶剂为连续介质，而不是离散粒子的集合体；②溶质分子是在溶剂中运动的球形粒子。这样就把分子在液体中的扩散简化成一个球形粒子在连续介质中的运动。显然，Stokes-Einstein 模型的假设比较符合稀溶液而且溶质分子远大于溶剂分子的情况。它对于描述球形蛋白质、细胞、胶体和聚合物等在小分子溶剂中的扩散过程是比较适用的。

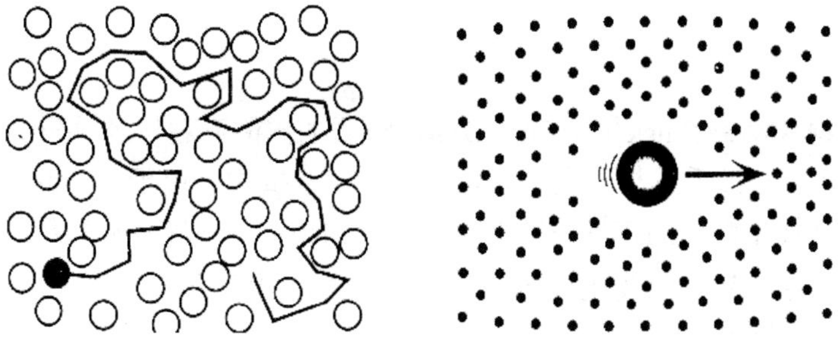

(a) 真实扩散　　(b) Stokes-Einstein近似

图 3.4　液体中的扩散

在 Stokes-Einstein 模型中，分子在液体中扩散的推动力是由组成变化所引起的势能梯度，即化学势梯度。对于单个 A 分子，扩散推动力可以表示为

$$\boldsymbol{F}_{\mathrm{A}}=-\nabla\mu_{\mathrm{A}}^{m} \tag{3.4.1}$$

其中，μ_{A}^{m}是单个 A 分子的化学势。对于稀溶液中的单个分子，其化学势可以表示为

$$\mu_{\mathrm{A}}^{m}=\mu_{\mathrm{A}}^{m0}+k_{\mathrm{b}}T\ln x_{\mathrm{A}} \tag{3.4.2}$$

其中，x_{A}是扩散组分 A 的摩尔分数。组分 A 单个分子的扩散推动力就可以表示为

$$\boldsymbol{F}_{\mathrm{A}}=-\left(\frac{k_{\mathrm{b}}T}{x_{\mathrm{A}}}\right)\nabla x_{\mathrm{A}}=-\frac{k_{\mathrm{b}}T}{C_{\mathrm{A}}}C_{\mathrm{t}}\nabla x_{\mathrm{A}} \tag{3.4.3}$$

这个扩散推动力被粒子 A 在溶剂 B 中运动的水力学曳力所平衡，因此有

$$\boldsymbol{F}_{\mathrm{A}}=f(\boldsymbol{v}_{\mathrm{A}}-\boldsymbol{v}_{\mathrm{B}}) \tag{3.4.4}$$

其中，f是曳力系数；$\boldsymbol{v}_{\mathrm{A}}-\boldsymbol{v}_{\mathrm{B}}$是扩散组分 A 相对于溶剂 B 的速度，即组分 A 以溶剂 B 的速度为参照的速度。

在极稀溶液中，混合物的摩尔平均速度等同于溶剂 B 的速度，即$\boldsymbol{v}^{M}=\boldsymbol{v}_{\mathrm{B}}$，因此组分 A 以摩尔平均速度为参照的通量为

$$\boldsymbol{J}_{\mathrm{A}}^{M}=C_{\mathrm{A}}(\boldsymbol{v}_{\mathrm{A}}-\boldsymbol{v}^{M})=C_{\mathrm{A}}(\boldsymbol{v}_{\mathrm{A}}-\boldsymbol{v}_{\mathrm{B}}) \tag{3.4.5}$$

根据式(3.4.3)～式(3.4.5)可以导出：

$$\boldsymbol{J}_{\mathrm{A}}^{M}=-C_{\mathrm{t}}D_{\mathrm{AB}}\nabla x_{\mathrm{A}} \tag{3.4.6}$$

其中

$$D_{\mathrm{AB}}=\frac{k_{\mathrm{b}}T}{f} \tag{3.4.7}$$

在 Stokes-Einstein 模型中，分子颗粒在液体中运动的曳力系数用固体球形颗粒在溶剂中运动的 Stokes 方程表示：

$$f=6\pi r_{\mathrm{A}}\mu \tag{3.4.8}$$

由式(3.4.7)和式(3.4.8)可以得出著名的 Stokes-Einstein 方程：

$$D_{AB}=\frac{k_b T}{6\pi\mu r_A} \tag{3.4.9}$$

显然，根据 Stokes-Einstein 方程，液体中溶质的扩散系数与溶质分子半径 r_A 和溶剂黏度μ都成反比。扩散系数与温度的关系则包含在 T/μ 中，由于液体的黏度随温度升高而下降，所以液体中溶质的扩散系数随温度升高而增大。该方程被广泛地用于解释稀溶液中溶质的扩散系数数据的变化规律，也用于计算无限稀扩散系数 D_{AB}^0。它是许多扩散系数经验关联式的起点。Stokes-Einstein 方程的计算值与实测值的偏差一般不会超过20%。图 3.5 中给出了正己烷和萘在各种已知黏度的烃类溶剂中的扩散系数测量数据，表明在真实体系中扩散系数是如何随溶剂黏度变化的。扩散系数并不如 Stokes-Einstein 方程所预测的那样与溶剂黏度反比，而是正比于$\mu^{-2/3}$。这背后的原因是，对于高黏度溶剂中的分子扩散，并不是大分子在小分子的“海洋”中“游泳”，而是小分子在大分子的“海洋”中“游泳”。

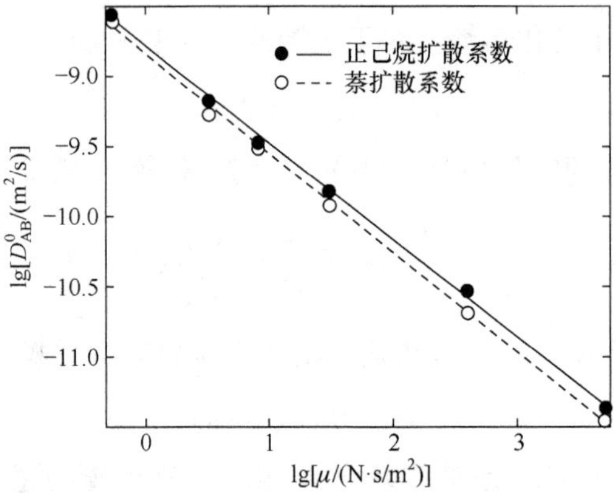

图 3.5 小分子溶质在高黏度溶剂中的扩散系数

尽管 Stokes-Einstein 模型的基本假设意味着它更符合大分子溶质在小分子溶剂中扩散的情况，该方程也可用于小分子在溶剂中扩散的场合。出乎意料的是，Stokes-Einstein 方程对于溶质分子半径是溶剂分子半径的 1/3～1/2 的扩散过程具有更高的精度。对于不是无限稀溶液的情况，扩散系数 D_{AB} 也可以根据由 Stokes-Einstein 方程预测的 D_{AB}^0 和溶液组成求得，这方面有许多经验关联式存在。

3.4.2 自由体积模型和 Eyring 速率理论[6]

另一个液体中分子扩散的模型是基于艾林(Eyring)速率理论的自由体积模型。该模型假设静止的纯液体粒子处于一种恒定的运动状态。由于液体粒子紧密排列，它们的运动主要是微观振动，而且仅限于一个由紧密相邻的粒子所构成的笼形区域中。这种场景如图 3.6 所示，其中的孔穴称为自由体积。

液体内的这种自由体积不需要能量就可以在整个液体中进行再分布。最终，自由体积聚集在一起能够形成一个足以容纳一个扩散分子的空间，并使扩散分子在克服一定的能量位阻后从现有的位置跳跃到相邻的自由体积区域(图 3.7)。

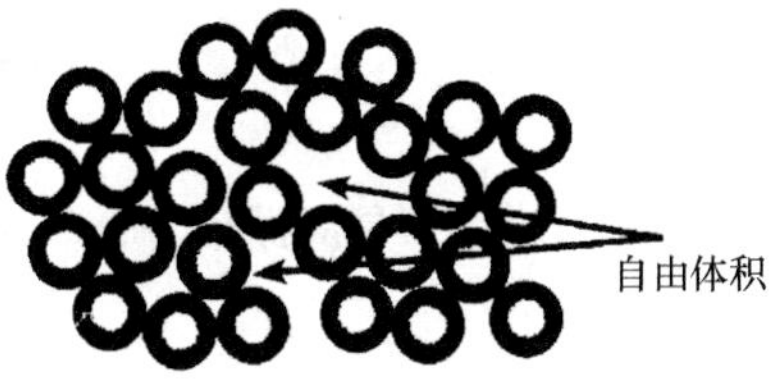

图 3.6　静态液体结构——自由体积

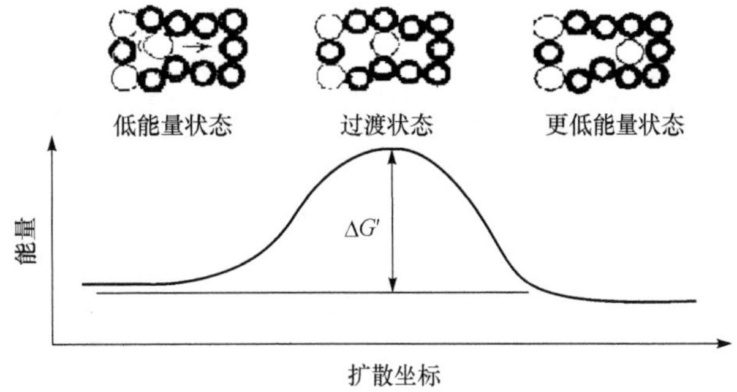

图 3.7　液体扩散——Eyring 速率理论

分子跳跃运动的速率是跳跃活化能 ΔG^{+} 的函数。化学势梯度的存在使得活化能发生了变异。在化学势降低的方向上，活化能降低，以致该方向上的跳跃频率增大。相反，在化学势升高的方向上，活化能增大，以致该方向上的跳跃频率降低。严格起见，通过单个分子的化学势梯度 $\nabla \mu_{\mathrm{A}}^{m}$ 表示活化能的变异。

在 y 方向上，向前跳跃的频率和向后跳跃的频率可以分别表示为

$$\omega_{\mathrm{f}} = \omega_0 \exp\left(-\frac{\Delta G^{+} + \frac{1}{2} l \frac{\partial \mu_{\mathrm{A}}^{m}}{\partial y}}{k_{\mathrm{b}} T} \right) \tag{3.4.10}$$

$$\omega_{\mathrm{r}} = \omega_0 \exp\left(-\frac{\Delta G^{+} - \frac{1}{2} l \frac{\partial \mu_{\mathrm{A}}^{m}}{\partial y}}{k_{\mathrm{b}} T} \right) \tag{3.4.11}$$

其中，l 是跳跃距离；k_{b} 是 Boltzmann 常量；因子 1/2 表示粒子向右跳跃和向左跳跃的概率相同。

在 y 方向上的净跳跃速率 $\omega_{\mathrm{net}} = \omega_{\mathrm{f}} - \omega_{\mathrm{r}}$，为

$$\omega_{\mathrm{net}} = -2\omega_0 \exp\left(-\frac{\Delta G^{+}}{k_{\mathrm{b}} T} \right) \sinh\left(\frac{l}{2k_{\mathrm{b}} T} \frac{\partial \mu_{\mathrm{A}}^{m}}{\partial y} \right) \tag{3.4.12}$$

通常，与粒子的热能相比，化学势梯度 $\nabla \mu_{\mathrm{A}}^{m}$ 很小，而且 l 也很小。因此，根据双曲正弦函数的性质，有 $\sinh\left(\frac{l}{2k_{\mathrm{b}} T} \frac{\partial \mu_{\mathrm{A}}^{m}}{\partial y} \right) \approx \frac{l}{2k_{\mathrm{b}} T} \frac{\partial \mu_{\mathrm{A}}^{m}}{\partial y}$，则净跳跃频率为

$$\omega_{\mathrm{net}} = -2\omega_0 \exp\left(-\frac{\Delta G^{+}}{k_{\mathrm{b}} T} \right) \frac{l}{2k_{\mathrm{b}} T} \frac{\partial \mu_{\mathrm{A}}^{m}}{\partial y} \tag{3.4.13}$$

在稀溶液中，化学势梯度的分量 $\frac{\partial \mu_{\mathrm{A}}^{m}}{\partial y}$ 可以表示为

$$\frac{\partial \mu_{\mathrm{A}}^{m}}{\partial y}=\left(\frac{k_{\mathrm{b}} T}{C_{\mathrm{A}}}\right) C_{\mathrm{t}} \frac{\partial x_{\mathrm{A}}}{\partial y} \tag{3.4.14}$$

将其代入式(3.4.13)得

$$\omega_{\mathrm{net}}=-\frac{l \omega_{0}}{C_{\mathrm{A}}} \exp \left(-\frac{\Delta G^{+}}{k_{\mathrm{b}} T}\right) C_{\mathrm{t}} \frac{\partial x_{\mathrm{A}}}{\partial y} \tag{3.4.15}$$

扩散粒子在 y 方向上的净速度，即组分 A 相对于溶剂 B 的速度，是净跳跃频率与跳跃距离的乘积：

$$v_{\mathrm{A}y}-v_{\mathrm{B}y}=l \omega_{\mathrm{net}} \tag{3.4.16}$$

稀溶液中 $\boldsymbol{v}^{M}=\boldsymbol{v}_{\mathrm{B}}$，扩散组分 A 的通量在 y 方向上的分量是

$$J_{\mathrm{A}y}^{M}=J_{\mathrm{A}y}^{\mathrm{B}}=l \omega_{\mathrm{net}} C_{\mathrm{A}}=-l^{2} \omega_{0} \exp \left(-\frac{\Delta G^{+}}{k_{\mathrm{b}} T}\right) C_{\mathrm{t}} \frac{\partial x_{\mathrm{A}}}{\partial y} \tag{3.4.17}$$

同理，可以得出扩散组分 A 的通量在 x 方向和 z 方向上的分量分别为

$$J_{\mathrm{A}x}^{M}=-l^{2} \omega_{0} \exp \left(-\frac{\Delta G^{+}}{k_{\mathrm{b}} T}\right) C_{\mathrm{t}} \frac{\partial x_{\mathrm{A}}}{\partial x} \tag{3.4.18}$$

和

$$J_{\mathrm{A}z}^{M}=-l^{2} \omega_{0} \exp \left(-\frac{\Delta G^{+}}{k_{\mathrm{b}} T}\right) C_{\mathrm{t}} \frac{\partial x_{\mathrm{A}}}{\partial z} \tag{3.4.19}$$

因此，扩散组分 A 的通量可以写成

$$\boldsymbol{J}_{\mathrm{A}}^{M}=-l^{2} \omega_{0} \exp \left(-\frac{\Delta G^{+}}{k_{\mathrm{b}} T}\right) C_{\mathrm{t}} \nabla x_{\mathrm{A}} \tag{3.4.20}$$

将该式与 Fick 定律对比，可以立即得出组分 A 的扩散系数为

$$D_{\mathrm{AB}}=l^{2} \omega_{0} \exp \left(-\frac{\Delta G^{+}}{k_{\mathrm{b}} T}\right) \tag{3.4.21}$$

本征频率可以表示为

$$\omega_{0}=\frac{k_{\mathrm{b}} T}{h} \tag{3.4.22}$$

其中，h 是普朗克(Planck)常量。因此，扩散系数可以写成：

$$D_{\mathrm{AB}}=l^{2} \frac{k_{\mathrm{b}} T}{h} \exp \left(-\frac{\Delta G^{+}}{k_{\mathrm{b}} T}\right) \tag{3.4.23}$$

如果假设对于分子扩散和动量传递，跳跃距离 l、本征频率 ω_0 和活化能 ΔG^{+} 本质上是相同的，那么可以用黏度表示扩散系数。

根据 Eyring 速率理论，流体受到应力作用运动时，流体运动的能量位阻也发生变异。粒子沿应力方向跳跃的能垒降低，而在沿应力相反方向跳跃的能垒增大，如图 3.8 所示。

那么，沿应力方向(y 方向)的跳跃频率 $\omega_{\mathrm{f}}^{\mathrm{s}}$ 和逆应力方向的跳跃频率 $\omega_{\mathrm{r}}^{\mathrm{s}}$ 分别为

$$\omega_{\mathrm{f}}^{\mathrm{s}}=\left(\frac{k_{\mathrm{b}}T}{h}\right)\exp\left[-\frac{\Delta G^{+}+\left(\frac{l}{\delta}\right)\left(\frac{\tau_{yz}\tilde{V}/N_{\mathrm{Av}}}{2}\right)}{k_{\mathrm{b}}T}\right] \tag{3.4.24}$$

$$\omega_{\mathrm{r}}^{\mathrm{s}}=\left(\frac{k_{\mathrm{b}}T}{h}\right)\exp\left[-\frac{\Delta G^{+}-\left(\frac{l}{\delta}\right)\left(\frac{\tau_{yz}\tilde{V}/N_{\mathrm{Av}}}{2}\right)}{k_{\mathrm{b}}T}\right] \tag{3.4.25}$$

其中，h 是 Planck 常量；N_{Av} 是阿伏伽德罗常量；$\tilde{V}$ 是液体的摩尔体积；δ 是流体层间距。

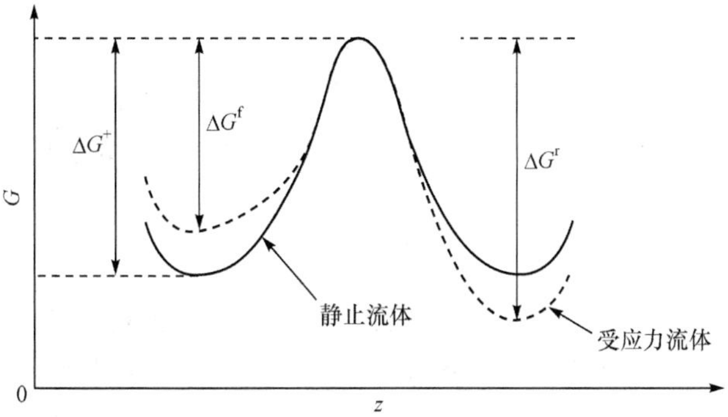

图 3.8　流体运动的应力对能垒高度的影响

一个粒子在其他粒子上滑动的净速度，即两层流体之间的速度差，是其平均跳跃距离和向前跳跃的净频率的乘积：

$$v_{z\mathrm{f}}-v_{z\mathrm{r}}=l(\omega_{\mathrm{f}}^{\mathrm{s}}-\omega_{\mathrm{r}}^{\mathrm{s}}) \tag{3.4.26}$$

如果只考虑受到诱导应力作用的流体层之间一个很小的距离，那么速度分布可以认为是线性的。在 y 方向上的速度梯度就可以用速度差和流体层间距 δ 表示：

$$-\frac{\mathrm{d}v_z}{\mathrm{d}y}=\frac{v_{z\mathrm{f}}-v_{z\mathrm{r}}}{\delta}=\frac{l}{\delta}(\omega_{\mathrm{f}}^{\mathrm{s}}-\omega_{\mathrm{r}}^{\mathrm{s}}) \tag{3.4.27}$$

将式(3.4.24)和式(3.4.25)代入式(3.4.27)得

$$-\frac{\mathrm{d}v_z}{\mathrm{d}y}=\frac{l}{\delta}\frac{k_{\mathrm{b}}T}{h}\exp\left(-\frac{\Delta G^{+}}{k_{\mathrm{b}}T}\right)\left[2\sinh\left(-\frac{l\tau_{yz}\tilde{V}}{2\delta N_{\mathrm{Av}}k_{\mathrm{b}}T}\right)\right] \tag{3.4.28}$$

注意到，$\tau_{yz}\ll N_{\mathrm{Av}}k_{\mathrm{b}}T/\tilde{V}$，根据双曲正弦函数的性质，有 $\sinh\left(-\frac{l\tau_{yz}\tilde{V}}{2\delta N_{\mathrm{Av}}k_{\mathrm{b}}T}\right)=-\frac{l\tau_{yz}\tilde{V}}{2\delta N_{\mathrm{Av}}k_{\mathrm{b}}T}$，由式(3.4.28)可以写出：

$$\tau_{yz}=\left(\frac{\delta}{l}\right)^2\frac{N_{\mathrm{Av}}h}{\tilde{V}}\exp\left(\frac{\Delta G^+}{k_{\mathrm{b}}T}\right)\frac{\mathrm{d}v_z}{\mathrm{d}y} \tag{3.4.29}$$

将式(3.4.29)与牛顿黏性定律作对比，可以导出黏度表达式为

$$\mu=\left(\frac{\delta}{l}\right)^2\frac{N_{\mathrm{Av}}h}{\tilde{V}}\exp\left(\frac{\Delta G^+}{k_{\mathrm{b}}T}\right) \tag{3.4.30}$$

因为参数 ΔG^+ 必须通过拟合实验数据而获得，所以可以将 l 和 δ 看作是相等的。因此，有

$$\mu=\frac{N_{\mathrm{Av}}h}{\tilde{V}}\exp\left(\frac{\Delta G^+}{k_{\mathrm{b}}T}\right) \tag{3.4.31}$$

对比扩散系数表达式(3.4.23)和黏度表达式(3.4.31)，可以得出：

$$D_{\mathrm{AB}}=\frac{k_{\mathrm{b}}T}{\mu}\frac{l^2}{\left(\tilde{V}/N_{\mathrm{Av}}\right)} \tag{3.4.32}$$

其中，$\tilde{V}/N_{\mathrm{Av}}$ 是每个液体分子的体积，可以近似为 l^3。在液体中，组分 A 分子的跳跃距离与其分子直径相当，即 $l=2r_{\mathrm{A}}$。因此，可以得到用液体黏度表示的扩散系数：

$$D_{\mathrm{AB}}=\frac{k_{\mathrm{b}}T}{2\mu r_{\mathrm{A}}} \tag{3.4.33}$$

尽管类似于 Stokes-Einstein 方程，该速率理论表达式的精度通常低一些。速率理论隐性地假设液体存在一种结构，即“格点”，可以用于描述液体的状态。虽然这样的结构实际上是不存在的，但是速率理论具有对液体结构进行假定和变动的能力，使得其成为比 Stokes-Einstein 模型更为灵活的一种工具。这两种模型给出的扩散系数表达式的类似性强化了这样一个看法，即由 Stokes-Einstein 方程表示的扩散系数与黏度之间的基本关系式是正确的，因此大多数经验关联式是以 Stokes-Einstein 方程为基础的。

3.5 固体内的分子扩散[1]

固态扩散的一个特点是可以用格点模型加以描述，尤其是对于晶体，由于其结构的规整性，格点模型可以相当真实地表示分子随机漫步的几何图像。固态扩散的另一个特点是由于固体内原子(或分子)排布紧密，溶质必须克服一定的能量势垒才能有净迁移。

固体中的溶质扩散可以分为两部分：①固体主体(内部)的扩散；②固体表面的扩散，只有比表面积大到一定程度，这部分扩散才起重要的作用。这两部分扩散都有两种可能的机理：一种是取代扩散或空穴扩散，溶质只沿着连接晶格格点的路径扩散，只有在格点出现空位时才能进行，即溶质的扩散是从一个格点迁移到另一个空格点实现的；另一种是间隙扩散，这类机理只有在扩散分子(或原子)远小于构成固体的分子(或原子)时才可能出现。事实上，所有的除取代扩散机理以外的扩散方式都归于间隙扩散。图 3.9 是固

体中扩散机理的示意图。

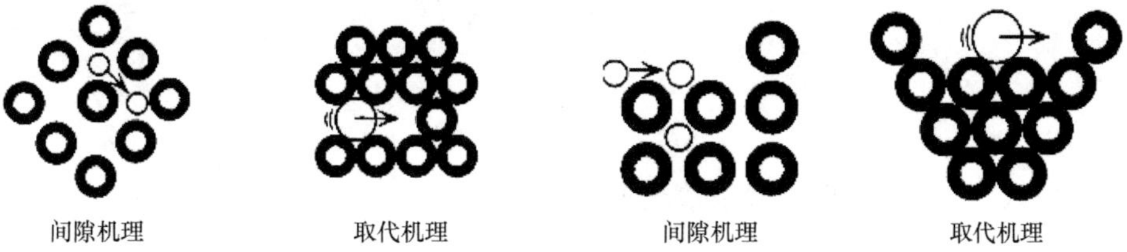

(a) 固体主体扩散机理　　(b) 固体表面扩散机理

图 3.9　固体扩散的机理

对于低浓度溶质在固体中的取代扩散，可以应用格点模型建立基本的跳跃速率理论。对于简单的立方晶格(图 3.1)内的原子(或分子)运动，在无任何跳跃阻碍(能垒)时的扩散系数为

$$D=\frac{ul}{6}=\frac{\omega l^2}{6} \tag{3.5.1}$$

该表达式假定了所有格点上的分子(原子)的自由能是相等的，因而，扩散分子的运动不会引起系统自由能的增加。然而，这只是一种理想状态。实际上，从一个格点到另一个格点，扩散分子需要通过一个自由能增大了的位置(图 3.10)。扩散路径上的最大自由能(记作 ΔG^*)对应于自由能-位置图上的鞍点。

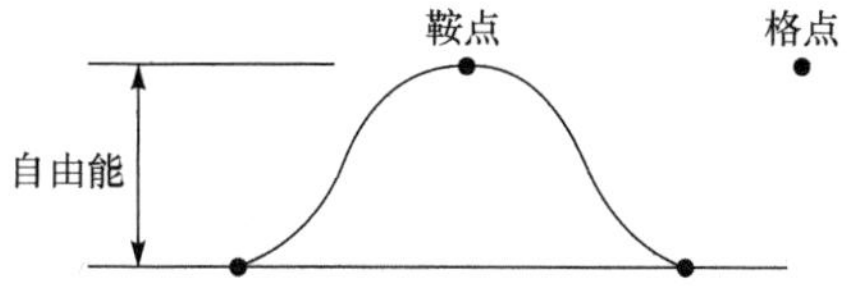

图 3.10　固态扩散自由能-位置图上的鞍点示意图

根据统计力学，在平衡时存在：

$$\frac{C^*}{C_0}=\exp\left(-\frac{\Delta G^*}{k_b T}\right) \tag{3.5.2}$$

式(3.5.2)表示在鞍点发现溶质分子的相对概率。式中，C^*是鞍点状态的溶质的浓度；C_0是格点状态的溶质的浓度。从一个格点到另一个格点的成功跳跃数与总跳跃数的比值正比于这一概率，因此成功跳跃的频率为 $\omega C^*/C_0$，而扩散系数应该为

$$D=\frac{\omega l^2}{6}\exp\left(-\frac{\Delta G^*}{k_b T}\right) \tag{3.5.3}$$

式(3.5.3)适用于全部未被占据的格点之间的分子扩散，即相邻的六个格点都是空的情况。然而，在特定固体中并不是所有的格点都一定是空的。空格点的浓度与总格点浓度之比可以表示为 $\exp(-\Delta G^+/k_b T)$，其中，ΔG^+ 是完美晶格(无缺陷晶格)中形成空格点的自由能。因此，扩散系数应该为

$$D=\frac{\omega l^2}{6}\exp\left(-\frac{\Delta G^*}{k_b T}\right)\exp\left(-\frac{\Delta G^+}{k_b T}\right) \tag{3.5.4}$$

式(3.5.4)反映了固体中取代扩散的两个要素：①扩散分子需要跨越能垒；②扩散分子只能跳跃到空格点。

根据热力学关系，可以将自由能差分成熵差和焓差两部分，即

$$\Delta G^{*}=\Delta H^{*}-T\Delta S^{*} \tag{3.5.5}$$

和

$$\Delta G^{+}=\Delta H^{+}-T\Delta S^{+} \tag{3.5.6}$$

所以，根据式(3.5.4)可以将扩散系数表示成

$$D=D_0\exp\left(-\frac{\Delta H^{*}+\Delta H^{+}}{k_{\mathrm{b}}T}\right) \tag{3.5.7}$$

其中，与温度无关的部分为

$$D_0=\frac{\omega l^2}{6}\exp\left(\frac{\Delta S^{*}+\Delta S^{+}}{k_{\mathrm{b}}}\right) \tag{3.5.8}$$

固体中溶质的扩散系数如式(3.5.7)所示，与温度的关系符合阿伦尼乌斯(Arrhenius)形式，许多实例证实了固体中溶质的扩散系数与温度的关系具有这一形式(图 3.11)。

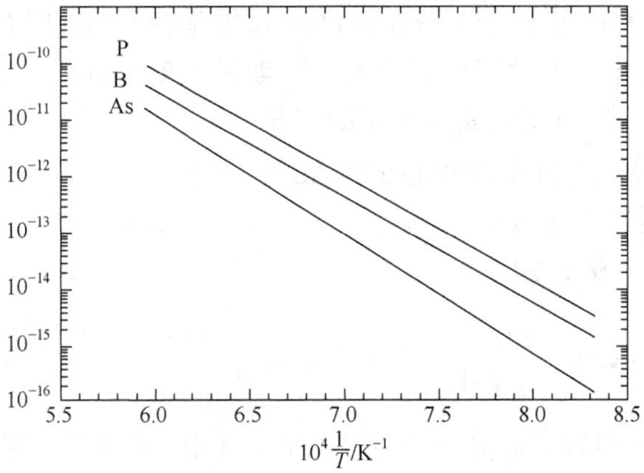

图 3.11　若干元素在固体硅中的扩散系数与温度的关系

3.6　连续性假设及时空限制条件[1]

3.6.1　连续性假设

质量传递、热量传递和动量传递的本构方程描述了分子传递通量和其推动力之间的关系，在将推动力用强度变量的空间梯度表示时，实际上已经假设了温度、组分浓度和流体速度等变量是空间位置的连续函数。这就是所谓的连续性假设。然而，连续性假设并不是自动有效的，对其有效性限制的清晰认识是十分重要的。连续性假设的有效性与分子运动相关的长度和时间尺度是紧密相关的(表 3.4)。

表 3.4　气体和液体分子运动的长度和时间尺度

物理量	气体 [a]	液体 [b]	物理量	气体 [a]	液体 [b]
分子直径 d/m	3×10^{-10}	3×10^{-10}	分子速度 u/(m/s)	5×10^{2}	$\sim10^{3}$
数密度 n/m^{-3}	3×10^{25}	2×10^{28}	位移时间 $\dfrac{l}{u}$/s	$\sim10^{-10}$	$\sim10^{-15}$
分子间距 l_0/m	1×10^{-9}	4×10^{-10}	碰撞间隔 $\dfrac{d}{u}$/s	$\sim10^{-12}$	$\sim10^{-13}$
位移距离 l/m	1×10^{-7}	$\sim10^{-12}$			

a：基于 P=1atm、T=293K 和 M=30kg/kmol 的理想气体。

b：基于密度$\rho=1\times10^{3}$kg/m^{3} 和 M=30kg/kmol。

3.6.2　空间尺度限制

系统的最小线性尺寸即特征尺寸 L 越大，则连续性假设对其有效的可能性也越大。对于 L 的限制可以从两个方面考虑。一方面是与变量的扰动相关的，必须使状态变量随时间和位置的随机扰动最小化。如果一个系统所含的分子数过少，那么如密度、浓度和速度这样的强度变量就不能在数学概念的“点”上加以定义。另一方面是与边界效应相关的，必须考虑体系内部分子之间相互作用相对于分子与边界之间作用的重要性。在前面所讨论的关于黏度、导热系数和二元 Fick 扩散系数的分子解释中，通常把流体看作无限的，而忽略了边界对这些性质的影响。这些就是所谓的“主体性质”。这些“主体”传递性质的有效性是有条件的，是受空间尺度限制的。尽管尚不能精确地解决这些问题，但是可以提出一些很有效的指导性原则。

为了说明扰动的概念，假设有一个“快照”，给出了流体样品中所有分子在特定瞬时的位置。对于其中心位于某个固定位置的各种样品体积(δV)，通过记录其所包含的分子数，从而计算出质量密度，就可以得出类似于图 3.12 的结果。如果δV 相对较大，那么密度ρ值受宏观变化的影响。随着δV 减小，可以预料ρ将趋近于一个局部值，它代表了所选定参考点的流体密度。然而随着δV 进一步减小，最终，当δV 内所包含的分子数低于一定的数值时，就会导致ρ值的大范围波动。对于一个很小的恒定数值的δV，微微移动参考点或者在不同时刻对同一位置进行观察，ρ值都会有很大的明显的随机变化。在微小的δV内，ρ值的每一个变化都代表了一种扰动。因为扰动是由分子的离散性所导致的，所以不仅密度会发生扰动，其他局部量也会发生扰动现象。

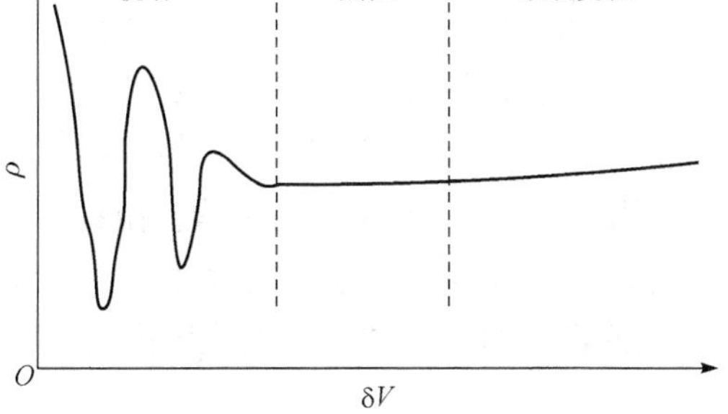

图 3.12　在固定位置和特定瞬时的密度与样品体积的关系

为了消除状态变量的扰动，必须保证体系有足够的分子数。因此，在选择长度尺度δL时，既要足够小以便足以代表局部“点”上的值并可以进行微分等数学运算，又必须足够大从而使统计变量在局部“点”上的值可不受扰动的影响。这就要求$L \gg \delta L$，而且“点”体积$\delta V=(\delta L)^3$内含有足够的分子数，即$N > N_{\min}$。也就是，要求满足$\delta L>(N_{\min}/n)^{1/3}$，其中，$n$是平均(宏观)分子数密度，$N_{\min}$是可接受的在体积$\delta V$内的最小分子数。一般认为，$L/10 > \delta L$就能够满足$L \gg \delta L$这一条件，所以系统的特征尺度$L$就要满足$L>10(N_{\min}/n)^{1/3}$这个条件。根据统计力学，要消除体系中变量的随机扰动，应该满足$N_{\min}=10^4$。根据表3.4所列的气体和液体的分子数密度，可以得出：

$$L>7\times10^{-7}\text{m}\quad(\text{常温常压气体})$$

$$L>8\times10^{-8}\text{m}\quad(\text{液体})$$

这些结果表明，要使统计变量的扰动小到可接受的程度，系统的特征尺度必须满足以下数量级条件：

$$L>1\mu\text{m}\quad(\text{常温常压气体})$$

$$L>0.1\mu\text{m}\quad(\text{液体})$$

对于理想气体，在一定温度下，分子数密度n与压力P成正比，即$n \propto P$，所以L的最小值将随$P^{-1/3}$变化。因此，对于真空状态下的气体，L的最小值可能远远大于1μm。

要使在流体主体中确定的传递性质(如μ、k、D_{AB})的数值具有意义，流体内部分子之间的相互作用必须比分子与边界的相互作用重要得多。只有在L远远超过分子间相互作用的特征长度时才能保证这一点。气体分子相互作用的特征长度是分子的平均自由程，而液体中分子间相互作用(离子-离子作用除外)的特征长度具有分子直径的量级。L必须超过这些分子间相互作用特征长度的10倍，才可以忽略边界效应，即要求：

$$L>10l\quad(\text{常温常压气体})$$

$$L>10d\quad(\text{液体})$$

根据表3.4中的数据，可以得出：

$$L>1\mu\text{m}\quad(\text{常温常压气体})$$

$$L>3\text{nm}\quad(\text{液体})$$

也就是说，对于常温常压气体，主体传递性质只可以用于特征尺度大于1μm的体系；对于液体，主体传递性质只可以用于特征尺度大于3nm的体系。

表3.5给出了从扰动和主体物性两方面考虑，满足连续性假设的系统所要满足的最小特征尺度。对于常温常压气体，扰动标准和平均自由程标准给出一致的下限，都是1μm。然而，以扰动为基准的L下限只随$P^{-1/3}$变化，而平均自由程随P^{-1}变化。这表明在低压下平均自由程标准会更严格。也就是说，对于低压气体，其系统的特征尺度要满足平均自由程标准才能满足连续性假设。对于液体，应该使用更为严格的扰动标准以保证满足连续性要求。

表 3.5　使用主体物性的连续性传递模型的最小系统尺度

流体类型	扰动	主体物性
气体 [a]	1μm	1μm
液体 [b]	0.1μm	3nm

a：基于 P=1atm、T=293K 和 M=30kg/kmol 的理想气体。
b：基于 $\rho=1\times10^3 kg/m^3$ 和 M=30kg/kmol。

对于不满足表 3.5 中所列条件的情况，一个众所周知的例子是气体在小孔中的流动。当平均自由程超过(或相当于)孔径时，传递就由分子与孔壁的碰撞所决定，而不是由分子之间的碰撞所决定。这一类型的传递称为克努森(Knudsen)流动，对于传质则称为 Knudsen 扩散。对于充满液体的孔，在孔径接近分子尺寸的情况下，二元液体组分的表观扩散系数要小于其在主体溶液(自由空间)中的数值。对于这类体系，分子与边界的相互作用不可忽视，分子运动受到边界的影响，即受到了边界的限制。分子运动受到边界影响的传递现象就是所谓的“受限空间传递”，也有文献将其称为“限域传递”。第 9 章讨论的多孔介质中的传质就是典型的受限传质问题。

3.6.3　时间尺度限制

基于连续性假设的本构方程的应用，除了有上述空间尺度的限制外，也有时间尺度上的限制。在本构方程中，时间变量不包含在内。这隐含着一个假设，即在空间梯度的推动下，传递通量是瞬时产生的。这一隐含假设的成立也是有条件限制的。

对于低压气体中的三传以及液体和固体中的传质，一个特征时间尺度是对应于单个分子的位移时间 l/u。如表 3.4 所示，对于气体，它一般约是 10^{-10}s；对于液体，则约是 10^{-15}s。第二个特征时间尺度是由 d/u 所决定的，它可以粗略地解释为分子间碰撞的间隔。在气体中，这个时间约是 10^{-12}s，而在液体中，则约是 10^{-13}s。因此，对于气体，10^{-10}s 代表了施加传递推动力(空间梯度)后产生传递通量所需的时间量级。对于液体，施加传递推动力后产生传递通量所需的时间的数量级则是 10^{-13}s。换言之，施加传递推动力后，10^{-10}s 后气体中才会产生传递通量，液体中则是 10^{-13}s 后才会产生传递通量。这两个特征时间非常短，所以在大多数情况下使用本构方程时都不必考虑松弛(时间相关的)效应。

这一结论的重要例外是聚合物液体的流动，包括聚合物溶液和熔融聚合物。这是因为柔性的大分子聚合物需要相对长的时间才能从一个变形和(或)导向状态到达新的平衡。由于流体的流变特性取决于聚合物分子的构型，关联剪切力与速度梯度的本构方程必须考虑聚合物的松弛时间。对于熔融聚合物和聚合物溶液，松弛时间可能长达几秒。这就是聚合物流体不符合牛顿黏性定律，属于非牛顿流体的原因所在。

参 考 文 献

[1] Deen W M. Analysis of Transport Phenomena. New York: Oxford University, 1998.
[2] Sears F W. An Introduction to Thermodynamics. The Kinetic Theory of Gases, and Statistical Mechanics. 2nd ed. Reading: Addison-Wesley, 1953.

[3] Hirschfelder J O, Curtiss C F, Bird R B. The Molecular Theory of Gases and Liquids. New York: John Wiley & Sons, 1954.
[4] Chapman S, Cowling T G. The Mathematical Theory of Non-Uniform Gases. 3rd ed. Cambridge: Cambridge University Press, 1970.
[5] Einstein A. Investigations on the Theory of the Brownian Movement. New York: Dover, 1956.
[6] Glasstone S, Laidler K J, Eyring H. Theory of Rate Process. New York: McGraw-Hill, 1941.

习 题

1. 外推二元扩散系数到很高温度。据报道，CO_2-空气体系在 293K 和 1atm 下的 D_{AB}= 0.151cm²/s。用以下方法外推 D_{AB} 在 1500K 的数值：

(1) 式(3.3.17)。

(2) 式(3.3.31)，并借助表 3.2 和式(3.3.30)。

将这些结果与实验值 2.45cm²/s 相比较，可以得出什么结论？

2. 根据 Chapman-Enskog 理论确定低密度气体的 *Pr*、*Sc* 和 *Le*，据此讨论动量传递、热量传递和质量传递的机理的可能差异，并与基本动力学理论的结果相比较。

3. 从二元气体混合物的扩散系数确定 Lennard-Jones 势能函数参数。H_2O(A)-O_2(B)体系在 1atm 压力下，不同温度的扩散系数见表 3.6。试确定参数 σ_{AB} 和 ε_{AB}/k_b 。

表 3.6

T/K	400	500	600	700	800	900	1000	1100
D_{AB}/(cm²/s)	0.47	0.69	0.94	1.22	1.52	1.85	2.20	2.58

4. 气体在受限空间或在很低压力下的扩散完全不同于其在大气压下的扩散。在这种情况下，气体的运动取决于气体分子与壁面的碰撞，而不是与其他分子的碰撞。对于一个半径为 r_0 的容器，假设壁面碰撞是首要的决定因素，试用动力学理论推导气体的自扩散系数的表达式，证明该自扩散系数与压力无关。

5. 气体在受限空间或在很低压力下的热传导完全不同于其在大气压下的热传导。在这种情况下，气体的运动取决于气体分子与壁面的碰撞，而不是与其他分子的碰撞。对于一个半径为 r_0 的容器，假设壁面碰撞是首要的决定因素，试用动力学理论推导气体的导热系数的表达式。你的结果对于绝热材料的设计有什么启示？

第4章

传递过程的守恒方程

4.1 引　　言

对于任何一个受传递现象控制的过程，为了确定强度变量如浓度、温度和速度等的时空分布和相应的传递通量，所要建立的数学模型都包括本构方程、系统内守恒方程、边界区域守恒方程，以及边界条件和初始条件。

本构方程描述了空间位置点上传递通量和传递推动力之间的关系，它表示传递通量与局部性质之间的联系，具有特异性，因体系及其状态以及传递量而异。第2章和第3章已经讨论了经典本构方程及其相关的传递性质，在以后的章节中将针对一些相对复杂体系的传质本构方程作深入的论述。

系统内守恒方程表示系统内特定区域或位置上传递量的累积速率与进入速率及产生速率之间的关系。边界区域守恒方程是特殊区域或特殊位置的守恒方程，表示系统与外界之间的联系，它是边界条件的主要构成。对于任何体系的任何标量，守恒方程具有通用形式。对于任何体系的任何向量也具有通用形式的守恒方程。

本章首先推导出标量守恒方程的一般形式，然后针对传质和传热的情况加以分析。另外，本章推导出动量守恒方程和边界条件，并应用于牛顿流体和非牛顿流体。

4.2 标量守恒方程的一般形式[1]

4.2.1 控制体

推导积分形式的守恒方程，需要选定一个特定的空间区域对某个广度标量进行恒算。这个特定的区域就是所谓的控制体，它是一个封闭的空间区域，用于构建积分守恒方程。在该区域内，对于一个广度标量，根据守恒定律，其累积速率等于越过边界进入的净速率与由内部源所引起的生成速率之和。

控制体的形状和大小可以随时间而变化，其边界不一定对应于物理界面，如图4.1所示。在 t 时刻，体积为 $V(t)$，表面积为 $S(t)$。体积和表面的微元分别为 $\mathrm{d}V$ 和 $\mathrm{d}S$。在表面上，每个点上垂直于表面并向外的单位矢量，即法向矢量为 $\boldsymbol{n}$ 。控制体内和表面上任何一点的位置用位置矢量 $\boldsymbol{r}$ 表示。

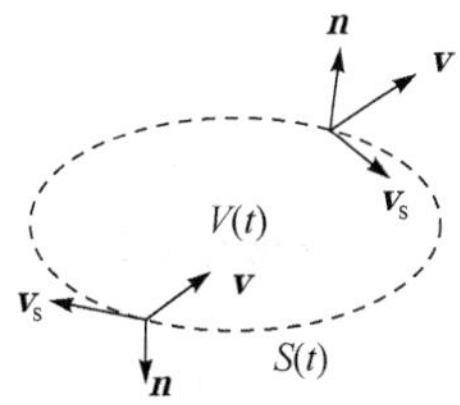

图4.1　用于衡算的控制体

控制面相对于固定坐标的速度是表面上的位置和时间的函

数，为 $\boldsymbol{v}_{\rm s}(\boldsymbol{r},t)$。流体的速度也是位置和时间的函数，对于混合物流体为平均速度 $\boldsymbol{v}^a(\boldsymbol{r},t)$，其上标 a 表示该速度是以 a 为权重的组分速度的平均值。在控制面上的某一点，流体相对于表面的速度为 $\boldsymbol{v}^a-\boldsymbol{v}_{\rm s}$，其垂直于表面并指向外面的分量为 $(\boldsymbol{v}^a-\boldsymbol{v}_{\rm s})\cdot\boldsymbol{n}$。只有当 $\boldsymbol{v}^a=\boldsymbol{v}_{\rm s}$ 时，才没有流体跨越表面的流动。

用 $b(\boldsymbol{r},t)$ 表示所要衡算的标量的浓度(单位体积的量)；$\boldsymbol{F}(\boldsymbol{r},t)$ 表示该量的总通量，即相对于某固定参照点(原点)的通量；$B_V(\boldsymbol{r},t)$ 表示该量的单位体积生成速率。在位置 $\boldsymbol{r}$ 点处的体积微元 dV 内，该标量的总量为 $b(\boldsymbol{r},t)\,{\rm d}V$。该标量通过表面积微元 d$S$ 进入控制体的速率为 $-(\boldsymbol{F}\cdot\boldsymbol{n}){\rm d}S$，负号表示 $\boldsymbol{n}$ 是指向外的。在体积微元 dV 内，该标量的生成速率是 $B_V{\rm d}V$。

4.2.2　固定控制体的守恒方程

对于固定的控制体，其表面的运动速度 $\boldsymbol{v}_{\rm s}=0$，而且体积 V 和表面积 S 均恒定。在整个控制体内，该标量的总量为 $\int_V b{\rm d}V$，其累积速率为 $\frac{\rm d}{{\rm d}t}\int_V b{\rm d}V$，生成速率为 $\int_V B_V{\rm d}V$。越过整个控制表面进入控制体积的速率为 $-\int_S \boldsymbol{F}\cdot\boldsymbol{n}{\rm d}S$。根据守恒定律，整个控制体的守恒方程为

$$\frac{\rm d}{{\rm d}t}\int_V b{\rm d}V=-\int_S \boldsymbol{F}\cdot\boldsymbol{n}{\rm d}S+\int_V B_V{\rm d}V \tag{4.2.1}$$

这就是固定控制体的积分形式守恒方程。在这里，体积分和面积分分别表示对整个控制体和整个控制面进行积分，它们只产生与时间相关的量。因此，式(4.2.1)的左边项是对时间的全微分而不是偏微分。

4.2.3　运动控制体的守恒方程

对于运动中的控制体，即有旋转、振动、变形和移动的控制体，其表面速度 $\boldsymbol{v}_{\rm s}$ 不等于零，体积 V 和表面积 S 都与时间相关。在运动控制体的守恒方程中，必须增加一项，也就是要考虑表面运动所引起的传递量进入速率。

控制表面微元 dS 的运动所引起的体积变化为 $(\boldsymbol{v}_{\rm s}\cdot\boldsymbol{n}){\rm d}S$。那么，$b(\boldsymbol{v}_{\rm s}\cdot\boldsymbol{n}){\rm d}S$ 就是由表面微元运动所引起的传递量进入控制体的速率。因此，运动控制体的守恒方程为

$$\frac{\rm d}{{\rm d}t}\int_{V(t)} b{\rm d}V=-\int_{S(t)} \boldsymbol{F}\cdot\boldsymbol{n}{\rm d}S+\int_{S(t)} b(\boldsymbol{v}_{\rm s}\cdot\boldsymbol{n}){\rm d}S+\int_{V(t)} B_V{\rm d}V \tag{4.2.2}$$

式(4.2.2)的左边是一个体积分的全微分，对于一个 $b(\boldsymbol{r},{\rm t})$ 是连续的控制体，可根据莱布尼茨(Leibniz)公式写成：

$$\frac{\rm d}{{\rm d}t}\int_{V(t)} b{\rm d}V=\int_{V(t)} \frac{\partial b}{\partial t}{\rm d}V+\int_{S(t)} b(\boldsymbol{v}_{\rm s}\cdot\boldsymbol{n}){\rm d}S \tag{4.2.3}$$

因此，运动控制体的守恒方程为

$$\int_{V(t)} \frac{\partial b}{\partial t} \mathrm{d}V = -\int_{S(t)} \boldsymbol{F} \cdot \boldsymbol{n} \mathrm{d}S + \int_{V(t)} B_V \mathrm{d}V \tag{4.2.4}$$

这就是普遍化守恒方程的积分形式，只要求 $b(\boldsymbol{r},t)$ 在体积 $V(t)$内连续，即体系内部的积分守恒方程。

4.2.4　包含相界面的控制体的守恒方程

如图 4.2 所示，控制体包含了两个相(A 和 B)之间的部分界面。这里所谓的相是指 $b(\boldsymbol{r},t)$ 是位置的连续函数的区域。在相界面上，$b(\boldsymbol{r},t)$ 不连续。

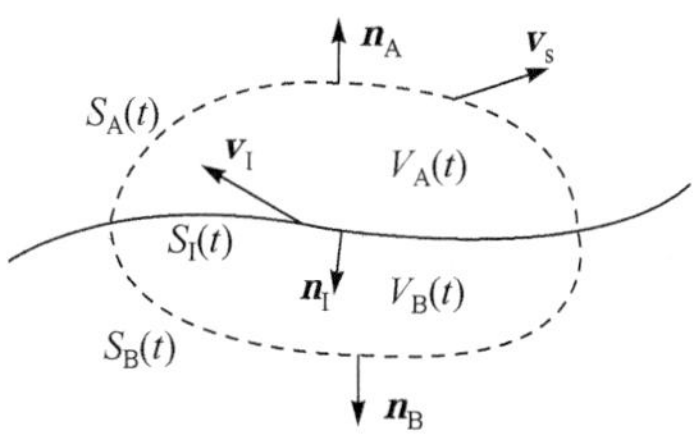

图 4.2　包含相界面的控制体

相界面将该控制体分为两部分，体积分别为 V_A 和 V_B，表面积分别为 S_A 和 S_B，对应的向外法向量为 $\boldsymbol{n}_A$ 和 $\boldsymbol{n}_B$。控制体内的相界面面积为 S_I，其从 A 指向 B 的法向量为 $\boldsymbol{n}_I$。V_A 由 S_A 和 S_I 包围，V_B 由 S_B 和 S_I 包围。

分别对 V_A 和 V_B 两部分体积内的累积速率应用 Leibniz 关系式，有

$$\frac{\mathrm{d}}{\mathrm{d}t}\int_{V_A(t)} b \mathrm{d}V = \int_{V_A(t)} \frac{\partial b}{\partial t} \mathrm{d}V + \int_{S_A(t)} b(\boldsymbol{v}_s \cdot \boldsymbol{n}_A) \mathrm{d}S + \int_{S_I(t)} b_A(\boldsymbol{v}_I \cdot \boldsymbol{n}_I) \mathrm{d}S \tag{4.2.5}$$

$$\frac{\mathrm{d}}{\mathrm{d}t}\int_{V_B(t)} b \mathrm{d}V = \int_{V_B(t)} \frac{\partial b}{\partial t} \mathrm{d}V + \int_{S_B(t)} b(\boldsymbol{v}_s \cdot \boldsymbol{n}_B) \mathrm{d}S - \int_{S_I(t)} b_B(\boldsymbol{v}_I \cdot \boldsymbol{n}_I) \mathrm{d}S \tag{4.2.6}$$

式(4.2.5)与式(4.2.6)相加，得到整个控制体内的累积速率：

$$\frac{\mathrm{d}}{\mathrm{d}t}\int_{V(t)} b \mathrm{d}V = \int_{V(t)} \frac{\partial b}{\partial t} \mathrm{d}V + \int_{S(t)} b(\boldsymbol{v}_s \cdot \boldsymbol{n}) \mathrm{d}S + \int_{S_I(t)} (b_A - b_B)(\boldsymbol{v}_I \cdot \boldsymbol{n}_I) \mathrm{d}S \tag{4.2.7}$$

其中，V 是 V_A 和 V_B 之和；S 是 S_A 和 S_B 之和；$\boldsymbol{n}$ 等于 $\boldsymbol{n}_A$ 或 $\boldsymbol{n}_B$。

将式(4.2.7)用于运动控制体的守恒方程式(4.2.2)，可以得到：

$$\int_{V(t)} \frac{\partial b}{\partial t} \mathrm{d}V + \int_{S_I(t)} (b_A - b_B)(\boldsymbol{v}_I \cdot \boldsymbol{n}_I) \mathrm{d}S = -\int_{S(t)} \boldsymbol{F} \cdot \boldsymbol{n} \mathrm{d}S + \int_{V(t)} B_V \mathrm{d}V \tag{4.2.8}$$

只有相界面是运动的，而且 $b(\boldsymbol{r},t)$ 在界面上不连续时，左边的第二项才出现。

在界面上有源存在时，如果单位相界面上生成该标量的速率为 $B_S(\boldsymbol{r},t)$，那么包含相界面的控制体的积分守恒方程就扩展为

$$\int_{V(t)} \frac{\partial b}{\partial t} \mathrm{d}V + \int_{S_I(t)} (b_A - b_B)(\boldsymbol{v}_I \cdot \boldsymbol{n}_I) \mathrm{d}S = -\int_{S(t)} \boldsymbol{F} \cdot \boldsymbol{n} \mathrm{d}S + \int_{V(t)} B_V \mathrm{d}V + \int_{S_I(t)} B_S \mathrm{d}S \tag{4.2.9}$$

该式就是包含相界面的控制体的普遍化积分守恒方程。

4.2.5　相内点守恒方程

根据散度定理，可将面积分转换成体积分，即

$$\int_S \boldsymbol{F} \cdot \boldsymbol{n} \mathrm{d}S = \int_V \nabla \cdot \boldsymbol{F} \mathrm{d}V \tag{4.2.10}$$

将式(4.2.10)代入运动控制体守恒方程式(4.2.4)，可以得到：

$$\int_V \left[\frac{\partial b}{\partial t} + \nabla \cdot \boldsymbol{F} - B_V\right] \mathrm{d}V = 0 \tag{4.2.11}$$

当控制体的大小取极限状态 $V \to 0$ 时，守恒方程式(4.2.11)就变成了连续介质中某点的方程，即点守恒方程。$V \to 0$，即 V 收缩于 $\boldsymbol{r}$ 点，那么

$$\frac{\partial b}{\partial t} = -\nabla \cdot \boldsymbol{F} + B_V \tag{4.2.12}$$

式(4.2.12)在单相(b 连续区)内的每一点都成立。它就是系统内守恒方程的微分形式。

4.2.6　界面点守恒方程

从包含相界面的控制体的积分守恒方程[式(4.2.9)]出发可以建立界面上的点守恒方程，即传递过程的界面守恒方程。

考虑如图 4.3 所示的控制体。S_A 和 S_B 分别为离界面 S_I 距离为 l 的表面积，其法向量(向外)分别为 $\boldsymbol{n}_A$ 和 $\boldsymbol{n}_B$。控制体的边缘由表面 S_E 所界定，其向外的法向量为 $\boldsymbol{n}_E$。

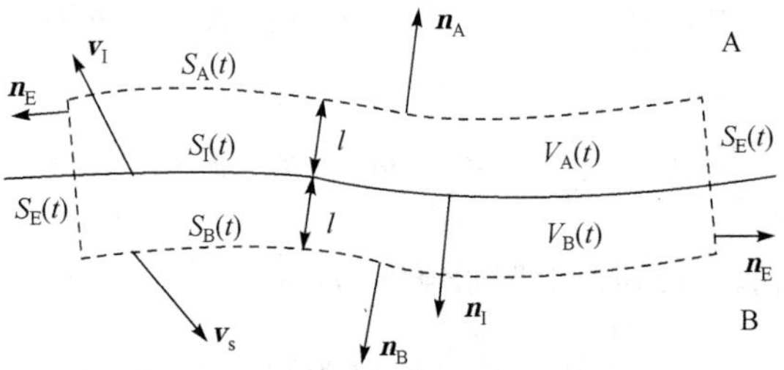

图 4.3　用于建立界面守恒方程的控制体

由式(4.2.9)可以写出该控制体的积分守恒方程为

$$\begin{aligned}\int_{V(t)} \frac{\partial b}{\partial t}\mathrm{d}V + \int_{S_I(t)} (b_A - b_B)(\boldsymbol{v}_I \cdot \boldsymbol{n}_I)\mathrm{d}S = &-\int_{S_A(t)} [\boldsymbol{F}\cdot\boldsymbol{n}]_A \mathrm{d}S - \int_{S_B(t)} [\boldsymbol{F}\cdot\boldsymbol{n}]_B \mathrm{d}S \\ &- \int_{S_E(t)} [\boldsymbol{F}\cdot\boldsymbol{n}]_E \mathrm{d}S + \int_{V(t)} B_V \mathrm{d}V + \int_{S_I(t)} B_S \mathrm{d}S\end{aligned} \tag{4.2.13}$$

取极限状态，$l \to 0$，$S_A \to S_I$ 和 $S_B \to S_I$，此时，$V \to 0$，$S_E \to 0$，以及 $-\boldsymbol{n}_A \to \boldsymbol{n}_B \to \boldsymbol{n}_I$。因此，式(4.2.13)可简化为

$$\int_{S_I(t)} \left[(\boldsymbol{F} - b\boldsymbol{v}_I)_B - (\boldsymbol{F} - b\boldsymbol{v}_I)_A\right]\cdot \boldsymbol{n}_I \mathrm{d}S = \int_{S_I(t)} B_S \mathrm{d}S \tag{4.2.14}$$

在任何时刻，对任意形状和大小的界面 S_I，式(4.2.14)都成立，所以对于界面上的任意一点都有

$$\left[(\boldsymbol{F} - b\boldsymbol{v}_I)_B - (\boldsymbol{F} - b\boldsymbol{v}_I)_A\right]\cdot \boldsymbol{n}_I = B_S \tag{4.2.15}$$

考虑到 $\boldsymbol{F}$ 是相对于固定坐标的通量，而 $\boldsymbol{F} - b\boldsymbol{v}_I$ 是相对于界面的通量，式(4.2.15)表明，界面上的源引起了相对于界面的通量的法向分量的差别。界面点守恒方程[式(4.2.15)]是传热、传质等传递问题的部分边界条件的基础。

4.2.7　分子传递通量表示的守恒方程

相对于固定坐标的通量 $\boldsymbol{F}$ 是对流通量 $b\boldsymbol{v}^a$ 和分子传递通量 $\boldsymbol{f}^a$ 两部分的总和，即

$$\boldsymbol{F} \equiv b\boldsymbol{v}^a + \boldsymbol{f}^a \tag{4.2.16}$$

将式(4.2.16)代入系统相内点守恒方程式(4.2.12)，有

$$\frac{\partial b}{\partial t} + \nabla \cdot (b\boldsymbol{v}^a) = -\nabla \cdot \boldsymbol{f}^a + B_V \tag{4.2.17}$$

将式(4.2.16)代入界面点守恒方程式(4.2.15)，有

$$\left\{\left[\boldsymbol{f}^a + b(\boldsymbol{v}^a - \boldsymbol{v}_\mathrm{I})\right]_\mathrm{B} - \left[\boldsymbol{f}^a + b(\boldsymbol{v}^a - \boldsymbol{v}_\mathrm{I})\right]_\mathrm{A}\right\} \cdot \boldsymbol{n}_\mathrm{I} = B_S \tag{4.2.18}$$

当流体混合物的速度用质量平均速度表示时，对流通量和分子传递通量分别为 $b\boldsymbol{v}$ 和 $\boldsymbol{f}$，那么有

$$\frac{\partial b}{\partial t} + \nabla \cdot (b\boldsymbol{v}) = -\nabla \cdot \boldsymbol{f} + B_V \tag{4.2.19}$$

$$\left\{[\boldsymbol{f} + b(\boldsymbol{v} - \boldsymbol{v}_\mathrm{I})]_\mathrm{B} - [\boldsymbol{f} + b(\boldsymbol{v} - \boldsymbol{v}_\mathrm{I})]_\mathrm{A}\right\} \cdot \boldsymbol{n}_\mathrm{I} = B_S \tag{4.2.20}$$

式(4.2.19)和式(4.2.20)是常用的普遍化点守恒方程。

4.2.8　相内的通量连续性和对称性条件

根据相的定义，在相内即系统内 $b(\boldsymbol{r},t)$ 是连续函数。现在考察通量 $\boldsymbol{F}$ 在相内的连续性问题。

将运动控制体的积分守恒方程式(4.2.4)中的每一项都除以表面积 S，可以得到：

$$\frac{1}{S}\int_S \boldsymbol{F} \cdot \boldsymbol{n} \mathrm{d}S = \frac{V}{S}\left[\frac{1}{V}\int_V \left(B_V - \frac{\partial b}{\partial t}\right)\mathrm{d}V\right] \tag{4.2.21}$$

对于特定形状的控制体，其体积和表面积可以表示为

$$V = C_V L^3 \quad 和 \quad S = C_S L^2$$

其中，L 是特征线性尺寸；C_V 和 C_S 是与形状有关的常数。

对于任何一个特定形状的控制体，当 $L \to 0$ 时，$V/S=(C_V/C_S)L \to 0$。由于式(4.2.21)中方括号项是一个有限量，因此由式(4.2.21)可知：

$$\lim_{S\to 0}\left[\frac{1}{S}\int_S \boldsymbol{F} \cdot \boldsymbol{n} \mathrm{d}S\right] = 0 \tag{4.2.22}$$

由式(4.2.22)可知一个重要的结论：通量矢量 $\boldsymbol{F}$ 在所有系统内部点上都是位置的连续函数。另外，由于 b 和 $\boldsymbol{v}^a$ 都是系统(特定相)内位置的连续函数，根据式(4.2.16)，分子传递通量 $\boldsymbol{f}^a$ 在系统内部也是位置的连续函数。

根据通量的连续性，利用某个穿过系统内部的特殊数学边界，可以很有效地简化传递过程的数学模型。如果系统内部存在一个单位法向量为 $\boldsymbol{n}$ 的对称平面，那么通量分量 $F_n = \boldsymbol{n} \cdot \boldsymbol{F}$ 在对称面上必定改变正负号。F_n 可以改变正负号而保持连续的唯一可能就是

它为零，即

$$F_n = 0 \quad (对称面) \tag{4.2.23}$$

对于轴对称或球形对称体系，通量的轴向分量在原点必定为零，即

$$F_r = 0 \quad (r = 0) \quad (轴对称或球形对称) \tag{4.2.24}$$

对于分子传递通量，也有同样的对称性条件：

$$f_n^a = 0 \quad (对称面) \tag{4.2.25}$$

$$f_r^a = 0 \quad (r = 0) \quad (轴对称或球形对称) \tag{4.2.26}$$

4.3 总质量守恒

4.3.1 系统内部的总质量守恒：连续性方程[1]

本节将普遍化的守恒方程应用于系统内部的总质量守恒，从而导出连续性方程。对于总质量守恒，浓度函数 b 为总质量密度，即 $b=\rho$ 。根据定义，总质量通量为 $\boldsymbol{F}=\boldsymbol{n}_{\mathrm{t}}=\sum_{i=1}^{n}\boldsymbol{n}_i=\rho\boldsymbol{v}$ ，相对于质量平均速度无净总质量流动，所以总质量没有扩散通量，即 $\boldsymbol{f}=\sum_{i=1}^{n}\boldsymbol{j}_i=0$ 。另外，根据物质不灭定律，总质量没有源，即 $B_V=0$。在这样的条件下，由守恒方程式(4.2.19)导出：

$$\frac{\partial\rho}{\partial t}+\nabla\cdot(\rho\boldsymbol{v})=0 \tag{4.3.1}$$

该总质量守恒方程就是所谓的连续性方程。

对于稳态过程，有

$$\nabla\cdot(\rho\boldsymbol{v})=0 \tag{4.3.2}$$

如果体系的密度为常数，即密度不随时间和位置变化，那么由式(4.3.1)可得

$$\nabla\cdot\boldsymbol{v}=0 \tag{4.3.3}$$

这就是所谓的不可压缩流体的连续性方程。

对于纯流体，密度是压力和温度的函数。在压力变化时，液体密度变化很小，可以很好地作为不可压缩流体处理；对于气体，在其流速远小于声速，即马赫数 $Ma \ll 1$ 时，也可按不可压缩流体处理。对于流体，包括液体和气体，在非等温条件下，由温度引起的密度随空间位置的变化是相对重要的因素，它可能会引起自然对流。然而，即使在有自然对流的情况下，式(4.3.3)也通常是一个很好的近似。

4.3.2 界面上的总质量守恒

对于界面上的总质量守恒，将 $b=\rho$ 、$\boldsymbol{f}=0$ 和 $B_S=0$ 代入界面点守恒的普遍化方程式(4.2.20)可得

$$\rho_{\mathrm{A}}(\boldsymbol{v}-\boldsymbol{v}_{\mathrm{I}})_{\mathrm{A}}\cdot\boldsymbol{n}_{\mathrm{I}}=\rho_{\mathrm{B}}(\boldsymbol{v}-\boldsymbol{v}_{\mathrm{I}})_{\mathrm{B}}\cdot\boldsymbol{n}_{\mathrm{I}} \tag{4.3.4}$$

因此，对于两相密度不相同的体系，垂直于界面的速度分量也不相等。对于固定边界或固定坐标原点在界面上的体系，界面速度为零，有

$$\rho_A \boldsymbol{v}_A \cdot \boldsymbol{n}_I = \rho_B \boldsymbol{v}_B \cdot \boldsymbol{n}_I \tag{4.3.5}$$

4.4　随体导数表示的标量守恒方程[1]

定义单位质量的标量为

$$\hat{B} \equiv b / \rho \tag{4.4.1}$$

将其代入式(4.2.19)并利用式(4.3.1)可得

$$\rho\left[\frac{\partial \hat{B}}{\partial t} + \boldsymbol{v} \cdot \nabla \hat{B}\right] = -\nabla \cdot \boldsymbol{f} + B_V \tag{4.4.2}$$

引入随体导数算符：

$$\frac{\mathrm{D}}{\mathrm{D}t} \equiv \frac{\partial}{\partial t} + \boldsymbol{v} \cdot \nabla \tag{4.4.3}$$

根据式(4.4.2)和式(4.4.3)，守恒方程可以写成如下形式：

$$\rho \frac{\mathrm{D}\hat{B}}{\mathrm{D}t} = -\nabla \cdot \boldsymbol{f} + B_V \tag{4.4.4}$$

对于密度恒定的体系，有

$$\frac{\mathrm{D}b}{\mathrm{D}t} = -\nabla \cdot \boldsymbol{f} + B_V \tag{4.4.5}$$

如果分子传递通量可以用经典本构方程的形式表示，即

$$\boldsymbol{f} = -D\nabla b \tag{4.4.6}$$

那么对于密度和分子传递系数都为常数的体系，有

$$\frac{\mathrm{D}b}{\mathrm{D}t} = D\nabla^2 b + B_V \tag{4.4.7}$$

这就是所谓的“恒性质流体”的守恒方程。

4.5　热量守恒：传热方程[1]

下面将普遍化的守恒方程应用于传热。本节考虑纯物质或成分固定的物质的传热问题，也就是没有传质发生的情况下的传热。

对于热量传递，b 为热量密度(单位体积的热量)，即 $b = \rho \hat{C}_P T$；$\boldsymbol{f}$ 为热传导通量，即 $\boldsymbol{f} = \boldsymbol{q}$，$B_V$ 应该是单位体积的外部能量输入速率，即 $B_V = H_V$。因此，在等压质量比热 $\hat{C}_P$ 恒定时，根据式(4.4.4)可得热量守恒方程：

$$\rho\hat{C}_P\frac{\mathrm{D}T}{\mathrm{D}t}=-\nabla\cdot\boldsymbol{q}+H_V \tag{4.5.1}$$

对于纯物质或组成恒定的混合物，传热过程的热传导通量可以用 Fourier 定律表示，即

$$\boldsymbol{q}=-k\nabla T \tag{4.5.2}$$

在导热系数 k 可以按常数处理的情况下，将式(4.5.2)代入式(4.5.1)，得到常用的热传导微分方程：

$$\rho\hat{C}_P\frac{\mathrm{D}T}{\mathrm{D}t}=k\nabla^2T+H_V \tag{4.5.3}$$

或

$$\frac{\mathrm{D}T}{\mathrm{D}t}=\alpha\nabla^2T+\frac{H_V}{\rho\hat{C}_P} \tag{4.5.4}$$

对于三种空间坐标系，热传导微分方程的具体形式如下：
直角坐标系

$$\frac{\partial T}{\partial t}+v_x\frac{\partial T}{\partial x}+v_y\frac{\partial T}{\partial y}+v_z\frac{\partial T}{\partial z}=\alpha\left(\frac{\partial^2T}{\partial x^2}+\frac{\partial^2T}{\partial y^2}+\frac{\partial^2T}{\partial z^2}\right)+\frac{H_V}{\rho\hat{C}_P} \tag{4.5.5}$$

柱坐标系

$$\frac{\partial T}{\partial t}+v_r\frac{\partial T}{\partial r}+\frac{v_\theta}{r}\frac{\partial T}{\partial\theta}+v_z\frac{\partial T}{\partial z}=\alpha\left[\frac{1}{r}\frac{\partial}{\partial r}\left(r\frac{\partial T}{\partial r}\right)+\frac{1}{r^2}\frac{\partial^2T}{\partial\theta^2}+\frac{\partial^2T}{\partial z^2}\right]+\frac{H_V}{\rho\hat{C}_P} \tag{4.5.6}$$

球坐标系

$$\begin{aligned}&\frac{\partial T}{\partial t}+v_r\frac{\partial T}{\partial r}+\frac{v_\theta}{r}\frac{\partial T}{\partial\theta}+\frac{v_\phi}{r\sin\theta}\frac{\partial T}{\partial\phi}\\&=\alpha\left[\frac{1}{r^2}\frac{\partial}{\partial r}\left(r^2\frac{\partial T}{\partial r}\right)+\frac{1}{r^2\sin\theta}\frac{\partial}{\partial\theta}\left(\sin\theta\frac{\partial T}{\partial\theta}\right)+\frac{1}{r^2\sin^2\theta}\frac{\partial^2T}{\partial\phi^2}\right]+\frac{H_V}{\rho\hat{C}_P}\end{aligned} \tag{4.5.7}$$

4.6 界面上的传热[1]

下面讨论纯物质或成分固定物质之间，界面上温度和热通量所要满足的条件。所谓纯物质或成分固定意味着无传质发生。这里得出的界面上温度和温度梯度的条件构成了传热问题的边界条件。

4.6.1 界面热量守恒

如图 4.4 所示，在相界面上的某点 $\boldsymbol{r}$ 处，相界面的方向用从相 1 指向相 2 的向量 $\boldsymbol{n}$ 表示。如果没有跨越相界面的主体流动，如两相互不相溶的情况，那么在界面上任何一相的速度的法向分量与界面速度的法向分量相等，即 $v_{1n}=v_{2n}=v_{\mathrm{I}n}$。此时，通用边界守恒方程式(4.2.20)中的 $\boldsymbol{f}=\boldsymbol{q}$，而且 $B_S=H_S$。由式(4.2.20)可以得到界面上热量守恒条件为

$$q_n(\boldsymbol{r},t)\big|_2 - q_n(\boldsymbol{r},t)\big|_1 = H_S(\boldsymbol{r},t) \tag{4.6.1}$$

其中，下标 1 和 2 分别代表界面的两侧；q_n 是热传导通量的法向分量；H_S 是单位界面上外界能量的输入速率。

在通常情况下，$H_S=0$，式(4.6.1)成为

$$q_n(\boldsymbol{r},t)\big|_2 = q_n(\boldsymbol{r},t)\big|_1 \tag{4.6.2}$$

因为式(4.6.2)对界面上的任何一点在任何时刻都成立，所以可以简写为

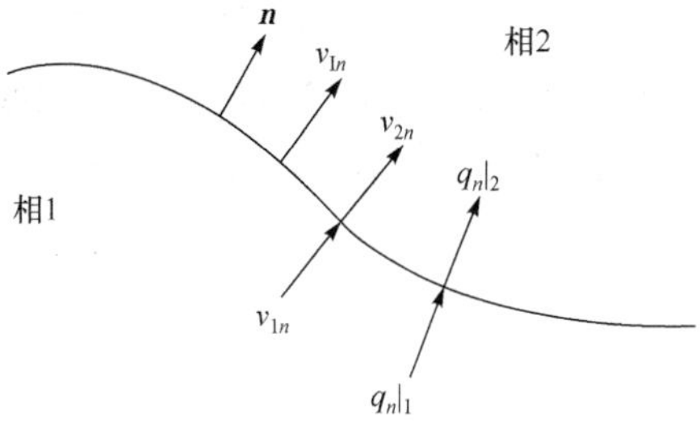

图 4.4　相界面上的热量守恒

$$q_n\big|_2 = q_n\big|_1 \tag{4.6.3}$$

4.6.2　界面热平衡

通常假定两相在任何接触点上具有相同的温度，即在界面上任何一点都有

$$T_1 = T_2 \tag{4.6.4}$$

这意味着即使热通量不为零，相界面上也保持了热平衡。也就是说，界面上的热阻与主体相中的热阻相比很小，可以忽略。在其中至少一相是流体时，这是一个很好的近似。然而，对于某些场合，如两个粗糙的或者氧化的金属表面之间的点接触，就必须考虑接触热阻。这时

$$q_n\big|_1 = q_n\big|_2 = h_s(T_1 - T_2) \tag{4.6.5}$$

其中，h_s 是表面传热系数。如果 h_s 足够大，那么表面热阻就足够小，T_1 和 T_2 就相同。

4.6.3　对称性条件

在处理传热问题时，针对特殊的体系，将对称面作为边界条件，对确定温度分布是很有利的。根据 4.2.8 节的讨论，对于平面对称，在对称面上有

$$q_n = 0 \tag{4.6.6}$$

也就是说，对称面起到了一个绝热面的作用。当温度和速度与柱坐标系中的 θ 角无关，或与球坐标系中的 θ 角和 ϕ 角无关时，就有

$$q_r\big|_{r=0} = 0 \tag{4.6.7}$$

4.6.4　相变界面热量守恒

诸如熔化、蒸发或凝固、冷凝等相变过程，有一个特征是有主体流动跨越相界面。因此，界面上 $v_{1n} \neq v_{2n} \neq v_{\text{I}n}$，故 $q_n\big|_2 - q_n\big|_1 = H_S$ 这一边界条件不成立。

对于界面上的热量守恒，由于相变潜热通常是在恒压下测量的，所以用单位体积的焓表示热量密度比较合适，即 $b=\rho\hat{H}$（$\hat{H}$ 是单位质量焓）。将它和 $\boldsymbol{f}=\boldsymbol{q}$ 及 $B_S=H_S$ 代入界面点守恒的普遍化方程，并利用界面上的总质量守恒方程式(4.3.4)，可得

$$q_n\big|_2 - q_n\big|_1 = H_S - \hat{\lambda}\rho_1(v_{1n} - v_{In}) = H_S - \hat{\lambda}\rho_2(v_{2n} - v_{In}) \tag{4.6.8}$$

其中，$\hat{\lambda} = \hat{H}_2 - \hat{H}_1$是单位质量的相变焓。

在通常情况下，$H_S = 0$，式(4.6.8)成为

$$q_n\big|_1 - q_n\big|_2 = \hat{\lambda}\rho_1(v_{1n} - v_{In}) = \hat{\lambda}\rho_2(v_{2n} - v_{In}) \tag{4.6.9}$$

4.7 组分守恒方程

4.7.1 用相对于固定坐标的组分通量表示的守恒方程

采用摩尔单位时，对于混合物中的某一组分 i，守恒方程式(4.2.12)中，$b=C_i$，$\boldsymbol{F} = \boldsymbol{N}_i$，而且 $B_V=R_{Vi}$。因此，组分 i 的守恒方程是

$$\frac{\partial C_i}{\partial t} = -\nabla \cdot \boldsymbol{N}_i + R_{Vi} \tag{4.7.1}$$

其中，R_{Vi}是单位体积内 i 组分的净摩尔生成速率；$\boldsymbol{N}_i$是 i 组分相对于固定坐标的摩尔通量。

如果采用质量单位，组分 i 的守恒方程是

$$\frac{\partial \rho_i}{\partial t} = -\nabla \cdot \boldsymbol{n}_i + r_{Vi} \tag{4.7.2}$$

其中，ρ_i是 i 组分的质量浓度；r_{Vi}是单位体积内 i 组分的净质量生成速率；$\boldsymbol{n}_i$是 i 组分相对于固定坐标的质量通量。

4.7.2 用相对于质量平均速度的扩散通量表示的守恒方程

$\boldsymbol{N}_i$包括对流通量和扩散通量两部分。对于混合物，定义各组分的扩散通量需要确定组分的平均速度作为参照。

在选择质量平均速度 $\boldsymbol{v}$ 作为参照速度时

$$\boldsymbol{N}_i = \boldsymbol{J}_i + C_i\boldsymbol{v} \tag{4.7.3}$$

将式(4.7.3)代入式(4.7.1)可得

$$\frac{\partial C_i}{\partial t} + \boldsymbol{v} \cdot \nabla C_i + C_i \nabla \cdot \boldsymbol{v} = -\nabla \cdot \boldsymbol{J}_i + R_{Vi} \tag{4.7.4}$$

对于密度恒定的不可压缩流体，式(4.3.3)成立，因此有

$$\frac{\partial C_i}{\partial t} + \boldsymbol{v} \cdot \nabla C_i = -\nabla \cdot \boldsymbol{J}_i + R_{Vi} \tag{4.7.5}$$

对于二元或拟二元混合物，当密度恒定时，根据 Fick 定律有

$$\boldsymbol{J}_i = -D_i \frac{\rho}{M_i} \nabla \omega_i = -D_i \nabla C_i \tag{4.7.6}$$

当扩散系数可以作为常数处理时，由式(4.7.5)可得

$$\frac{\partial C_i}{\partial t} + \boldsymbol{v} \cdot \nabla C_i = D_i \nabla^2 C_i + R_{Vi} \tag{4.7.7}$$

根据式(4.4.3)所定义的随体导数算符，可以将式(4.7.7)写成：

$$\frac{\mathrm{D}C_i}{\mathrm{D}t} = D_i \nabla^2 C_i + R_{Vi} \tag{4.7.8}$$

它就是所谓恒定性质的传质方程，适用于密度和扩散系数都为常数的二元或拟二元混合物体系。该方程可以用直角坐标、柱坐标和球坐标三种形式具体表示：

直角坐标

$$\frac{\partial C_i}{\partial t} + v_x \frac{\partial C_i}{\partial x} + v_y \frac{\partial C_i}{\partial y} + v_z \frac{\partial C_i}{\partial z} = D_i \left(\frac{\partial^2 C_i}{\partial x^2} + \frac{\partial^2 C_i}{\partial y^2} + \frac{\partial^2 C_i}{\partial z^2} \right) + R_{Vi} \tag{4.7.9}$$

柱坐标

$$\frac{\partial C_i}{\partial t} + v_r \frac{\partial C_i}{\partial r} + \frac{v_\theta}{r} \frac{\partial C_i}{\partial \theta} + v_z \frac{\partial C_i}{\partial z} = D_i \left[\frac{1}{r} \frac{\partial}{\partial r} \left(r \frac{\partial C_i}{\partial r} \right) + \frac{1}{r^2} \frac{\partial^2 C_i}{\partial \theta^2} + \frac{\partial^2 C_i}{\partial z^2} \right] + R_{Vi} \tag{4.7.10}$$

球坐标

$$\begin{aligned} &\frac{\partial C_i}{\partial t} + v_r \frac{\partial C_i}{\partial r} + \frac{v_\theta}{r} \frac{\partial C_i}{\partial \theta} + \frac{v_\phi}{r \sin\theta} \frac{\partial C_i}{\partial \phi} \\ &= D_i \left[\frac{1}{r^2} \frac{\partial}{\partial r} \left(r^2 \frac{\partial C_i}{\partial r} \right) + \frac{1}{r^2 \sin\theta} \frac{\partial}{\partial \theta} \left(\sin\theta \frac{\partial C_i}{\partial \theta} \right) + \frac{1}{r^2 \sin^2\theta} \frac{\partial^2 C_i}{\partial \phi^2} \right] + R_{Vi} \end{aligned} \tag{4.7.11}$$

4.7.3　用相对于摩尔平均速度的扩散通量表示的守恒方程

在选择摩尔平均速度 $\boldsymbol{v}^M$ 作为参照速度时

$$\boldsymbol{N}_i = \boldsymbol{J}_i^M + C_i \boldsymbol{v}^M \tag{4.7.12}$$

将式(4.7.12)代入式(4.7.1)可得

$$\frac{\partial C_i}{\partial t} + \boldsymbol{v}^M \cdot \nabla C_i = -C_i \nabla \cdot \boldsymbol{v}^M - \nabla \cdot \boldsymbol{J}_i^M + R_{Vi} \tag{4.7.13}$$

对混合物中所有组分的通量进行加和，有 $\boldsymbol{N}_\mathrm{t} = C_\mathrm{t} \boldsymbol{v}^M$，因此对混合物中所有组分的守恒方程式(4.7.1)进行加和，有

$$\frac{\partial C_\mathrm{t}}{\partial t} + \nabla \cdot (C_\mathrm{t} \boldsymbol{v}^M) = \sum_{i=1}^{n} R_{Vi} \tag{4.7.14}$$

对于总摩尔浓度固定的体系，如等温等压的气体，有

$$\nabla \cdot \boldsymbol{v}^M = \frac{1}{C_\mathrm{t}} \sum_{i=1}^{n} R_{Vi} \tag{4.7.15}$$

对于总摩尔浓度恒定的体系，有

$$\frac{\partial C_i}{\partial t} + \boldsymbol{v}^M \cdot \nabla C_i = -\nabla \cdot \boldsymbol{J}_i^M + R_{Vi} - x_i \sum_{i=1}^{n} R_{Vi} \tag{4.7.16}$$

对于二元或拟二元混合物，在总摩尔浓度恒定时，根据 Fick 定律有

$$\boldsymbol{J}_i^M = -C_t D_i \nabla x_i \tag{4.7.17}$$

在扩散系数可以作为常数处理时，由式(4.7.16)和式(4.7.17)可得

$$\frac{\partial x_i}{\partial t} + \boldsymbol{v}^M \cdot \nabla x_i = D_i \nabla^2 x_i + \frac{1}{C_t}\left(R_{Vi} - x_i \sum_{i=1}^{n} R_{Vi}\right) \tag{4.7.18}$$

4.8 界面上的传质[1]

对于体系中的某个组分，在界面上的浓度和通量所受到的限制条件就是传质问题的边界条件。

4.8.1 界面组分守恒

如图 4.5 所示，在相界面上的某点 $\boldsymbol{r}_s$ 处，相界面的方向用从相 1 指向相 2 的向量 $\boldsymbol{n}$ 表示。此时，通用边界守恒方程式(4.2.15)中的 $\boldsymbol{F} = \boldsymbol{N}_i$，$b = C_i$，而且 $B_S = R_{Si}$。界面上组分 i 的守恒条件是

$$[(\boldsymbol{N}_i - C_i \boldsymbol{v}_\mathrm{I})_2 - (\boldsymbol{N}_i - C_i \boldsymbol{v}_\mathrm{I})_1] \cdot \boldsymbol{n} = R_{Si} \tag{4.8.1}$$

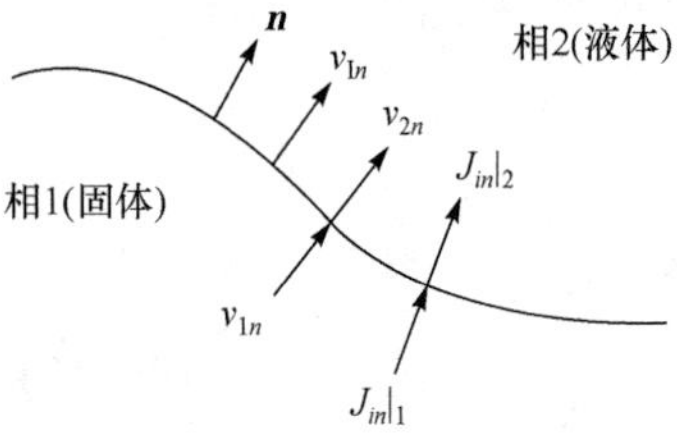

图 4.5 相界面上的组分守恒

或以质量为单位的组分 i 的界面守恒方程：

$$[(\boldsymbol{n}_i - \rho_i \boldsymbol{v}_\mathrm{I})_2 - (\boldsymbol{n}_i - \rho_i \boldsymbol{v}_\mathrm{I})_1] \cdot \boldsymbol{n} = r_{Si} \tag{4.8.2}$$

也可以写成以质量平均速度为参照的扩散通量表示的界面组分守恒方程，即

$$\{[\boldsymbol{J}_i + C_i(\boldsymbol{v} - \boldsymbol{v}_\mathrm{I})]_2 - [\boldsymbol{J}_i + C_i(\boldsymbol{v} - \boldsymbol{v}_\mathrm{I})]_1\} \cdot \boldsymbol{n} = R_{Si} \tag{4.8.3}$$

或以摩尔平均速度为参照的扩散通量表示的界面组分守恒方程，即

$$\left\{[\boldsymbol{J}_i^M + C_i(\boldsymbol{v}^M - \boldsymbol{v}_\mathrm{I})]_2 - [\boldsymbol{J}_i^M + C_i(\boldsymbol{v}^M - \boldsymbol{v}_\mathrm{I})]_1\right\} \cdot \boldsymbol{n} = R_{Si} \tag{4.8.4}$$

对所有组分的式(4.8.4)进行加和，有

$$\left\{[C_t(\boldsymbol{v}_\mathrm{I} - \boldsymbol{v}^M)]_1 - [C_t(\boldsymbol{v}_\mathrm{I} - \boldsymbol{v}^M)]_2\right\} \cdot \boldsymbol{n} = \sum_{i=1}^{n} R_{Si} \tag{4.8.5}$$

对于界面上无化学反应的体系，有

$$C_{t1}(v_{1n}^M - v_{\mathrm{I}n}) = C_{t2}(v_{2n}^M - v_{\mathrm{I}n}) \tag{4.8.6}$$

如果相界面是固定的，或者以相界面为参照的固定坐标，那么可以将界面组分守恒条件式(4.8.1)写为

$$N_{in}(\boldsymbol{r}_s,t)\big|_2 - N_{in}(\boldsymbol{r}_s,t)\big|_1 = R_{Si}(\boldsymbol{r}_s,t) \tag{4.8.7}$$

如果没有跨越相界面的主体流动，那么任何一相的速度的法向分量与界面速度的法向分量相等，即 $v_{1n} = v_{2n} = v_{In}$。由式(4.8.3)也可以将界面上组分 i 的守恒条件写为

$$J_{in}(\boldsymbol{r}_s,t)\big|_2 - J_{in}(\boldsymbol{r}_s,t)\big|_1 = R_{Si}(\boldsymbol{r}_s,t) \tag{4.8.8}$$

其中，下标 1 和 2 分别代表界面的两侧；J_{in} 是组分 i 扩散通量的法向分量；R_{Si} 是界面上组分 i 的单位面积净生成速率，mol/(m^2·s)。无界面化学反应时，R_{Si} 为零。相界面上发生化学反应的非均相体系中，R_{Si} 通常不为零。

在非均相的气固或液固体系中，反应发生在固体表面，在反应物和产物均不可能渗透到固体(相 1)中的情况下：

$$N_{in}\big|_1 = J_{in}\big|_1 = 0 \tag{4.8.9}$$

$$N_{in}\big|_2 = J_{in}\big|_2 = R_{Si} \tag{4.8.10}$$

其中，i 为所有的反应物和产物。

各组分(包括反应物和产物)的通量之间的关系由化学反应计量系数所决定。对于一个化学反应，其反应方程式可以写成：

$$0 = \sum_i \xi_i A_i \tag{4.8.11}$$

其中，ξ_i 是组分 i 在化学反应中的化学计量系数。$\xi_i<0$，意味着组分 i 是反应物；$\xi_i>0$，意味着组分 i 是产物。

定义一个与组分无关的界面反应速率：

$$R_S = R_{Si} / \xi_i \tag{4.8.12}$$

可以将式(4.8.10)写成

$$J_{in}\big|_2 = \xi_i R_S \tag{4.8.13}$$

R_S 是由界面化学反应动力学所决定的。如果知道 R_S，就可以求出所有反应物和产物在界面上的扩散通量。

4.8.2　界面上相平衡

传统的化学工程理论和方法假设相界面本身的传质阻力可以忽略，即在界面上任何一点两相都处于热力学平衡状态。需要注意的是，这里假设的是界面上两相平衡，而不是界面上两相浓度相等。

界面上两相浓度之间的关系由热力学相平衡关系确定，最简单的形式是用分配系数表示：

$$C_i\big|_1 = K_i\, C_i\big|_2 \tag{4.8.14}$$

其中，K_i 是组分 i 在两相之间的分配系数。

4.8.3 传质的对称性条件

在处理传递问题时，针对特殊的体系，将连续相中对称面作为边界条件是很有利的。根据 4.2.8 节的讨论，对于连续相中平面对称的传质问题，在对称面上：

$$N_{in} = 0 \tag{4.8.15}$$

$$J_{in} = 0 \tag{4.8.16}$$

当浓度和速度与柱坐标系中的θ角无关，或与球坐标系中的θ角和ϕ角无关时，有

$$N_{ir}\big|_{r=0} = 0 \tag{4.8.17}$$

$$J_{ir}\big|_{r=0} = 0 \tag{4.8.18}$$

4.8.4 相变界面组分守恒

熔化、蒸发或凝固、冷凝等过程的特征是有主体流动跨越相界面。因此，$v_{1n} \neq v_{2n} \neq v_{\mathrm{I}n}$，故式(4.8.8)即$J_{in}\big|_2 - J_{in}\big|_1 = R_{Si}$这一边界条件不成立。

由界面上的组分守恒可得

$$J_{in}\big|_2 - J_{in}\big|_1 = R_{Si} + C_{1i}(v_{1n} - v_{\mathrm{I}n}) - C_{2i}(v_{2n} - v_{\mathrm{I}n}) \tag{4.8.19}$$

利用界面上的总质量守恒方程式(4.3.4)，可以将式(4.8.19)写成：

$$J_{in}\big|_2 - J_{in}\big|_1 = R_{Si} + \left(\frac{C_{1i}}{\rho_1} - \frac{C_{2i}}{\rho_2}\right)\rho_1(v_{1n} - v_{\mathrm{I}n}) = R_{Si} + \left(\frac{C_{1i}}{\rho_1} - \frac{C_{2i}}{\rho_2}\right)\rho_2(v_{2n} - v_{\mathrm{I}n}) \tag{4.8.20}$$

或

$$J_{in}\big|_2 - J_{in}\big|_1 = R_{Si} + \frac{\omega_{1i} - \omega_{2i}}{M_i}\rho_1(v_{1n} - v_{\mathrm{I}n}) = R_{Si} + \frac{\omega_{1i} - \omega_{2i}}{M_i}\rho_2(v_{2n} - v_{\mathrm{I}n}) \tag{4.8.21}$$

其中，$\dfrac{C_{1i}}{\rho_1} - \dfrac{C_{2i}}{\rho_2} = \dfrac{\omega_{1i} - \omega_{2i}}{M_i}$是界面上两相中单位质量所含的$i$组分物质的量之差，可以由相平衡关系确定。

4.9 动量守恒方程[2]

以速度$\boldsymbol{v}$移动的质量为m的固体，其线性动量为向量$m\boldsymbol{v}$。根据牛顿第二运动定律，动量变化速率等于净作用力。作用在流体上的外力有两大类型：直接作用在流体某个质量或体积上的所谓“体积力”，以及作用在表面上的“表面力”。作用在控制体上的净体积力和净表面力分别用$\boldsymbol{F}_V$和$\boldsymbol{F}_S$表示，因此有

$$m\frac{\mathrm{d}\boldsymbol{v}}{\mathrm{d}t} = \boldsymbol{F}_V + \boldsymbol{F}_S \tag{4.9.1}$$

用局部速度描述流体的动量变化速率，再通过表征流体中一个有限体积的周围环境对其所施加的力给出$\boldsymbol{F}_V$和$\boldsymbol{F}_S$的表达式，就可以应用式(4.9.1)导出用于描述流体线性动

量守恒的积分方程和微分方程。

4.9.1 质体的动量

如果一个被假想的表面包围的控制体随着流动没有变形，以至于其表面速度$\boldsymbol{v}_{\mathrm{s}}$恒等于表面上流体的局部速度$\boldsymbol{v}$，那么表面任何位置都没有质量的跨越。如果没有与周围流体在分子水平的交换，那么该控制体总是含有相同的物质。这样的控制体称为“质体”，其表面和体积分别用$S(t)$和$V(t)$表示。在$V(t)\to 0$的极限状态下，质体就变成了“质点”。

对于一个质体，牛顿第二定律应该写成：

$$\frac{\mathrm{d}}{\mathrm{d}t}\int_{V(t)}\rho\boldsymbol{v}\mathrm{d}V=\boldsymbol{F}_V+\boldsymbol{F}_S \tag{4.9.2}$$

因为$\rho\boldsymbol{v}$是线性动量浓度，即单位体积内的动量，所以式(4.9.2)中的积分代表质体内的总动量。

利用向量$\boldsymbol{u}(\boldsymbol{r},t)$的 Leibniz 公式：

$$\frac{\mathrm{d}}{\mathrm{d}t}\int_{V(t)}\boldsymbol{u}\mathrm{d}V=\int_{V(t)}\frac{\partial\boldsymbol{u}}{\partial t}\mathrm{d}V+\int_{S(t)}(\boldsymbol{n}\cdot\boldsymbol{v}_{\mathrm{s}})\boldsymbol{u}\mathrm{d}S \tag{4.9.3}$$

以及并向量$\boldsymbol{vu}$的散度定理：

$$\int_{V(t)}\nabla\cdot(\boldsymbol{vu})\mathrm{d}V=\int_{S(t)}\boldsymbol{n}\cdot(\boldsymbol{vu})\mathrm{d}S \tag{4.9.4}$$

对于一个质体，当$\boldsymbol{v}_{\mathrm{s}}=\boldsymbol{v}$时，有

$$\frac{\mathrm{d}}{\mathrm{d}t}\int_{V(t)}\boldsymbol{u}\mathrm{d}V=\int_{V(t)}\left[\frac{\partial\boldsymbol{u}}{\partial t}+\nabla\cdot(\boldsymbol{vu})\right]\mathrm{d}V \tag{4.9.5}$$

设定式(4.9.5)中的$\boldsymbol{u}=\rho\boldsymbol{v}$，有

$$\frac{\mathrm{d}}{\mathrm{d}t}\int_{V(t)}\rho\boldsymbol{v}\mathrm{d}V=\int_{V(t)}\left[\frac{\partial(\rho\boldsymbol{v})}{\partial t}+\nabla\cdot(\rho\boldsymbol{vv})\right]\mathrm{d}V \tag{4.9.6}$$

将式(4.9.6)右侧的被积函数展开得到：

$$\frac{\partial(\rho\boldsymbol{v})}{\partial t}+\nabla\cdot(\rho\boldsymbol{vv})=\boldsymbol{v}\left[\frac{\partial\rho}{\partial t}+\nabla\cdot(\rho\boldsymbol{v})\right]+\rho\left[\frac{\partial\boldsymbol{v}}{\partial t}+\boldsymbol{v}\cdot\nabla\boldsymbol{v}\right] \tag{4.9.7}$$

根据连续性方程，第一个方括号项必然为零。将第二个方括号项用随体导数表示，式(4.9.6)可以简化为

$$\frac{\mathrm{d}}{\mathrm{d}t}\int_{V(t)}\rho\boldsymbol{v}\mathrm{d}V=\int_{V(t)}\rho\frac{\mathrm{D}\boldsymbol{v}}{\mathrm{D}t}\mathrm{d}V \tag{4.9.8}$$

结合式(4.9.2)和式(4.9.8)，一个质体的牛顿第二定律就变成：

$$\int_{V(t)}\rho\frac{\mathrm{D}\boldsymbol{v}}{\mathrm{D}t}\mathrm{d}V=\boldsymbol{F}_V+\boldsymbol{F}_S \tag{4.9.9}$$

用这样的形式表示总动量的变化速率有助于获得微分形式的动量守恒方程。

4.9.2 任意控制体内的动量

对于一个任意的控制体，需要额外考虑跨越其表面的质量所携带的动量。换言之，存在由跨越边界的动量对流传递而引起控制体内动量净增加或净减少的可能性。对于一个任意控制体，动量守恒的初始表示式为

$$\frac{\mathrm{d}}{\mathrm{d}t}\int_{V(t)}\rho\boldsymbol{v}\mathrm{d}V+\int_{S(t)}\left[\boldsymbol{n}\cdot\left(\boldsymbol{v}-\boldsymbol{v}_{\mathrm{s}}\right)\right]\rho\boldsymbol{v}\mathrm{d}S=\boldsymbol{F}_V+\boldsymbol{F}_S \tag{4.9.10}$$

因此，由力 $\boldsymbol{F}_V$ 和 $\boldsymbol{F}_S$ 输入的动量被累积速率加上对流损失所平衡。面积分项表示的就是动量的对流传递。如果 $\boldsymbol{v}=\boldsymbol{v}_{\mathrm{s}}$，控制体成为质体，那么式(4.9.10)退化为式(4.9.2)。因为应力的贡献只引起动量的扩散通量(不是对流传递)，所以式(4.9.10)中的面积分不会产生动量传递的重复计算。

将 Leibniz 公式和散度定理应用于式(4.9.10)，可得

$$\int_{V(t)}\left[\frac{\partial}{\partial t}(\rho\boldsymbol{v})+\nabla\cdot(\rho\boldsymbol{v}\boldsymbol{v})\right]\mathrm{d}V=\boldsymbol{F}_V+\boldsymbol{F}_S \tag{4.9.11}$$

此处已用到了 $(\boldsymbol{n}\cdot\boldsymbol{v})(\rho\boldsymbol{v})=\boldsymbol{n}\cdot(\rho\boldsymbol{v}\boldsymbol{v})$。按式(4.9.7)展开和简化被积函数，可导出同样的结果。因此对任意控制体，有

$$\int_{V(t)}\rho\frac{\mathrm{D}\boldsymbol{v}}{\mathrm{D}t}\mathrm{d}V=\boldsymbol{F}_V+\boldsymbol{F}_S \tag{4.9.12}$$

4.9.3 作用力

体积力包括重力和其他外场力，如作用在带净电荷的流体上的电场力。如果重力是唯一的体积力，那么

$$\boldsymbol{F}_V=\int_{V(t)}\rho\boldsymbol{g}\mathrm{d}V \tag{4.9.13}$$

其中，$\boldsymbol{g}$ 是重力加速度。被积函数 $\rho\boldsymbol{g}$ 是流体中任一点处的单位体积重力。

黏性应力和压力作用在表面上，因而归于表面力 $\boldsymbol{F}_S$。表面力用应力向量 $\boldsymbol{s}(\boldsymbol{n})$ 描述，即作用在单位面积表面上的力，而该表面具有单位法向量 $\boldsymbol{n}$。对于一个由控制面向外的 $\boldsymbol{n}$，$\boldsymbol{s}(\boldsymbol{n})$ 是环境对控制面所施加的应力。对控制体的整个表面上的应力进行积分，可得

$$\boldsymbol{F}_S=\int_{S(t)}\boldsymbol{s}(\boldsymbol{n})\mathrm{d}S \tag{4.9.14}$$

用这样的形式表达体积力和表面力，可以将式(4.9.12)写成：

$$\int_{V(t)}\rho\frac{\mathrm{D}\boldsymbol{v}}{\mathrm{D}t}\mathrm{d}V=\int_{V(t)}\rho\boldsymbol{g}\mathrm{d}V+\int_{S(t)}\boldsymbol{s}(\boldsymbol{n})\mathrm{d}S \tag{4.9.15}$$

这就是针对任意控制体的动量守恒的积分表达式。

将式(4.9.15)重排

$$\frac{1}{S}\int_{S(t)} \boldsymbol{s}(\boldsymbol{n})\mathrm{d}S=\frac{V}{S}\left[\frac{1}{V}\int_{V(t)}\left(\rho\frac{\mathrm{D}\boldsymbol{v}}{\mathrm{D}t}-\rho\boldsymbol{g}\right)\mathrm{d}V\right] \tag{4.9.16}$$

如果控制体的特征线性尺度为 l，那么当 $l\to 0$ 时，$V/S=0(l)$。方括号中的项是被积函数的体积平均值，在 V 减少成一个点时，它保持为一个有限值。因此，对于足够小的控制体，有

$$\lim_{S\to 0}\frac{1}{S}\int_{S(t)} \boldsymbol{s}(\boldsymbol{n})\mathrm{d}S=0 \tag{4.9.17}$$

这意味着在任何趋于零的封闭表面上的应力是平衡的，即任何一点附近的应力平衡。根据这一特性可以导出若干重要结论，其中包括在流体内任一点有

$$\boldsymbol{s}(\boldsymbol{n})=-\boldsymbol{s}(-\boldsymbol{n}) \tag{4.9.18}$$

因此，当 $\boldsymbol{n}$ 的方向反转时，应力改变正负号。另外，对于一个任意坐标系，应力向量 $\boldsymbol{s}(\boldsymbol{n})$ 可以表示为 $\boldsymbol{n}$ 和应力张量 $\boldsymbol{\sigma}$ 的点积，即

$$\boldsymbol{s}(\boldsymbol{n})=\boldsymbol{n}\cdot\boldsymbol{\sigma}=\boldsymbol{n}\cdot\sum_i\sum_j\sigma_{ij}\boldsymbol{e}_i\boldsymbol{e}_j \tag{4.9.19}$$

其中的应力张量分量 σ_{ij} 具有对称性，即 $\sigma_{ij}=\sigma_{ji}$。

将式(4.9.19)用于式(4.9.15)中的应力向量，线性动量守恒方程的积分形式成为

$$\int_{V(t)}\rho\frac{\mathrm{D}\boldsymbol{v}}{\mathrm{D}t}\mathrm{d}V=\int_{V(t)}\rho\boldsymbol{g}\mathrm{d}V+\int_{S(t)}\boldsymbol{n}\cdot\boldsymbol{\sigma}\mathrm{d}S \tag{4.9.20}$$

对张量的面积分应用散度定理并将各项归并于单一体积分中，得到

$$\int_{V(t)}\left(\rho\frac{\mathrm{D}\boldsymbol{v}}{\mathrm{D}t}-\rho\boldsymbol{g}-\nabla\cdot\boldsymbol{\sigma}\right)\mathrm{d}V=0 \tag{4.9.21}$$

因为式(4.9.21)适用于任何大小和形状的控制体，所以在流体内的任一点处被积函数必然趋于零。因此

$$\rho\frac{\mathrm{D}\boldsymbol{v}}{\mathrm{D}t}=\rho\boldsymbol{g}+\nabla\cdot\boldsymbol{\sigma} \tag{4.9.22}$$

在重力是唯一体积力的情况下，该动量守恒方程适用于任何可以作为连续介质的流体。该方程的左侧是质点的动量变化率，即单位质量乘以其在随流体移动的参照系中的加速度。该方程的右侧是单位体积的力的总和。

对于经受形变的流体，更一般化的总应力表示式为

$$\boldsymbol{\sigma}=-P\boldsymbol{\delta}+\boldsymbol{\tau} \tag{4.9.23}$$

其中，$\boldsymbol{\tau}$ 是黏性应力张量。黏性应力与流体的形变速率相关联。由于 $\boldsymbol{\sigma}$ 的非对角元素等

于$\boldsymbol{\tau}$的非对角元素，所以$\boldsymbol{\sigma}$的对称性隐含了$\boldsymbol{\tau}$的对称性。

对于单组分流体的等温流动，未知量一般是$\boldsymbol{v}$、P和ρ，其控制方程为连续性方程、动量守恒方程(含$\boldsymbol{\tau}$的本构方程)及状态方程(P与ρ的关系)。对于不可压缩流体，密度ρ为恒定常数。这就减少了一个未知量，消除了状态方程，从而使得P成为一个简单的可调力学变量以满足连续性和动量守恒。除非在边界条件中指定，不可压缩流体中P的绝对值是任意的。

4.9.4 柯西动量方程

根据式(4.9.23)，总应力的散度为

$$\nabla\cdot\boldsymbol{\sigma}=\nabla\cdot(-P\boldsymbol{\delta})+\nabla\cdot\boldsymbol{\tau}=-\nabla P+\nabla\cdot\boldsymbol{\tau} \tag{4.9.24}$$

因此，式(4.9.22)可变为

$$\rho\frac{\mathrm{D}\boldsymbol{v}}{\mathrm{D}t}=\rho\boldsymbol{g}-\nabla P+\nabla\cdot\boldsymbol{\tau} \tag{4.9.25}$$

这就是所谓的柯西动量方程。这一线性动量守恒的一般方程是分析恒密度或变密度牛顿流体流动和非牛顿流体流动的起点。它在直角坐标、柱坐标和球坐标中的分量分别列于表4.1、表4.2和表4.3中。

表 4.1 直角坐标系中的柯西动量方程

坐标轴	分量方程
x	$\rho\left(\frac{\partial v_x}{\partial t}+v_x\frac{\partial v_x}{\partial x}+v_y\frac{\partial v_x}{\partial y}+v_z\frac{\partial v_x}{\partial z}\right)=\rho g_x-\frac{\partial P}{\partial x}+\left(\frac{\partial\tau_{xx}}{\partial x}+\frac{\partial\tau_{yx}}{\partial y}+\frac{\partial\tau_{zx}}{\partial z}\right)$
y	$\rho\left(\frac{\partial v_y}{\partial t}+v_x\frac{\partial v_y}{\partial x}+v_y\frac{\partial v_y}{\partial y}+v_z\frac{\partial v_y}{\partial z}\right)=\rho g_y-\frac{\partial P}{\partial y}+\left(\frac{\partial\tau_{xy}}{\partial x}+\frac{\partial\tau_{yy}}{\partial y}+\frac{\partial\tau_{zy}}{\partial z}\right)$
z	$\rho\left(\frac{\partial v_z}{\partial t}+v_x\frac{\partial v_z}{\partial x}+v_y\frac{\partial v_z}{\partial y}+v_z\frac{\partial v_z}{\partial z}\right)=\rho g_z-\frac{\partial P}{\partial z}+\left(\frac{\partial\tau_{xz}}{\partial x}+\frac{\partial\tau_{yz}}{\partial y}+\frac{\partial\tau_{zz}}{\partial z}\right)$

表 4.2 柱坐标系中的柯西动量方程

坐标轴	分量方程
r	$\rho\left(\frac{\partial v_r}{\partial t}+v_r\frac{\partial v_r}{\partial r}+\frac{v_\theta}{r}\frac{\partial v_r}{\partial\theta}-\frac{v_\theta^2}{r}+v_z\frac{\partial v_r}{\partial z}\right)=\rho g_r-\frac{\partial P}{\partial r}+\left[\frac{1}{r}\frac{\partial}{\partial r}(r\tau_{rr})+\frac{1}{r}\frac{\partial\tau_{\theta r}}{\partial\theta}+\frac{\partial\tau_{zr}}{\partial z}\right]$
θ	$\rho\left(\frac{\partial v_\theta}{\partial t}+v_r\frac{\partial v_\theta}{\partial r}+\frac{v_\theta}{r}\frac{\partial v_\theta}{\partial\theta}+\frac{v_r v_\theta}{r}+v_z\frac{\partial v_\theta}{\partial z}\right)=\rho g_\theta-\frac{1}{r}\frac{\partial P}{\partial\theta}+\left[\frac{1}{r^2}\frac{\partial}{\partial r}\left(r^2\tau_{r\theta}\right)+\frac{1}{r}\frac{\partial\tau_{\theta\theta}}{\partial\theta}+\frac{\partial\tau_{z\theta}}{\partial z}\right]$
z	$\rho\left(\frac{\partial v_z}{\partial t}+v_r\frac{\partial v_z}{\partial r}+\frac{v_\theta}{r}\frac{\partial v_z}{\partial\theta}+v_z\frac{\partial v_z}{\partial z}\right)=\rho g_z-\frac{\partial P}{\partial z}+\left[\frac{1}{r}\frac{\partial}{\partial r}(r\tau_{rz})+\frac{1}{r}\frac{\partial\tau_{\theta z}}{\partial\theta}+\frac{\partial\tau_{zz}}{\partial z}\right]$

表 4.3　球坐标系中的柯西动量方程

坐标轴	分量方程
r	$\rho\left(\dfrac{\partial v_r}{\partial t}+v_r\dfrac{\partial v_r}{\partial r}+\dfrac{v_\theta}{r}\dfrac{\partial v_r}{\partial\theta}+\dfrac{v_\phi}{r\sin\theta}\dfrac{\partial v_r}{\partial\phi}-\dfrac{v_\theta^2+v_\phi^2}{r}\right)$ $=\rho g_r-\dfrac{\partial P}{\partial r}+\left[\dfrac{1}{r^2}\dfrac{\partial}{\partial r}\left(r^2\tau_{rr}\right)+\dfrac{1}{r\sin\theta}\dfrac{\partial}{\partial\theta}\left(\tau_{\theta r}\sin\theta\right)+\dfrac{1}{r\sin\theta}\dfrac{\partial\tau_{\phi r}}{\partial\phi}-\dfrac{\tau_{\theta\theta}+\tau_{\phi\phi}}{r}\right]$
θ	$\rho\left(\dfrac{\partial v_\theta}{\partial t}+v_r\dfrac{\partial v_\theta}{\partial r}+\dfrac{v_\theta}{r}\dfrac{\partial v_\theta}{\partial\theta}+\dfrac{v_\phi}{r\sin\theta}\dfrac{\partial v_\theta}{\partial\phi}+\dfrac{v_r v_\theta}{r}-\dfrac{v_\phi^2\cot\theta}{r}\right)$ $=\rho g_\theta-\dfrac{1}{r}\dfrac{\partial P}{\partial\theta}+\left[\dfrac{1}{r^2}\dfrac{\partial}{\partial r}\left(r^2\tau_{r\theta}\right)+\dfrac{1}{r\sin\theta}\dfrac{\partial}{\partial\theta}\left(\tau_{\theta\theta}\sin\theta\right)+\dfrac{1}{r\sin\theta}\dfrac{\partial\tau_{\phi\theta}}{\partial\phi}+\dfrac{\tau_{r\theta}}{r}-\dfrac{\cot\theta}{r}\tau_{\phi\phi}\right]$
ϕ	$\rho\left(\dfrac{\partial v_\phi}{\partial t}+v_r\dfrac{\partial v_\phi}{\partial r}+\dfrac{v_\theta}{r}\dfrac{\partial v_\phi}{\partial\theta}+\dfrac{v_\phi}{r\sin\theta}\dfrac{\partial v_\phi}{\partial\phi}+\dfrac{v_r v_\phi}{r}+\dfrac{v_\theta v_\phi\cot\theta}{r}\right)$ $=\rho g_\phi-\dfrac{1}{r\sin\theta}\dfrac{\partial P}{\partial\phi}+\left[\dfrac{1}{r^2}\dfrac{\partial}{\partial r}\left(r^2\tau_{r\phi}\right)+\dfrac{1}{r}\dfrac{\partial\tau_{\theta\phi}}{\partial\theta}+\dfrac{1}{r\sin\theta}\dfrac{\partial\tau_{\phi\phi}}{\partial\phi}+\dfrac{\tau_{r\phi}}{r}+\dfrac{2\cot\theta}{r}\tau_{\theta\phi}\right]$

4.9.5　牛顿流体的动量守恒：Navier-Stokes 方程

利用动量传递的本构方程，即黏性应力与形变速率以及流体物性的关系式，确定柯西动量方程中的 $\nabla\cdot\boldsymbol{\tau}$ 以获得完整的描述流体流动的微分方程。对于恒定物性的牛顿流体，所导出的动量方程就是纳维-斯托克斯(Navier-Stokes)方程。

对于流体力学问题，最广泛的场合是恒定密度和恒定黏度的牛顿流体。由牛顿流体的动量传递本构方程可得：

$$\nabla\cdot\boldsymbol{\tau}=\mu\left\{\nabla\cdot\left[\nabla\boldsymbol{v}+\left(\nabla\boldsymbol{v}\right)^{\mathrm{T}}\right]\right\}=\mu\left[\nabla^2\boldsymbol{v}+\nabla\left(\nabla\cdot\boldsymbol{v}\right)\right]=\mu\nabla^2\boldsymbol{v} \tag{4.9.26}$$

将该结果代入式(4.9.25)，导出：

$$\rho\frac{\mathrm{D}\boldsymbol{v}}{\mathrm{D}t}=\rho\boldsymbol{g}-\nabla P+\mu\nabla^2\boldsymbol{v} \tag{4.9.27}$$

这就是 Navier-Stokes 方程。

Navier-Stokes 方程和连续性方程(现在是 $\nabla\cdot\boldsymbol{v}=0$ 的形式)一起提供了模拟中等速度简单液体或气体流动的基础。对于不可压缩的等温纯流体，未知量仅仅是 $\boldsymbol{v}$ 和 P。考虑到 $\boldsymbol{v}$ 有三个标量分量，总共有四个未知函数。连续性方程加上 Navier-Stokes 方程的三个分量方程，提供了所需的四个偏微分方程。式(4.9.27)在三种坐标系中的分量形式列于表 4.4～表 4.6 中。

表 4.4　直角坐标系中的 Navier-Stokes 方程

坐标轴	分量方程
x	$\rho\left(\dfrac{\partial v_x}{\partial t}+v_x\dfrac{\partial v_x}{\partial x}+v_y\dfrac{\partial v_x}{\partial y}+v_z\dfrac{\partial v_x}{\partial z}\right)=\rho g_x-\dfrac{\partial P}{\partial x}+\mu\left(\dfrac{\partial^2 v_x}{\partial x^2}+\dfrac{\partial^2 v_x}{\partial y^2}+\dfrac{\partial^2 v_x}{\partial z^2}\right)$

续表

坐标轴	分量方程
y	$\rho\left(\frac{\partial v_y}{\partial t}+v_x\frac{\partial v_y}{\partial x}+v_y\frac{\partial v_y}{\partial y}+v_z\frac{\partial v_y}{\partial z}\right)=\rho g_y-\frac{\partial P}{\partial y}+\mu\left(\frac{\partial^2 v_y}{\partial x^2}+\frac{\partial^2 v_y}{\partial y^2}+\frac{\partial^2 v_y}{\partial z^2}\right)$
z	$\rho\left(\frac{\partial v_z}{\partial t}+v_x\frac{\partial v_z}{\partial x}+v_y\frac{\partial v_z}{\partial y}+v_z\frac{\partial v_z}{\partial z}\right)=\rho g_z-\frac{\partial P}{\partial z}+\mu\left(\frac{\partial^2 v_z}{\partial x^2}+\frac{\partial^2 v_z}{\partial y^2}+\frac{\partial^2 v_z}{\partial z^2}\right)$

表 4.5 柱坐标系中的 Navier-Stokes 方程

坐标轴	分量方程
r	$\rho\left(\frac{\partial v_r}{\partial t}+v_r\frac{\partial v_r}{\partial r}+\frac{v_\theta}{r}\frac{\partial v_r}{\partial \theta}-\frac{v_\theta^2}{r}+v_z\frac{\partial v_r}{\partial z}\right)=\rho g_r-\frac{\partial P}{\partial r}+\mu\left\{\frac{\partial}{\partial r}\left[\frac{1}{r}\frac{\partial}{\partial r}(rv_r)\right]+\frac{1}{r^2}\frac{\partial^2 v_r}{\partial \theta^2}-\frac{2}{r^2}\frac{\partial v_\theta}{\partial \theta}+\frac{\partial^2 v_r}{\partial z^2}\right\}$
θ	$\rho\left(\frac{\partial v_\theta}{\partial t}+v_r\frac{\partial v_\theta}{\partial r}+\frac{v_\theta}{r}\frac{\partial v_\theta}{\partial \theta}+\frac{v_r v_\theta}{r}+v_z\frac{\partial v_\theta}{\partial z}\right)=\rho g_\theta-\frac{1}{r}\frac{\partial P}{\partial \theta}+\mu\left\{\frac{\partial}{\partial r}\left[\frac{1}{r}\frac{\partial}{\partial r}(rv_\theta)\right]+\frac{1}{r^2}\frac{\partial^2 v_\theta}{\partial \theta^2}+\frac{2}{r^2}\frac{\partial v_r}{\partial \theta}+\frac{\partial^2 v_\theta}{\partial z^2}\right\}$
z	$\rho\left(\frac{\partial v_z}{\partial t}+v_r\frac{\partial v_z}{\partial r}+\frac{v_\theta}{r}\frac{\partial v_z}{\partial \theta}+v_z\frac{\partial v_\theta}{\partial z}\right)=\rho g_z-\frac{\partial P}{\partial z}+\mu\left[\frac{\partial}{\partial r}\left(\frac{1}{r}\frac{\partial v_z}{\partial r}\right)+\frac{1}{r^2}\frac{\partial^2 v_z}{\partial \theta^2}+\frac{\partial^2 v_z}{\partial z^2}\right]$

表 4.6 球坐标系中的 Navier-Stokes 方程

坐标轴	分量方程
r	$\rho\left(\frac{\partial v_r}{\partial t}+v_r\frac{\partial v_r}{\partial r}+\frac{v_\theta}{r}\frac{\partial v_r}{\partial \theta}+\frac{v_\phi}{r\sin\theta}\frac{\partial v_r}{\partial \phi}-\frac{v_\theta^2+v_\phi^2}{r}\right)=\rho g_r-\frac{\partial P}{\partial r}+\mu\left(\nabla^2 v_r-\frac{2}{r^2}v_r-\frac{2}{r^2}\frac{\partial v_\theta}{\partial \theta}-\frac{2}{r^2}v_\theta\cot\theta-\frac{2}{r^2\sin\theta}\frac{\partial v_\phi}{\partial \phi}\right)$
θ	$\rho\left(\frac{\partial v_\theta}{\partial t}+v_r\frac{\partial v_\theta}{\partial r}+\frac{v_\theta}{r}\frac{\partial v_\theta}{\partial \theta}+\frac{v_\phi}{r\sin\theta}\frac{\partial v_\theta}{\partial \phi}+\frac{v_r v_\theta}{r}-\frac{v_\phi^2\cot\theta}{r}\right)=\rho g_\theta-\frac{1}{r}\frac{\partial P}{\partial \theta}+\mu\left(\nabla^2 v_\theta+\frac{2}{r^2}\frac{\partial v_r}{\partial \theta}-\frac{v_\theta}{r^2\sin^2\theta}-\frac{2\cos\theta}{r^2\sin^2\theta}\frac{\partial v_\phi}{\partial \phi}\right)$
ϕ	$\rho\left(\frac{\partial v_\phi}{\partial t}+v_r\frac{\partial v_\phi}{\partial r}+\frac{v_\theta}{r}\frac{\partial v_\phi}{\partial \theta}+\frac{v_\phi}{r\sin\theta}\frac{\partial v_\phi}{\partial \phi}+\frac{v_\phi v_r}{r}+\frac{v_\theta v_\phi\cot\theta}{r}\right)=\rho g_\phi-\frac{1}{r\sin\theta}\frac{\partial P}{\partial \phi}+\mu\left(\nabla^2 v_\phi-\frac{v_\phi}{r^2\sin^2\theta}+\frac{2}{r^2\sin\theta}\frac{\partial v_r}{\partial \phi}+\frac{2\cos\theta}{r^2\sin^2\theta}\frac{\partial v_\theta}{\partial \phi}\right)$

4.9.6 非牛顿流体的动量守恒方程

对于不可压缩的非牛顿流体，其动量传递的本构方程为

$$\boldsymbol{\tau}=\mu(\Gamma)\left[\nabla\boldsymbol{v}+(\nabla\boldsymbol{v})^{\mathrm{T}}\right] \tag{4.9.28}$$

将该黏性应力表达式(4.9.28)代入柯西动量方程，得出非牛顿流体的动量守恒方程：

$$\rho\frac{\mathrm{D}\boldsymbol{v}}{\mathrm{D}t}=\rho\boldsymbol{g}-\nabla P+\nabla\cdot\left\{\mu(\Gamma)\left[\nabla\boldsymbol{v}+(\nabla\boldsymbol{v})^{\mathrm{T}}\right]\right\} \tag{4.9.29}$$

式(4.9.29)和连续性方程(现在是 $\nabla\cdot\boldsymbol{v}=0$ 的形式)一起提供了非牛顿流体的流体力学基本方程。黏度μ与拉伸速率Γ的相关性使得式(4.9.29)中的黏性应力项成为非线性，通常需要用数值方法求解流体力学方程组。尽管如此，对于若干简单几何形体内的非牛顿流体流动问题，其解析解是有可能获得的。

4.10　界面上的流体力学

与界面相切或垂直的速度分量和应力分量的特性决定了流体力学问题的边界条件。这里首先讨论边界上的速度特性，其次是无表面张力效应的界面应力，最后考虑表面张力作用的界面应力平衡。

4.10.1　切向速度

经过无数场合验证的一个经验观察事实是，流体-固体或流体-流体界面上的切向速度分量是连续的。也就是，在两相接触界面上没有相对运动，即“滑动”。如果与界面相切的单位向量是 $\boldsymbol{t}$ ，那么相对应的切向速度分量 $v_t=\boldsymbol{t}\cdot\boldsymbol{v}$ 。在相 1 和相 2 之间界面上的切向速度的匹配关系应该是

$$v_t\big|_1=v_t\big|_2 \tag{4.10.1}$$

该关系式称为无滑动条件。在流体和静止固体之间的界面上，式(4.10.1)变成了通常所用的流体界面速度 $v_t=0$ 这一条件。

与其他界面条件不同，无滑动条件是不能从连续介质力学的基本原理导出的。事实上，关于界面上是否存在滑动的争议可以追溯到流体力学发展的最早时期。式(4.10.1)的有效性主要基于这样的事实，由它所导出的预测结果与实验观察相一致，如管道中的压力-流速关系。尽管有很多诸如此类的实验结果所支持，无滑动条件在某些场合下也是无效的，包括系统的尺度与平均自由程相近的气体流动、在三相接触线附近的液体流动以及某些非牛顿液体流动。微纳制造的新进展重新引起了人们对无滑动条件有效性的兴趣，即滑动条件能否适用于微观或亚微观尺度下的牛顿流体。这也为检验这一条件的有效性提供了新途径。

固体表面上边界条件的另一种形式是假设滑动量正比于表面上的剪切应力(或剪切速率)。这是由 Navier 在 19 世纪 20 年代首先提出来的，可表示为

$$v_t\big|_2-v_t\big|_1=\frac{L_S}{\mu}\tau_{nt}\big|_2=2L_S\,\varGamma_{nt}\big|_2 \tag{4.10.2}$$

其中，相 2 是流体，相 1 是固体，L_S 是所谓的滑动长度。剪切应力 $\tau_{nt}=\boldsymbol{n}\cdot\boldsymbol{\tau}\cdot\boldsymbol{t}$ ，其中 $\boldsymbol{n}$ 是指向流体的单位法向量；类似地剪切速率 $\varGamma_{nt}=\boldsymbol{n}\cdot\boldsymbol{\varGamma}\cdot\boldsymbol{t}$ 。对于 $v_t=v_x(y)$ 及 $2\varGamma_{nt}=\left|\dfrac{\mathrm{d}v_x}{\mathrm{d}y}\right|$ 的简单流动，L_S 是固体内 v_t(或 v_x)达到零的虚拟深度。当 L_S=0 时，式(4.10.2)就回到了无滑动条件。当 L_S 与系统特征尺寸 L 相近时，滑动的影响变得很显著。许多应用微通道的实验数据以及分子动力学模拟结果给出：光滑可湿润表面的 L_S 值在零至几十纳米的范围内。也有报道称，表观滑动长度可达几百纳米，然而这么大的数值是由如表面粗糙度、表面疏水性及小气泡的存在等因素引起的。对于牛顿流体，对 L 是微米级或更大的体系，无滑动条件总是足够精确的，即使对 L 是纳米级的体系有时候也是适用的。

4.10.2　法向速度

垂直于界面的速度分量即法向速度 $v_n = \boldsymbol{n} \cdot \boldsymbol{v}$ 是由界面上的总质量守恒所决定的。由界面质量守恒方程可得：

$$\rho_1(v_n|_1 - v_{In}) = \rho_2(v_n|_2 - v_{In}) \tag{4.10.3}$$

显然，在不可渗透的静止固体表面上，流体的 $v_n = 0$。垂直于固体表面的相对速度为零也称为“无渗透”条件。

4.10.3　无表面张力的应力平衡

在界面张力可以被忽略的界面上，总应力的每个分量都必然是平衡的。在此前提下，任意一个平坦或弯曲界面上的任何一点上，应力向量应该满足以下条件：

$$\boldsymbol{s}(\boldsymbol{n})|_1 = \boldsymbol{s}(\boldsymbol{n})|_2 \tag{4.10.4}$$

为了满足式(4.10.4)，垂直于界面的总应力分量($\sigma_{nn} = \boldsymbol{n} \cdot \boldsymbol{\sigma} \cdot \boldsymbol{n}$)和与界面相切的应力分量($\sigma_{nt} = \boldsymbol{n} \cdot \boldsymbol{\sigma} \cdot \boldsymbol{t}$)都必须是平衡的。在只考虑压力和黏性应力的情况下，法向和切向应力条件可以写成：

$$\tau_{nn}|_1 - P_1 = \tau_{nn}|_2 - P_2 \tag{4.10.5}$$

$$\tau_{nt}|_1 = \tau_{nt}|_2 \tag{4.10.6}$$

对于静止流体，式(4.10.5)就是简单的压力平衡 $P_1 = P_2$。在许多流动体系中，法向黏性应力经常可忽略，所以压力平衡是一个很好的近似。特别地，对于不可压缩流体，在固体界面上的法向黏性应力的确为零。

在分析液体流动时，气液界面上的剪切应力经常可以忽略。原因是气体黏度相对较小，典型的气液黏度比约为 10^{-2}。因此，除非气体的变形速率大大超过液体的变形速率，气体施加在液体上的剪切应力与液体内部的应力相比是微小的。如果只关心液体的流动，那么无剪切界面是一个很好的近似。然而，在分析气体流动时，无剪切界面近似是不适用的，这一点很重要。

4.10.4　有表面张力的应力平衡

流体-流体界面上的表面张力(γ)是一种物性，它是单位面积的能量或单位长度的力。在热力学中，它代表的是产生新界面所需的能量；在力学中，它是作用在平面界面上单位长度的力。表面张力的存在会对界面上应力平衡产生影响。

考虑如图 4.6 所示的厚度为 $2l$ 的控制体，其所含的流体-流体界面为 S_I。控制体与界面相交所形成的轮廓线为闭合曲线 C。沿曲线 C，表面张力产生一个单位长度的力。该力的作用方向与垂直于曲线 C 并与界面相切的单位向量 $\boldsymbol{m}$ 一致。控制体的动量守恒方程为

$$\int_{V(t)} \rho \frac{\mathrm{D}\boldsymbol{v}}{\mathrm{D}t} \mathrm{d}V = \int_{V(t)} \rho \boldsymbol{g} \mathrm{d}V + \int_{S(t)} \boldsymbol{s} \mathrm{d}S + \int_{C(t)} \gamma \boldsymbol{m} \mathrm{d}C \tag{4.10.7}$$

式(4.10.7)右边的最后一项就是表面张力作用项。当 $l \to 0$ 时，式(4.10.7)中的体积分

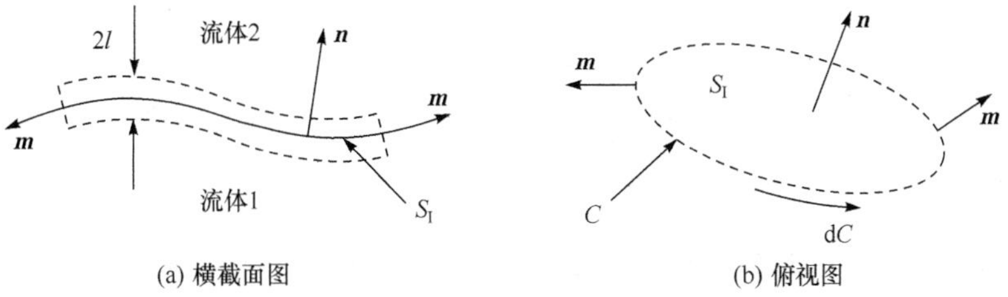

图 4.6　含有部分流体-流体界面的控制体

可忽略，控制体积的侧面对面积分的贡献也趋于零。面积分所剩余的部分是界面 S_I 的上侧和下侧。围线积分则不受 l 影响。因此，动量守恒方程变成：

$$\int_{S_I(t)} \left[\boldsymbol{s}(\boldsymbol{n})\big|_2 - \boldsymbol{s}(\boldsymbol{n})\big|_1 \right] \mathrm{d}S + \int_{C(t)} \gamma \boldsymbol{m} \mathrm{d}C = 0 \tag{4.10.8}$$

式(4.10.8)中的围线积分可以转换为面积分，即

$$\int_{C(t)} \gamma \boldsymbol{m} \mathrm{d}C = \int_{S_I(t)} \left(\nabla_S \gamma + 2\chi \boldsymbol{n} \gamma \right) \mathrm{d}S \tag{4.10.9}$$

其中，∇_S 是表面梯度；χ 是平均曲率。正如其名称，∇_S 微分算符所描述的是某个量在一个表面内的空间变化。对于一个平面，它只是常规梯度算符的二维形式，没有垂直于表面的分量。通常 χ 在每一点上都不同，与表面的局部形状有关。当 $\chi < 0$ 时，$\boldsymbol{n}$ 的朝向是离开曲率的局部中心，即离开凸面。当 $\chi > 0$ 时，$\boldsymbol{n}$ 的朝向是指向曲率的局部中心，即朝向凸面。对于一个平面以及一定类型的鞍点，$\chi=0$。圆柱面和球面具有恒定的曲率，对于向外的 $\boldsymbol{n}$，它们分别为 $\chi = -\dfrac{1}{2R}$ 和 $\chi = -\dfrac{1}{R}$。

将式(4.10.9)代入式(4.10.8)，并使 $\boldsymbol{S}_I \to 0$，界面上任一点处的应力平衡为

$$\boldsymbol{s}(\boldsymbol{n})\big|_2 - \boldsymbol{s}(\boldsymbol{n})\big|_1 + \nabla_S \gamma + 2\chi \boldsymbol{n} \gamma = 0 \tag{4.10.10}$$

如果表面张力是均匀的，那么 $\nabla_S \gamma = 0$，如果同时界面是平面，则 $\chi = 0$，这样式(4.10.10)就回到了式(4.10.4)。

将式(4.10.10)分解成垂直分量和切向分量，得出：

$$P_1 - P_2 + \tau_{nn}\big|_2 - \tau_{nn}\big|_1 + 2\chi\gamma = 0 \tag{4.10.11}$$

$$\tau_{nt}\big|_2 - \tau_{nt}\big|_1 + \boldsymbol{t} \cdot \nabla_S \gamma = 0 \tag{4.10.12}$$

应力垂直分量守恒式(4.10.11)中的最后一项也被称为毛细管压力，可以写作 $P_\gamma = -2\chi\gamma$。与毛细管压力不同的是，即使在平坦的界面上表面张力梯度也起作用。γ 的空间变化可以由温度梯度、不均匀的表面活性剂浓度，或液体表面的不均匀电荷密度引起。由表面张力梯度所引起的流动称为马兰戈尼(Marangoni)流动。

参 考 文 献

[1] Deen W M. Analysis of Transport Phenomena. New York: Oxford University Press, 1998.

[2] Deen W M. Analysis of Transport Phenomena. 2nd ed. New York: Oxford University Press, 2012.

习 题

1. 电荷守恒和电流

对于组成均匀($\nabla C_i = 0$)的电解质溶液，电流密度 $\boldsymbol{i}$ 和电势 Φ 之间的关系为

$$\boldsymbol{i} = -\kappa_e \nabla \Phi$$

其中，κ_e 是溶液的电导率(常数)。电流密度的单位是 C/(m^2·s)或 A/m^2。电解质溶液的电荷密度(ρ_e)为

$$\rho_e = F\sum_i Z_i C_i$$

其中，F 是法拉第(Faraday)常量，9.652×10^4C/mol；Z_i 是离子 i 的价态，加和是对溶液中所有离子进行的。除了带电表面附近，电中性($\rho_e \approx 0$)是一个很好的近似。假设该近似成立，并且溶液中不发生产生电荷的反应。

(1) 对溶液中的任意控制体进行电荷守恒，能得出什么结果？

(2) 推导关于溶液电势 $\Phi(\boldsymbol{r},t)$ 的偏微分方程。

2. 熵守恒和热力学第二定律

考虑静止流体或固体中的能量传递。单位质量的内能记作 $\hat{U}$ 。应用标量的普适守恒方程：

(1) 写出 $\hat{U}$ 的微分守恒方程。

(2) 假设 ρ 是常数并且 ΔH_V=0，推导单位质量的熵 $\hat{S}$ 的守恒方程(从 $\hat{U}$ 的守恒方程出发，然后应用 $\hat{U}$ 和 $\hat{S}$ 之间的热力学关系式)。

(3) 用 $\boldsymbol{j}_S$ 表示熵通量(相对于质量平均速度 $\boldsymbol{v}$)以及用 σ 代表熵产生的体积速率，以随体导数的形式表示(2)的结果。如果熵通量定义为 $\boldsymbol{j}_S \equiv \boldsymbol{q}/T$ ，确定 σ。

(4) 根据热力学第二定律，进行自发变化的系统的总熵一定是随时间而增加的。因此，对于一个固定体积，有

$$\frac{\mathrm{d}}{\mathrm{d}t}\int_V \rho\hat{S}\mathrm{d}V > 0$$

考虑非等温并且和其环境绝热的体系，利用(3)的结果证明上式要求导热系数 k 一定是正数。

3. 成长气泡的传质通量

考虑一个在饱和液体中长大的半径为 $R(t)$ 的气泡。假设传递过程是球形对称的，而且气体密度(ρ_G)和液体密度(ρ_L)都是常数。气泡中心是静止的(选择坐标系使得气泡中心为原点)。

(1) 证明气泡内的蒸气是静止的。

(2) 求进入气泡的质量通量(跨越气液界面的质量通量)。

(3) 求气泡外侧固定位置处液体中的质量通量。

第 5 章

传质过程的解析

5.1 引　　言

本章通过若干传质过程的例子，讨论如何运用由组分传递的本构方程、守恒方程、边界条件和初始条件构成的传质模型，确定传质过程的浓度分布和传质通量。通过这些例子，理解如何确定守恒方程中各项的具体形式，如何将本构方程中扩散通量和对流速度具体化，如何具体确定边界条件和初始条件，以及如何求取解析解。在组分扩散通量可以用 Fick 定律表示的条件下，讨论稳态传质过程、非稳态传质过程和拟稳态传质过程的实例。本章也针对相界面与主体之间的传质问题，讨论经典的传质理论，包括膜理论、渗透理论和表面更新理论，阐明传质过程的理论性分布参数模型和经验性归并参数传质系数模型之间的关系。

5.2 稳态传质过程

所谓稳态过程就是体系中场变量只是空间位置的函数，而与时间无关，即速度、温度或浓度的分布不随时间变化。稳态传递过程的守恒方程中时间偏导数恒等于零，使得数学模型的求解得到相对简化。对于空间维数可以简化为一维的稳态传质过程，浓度分布的求取就是常微分方程的求解。

5.2.1 二元稀合金的定向固化：单晶形成过程中微量杂质的传递[1]

在大多数单晶生产方法中都会遇到一个基本问题：含有微量杂质的熔融物固化时，杂质在固液两相间的分配。对于稳态的沿轴向生长单晶过程，可以用如图 5.1 所示的一维稳态模型描述。图中熔融物和固体的界面位置为 y=0。大多数情况下，可以合理地假设固化过程恒速进行，那么在两相密度接近的情况下，熔融物和固体相对于界面的速度都等于 $\boldsymbol{U}$ 。熔融物中杂质的浓度分布为 $C_i(y)$。熔融物主体可假设为充分混合的流体，其中杂质的浓度为 $C_{i\infty}$ 。固体中杂质的浓度为 $C_{iS}(y)$ 。由于杂质含量很低，液相和固相都可以认为是稀溶液。假设熔融物在界面附

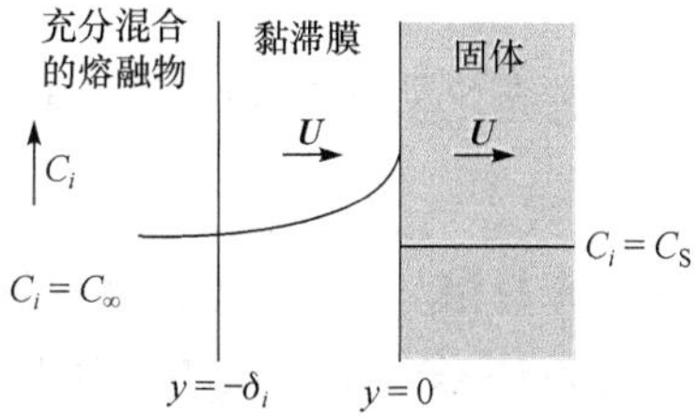

图 5.1　定向固化过程微量杂质分布的一维稳态模型

近的扩散阻力区，即所谓的黏滞膜厚度为 δ_i，而且该黏滞膜内没有平行于界面的流动。在这样的假设下，杂质在该黏滞膜内的传质只有垂直于界面的扩散和对流。需要完成的任务是，在给定的 $C_{i\infty}$、δ_i 和杂质的扩散系数 D_i 条件下，预测 $C_{iS}(y)$。

1) 对于固体相

组分 i 在系统内的守恒方程：

$$\frac{\partial C_{iS}}{\partial t} = -\nabla \cdot \boldsymbol{N}_{iS} + R_{ViS} \tag{5.2.1}$$

该稳态无化学反应的体系，有

$$\nabla \cdot \boldsymbol{N}_{iS} = 0 \tag{5.2.2}$$

这意味着相对于相界面的传质通量 $\boldsymbol{N}_{iS}$ 是恒定的。对于该固相体系，有

$$\boldsymbol{N}_{iS} = \boldsymbol{J}_{iS} + C_{iS}\boldsymbol{U} \tag{5.2.3}$$

由于该体系是密度基本恒定的低浓度体系，$\boldsymbol{J}_{iS}$ 可以用 Fick 定律表示，即

$$\boldsymbol{J}_{iS} = -\frac{\rho_S D_{iS}}{M_i}\nabla \omega_{iS} = -D_{iS}\nabla C_{iS} \tag{5.2.4}$$

对于该一维体系，有

$$-D_{iS}\frac{\mathrm{d}C_{iS}}{\mathrm{d}y} + UC_{iS} = 常数 \tag{5.2.5}$$

因为相对于其在液体中的扩散系数，杂质在固体中的扩散系数很小，即 D_{iS} 很小，所以可以忽略固体中杂质扩散通量的贡献，即 $-D_{iS}\frac{\mathrm{d}C_{iS}}{\mathrm{d}y}(y) \approx 0$。由于 $-D_{iS}\frac{\mathrm{d}C_{iS}}{\mathrm{d}y}(y) = 0$，而且 U 为常数，所以固相中杂质的浓度恒定，即

$$C_{iS}(y) = C_{iS}(0) = C_{iS} \tag{5.2.6}$$

因为结晶生长过程中固化速率较低，所以熔融物和固体的界面上可以假设为热力学平衡。对于低浓度体系，可以用线性平衡关系表示界面上的两相浓度关系，即

$$C_{iS} = K_i C_i(0) \tag{5.2.7}$$

其中，K_i 是平衡分配系数。对于大多数在硅中的杂质，如金属元素，$K_i<1$。

2) 对于熔融物相

组分 i 在系统内的守恒方程：

$$\frac{\partial C_i}{\partial t} = -\nabla \cdot \boldsymbol{N}_i + R_{Vi} \tag{5.2.8}$$

该稳态无化学反应的体系，有

$$\nabla \cdot \boldsymbol{N}_i = 0 \tag{5.2.9}$$

这意味着相对于相界面的传质通量 $\boldsymbol{N}_i$ 是恒定的。传质通量 $\boldsymbol{N}_i$ 可表示为 $\boldsymbol{N}_i = \boldsymbol{J}_i + C_i\boldsymbol{U}$。因为该体系是密度基本恒定的稀溶液体系，所以 $\boldsymbol{J}_i$ 可以用 Fick 定律表示，即 $\boldsymbol{J}_i = -\frac{\rho D_i}{M_i}\nabla \omega_i = -D_i\nabla C_i$。

对于该一维体系，有

$$N_i = -D_i \frac{dC_i}{dy} + C_i U \tag{5.2.10}$$

在 D_i 可以作常数处理的前提下，有

$$D_i \frac{d^2 C_i}{dy^2} - U \frac{dC_i}{dy} = 0 \tag{5.2.11}$$

相界面是坐标原点，故 $\boldsymbol{v}_I = 0$。由边界上的普遍化守恒方程可以得出在边界上，$(\boldsymbol{N}_{iS} - \boldsymbol{N}_i) \cdot \boldsymbol{n}_I = 0$，因此

$$-D_i \frac{dC_i}{dy}(0) + UC_i(0) = -D_{iS} \frac{dC_{iS}}{dy}(0) + UC_{iS}(0) \tag{5.2.12}$$

因为 $-D_{iS} \frac{dC_{iS}}{dy}(y) \approx 0$，所以式(5.2.12)可以写成：

$$-D_i \frac{dC_i}{dy}(0) + UC_i(0) = UC_{iS}(0) \tag{5.2.13}$$

得出一个边界条件：

$$\frac{dC_i}{dy}(0) = \frac{U(1-K_i)}{D_i} C_i(0) \tag{5.2.14}$$

另一个边界条件为液相黏滞膜边缘处的浓度与主体浓度相同，即

$$C_i(-\delta_i) = C_{i\infty} \tag{5.2.15}$$

求解满足边界条件式(5.2.14)和式(5.2.15)的常微分方程(5.2.11)，得到：

$$\frac{C_i(y)}{C_{i\infty}} = \frac{K_i + (1-K_i)\exp(Uy/D_i)}{K_i + (1-K_i)\exp(-U\delta_i/D_i)} \tag{5.2.16}$$

令

$$Pe_i \equiv \frac{U\delta_i}{D_i} = \frac{U}{k_i} \tag{5.2.17}$$

即传质的佩克莱(Peclet)数 Pe(流动速度与扩散特征速度之比)是对流传质相对于扩散传质的重要性的度量。因此，有

$$\frac{C_i(y)}{C_{i\infty}} = \frac{K_i + (1-K_i)\exp(Pe_i y/\delta_i)}{K_i + (1-K_i)\exp(-Pe_i)} \tag{5.2.18}$$

所以

$$\frac{C_{iS}}{C_{i\infty}} = \frac{K_i}{K_i + (1-K_i)\exp(-Pe_i)} \tag{5.2.19}$$

考虑两种极端情况：

(1) $Pe_i \to 0$ 时，相当于 $k_i \gg U$，即在熔融物中杂质的传质很快时，$C_i(y) = C_{i\infty}$。这表示熔融物内杂质没有浓度梯度，熔融液相充分混合。此时，$C_{iS} = K_i C_{i\infty}$。一般情况下，$K_i < 0.1$，因此，$C_{iS} < C_{i\infty}$。

(2) $Pe_i \to \infty$ 时，相当于 $\delta_i \to \infty$，此时熔融液体相内完全没有主体混合，$C_{iS} = C_{i\infty}$，即杂质在固体相和熔融相中的浓度相等，杂质没有得到分离。

显然，在固化过程中杂质的去除依赖于熔融液的搅拌程度和固化速率。

5.2.2　超滤过程的筛分系数[1]

在超滤过程中，大分子或胶体粒子被膜截留，溶剂透过膜从而实现溶剂和溶质的分离。在保证滤液中溶质浓度足够低的前提下，滤液的速度越快，膜性能就越优越。然而，高流速会加剧浓差极化现象。这就需要考虑膜上下游的对流和扩散对溶质分离的影响。这里不考虑另一种常见的浓度极化，即膜污染或渗透压增大所引起的滤液速度下降。

稳态超滤的黏滞膜模型如图 5.2 所示。在距离膜表面δ处，渗余液的溶质浓度 $C_R(-\delta)$ 达到了其主体浓度 C_0。溶质在渗余液中的扩散系数为 D_R。滤液流速为 v。对于膜内的传质可以采用拟均相模型，将包括膜孔、孔内流体和膜基体三部分的体系当作一个均相体系处理。在膜内，溶质的扩散通量可表示为

$$J = -D_M \frac{dC_M}{dx} \tag{5.2.20}$$

其中，C_M 是膜内的“液体当量”浓度；D_M 是对应的膜内扩散系数。在膜-溶液界面上各组分的浓度是相等的。膜的本征选择性用 D_M/D_R 和对流阻碍因子 W 表示。对流阻碍因子 W 取决于溶质、溶剂和膜孔结构，其数值处于 0(理想的半渗透)和 1(非选择性)之间。假设滤液进入一个充分混合的容器中，其溶质浓度为 C_F。筛分系数 $\Theta=C_F/C_0$，是一个可以测定的量，用于表示特定溶质的分离效果。需要推导筛分系数的表达式，将其表示为对流阻碍因子 W、膜内 Peclet 数 $Pe_M = \dfrac{vWL}{D_M}$ 和渗余液的 Peclet 数 $Pe_R = \dfrac{v\delta}{D_R}$ 的函数，并确定分离效果最佳的滤液流速。

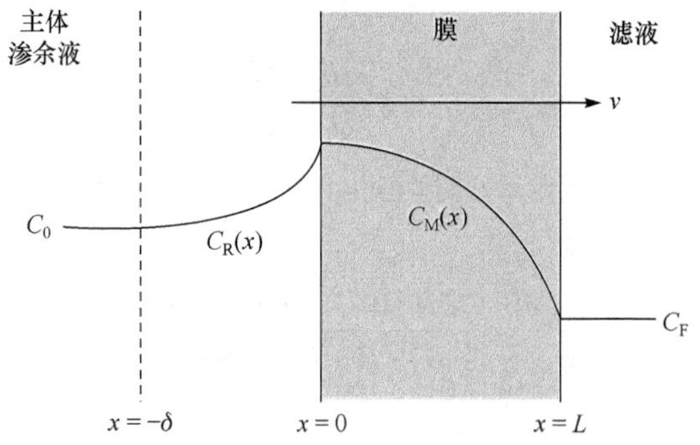

图 5.2　稳态超滤的黏滞膜模型

这一过程涉及三个不同的相，即渗余液、膜和滤液。对于这样的无化学反应的一维稳态过程，由组分的守恒方程可知，在三个不同的相内溶质的传质通量都是常数。又由边界上(x=0 和 x=L)的组分守恒方程可知，三个相内的溶质通量相等，表示为 N。

对于液体溶液体系和固体膜，根据连续性方程，在三个不同的相内质量平均速度都是常数，分别表示为 v_R、v_M 和 v_F。又根据边界上(x=0 和 x=L)的总质量守恒方程，可知

$$\rho_R v_R = \rho_M v_M = \rho_F v_F \tag{5.2.21}$$

对于稀溶液，渗余液和滤液的密度近似相等，所以 v_R 和 v_F 相等，均为 v。然而，膜内的质量平均速度不相同，为

$$v_M = \frac{\rho_F}{\rho_M} v_F = Wv \tag{5.2.22}$$

其中，滤液与膜的密度之比 W 就是对流阻碍因子。

对于滤液，因为它是均匀液体，所以溶质的扩散通量为零，则溶质的总通量为

$$N = C_F v \tag{5.2.23}$$

对于膜内，有微分方程：

$$C_F v = -D_M \frac{\mathrm{d}C_M}{\mathrm{d}x} + C_M W v \tag{5.2.24}$$

及其边界条件：

$$C_M(0) = C_R(0) \tag{5.2.25}$$

解边界条件为式(5.2.25)的微分方程式(5.2.24)，并由 $C_M(L) = C_F$，可得

$$\frac{(W-1)C_F}{WC_R(0) - C_F} = \mathrm{e}^{Pe_M} \tag{5.2.26}$$

即

$$\frac{(W-1)\Theta}{W\dfrac{C_R(0)}{C_0} - \Theta} = \mathrm{e}^{Pe_M} \tag{5.2.27}$$

对于渗余液，有微分方程：

$$C_F v = -D_R \frac{\mathrm{d}C_R}{\mathrm{d}x} + vC_R \tag{5.2.28}$$

及其边界条件:

$$C_R(-\delta) = C_0 \tag{5.2.29}$$

解边界条件为式(5.2.29)的微分方程式(5.2.28)，可得

$$\frac{C_R(0) - C_F}{C_0 - C_F} = \mathrm{e}^{Pe_R} \tag{5.2.30}$$

即

$$\frac{\dfrac{C_R(0)}{C_0} - \Theta}{1 - \Theta} = \mathrm{e}^{Pe_R} \tag{5.2.31}$$

由式(5.2.27)和式(5.2.31)可以得出：

$$\Theta = \frac{W\mathrm{e}^{Pe_\mathrm{R}}}{(1-W)(1-\mathrm{e}^{-Pe_\mathrm{M}})+W\mathrm{e}^{Pe_\mathrm{R}}} \tag{5.2.32}$$

对于不存在浓差极化的情况，$C_\mathrm{R}(0)=C_0$，即膜上游的液体相中没有传质阻力，$\delta=0$，即 $Pe_\mathrm{R}=0$。此时

$$\Theta = \frac{W}{(1-W)(1-\mathrm{e}^{-Pe_\mathrm{M}})+W} \tag{5.2.33}$$

当 $Pe_\mathrm{M} \gg 1$ 时，分离效果最好，$\Theta=W$；当 $Pe_\mathrm{M} \ll 1$ 时，分离效果最差，$\Theta=1$。

对于一般的情况，则存在一个最佳的滤液流速值使得分离效果最佳，也就是筛分系数 Θ 达到最小值。此时

$$\frac{\mathrm{d}\Theta}{\mathrm{d}v} = -\Theta^2 \frac{\mathrm{d}}{\mathrm{d}v}\left(\frac{1}{\Theta}\right) = 0 \tag{5.2.34}$$

由式(5.2.33)可得

$$\frac{1}{\Theta} = 1 + \frac{1-W}{W}(1-\mathrm{e}^{-Pe_\mathrm{M}})\mathrm{e}^{-Pe_\mathrm{R}} \tag{5.2.35}$$

将式(5.2.35)对 v 求导，并令其等于零，可以解得

$$v_\mathrm{opt} = \frac{D_\mathrm{M}}{WL}\ln\left(1+W\frac{D_\mathrm{R}}{D_\mathrm{M}}\frac{L}{\delta}\right) \tag{5.2.36}$$

其中，v_opt 是使筛分系数达到最小值的最佳滤液流速。根据式(5.2.36)，在该最佳滤液流速下，膜内 Peclet 数与渗余液(膜上游)的 Peclet 数之间必然满足以下关系式：

$$Pe_\mathrm{R} = \frac{Pe_\mathrm{M}}{\mathrm{e}^{Pe_\mathrm{M}}-1} \tag{5.2.37}$$

5.3 非稳态传质过程

在非稳态过程中，场变量不仅由空间位置决定，而且随时间而变化，因此守恒方程中的时间偏导数不为零，获得场变量的分布需要求解包含时间偏导数的偏微分方程组。该求解过程比稳态过程更为复杂。

5.3.1 半导体掺杂：固体相的动态扩散

半导体掺杂过程的传质现象可以简化为一个非稳态扩散过程。如图 5.3 所示，掺杂物 A 从具有固定浓度的表面向固体内部扩散传质的过程。可以合理地假设，固体内掺杂物的浓度只与距离 y 和时间 t 有关。

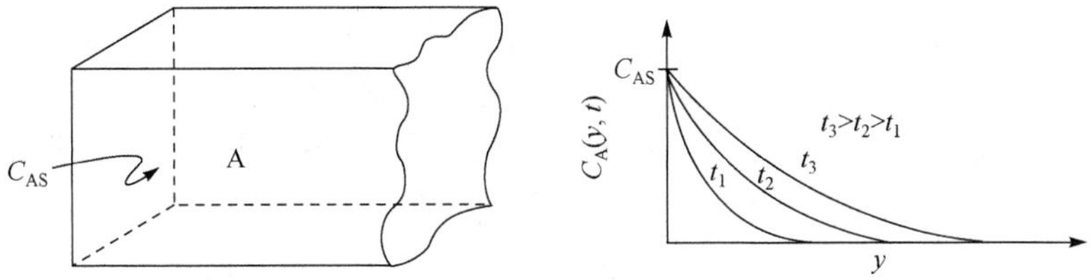

图 5.3　半导体掺杂过程的传质现象

组分 A 在系统内的守恒方程：

$$\frac{\partial C_A}{\partial t} = -\nabla \cdot \boldsymbol{N}_A + R_{VA} \tag{5.3.1}$$

该体系无化学反应，故 $R_{VA}=0$ 。静止固体中的扩散传质过程无主体流动，所以组分的传质通量 $\boldsymbol{N}_A = \boldsymbol{J}_A + C_A\boldsymbol{v} = \boldsymbol{J}_A$ 。对于低浓度单一组分在固体中的一维扩散，在等温条件下，可以认为体系的总密度恒定，组分的扩散系数为常数，因此组分的扩散通量可以用经典的 Fick 定律表示，即

$$J_{Ay} = -\frac{\rho}{M_A} D_A \frac{\partial \omega_A}{\partial y} = -D_A \frac{\partial C_A}{\partial y} \tag{5.3.2}$$

组分的守恒方程可以写成：

$$\frac{\partial C_A}{\partial t} = D_A \frac{\partial^2 C_A}{\partial y^2} \tag{5.3.3}$$

对于非稳态过程，当边界上温度或溶质浓度受到扰动时，在其他位置观察到温度或溶质浓度变化就需要一定的时间，距离越远的位置，迟缓的时间就越长。对于慢响应体系，当边界太远以致在有意义的时间尺度内不能被“感觉”到变化，仿佛它是在无限远处起作用。因此，对一定体积的流体或固体进行模型化时，可以将其几何尺寸当作无限大或半无限大处理。

这里所讨论的半导体掺杂问题就符合这类情况，因为硅片厚度相对于渗透距离(需要被掺杂的深度)可以认为是无限大，即可以作为半无限大体系处理。因此，上述微分方程具有以下的初始条件和边界条件：

$$C_A(y,0) = 0 \qquad (t=0) \tag{5.3.4}$$

$$C_A = C_{AS} \qquad (y=0) \tag{5.3.5}$$

$$C_A = 0 \qquad (y=\infty) \tag{5.3.6}$$

式(5.3.3)是抛物型偏微分方程，其解法和解析解与其初始条件和边界条件密切相关。解法的细节可以参考有关数学书籍，其解也可以从数学手册查得。这里针对初始条件和边界条件[式(5.3.4)～式(5.3.6)]给出一种简便方法，即采用组合变量法求解。

组合变量法将两个原始自变量组合成一个复合变量，从而使偏微分方程转化为常微分方程。可以使用组合变量法的场合是：应变量(温度、速度或浓度)的分布(对所有时间和位置)具有相似的形状，不同的只是其变化的空间范围。也就是说，应变量的分布具有

足够的自相似性，因而可以引入一个时间(或位置)相关的无量纲变量使得不同时间(或位置)的分布曲线重叠在一起。因此，组合变量法也称为相似性方法。这种相似性分析可用于特征长度只取决于速率过程，而不是由几何尺寸所决定的问题。这类问题所涉及的空间区域可以看成是无限的或半无限的，如小渗透深度的非稳态扩散，以及包含速度、温度和浓度边界层的二维稳态流动。对于这里所讨论的过渡态扩散过程，其浓度分布的特点是：用 y(空间位置)作横轴时，其分布随时间而变，形状相似，渗透深度 $\delta(t)$ 随时间而变；横轴改用 $y/\delta(t)$，浓度分布就变成了单一曲线，即浓度可以表示成由 y 和 t 组合而成的单一变量的函数。这样偏微分方程就可以转换为常微分方程。

定义无量纲浓度 $f = C_A / C_{AS}$，则该偏微分方程转化为

$$\frac{\partial f}{\partial t} = D_A \frac{\partial^2 f}{\partial y^2} \tag{5.3.7}$$

其初始条件和边界条件为

$$f(y,0)=0 \tag{5.3.8}$$

$$f(0,t)=1 \tag{5.3.9}$$

$$f(\infty,t)=0 \tag{5.3.10}$$

为了将其转换成常微分方程，将变量 t 和 y 组合起来构成一个新变量：

$$\eta = \frac{y}{\delta(t)} \tag{5.3.11}$$

其中，$\delta(t)$是渗透深度。将其代入偏微分方程式(5.3.7)中，可以得出常微分方程：

$$\frac{\mathrm{d}^2 f}{\mathrm{d}\eta^2} + \frac{\delta\delta'}{D_A}\eta\frac{\mathrm{d}f}{\mathrm{d}\eta} = 0 \tag{5.3.12}$$

相似性假说成立时，$f(y,t)=f(\eta)$，y 和 t 都不会独立地出现在该方程中。因为 $\delta=\delta(t)$，所以只有 $\delta\delta'$ 为常数 c 的情况下，时间 t 才能不作为独立变量出现在该方程中，即

$$\frac{\delta\delta'}{D_A} = c, \quad \delta(0) = 0 \tag{5.3.13}$$

由于渗透深度 $\delta(t)$随时间增大，所以 δ 、δ' 和 c 都不小于 0。由式(5.3.13)可以得出，$\delta(t) = \sqrt{2cD_A t}$，即

$$\eta = \frac{y}{\sqrt{2cD_A t}} \tag{5.3.14}$$

微分方程式(5.3.12)成为

$$\frac{\mathrm{d}^2 f}{\mathrm{d}\eta^2} + c\eta\frac{\mathrm{d}f}{\mathrm{d}\eta} = 0 \tag{5.3.15}$$

为了消除常数 c，令

$$s=\sqrt{\frac{c}{2}}\eta=\frac{y}{2\sqrt{D_{\mathrm{A}}t}} \tag{5.3.16}$$

将其代入微分方程式(5.3.15)中，可以得出常微分方程：

$$\frac{\mathrm{d}^2 f}{\mathrm{d}s^2}+2s\frac{\mathrm{d}f}{\mathrm{d}s}=0 \tag{5.3.17}$$

这是一个二阶常微分方程，其边界条件为

$$f(0)=1 \tag{5.3.18}$$

$$f(\infty)=0 \tag{5.3.19}$$

解该常微分方程可得

$$f=1-\frac{2}{\sqrt{\pi}}\int_0^s \mathrm{e}^{-n^2}\mathrm{d}n \tag{5.3.20}$$

根据误差函数的定义：

$$\mathrm{erf}(z)=\frac{2}{\sqrt{\pi}}\int_0^z \mathrm{e}^{-\eta^2}\mathrm{d}\eta \tag{5.3.21}$$

可知 $f=1-\mathrm{erf}(s)$。这就得到了浓度的时空分布函数，即

$$C_{\mathrm{A}}=C_{\mathrm{AS}}\left[1-\mathrm{erf}\left(\frac{y}{2\sqrt{D_{\mathrm{A}}t}}\right)\right] \tag{5.3.22}$$

在端面上即 $y=0$ 处，在 t 时刻的传质通量为

$$N_{\mathrm{A}y}(t)\big|_{y=0}=J_{\mathrm{A}y}(t)\big|_{y=0}=-D_{\mathrm{A}}\frac{\partial C_{\mathrm{A}}}{\partial y}\bigg|_{y=0} \tag{5.3.23}$$

根据浓度分布式(5.3.22)和误差函数的定义式(5.3.21)，可以得出：

$$N_{\mathrm{A}y}(t)\big|_{y=0}=C_{\mathrm{AS}}\sqrt{\frac{D_{\mathrm{A}}}{\pi t}} \tag{5.3.24}$$

应用这些结果可以分析具体的半导体掺杂问题。例如，2mm 厚的硅片用锑(Sb)掺杂产生一个 p 型区域，通过在 1200℃的高温下，将 $SbCl_3/H_2$ 混合气体流过硅片表面实现。在这样的条件下，硅片表面的 Sb 浓度固定为 10^{23} 个原子/m^3。要求在表面以下 1μm 处 Sb 的密度大于等于 3×10^{22} 个原子/m^3。确定将硅片暴露在这样的气氛中所需的时间。此示例中，已知 C_{AS} 和 y=1μm 处的 C_{A}，求取对应的时间 t。

根据浓度时空分布函数，有

$$\mathrm{erf}\left(\frac{y}{2\sqrt{D_{\mathrm{A}}t}}\right)=1-C_{\mathrm{A}}/C_{\mathrm{AS}}=0.7$$

由误差函数表查得，$\dfrac{y}{2\sqrt{D_{\mathrm{A}}t}}\approx0.73$。Sb 在硅中的扩散系数与温度的关系符合 Arrhenius

关系式，即 $D_A = D_{A0}\exp\left(-\frac{Q}{RT}\right) = 1.3\times10^{-3}\exp\left(-\frac{383000}{8.314\times1473.2}\right) = 3.4\times10^{-17}(\mathrm{m^2/s})$。因此，

$t = \frac{1}{D_A}\left(\frac{y}{2\times0.73}\right)^2 = 1.38\times10^4(\mathrm{s}) \approx 3.8(\mathrm{h})$。

5.3.2　等温结晶速率：液体相的动态传质

本节要解决的问题是如何求存在自然对流的等温结晶速率，这里的自然对流是由扩散以及固体晶体与相邻液体之间的密度差所引起的。

对于在固体壁面上的晶体生长，在初始阶段，晶体的厚度很薄，可以近似为平面，所以体系可以近似为一维的动态过程。如图 5.4 所示，由组分 A 和 B 构成的不可压缩液体可以认为是静止(无搅拌或强制流动)在半无限的空间中，组分 A 过饱和。在初始状态，t=0，对所有的 $y > 0$ 都有 ω_A=ω_{A0}。对于 t >0，组分 A 在固体壁面处形成纯晶体，固液界面是平面，$y = h(t)$。固液界面处两相处于平衡，ω_A=ω_{Ae}。体系的温度、压力可以认为是均匀恒定的，组分在液相中的扩散遵循 Fick 定律，所有的物性参数近似为常数。要确定的是液体中组分 A 的浓度分布 $\omega_A(y, t)$以及晶体生长速率 dh/dt。

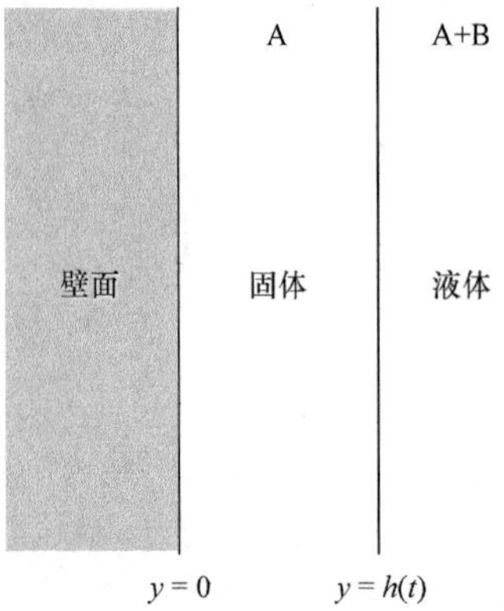

图 5.4　结晶过程中的移动固液界面 y=$h(t)$

由于是在静止的固体壁面上结晶，由 y=0 处的界面总质量守恒方程得知晶体相的主体速度 $v_s(0, t)$=0。再由晶体相的连续性方程得出 $v_s(y, t)$=0。

在固液界面上，总质量守恒方程为

$$\rho_s\left[v_s(h,t) - \frac{\mathrm{d}h(t)}{\mathrm{d}t}\right] = \rho_l\left[v_l(h,t) - \frac{\mathrm{d}h(t)}{\mathrm{d}t}\right] \tag{5.3.25}$$

所以

$$v_l(h,t) = \frac{\rho_l - \rho_s}{\rho_l}\frac{\mathrm{d}h(t)}{\mathrm{d}t} \tag{5.3.26}$$

根据不可压缩流体的连续性方程可知，$v_l(y,t)$=$v_l(h,t)$，所以

$$v_l(y,t) = \frac{\rho_l - \rho_s}{\rho_l}\frac{\mathrm{d}h(t)}{\mathrm{d}t} \tag{5.3.27}$$

在固液界面上，y=$h(t)$，组分 A 的守恒方程为

$$n_A^s(h,t) - \rho_A^s(h,t)\frac{\mathrm{d}h(t)}{\mathrm{d}t} = n_A^l(h,t) - \rho_A^l(h,t)\frac{\mathrm{d}h(t)}{\mathrm{d}t} \tag{5.3.28}$$

由于晶体是纯组分 A，而且 $v_s(y, t)$=0，所以 $n_A^s(h,t) = 0$。因此

$$n_A^l(h,t) = (\rho_l\omega_{Ae} - \rho_s)\frac{\mathrm{d}h(t)}{\mathrm{d}t} \tag{5.3.29}$$

其中，ω_{Ae} 是固液界面处组分 A 的液相质量分数，由固液平衡所决定；由于是等温过程，所以它是与时间和位置无关的常数。

在密度恒定的液体相中，组分 A 的通量为

$$n_A^1 = \rho_1 \omega_A v_1 - \rho_1 D_{AB} \frac{\partial \omega_A}{\partial y} \tag{5.3.30}$$

在 $y=h$ 处，有

$$n_A^1(h,t) = \rho_1 \omega_{Ae} v_1 - \rho_1 D_{AB} \left.\frac{\partial \omega_A}{\partial y}\right|_{y=h} \tag{5.3.31}$$

由式(5.3.27)、式(5.3.29)和式(5.3.31)可导出：

$$v_1 = \frac{\rho_1 - \rho_s}{\rho_s(1-\omega_{Ae})} D_{AB} \left.\frac{\partial \omega_A}{\partial y}\right|_{y=h} \tag{5.3.32}$$

液相中，组分 A 的守恒方程为

$$\frac{\partial \omega_A}{\partial t} = D_{AB} \frac{\partial^2 \omega_A}{\partial y^2} - v_1 \frac{\partial \omega_A}{\partial y} \tag{5.3.33}$$

将式(5.3.32)代入式(5.3.33)可得

$$\frac{\partial \omega_A}{\partial t} - \frac{\rho_s - \rho_1}{\rho_s(1-\omega_{Ae})} D_{AB} \left.\frac{\partial \omega_A}{\partial y}\right|_{y=h} \frac{\partial \omega_A}{\partial y} - D_{AB} \frac{\partial^2 \omega_A}{\partial y^2} = 0 \tag{5.3.34}$$

该微分方程的初始条件和边界条件为

$$\omega_A(y,0) = \omega_{A0}, \quad \omega_A(h,t) = \omega_{Ae}, \quad \omega_A(\infty,t) = \omega_{A0} \tag{5.3.35}$$

对这个半无限边界的问题也可以采用组合变量法求解。

令 $\eta \equiv \dfrac{y}{h(t)}$，$\omega_A(y,t) = \omega_A(\eta)$，那么微分方程式(5.3.34)转换为

$$\frac{d^2 \omega_A}{d\eta^2} + (c\eta + \varphi) \frac{d\omega_A}{d\eta} = 0 \tag{5.3.36}$$

其中，常数 φ 和 c 分别为

$$\varphi = \frac{\rho_s - \rho_1}{\rho_s(1-\omega_{Ae})} \left.\frac{d\omega_A}{d\eta}\right|_{\eta=1} \tag{5.3.37}$$

$$c = \frac{h}{D_{AB}} \frac{dh}{dt} \tag{5.3.38}$$

又因为 $h(0) = 0$，于是有

$$h(t) = \sqrt{2cD_{AB}t} \tag{5.3.39}$$

由式(5.3.27)、式(5.3.32)、式(5.3.37)和式(5.3.38)可以得出：

$$\varphi = \frac{\rho_s - \rho_l}{\rho_l} c \tag{5.3.40}$$

微分方程式(5.3.36)可以写成：

$$\frac{d^2 \omega_A}{d\eta^2} + c\left(\eta + \frac{\rho_s - \rho_l}{\rho_l}\right)\frac{d\omega_A}{d\eta} = 0 \tag{5.3.41}$$

令 $\xi \equiv \eta + \dfrac{\rho_s - \rho_l}{\rho_l}$，$\theta_A \equiv \dfrac{\omega_A - \omega_{A0}}{\omega_{Ae} - \omega_{A0}}$，微分方程式(5.3.41)转换为

$$\frac{d^2 \theta_A}{d\xi^2} + c\xi \frac{d\theta_A}{d\xi} = 0 \tag{5.3.42}$$

其边界条件为

$$\theta_A\left(\frac{\rho_s}{\rho_l}\right) = 1, \quad \theta_A(\infty) = 0$$

令 $\lambda \equiv \sqrt{\dfrac{c}{2}}\xi$，即

$$\lambda = \frac{y}{2\sqrt{D_{AB}t}} + \left(\frac{\rho_s}{\rho_l} - 1\right)\sqrt{\frac{c}{2}} \tag{5.3.43}$$

得到最终求解的微分方程：

$$\frac{d^2 \theta_A}{d\lambda^2} + 2\lambda \frac{d\theta_A}{d\lambda} = 0 \tag{5.3.44}$$

其边界条件为

$$\begin{aligned} &\lambda = \frac{\rho_s}{\rho_l}\sqrt{\frac{c}{2}}, \quad \theta_A = 1 \\ &\lambda = \infty, \quad \theta_A = 0 \end{aligned} \tag{5.3.45}$$

解微分方程式(5.3.44)，并根据边界条件和误差函数的定义得到：

$$\theta_A = \frac{\operatorname{erf}(\lambda) - 1}{\operatorname{erf}\left(\dfrac{\rho_s}{\rho_l}\sqrt{\dfrac{c}{2}}\right) - 1} \tag{5.3.46}$$

即

$$\frac{\omega_A - \omega_{A0}}{\omega_{Ae} - \omega_{A0}} = \frac{\operatorname{erf}\left[\dfrac{y}{2\sqrt{D_{AB}t}} + \left(\dfrac{\rho_s}{\rho_l} - 1\right)\sqrt{\dfrac{c}{2}}\right] - 1}{\operatorname{erf}\left(\dfrac{\rho_s}{\rho_l}\sqrt{\dfrac{c}{2}}\right) - 1} \tag{5.3.47}$$

由式(5.3.37)和式(5.3.40)可得

$$c = \frac{\rho_1}{\rho_s(1-\omega_{Ae})} \left.\frac{d\omega_A}{d\eta}\right|_{\eta=1} \tag{5.3.48}$$

根据坐标变换关系，有

$$\left.\frac{d\omega_A}{d\eta}\right|_{\eta=1} = \sqrt{\frac{c}{2}}(\omega_{Ae}-\omega_{A0}) \left.\frac{d\theta_A}{d\lambda}\right|_{\lambda=\frac{\rho_s}{\rho_1}\sqrt{\frac{c}{2}}} \tag{5.3.49}$$

由式(5.3.46)可得

$$\left.\frac{d\theta_A}{d\lambda}\right|_{\lambda=\frac{\rho_s}{\rho_1}\sqrt{\frac{c}{2}}} = \frac{2}{\sqrt{\pi}} \frac{\exp\left[-\left(\frac{\rho_s}{\rho_1}\sqrt{\frac{c}{2}}\right)^2\right]}{\operatorname{erf}\left(\frac{\rho_s}{\rho_1}\sqrt{\frac{c}{2}}\right)-1} \tag{5.3.50}$$

由式(5.3.48)～式(5.3.50)导出：

$$\frac{\rho_s}{\rho_1}\sqrt{\frac{c}{2}} = \frac{\omega_{Ae}-\omega_{A0}}{\sqrt{\pi}(1-\omega_{Ae})} \frac{\exp\left[-\left(\frac{\rho_s}{\rho_1}\sqrt{\frac{c}{2}}\right)^2\right]}{\operatorname{erf}\left(\frac{\rho_s}{\rho_1}\sqrt{\frac{c}{2}}\right)-1} \tag{5.3.51}$$

令 $z \equiv \frac{\rho_s}{\rho_1}\sqrt{\frac{c}{2}}$，求解方程

$$z = \frac{\omega_{Ae}-\omega_{A0}}{\sqrt{\pi}(1-\omega_{Ae})} \frac{\exp(-z^2)}{\operatorname{erf}(z)-1} \tag{5.3.52}$$

可以得到常数 c，也就确定了浓度分布函数[式(5.3.47)]和晶体厚度[式(5.3.39)]，并得出结晶速率 dh/dt。

5.3.3　固体颗粒干燥：固体相的球对称动态扩散

本节讨论小分子物质(溶剂)在有限尺寸的固体内的动态扩散，重温偏微分方程的分离变量解法。

考虑球形颗粒材料干燥问题，干燥过程受溶剂分子在固体内的扩散速率控制。如图 5.5 所示，对于半径为 R 的球形物料，可以认为溶剂的浓度梯度只发生在径向 r 方向。在零时刻，溶剂在固体内的初始浓度为 C_A^0。物料与大量的干燥介质气体相接触。由于气相激烈运动，气相传质阻力可以忽略。由于干燥介质气体的量很大，因此其中的溶剂浓度可以近似认为是恒定的，固体表面的溶剂浓度可以近似认为是与气体相平衡的平衡浓度 C_A^*。该体系可以近似为等温体系。要确定的是溶剂在固体中的浓度分布。

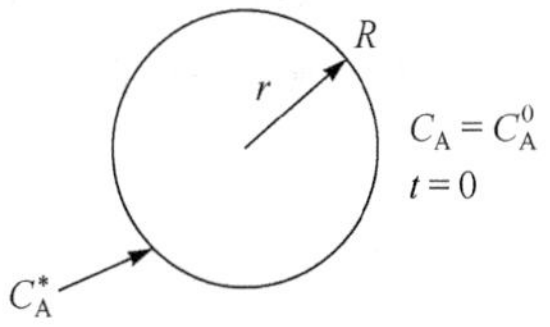

图 5.5　球形颗粒内的动态扩散

其中，体系的特征长度不是渗透深度而是有限的空间尺度 R，为了满足 $r=R$ 处的边界条件，r 必须与时间 t 分离，因此不能采用组合变量法求解偏微分方程。

对于这个无化学反应的动态一维扩散过程，组分 A 的守恒方程为

$$\frac{\partial C_A}{\partial t}=-\nabla\cdot\boldsymbol{N}_A=-\nabla\cdot\left(\boldsymbol{J}_A+C_A\boldsymbol{v}\right) \tag{5.3.53}$$

因为固定坐标的原点是球心，球形固体中的扩散传质过程无主体流动，$\boldsymbol{v}=0$。对于单一组分在固体中的扩散通量可以用 Fick 定律表示。由于密度可以认为是常数，所以 $\boldsymbol{J}_A=-D_A\nabla C_A$。扩散系数可以认为是常数，因此守恒方程可以写成

$$\frac{\partial C_A}{\partial t}=D_A\frac{1}{r^2}\frac{\partial}{\partial r}\left(r^2\frac{\partial C_A}{\partial r}\right) \tag{5.3.54}$$

初始条件：$t=0$ 时，$C_A=C_A^0$

边界条件：$t>0$ 时，$\left.\frac{\partial C_A}{\partial r}\right|_{r=0}=0,\quad C_A\big|_{r=R}=C_A^*$

定义无量纲浓度：

$$\phi=\frac{C_A-C_A^*}{C_A^0-C_A^*} \tag{5.3.55}$$

于是有

$$\frac{\partial\phi}{\partial t}=D_A\frac{1}{r^2}\frac{\partial}{\partial r}\left(r^2\frac{\partial\phi}{\partial r}\right) \tag{5.3.56}$$

$$t=0,\quad \phi=1 \tag{5.3.57}$$

$$t>0,\quad \left.\frac{\partial\phi}{\partial r}\right|_{r=0}=0,\quad \phi\big|_{r=R}=0 \tag{5.3.58}$$

应用分离变量法，令

$$\phi=x(t)y(r) \tag{5.3.59}$$

代入式(5.3.56)可得

$$\frac{x'}{D_A x}=\frac{y''+\frac{2}{r}y'}{y} \tag{5.3.60}$$

该式的左边是 t 的函数，而右边是 r 的函数，所以它必定等于一个常数。将其设为$-\lambda$，得两个常微分方程：

$$x'+\lambda D_A x=0 \tag{5.3.61}$$

$$y''+\frac{2}{r}y'+\lambda y=0 \tag{5.3.62}$$

将式(5.3.59)代入式(5.3.58)，得方程式(5.3.62)的边界条件：

$$\begin{aligned} y(R) &= 0 \\ y'(0) &= 0 \end{aligned} \tag{5.3.63}$$

令 $z(r)=ry(r)$，可以将方程式(5.3.62)变换成：

$$z''+\lambda z=0 \tag{5.3.64}$$

只有当 $\lambda>0$ 时，由方程式(5.3.64)的解得出的 $z(r)$才是有意义的非零解。此时，由其通解得出：

$$y=\frac{1}{r}\left[A\sin(\sqrt{\lambda}r)+B\cos(\sqrt{\lambda}r)\right] \tag{5.3.65}$$

对其求导可得

$$r^2y'=-\left[A\sin(\sqrt{\lambda}r)+B\cos(\sqrt{\lambda}r)\right]+r\sqrt{\lambda}\left[A\cos(\sqrt{\lambda}r)-B\sin(\sqrt{\lambda}r)\right] \tag{5.3.66}$$

将边界条件式(5.3.63)代入式(5.3.65)和式(5.3.66)，可得

$$B=0 \tag{5.3.67}$$

$$A\sin(\sqrt{\lambda}R)=0 \tag{5.3.68}$$

因此，$\lambda=\left(\frac{n\pi}{R}\right)^2$。对于不同的自然数 n，将 λ 记作 λ_n，即

$$\lambda_n=\left(\frac{n\pi}{R}\right)^2 \tag{5.3.69}$$

就可以得到方程式(5.3.62)的系列解为

$$y_n=A_n\frac{1}{r}\sin(\sqrt{\lambda_n}r) \tag{5.3.70}$$

对应于 λ_n，关于 x 的常微分方程式(5.3.61)的系列解为

$$x_n=B_n\exp(-\lambda_n D_{\mathrm{A}}t) \tag{5.3.71}$$

因此，$\phi_n=x_ny_n=A_nB_n\frac{1}{r}\sin(\sqrt{\lambda_n}r)\exp(-\lambda_nD_{\mathrm{A}}t)$ 就是方程式(5.3.56)的系列解。因为 A_nB_n是常数，所以可以用 C_n 代替。

系列解 $\phi_n=C_n\frac{1}{r}\sin(\sqrt{\lambda_n}r)\exp(-\lambda_nD_{\mathrm{A}}t)$ 满足式(5.3.56)和式(5.3.58)，但不满足式(5.3.57)。用这些函数构建一个不仅满足式(5.3.56)和式(5.3.58)，而且满足式(5.3.57)的解：

$$\phi=\sum_{n=1}^{\infty}\phi_n=\sum_{n=1}^{\infty}\frac{C_n}{r}\sin(\sqrt{\lambda_n}r)\exp(-\lambda_nD_{\mathrm{A}}t) \tag{5.3.72}$$

将其代入式(5.3.57)，可得 $\sum_{n=0}^{\infty}C_n\sin(\sqrt{\lambda_n}r)=r$。在该式的两边乘以 $\sin(\sqrt{\lambda_m}r)$，并在 r 从 0 到 R 的区间积分，可得 $\int_0^R\sum_{n=0}^{\infty}C_n\sin(\sqrt{\lambda_n}r)\sin(\sqrt{\lambda_m}r)\mathrm{d}r=\int_0^R r\sin(\sqrt{\lambda_m}r)\mathrm{d}r$。当 $m\neq n$ 时，

$\int_0^R \sin(\sqrt{\lambda_n}r)\sin(\sqrt{\lambda_m}r)\mathrm{d}r = 0$，于是有

$$C_n\int_0^R \sin^2(\sqrt{\lambda_n}r)\mathrm{d}r = \int_0^R r\sin(\sqrt{\lambda_n}r)\mathrm{d}r \tag{5.3.73}$$

可以得到：

$$C_n = \frac{\int_0^R r\sin(\sqrt{\lambda_n}r)\mathrm{d}r}{\int_0^R \sin^2(\sqrt{\lambda_n}r)\mathrm{d}r} = \frac{\frac{1}{\lambda_n}\sin(\sqrt{\lambda_n}R) - \frac{R}{\sqrt{\lambda_n}}\cos(\sqrt{\lambda_n}R)}{\frac{R}{2} - \frac{1}{4\sqrt{\lambda_n}}\sin(2\sqrt{\lambda_n}R)} \tag{5.3.74}$$

将式(5.3.69)代入式(5.3.74)可得

$$C_n = \frac{(-1)^{n+1}}{n\pi}2R \tag{5.3.75}$$

因此，可以得到浓度分布：

$$\frac{C_\mathrm{A} - C_\mathrm{A}^*}{C_\mathrm{A}^0 - C_\mathrm{A}^*} = \frac{2R}{\pi r}\sum_{n=1}^{\infty}\frac{(-1)^{n+1}}{n}\sin\left(\frac{n\pi}{R}r\right)\exp\left(-\frac{n^2\pi^2}{R^2}D_\mathrm{A}t\right) \tag{5.3.76}$$

5.4 拟稳态传质过程

在拟稳态模型中，尽管场变量是时间的函数，但其时间偏导数被忽略，从而不出现在微分方程中。时间仍然作为变量出现，它在模型中只起到参数的作用。拟稳态近似减少了时空维数，即减少了守恒方程中独立变量的个数，使得模型求解过程与稳态模型类似。可以根据分子传递的特征时间与过程时间的相对大小判断拟稳态模型的适用性。

在无流动的情况下，场变量温度或浓度等变动的传播只是由热传导或扩散引起的，其传播到一定距离所需的时间就是热传导或扩散的特征时间，即响应时间。对于特征距离为 L 的扩散传质体系，溶质扩散系数为 D，扩散特征时间为

$$t_\mathrm{d} = \frac{L^2}{D} \tag{5.4.1}$$

类似地，对于特征距离为 L 的热传导体系，其热传导特征时间为

$$t_\mathrm{h} = \frac{L^2}{\alpha} \tag{5.4.2}$$

对于过渡过程，过程时间 t_p 就是过程的持续时间。例如，周期过程的过程时间由施加突变(边界上温度或振荡等)的频率所决定。在有些问题中，t_p 可以一开始就估计确定，而另一些问题中只能通过拟稳态模型加以确定。快速响应过程即特征时间远小于过程时间 t_p 的情况，可以使用拟稳态模型。

5.4.1 膜内拟稳态扩散[2]

考虑合成薄膜或生物薄膜内的扩散。图 5.6 为厚度为 L 的膜内过渡扩散过程。膜内

溶质浓度为 $C(x,t)$，扩散系数为 D。膜两外侧的溶液充分混合，浓度分别为 $C_1(t)$和 $C_2(t)$。每侧的溶液体积均为 V，膜面积为 A。初始时，没有溶质存在，但在 t=0 时刻，左侧溶液浓度突然变为 C_0。要确定的是膜内和膜外的浓度随时间的变化。

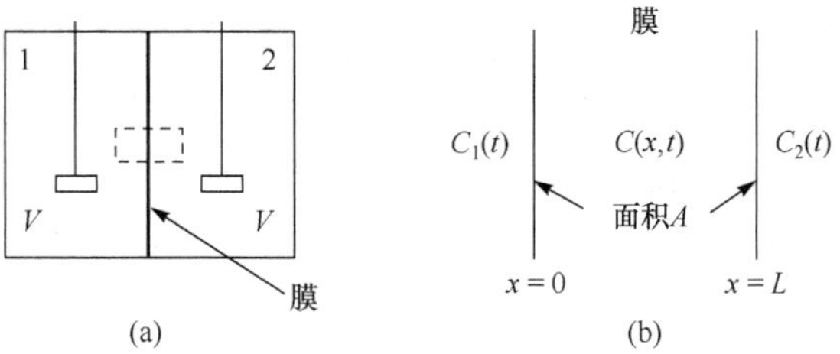

图 5.6　分隔两个充分搅拌溶液的膜内过渡扩散传质

对于膜内，溶质传质的守恒方程、边界条件和初始条件分别为

$$\frac{\partial C}{\partial t} = D\frac{\partial^2 C}{\partial x^2} \tag{5.4.3}$$

$$C(0,t) = KC_1(t) \tag{5.4.4}$$

$$C(L,t) = KC_2(t) \tag{5.4.5}$$

$$C(x,0) = 0 \quad x > 0 \tag{5.4.6}$$

$$C_1(0) = C_0 \tag{5.4.7}$$

$$C_2(0) = 0 \tag{5.4.8}$$

在较短的时间内，在 x=0 处浓度突然变化引起的浓度分布只限于膜内(如图 5.7 中 t=t_1，t_2等)。渗透深度是时间的函数，$\delta(t) \propto \sqrt{Dt}$ 。右侧的外部浓度保持为 0，左侧的外部浓度随时间只比 C_0略有下降(在外侧溶液体积足够大的条件下，可以近似为不变)。膜内浓度分布随时间的变化如图 5.7 所示。对应于穿透时间，整个膜内都发生了浓度变化，其值可以用扩散特征时间 t_d=L^2/D 估计。

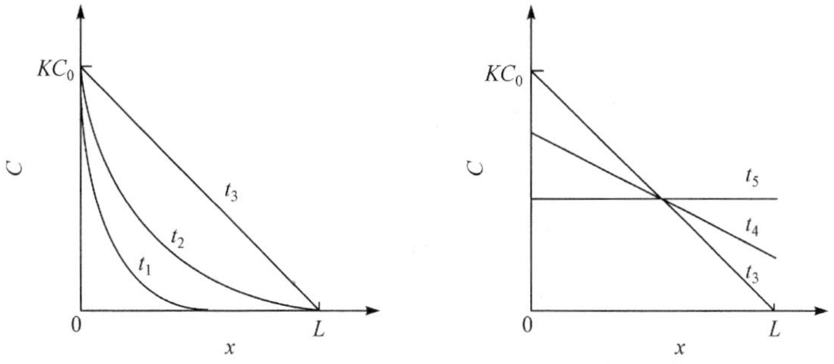

图 5.7　膜内浓度分布的定性分析

膜内浓度分布曲线的曲率：

$$\frac{\partial^2 C}{\partial x^2} = \frac{1}{D}\frac{\partial C}{\partial t} \tag{5.4.9}$$

随时间的增加，曲率变小，即$\frac{\partial C}{\partial t}$向零值靠近。最终，时间增加至某一时刻$t=t_3$，浓度分布曲线曲率接近为零，产生了近似线性的浓度分布。

对于$t>t_3$，右侧的外部溶液浓度不再为零且随时间增大，而左侧外部溶液浓度有明显下降。如果两侧外部溶液的体积足够大，那么它们的浓度变化将是缓慢的。由于膜内浓度分布曲线的曲率已接近为零，膜内的浓度分布是一系列的近似线性分布，即浓度分布本身是时间的函数，其斜率随时间减小。最终，在$t=t_5$时刻，膜两侧的溶液浓度相等，系统达到平衡。对于$t \geqslant t_3$的时间范围，可以应用拟稳态近似。换言之，拟稳态近似只适用于时间足够长的条件下。

在$t_{\mathrm{p}} \gg t_{\mathrm{d}}=\frac{L^2}{D}$的拟稳态条件下，模型简化为

$$\frac{\partial^2 C}{\partial x^2}=0 \tag{5.4.10}$$

及边界条件式(5.4.4)和式(5.4.5)。

微分方程式(5.4.10)中保留偏导符号，表示尽管浓度对时间的偏导为零，但C是x和t的函数，因为时间t作为一个参变量出现在边界条件中。解该常微分方程得到浓度分布和传质通量分别为

$$C(x,t)=KC_1(t)+K\left[C_2(t)-C_1(t)\right]\frac{x}{L} \tag{5.4.11}$$

$$N_x(0,t)=\frac{DK\left[C_1(t)-C_2(t)\right]}{L}=N_x(L,t) \tag{5.4.12}$$

膜两侧的通量相等，意味着在拟稳态条件下，膜内溶质的累积可以忽略。

再看足够长时间后($t>t_3$)，即膜内拟稳态下，两侧外部溶液的浓度随时间的变化。由两侧溶液的质量守恒方程，得出：

$$V\frac{\mathrm{d}C_1}{\mathrm{d}t}=-AN_x(0,t) \qquad C_1(0)=C_0 \tag{5.4.13}$$

$$V\frac{\mathrm{d}C_2}{\mathrm{d}t}=+AN_x(L,t) \qquad C_2(0)=0 \tag{5.4.14}$$

即

$$\frac{\mathrm{d}C_1}{\mathrm{d}t}=-\frac{ADK}{VL}\left(C_1-C_2\right) \tag{5.4.15}$$

$$\frac{\mathrm{d}C_2}{\mathrm{d}t}=+\frac{ADK}{VL}(C_1-C_2) \tag{5.4.16}$$

解此常微分方程组，得到左右膜外侧的浓度随时间的变化为

$$C_1(t)=\frac{C_0}{2}(1+\mathrm{e}^{-t/t_{\mathrm{p}}}) \tag{5.4.17}$$

$$C_2(t)=\frac{C_0}{2}(1-\mathrm{e}^{-t/t_{\mathrm{p}}}) \tag{5.4.18}$$

其中

$$t_{\mathrm{p}}=\frac{VL}{2ADK} \tag{5.4.19}$$

由式(5.4.19)所确定的 t_{p} 就是过程时间。显然，薄膜体积(AL)和分配系数的乘积远小于外部溶液的体积(V)，所以

$$\frac{t_{\mathrm{d}}}{t_{\mathrm{p}}}=2K\frac{AL}{V}\ll 1 \tag{5.4.20}$$

满足拟稳态模型的条件。

5.4.2　拟稳态的液柱蒸发[2]

另一个拟稳态近似的例子是有限体积液体蒸发过程的传质分析。如图 5.8 所示，装在半径为 R 的圆柱形容器内的纯液体 B，其初始高度为 H，敞口放置在空气中。在 t=0 时刻，液体开始蒸发，导致气液界面下降，从而使 $h(t)$增大，直至液体完全消失，即 $h(t)$=H。

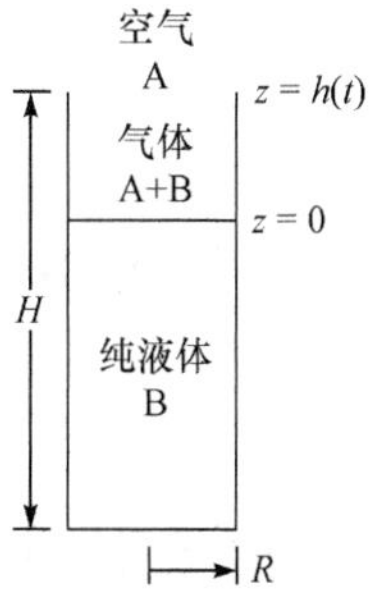

图 5.8　液柱蒸发过程

为了简单起见，把空气看作单个组分。因此，气液界面上方的气相作为空气(A)和有机物(B)的二元气体混合物处理。坐标原点(z=0)选为气液界面。界面处的气相摩尔分数 $x_{\mathrm{B}}(0,t)=x_0$，其是由温度决定的，可作为已知常数处理。假设容器上方的空气是充分混合的，其所含的有机物 B 量可以忽略，即 $x_{\mathrm{B}}(h,t)=0$。最后，假设空气不会进入或离开液体，这对于预先用空气饱和的液体是比较符合的。需要确定的是液体完全蒸发所需的时间，也就是过程时间 t_{p}。

对于挥发性不是很大的液体，蒸发相对较慢，可以假设该蒸发过程是拟稳态的。通过拟稳态模型求出 t_{p}，然后将 t_{p} 和扩散特征时间 t_{d} 进行对比，以确认拟稳态近似是否有效。在拟稳态条件下，对于该无化学反应的一维传质过程，由组分的守恒方程可知 $N_{\mathrm{A}z}$ 和 $N_{\mathrm{B}z}$ 都与 z 无关。对于该等温等压的二元气相体系，组分 B 的通量可以写成：

$$N_{\mathrm{B}z}=x_{\mathrm{B}}(N_{\mathrm{A}z}+N_{\mathrm{B}z})-C_{\mathrm{t}}D_{\mathrm{AB}}\frac{\partial x_{\mathrm{B}}}{\partial z} \tag{5.4.21}$$

对于所选定的坐标系，界面速度 $v_{\mathrm{I}z}=0$。由界面上的组分守恒方程可以得出：

$$N_{iz}\big|_{z=0^-}=N_{iz}\big|_{z=0^+}\quad i=\mathrm{A,B} \tag{5.4.22}$$

由于液体中不含空气，可得

$$N_{\mathrm{A}z}\big|_{z=0^-}=N_{\mathrm{A}z}\big|_{z=0^+}=0 \tag{5.4.23}$$

由此可以得出 z 在 0～$h(t)$范围内的气体中 $N_{\mathrm{A}z}=0$。因此，由式(5.4.21)可以得出：

$$N_{Bz}(t)=-\frac{C_t D_{AB}}{1-x_B}\frac{\partial x_B}{\partial z} \tag{5.4.24}$$

将式(5.4.24)从 $z=0$ 到 $z=h(t)$积分，可得

$$N_{Bz}(t)=-\frac{C_t D_{AB}}{h(t)}\ln(1-x_0) \tag{5.4.25}$$

这表明组分 B 的通量随时间增加而减小，因为气液界面与容器口之间的距离随时间增大。

对于组分 B，根据气液界面上的守恒方程可知

$$N_{Bz}\big|_{z=0^+}=N_{Bz}\big|_{z=0^-} \tag{5.4.26}$$

由于气液界面是坐标原点，界面处液体的对流速度为

$$v_z\big|_{z=0^-}=\frac{\mathrm{d}h}{\mathrm{d}t} \tag{5.4.27}$$

因为液相由纯组分 B 构成，所以得到：

$$N_{Bz}(t)=N_{Bz}\big|_{z=0^+}=N_{Bz}\big|_{z=0^-}=C_B^L\frac{\mathrm{d}h}{\mathrm{d}t} \tag{5.4.28}$$

其中，C_B^L是纯液体 B 的摩尔浓度。式(5.4.28)表明，液体相对于界面的移动是由物质蒸发所引起。

式(5.4.25)和式(5.4.28)中组分 B 的通量应该相等，从而导出关于 $h(t)$的微分方程：

$$h\frac{\mathrm{d}h}{\mathrm{d}t}=-\frac{C_t D_{AB}}{C_B^L}\ln(1-x_0) \tag{5.4.29}$$

其初始条件为 $h(0)=0$。因此，可以解得已蒸发的液柱高度：

$$h^2(t)=-\frac{2C_t D_{AB}\ln(1-x_0)}{C_B^L}t \tag{5.4.30}$$

液体完全蒸发时，$h(t_p)=H$。由式(5.4.30)可以得出：

$$t_p=-\frac{C_B^L}{2C_t}\frac{H^2}{D_{AB}}\frac{1}{\ln(1-x_0)} \tag{5.4.31}$$

该液体蒸发过程的扩散特征时间为

$$t_d=\frac{H^2}{D_{AB}} \tag{5.4.32}$$

扩散特征时间与过程时间之比为

$$\frac{t_d}{t_p}=-\frac{2C_t}{C_B^L}\ln(1-x_0) \tag{5.4.33}$$

由于气相的总摩尔浓度远小于液相的总摩尔浓度，由式(5.4.33)可知，$t_d/t_p\ll 1$，即拟稳态的条件是满足的。

5.5 相界面与主体之间的传质模型

对于相界面与主体之间的传质，经典的方法是基于经验的“归并参数模型”，即单元操作课程所熟知的传质系数模型。这样的传质过程当然也可以运用传递过程理论，即基于对分子、离子和粒子的微观运动理解的理论模型，确定包含组分的扩散通量与其推动力之间的关系及主体流动速度分布的传质本构方程，求解组分的守恒方程，求取组分的浓度时空分布，进而通过传质本构方程确定组分传质通量，这就是所谓的“分布参数模型”。

根据传统的传质系数模型，以相界面为参照系，垂直于相界面方向上的一维传质过程，组分 A 从相界面进入主体的传质通量 $N_A^0\big|_{x=0}$ 表示为

$$N_A^0\big|_{x=0} = k_A^0(C_{Ai} - C_{A0}) \tag{5.5.1}$$

其中，组分 A 在界面上和主体中的浓度分别用 C_{Ai} 和 C_{A0} 表示，相界面位于 $x=0$ 处；k_A^0 是组分 A 的传质系数。传质系数 k_A^0 就是归并参数，它包含所有对传质通量有影响的因素，包括相界面附近的流体力学和体系物性的影响。通常传质系数 k_A^0 的确定依赖于实验数据经验回归的准数关系式。

运用质量传递理论模型，就是针对组分在相界面和主体之间传质过程的具体情况，确定组分的分子扩散与推动力之间的关系、表示相界面附近区域内流体力学状况的主体流动速度分布和体系的边界条件，对组分守恒方程求解浓度分布进而获得相界面处的传质通量。

运用传质系数模型和传质理论模型得到的传质通量必然是相等的，因此通过传质理论模型获得传质通量，再利用传质系数的定义式(5.5.1)就可以得到传质系数的表达式。这样就将传质过程的理论性分布参数模型和经验性归并参数模型关联起来。

对于传递组分 A，传质模型方程为

$$\frac{\partial C_A}{\partial t} = -\nabla \cdot \boldsymbol{N}_A + R_{VA} \tag{5.5.2}$$

$$[(\boldsymbol{N}_A - C_A\boldsymbol{v}_I)_2 - (\boldsymbol{N}_A - C_A\boldsymbol{v}_I)_1]\cdot \boldsymbol{n} = R_{SA} \tag{5.5.3}$$

$$\boldsymbol{N}_A = \boldsymbol{J}_A + C_A\boldsymbol{v} \tag{5.5.4}$$

对于特定的体系和一定的热力学状态，体系物性确定，反应动力学(R_{VA} 和 R_{SA})和扩散通量($\boldsymbol{J}_A$)的本构方程也必然确定。考虑相对于相界面的传质通量意味着界面速度($\boldsymbol{v}_I$)为零，对传质模型式(5.5.2)～式(5.5.4)求解，需要确定主体流动速度($\boldsymbol{v}$)，即需要考虑相界面附近的流体力学状况。在大多数情况下，相界面附近的流体力学细节很难从基本原理出发获知，因此需要根据实际情况作一些判断和假设。根据流体流动特性提出流体力学模型，运用守恒方程和边界条件就可以求取组分浓度分布和传质通量，进而导出传质系数 k_A^0。下面是三种经典的液相流体力学模型所对应的界面附近传质理论。

5.5.1 稳态模型：膜理论

膜理论采用最简单的流体力学模型。该模型假设在气液界面或固液界面附近的液相存在一个厚度为δ、速度为零的黏滞膜。黏滞膜内的传质只能是分子扩散，而且分子扩散是稳态的。液相的其余部分假设是均匀混合的，因此离界面距离为δ处的组分浓度都等于主体相浓度。

在膜内是无化学反应的稳态过程，组分 A 的守恒方程为

$$\nabla \cdot \boldsymbol{N}_{\mathrm{A}} = 0 \tag{5.5.5}$$

$$\boldsymbol{N}_{\mathrm{A}} = \boldsymbol{J}_{\mathrm{A}} + C_{\mathrm{A}}\boldsymbol{v} \tag{5.5.6}$$

在该模型中，膜内流体相对于界面的速度为零，即$\boldsymbol{v}$为零。对于稀溶液，$\boldsymbol{J}_{\mathrm{A}}$可以用 Fick 定律表示。对于只有$x$方向有浓度变化的一维过程：

$$J_{\mathrm{A}x} = -\rho_{\mathrm{t}}\frac{D_{\mathrm{A}}}{M_{\mathrm{A}}}\frac{\mathrm{d}\omega_{\mathrm{A}}}{\mathrm{d}x} = -D_{\mathrm{A}}\frac{\mathrm{d}C_{\mathrm{A}}}{\mathrm{d}x} \tag{5.5.7}$$

将式(5.5.6)和式(5.5.7)代入式(5.5.2)，得到组分 A 膜内浓度的微分方程：

$$D_{\mathrm{A}}\frac{\mathrm{d}^2 C_{\mathrm{A}}}{\mathrm{d}x^2} = 0 \tag{5.5.8}$$

其边界条件为

$$x = 0,\ C_{\mathrm{A}} = C_{\mathrm{Ai}}$$

$$x = \delta,\ C_{\mathrm{A}} = C_{\mathrm{A0}}$$

可以解得

$$C_{\mathrm{A}} = C_{\mathrm{Ai}} + (C_{\mathrm{A0}} - C_{\mathrm{Ai}})\frac{x}{\delta} \tag{5.5.9}$$

即组分 A 在膜内的浓度分布是线性的，如图 5.9 所示。

界面上的传质通量为

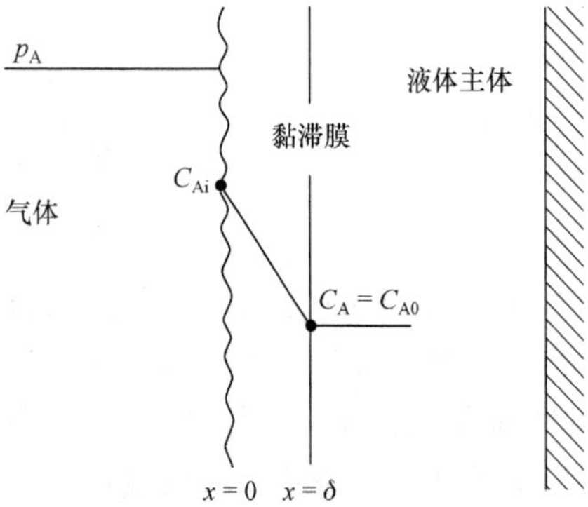

图 5.9 液相浓度分布[3]
膜理论模型，无化学反应

$$N_{\mathrm{A}}^0\Big|_{x=0} = J_{\mathrm{A}}\Big|_{x=0} = -D_{\mathrm{A}}\frac{\mathrm{d}C_{\mathrm{A}}}{\mathrm{d}x}\Big|_{x=0} = D_{\mathrm{A}}\frac{C_{\mathrm{Ai}} - C_{\mathrm{A0}}}{\delta} \tag{5.5.10}$$

比较式(5.5.1)和式(5.5.10)，可以得出：

$$k_{\mathrm{A}}^0 = \frac{D_{\mathrm{A}}}{\delta} \tag{5.5.11}$$

然而，该关系式并不能用于预测k_{A}^0，因为膜厚度δ归并了所有未知的真实流体力学状况，它是未知的、不可预测和不可测量的。尽管膜厚度δ是未知的，但它应该被认为是由流体力学所唯一确定的。

膜理论的一个重大缺陷是：由式(5.5.11)可知 k_A^0 正比于组分的扩散系数 D_A，然而传质系数的经验关联式表明，k_A^0 是正比于 $\sqrt{D_A}$ 的。因此，膜理论模型不能正确地预言扩散系数对传质系数的影响。

5.5.2 非稳态模型：渗透理论和表面更新理论

不同于膜理论的稳态扩散假设，渗透理论和表面更新理论都是非稳态传质模型。在非稳态界面传质模型中，液体微元连续地从液相主体移动到界面，并在界面上停留一定的时间间隔后，返回液相主体与之充分混合。停留在界面的时间段内，液体微元的行为如同坚硬的固体，即在其内部速度为零。因此，物质进入界面上的液体微元仅仅是通过分子扩散进行的。然而，在这种情况下扩散现象是非稳态的。

在无化学反应时，稀溶液中组分 A 的一维非稳态扩散微分方程为

$$D_A \frac{\partial^2 C_A}{\partial x^2} = \frac{\partial C_A}{\partial t} \tag{5.5.12}$$

其中，t 是从微元到达界面的时刻开始计的时间。

初始条件：t 为零时，液体微元从充分混合的主体移动到界面，因此

$$t = 0 \quad C_A = C_{A0} \tag{5.5.13}$$

一个边界条件：在界面上

$$x = 0 \quad C_A = C_{Ai} \tag{5.5.14}$$

在 t 时刻，液体微元内部的浓度分布类似于图 5.10 所示的形状，可以认为直到离开界面时，界面微元内部的渗透深度远小于其厚度，那么另一个边界条件可以写成：

$$x \to \infty \quad C_A = C_{A0} \tag{5.5.15}$$

在这样的初始条件和边界条件下解微分方程式(5.5.12)，得出浓度分布为

$$\frac{C_A - C_{A0}}{C_{Ai} - C_{A0}} = 1 - \mathrm{erf}\left(\frac{x}{2\sqrt{D_A t}}\right) \tag{5.5.16}$$

其中，误差函数为

$$\mathrm{erf}(u) = \frac{2}{\sqrt{\pi}} \int_0^u \mathrm{e}^{-n^2} \mathrm{d}n \tag{5.5.17}$$

在 t 时刻，组分 A 进入界面上液体微元的瞬时传质速率为

$$N_A^{\mathrm{inst}}(t)\Big|_{x=0} = -D_A \left(\frac{\partial C_A}{\partial x}\right)_{x=0} = \sqrt{\frac{D_A}{\pi t}}(C_{Ai} - C_{A0}) \tag{5.5.18}$$

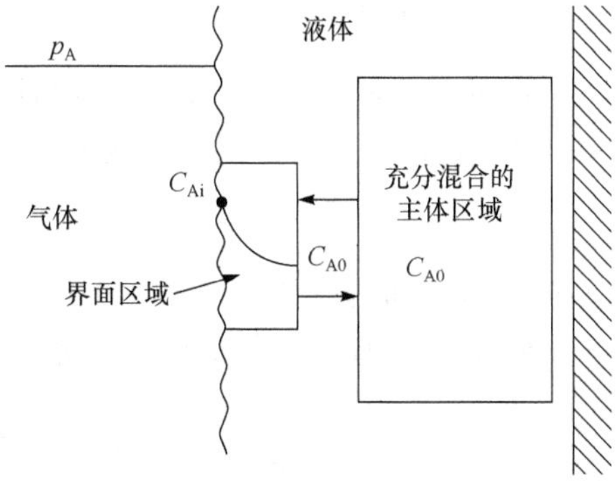

图 5.10 表面微元内部的浓度分布[3]

可以合理地认为相界面可以由各种不同的液体微元构成，每种液体微元在界面上停留的

时间长度各不相同。界面上不同液体微元的分布由分布函数$\Psi(t)$描述，其定义为：$\Psi(t)\mathrm{d}t$是界面上停留的时间在t～$(t+\mathrm{d}t)$的微元构成的界面面积的分率。由$\Psi(t)$的定义可知：

$$\int_0^\infty \Psi(t)\mathrm{d}t = 1 \tag{5.5.19}$$

因此，整个界面上的平均传质速率为

$$N_A\big|_{x=0} = \int_0^\infty N_A^{\text{inst}}(t)\big|_{x=0}\Psi(t)\mathrm{d}t = \sqrt{\frac{D_A}{\pi}}(C_{Ai} - C_{A0})\int_0^\infty \frac{\Psi(t)}{\sqrt{t}}\mathrm{d}t \tag{5.5.20}$$

所以

$$k_A^0 = \sqrt{\frac{D_A}{\pi}}\int_0^\infty \frac{\Psi(t)}{\sqrt{t}}\mathrm{d}t \tag{5.5.21}$$

该关系式预测k_A^0与$\sqrt{D_A}$成正比，不管液体微元在界面的停留时间分布函数是怎样的形式。

1. 渗透理论

渗透理论假设所有的界面微元在界面上停留相同的时间长度t^*。它对应的分布函数为

$$\begin{aligned} &\Psi(t) = 1/t^* \quad && t < t^* \\ &\Psi(t) = 0 \quad && t > t^* \end{aligned} \tag{5.5.22}$$

这意味着在界面停留时间不为t^*的单元离开界面的概率为零。

将该停留时间分布函数用于式(5.5.21)，得到渗透理论的传质系数：

$$k_A^0 = 2\sqrt{\frac{D_A}{\pi t^*}} \tag{5.5.23}$$

从式(5.5.23)可以看到，渗透理论正确地预言了k_A^0正比于$\sqrt{D_A}$，表明渗透理论比膜理论在这点上更接近实际。式(5.5.23)仍不能预测k_A^0，因为t^*是未知的。

2. 表面更新理论

表面更新理论假设界面单元离开界面的概率与其在界面上停留的时间长度完全无关，即表面的更新是随机的。这时分布函数为

$$\Psi(t) = s\mathrm{e}^{-st} \tag{5.5.24}$$

其中，s是表面更新速率。

将式(5.5.24)代入式(5.5.21)可得：

$$k_A^0 = \sqrt{D_A s} \tag{5.5.25}$$

从式(5.5.25)可以看到，表面更新理论也正确地预言了 k_A^0 正比于 $\sqrt{D_A}$，但是它仍不能预测 k_A^0，因为 s 是未知的。

渗透理论和表面更新理论的表面微元停留时间分布函数如图 5.11 所示。如果表面更新速率 s 等于 $4/\pi t^*$，那么表面更新理论与渗透理论的 k_A^0 表达式相同。由于 t^* 和 s 都是不可知的归并参数，从实用的角度看，表面更新理论和渗透理论是等价的。

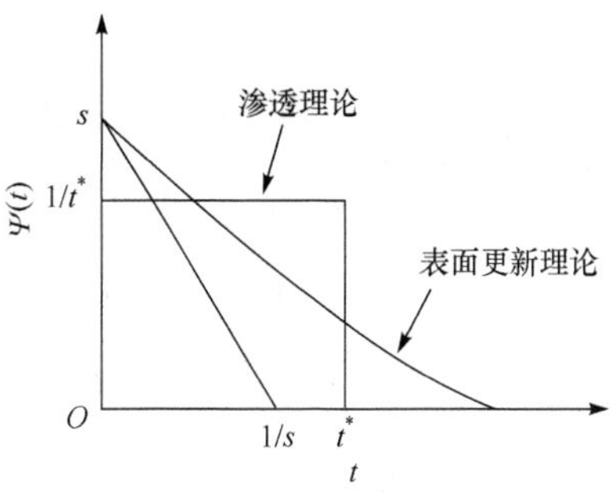

图 5.11　渗透理论和表面更新理论的表面微元停留时间分布函数[4]

尽管膜理论、渗透理论和表面更新理论三种流体力学模型的物理模型各不相同，但是它们都把传质系数 k_A^0 与扩散系数 D_A 以及一个流体力学模型参数(δ、t^* 或 s)相关联。

5.6　流动体系中的传质

对于流动体系，传质受到对流的强烈影响。在自然对流过程中，流动是由密度变化引起的，而密度变化本身是由温度或浓度变化产生的。因此，在自然对流过程中，流体力学和传质或传热必须同时考虑。与之相反，在强制对流过程中，流体流动是由其受到的压力或移动表面所引起的，它几乎不受传质或传热的影响。因此，可以预先确定速度分布，而将结果直接代入组分守恒方程或能量守恒方程。本节举例讨论有限空间(如管道)内强制对流传质问题。

5.6.1　Peclet 数

对流传质的一个关键参数是 Peclet 数(Pe)，它反映了对流传递相对于分子传递的重要性。对于传质过程，组分 i 的 Peclet 数定义为

$$Pe_i = \frac{UL}{D_i} \tag{5.6.1}$$

Peclet 数可以看作对流速度(U)与扩散速度(D_i/L)的相对值，也可以解释为扩散的特征时间($t_d=L^2/D_i$)与对流的特征时间($t_c=L/U$)的相对值。根据 Peclet 数的数量级进行推断的关键是正确地确定速度 U 和特征长度 L 的尺度。

5.6.2　管道内层流传质[3]

考虑圆管内充分发展层流流体中的稳态传质。如图 5.12 所示，在圆管内层流流动的纯溶剂突然(在 $z=0$ 处)进入管壁发生传质(如管壁涂有一薄层的微溶物质)的区域。体系可以看作轴对称，并且可以作为稀溶液处理。体系是等温的，并且假设管壁处溶质的浓度(C_{Ai})由溶质的溶解度决定，是恒定的。在稳态条件下，充分发展的层流速度的径向分

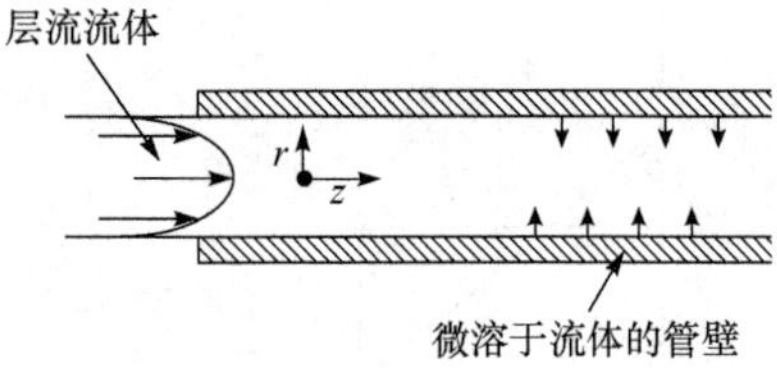

图 5.12 圆管内层流流动传质

布是抛物线形的，即

$$v_r = 0 \tag{5.6.2}$$

$$v_\theta = 0 \tag{5.6.3}$$

$$v_z(r) = 2v_0\left[1-\left(\frac{r}{R}\right)^2\right] \tag{5.6.4}$$

其中，R 是管道半径；v_0 是流体流速。

对于短管，可以通过理论分析确定稳态条件下的浓度分布 $C(r,z)$ 和壁面 $(r=R)$ 处的传质通量，进而确定传质系数。这就可以用理论分析传质系数是如何受流体流动和溶质扩散影响的，从理论上导出舍伍德(Sherwood)数与雷诺(Reynolds)数及 Schmidt 数之间的关系式，并与实验得出的经验关联式进行对比。

对于等温稀溶液体系，总密度可以认为是常数，组分的扩散通量可以用 Fick 定律表示，而且组分扩散系数可以看作常数。在这样的条件下，在柱坐标系中组分 A 的守恒方程为

$$\frac{\partial C_{\rm A}}{\partial t} + v_r\frac{\partial C_{\rm A}}{\partial r} + \frac{v_\theta}{r}\frac{\partial C_{\rm A}}{\partial \theta} + v_z\frac{\partial C_{\rm A}}{\partial z} = D_{\rm A}\left[\frac{1}{r}\frac{\partial}{\partial r}\left(r\frac{\partial C_{\rm A}}{\partial r}\right) + \frac{1}{r^2}\frac{\partial^2 C_{\rm A}}{\partial \theta^2} + \frac{\partial^2 C_{\rm A}}{\partial z^2}\right] + R_{V\rm A} \tag{5.6.5}$$

相对于管径而言，讨论的传质区域是壁面附近很薄的区域，因此可以将拉普拉斯算符中表示弯曲程度的一项忽略，则在轴对称无化学反应的稳态条件下，该层流流动体系的传质方程可以简化为

$$2v_0\left[1-\left(\frac{r}{R}\right)^2\right]\frac{\partial C_{\rm A}}{\partial z} = D_{\rm A}\left(\frac{\partial^2 C_{\rm A}}{\partial r^2} + \frac{\partial^2 C_{\rm A}}{\partial z^2}\right) \tag{5.6.6}$$

定义下列无量纲参数：

$$\phi \equiv \frac{C_{\rm A}}{C_{\rm Ai}} \quad \varepsilon \equiv \frac{R-r}{R} \quad Pe \equiv \frac{2v_0 R}{D_{\rm A}} \quad \xi \equiv \frac{z}{RPe}$$

将式(5.6.6)无量纲化为

$$(2\varepsilon - \varepsilon^2)\frac{\partial \phi}{\partial \xi} = \frac{\partial^2 \phi}{\partial \varepsilon^2} + \frac{1}{Pe^2}\frac{\partial^2 \phi}{\partial \xi^2} \tag{5.6.7}$$

在强制对流条件下，$Pe \gg 1$，轴向扩散项可以忽略，式(5.6.7)可以简化为

$$(2\varepsilon - \varepsilon^2)\frac{\partial \phi}{\partial \xi} = \frac{\partial^2 \phi}{\partial \varepsilon^2} \tag{5.6.8}$$

对于 ξ 很小的短管，溶质扩散主要发生在壁面附近，即传质发生在 ε 很小的范围，那么微分方程式(5.6.8)简化为

$$2\varepsilon\frac{\partial \phi}{\partial \xi} = \frac{\partial^2 \phi}{\partial \varepsilon^2} \tag{5.6.9}$$

这就是忽略轴向扩散和表面曲率，以及线性近似速度分布条件下得出的组分守恒方程。

由于溶质扩散主要发生在壁面附近，远离壁面的管轴心处的流体主体是纯溶剂，可以认为远离壁面处的浓度为零。那么上述微分方程的边界条件为

$$\xi=0,\quad \phi(\varepsilon,0)=0 \tag{5.6.10}$$

$$\xi>0,\quad \phi(0,\xi)=1 \tag{5.6.11}$$

$$\xi>0,\quad \phi(\infty,\xi)=0 \tag{5.6.12}$$

微分方程式(5.6.9)在边界条件式(5.6.10)～式(5.6.12)下，可以用组合变量法求解。经过类似 5.3.1 节中所采用的步骤，可以导出组合变量为

$$\lambda=\left(\frac{2}{9}\right)^{1/3}\frac{\varepsilon}{\xi^{1/3}} \tag{5.6.13}$$

微分方程式(5.6.9)及其边界条件变为

$$\frac{\mathrm{d}^2\phi}{\mathrm{d}\lambda^2}+3\lambda^2\frac{\mathrm{d}\phi}{\mathrm{d}\lambda}=0 \tag{5.6.14}$$

$$\phi(0)=1 \tag{5.6.15}$$

$$\phi(\infty)=0 \tag{5.6.16}$$

解此常微分方程，得

$$\phi(\lambda)=\frac{1}{\int_0^{\infty}\mathrm{e}^{-x^3}\mathrm{d}x}\int_{\lambda}^{\infty}\mathrm{e}^{-x^3}\mathrm{d}x \tag{5.6.17}$$

根据 Γ 函数的定义，有

$$\int_0^{\infty}\mathrm{e}^{-x^3}\mathrm{d}x=\frac{\Gamma(1/3)}{3}=\frac{2.67894}{3} \tag{5.6.18}$$

因此，得到浓度分布：

$$C_{\mathrm{A}}(\lambda)=C_{\mathrm{Ai}}\frac{3}{\Gamma(1/3)}\int_{\lambda}^{\infty}\mathrm{e}^{-x^3}\mathrm{d}x \tag{5.6.19}$$

壁面($r=R$)处的传质通量只有在 r 方向上的分量不为零，为

$$N_{\mathrm{A}r}(z)=-D_{\mathrm{A}}\left.\frac{\partial C_{\mathrm{A}}}{\partial r}\right|_{r=R}=D_{\mathrm{A}}C_{\mathrm{Ai}}\frac{3}{\Gamma(1/3)}\left(\frac{2}{9}\right)^{1/3}(Pe)^{1/3}\left(\frac{R}{z}\right)^{1/3}\frac{1}{R} \tag{5.6.20}$$

根据传质系数的定义式：

$$N_{\mathrm{A}r}(z)=k_{\mathrm{A}}(z)(C_{\mathrm{Ai}}-0) \tag{5.6.21}$$

可以得出 Sherwood 数：

$$Sh(z)=\frac{k_{\mathrm{A}}(z)2R}{D_{\mathrm{A}}}=\frac{6}{\Gamma(1/3)}\left(\frac{2}{9}\right)^{1/3}(Pe)^{1/3}\left(\frac{R}{z}\right)^{1/3} \tag{5.6.22}$$

在 0～L 管长内的平均 Sh 为

$$Sh = \frac{1}{L}\int_0^L Sh(z)\mathrm{d}z = \frac{9}{\Gamma(1/3)}\left(\frac{2}{9}\right)^{1/3}(Pe)^{1/3}\left(\frac{R}{L}\right)^{1/3} \tag{5.6.23}$$

将 Pe 的定义式代入式(5.6.23)，可以得到由传递过程原理导出的理论表达式：

$$Sh = \frac{9^{2/3}}{\Gamma(1/3)}\left(\frac{2Rv_0}{\nu}\right)^{1/3}\left(\frac{\nu}{D_\mathrm{A}}\right)^{1/3}\left(\frac{2R}{L}\right)^{1/3} = 1.615(Re)^{1/3}(Sc)^{1/3}\left(\frac{2R}{L}\right)^{1/3} \tag{5.6.24}$$

由实验数据得出的经验关联式为

$$Sh = \frac{k_{\mathrm{Aavg}}2R}{D_\mathrm{A}} = 1.640(Re)^{1/3}(Sc)^{1/3}\left(\frac{2R}{L}\right)^{1/3} \tag{5.6.25}$$

这两者之间具有良好的吻合度。

参 考 文 献

[1] Deen W M. Analysis of Transport Phenomena. New York: Oxford University Press, 1998.

[2] Deen W M. Analysis of Transport Phenomena. 2nd ed. New York: Oxford University Press, 2012.

[3] Cussler E L. Diffusion. 3rd ed. Cambridge: Cambridge University Press, 2009.

[4] Astarita G, Savage D W, Bisio A. Gas Treating with Chemical Solvents. New York: John Wiley & Sons, 1982.

习　　题

1. 气体压力表的保护

为了监测纯氟气(F_2)钢瓶的压力，做了如图 5.13 所示的压力表设置。因为 F_2 具有高度腐蚀性，所以采用氮气(N_2)吹扫的方法尽可能减少压力表在 F_2 中的暴露。N_2 通过连接压力表和氟气钢瓶的管道进入，其通量可以通过改变吹扫管线中的 N_2 压力调节。假设吹扫速率足够慢，而且氟气钢瓶足够大，那么 N_2 在氟气钢瓶中(在 $y=L$ 处)的量可以忽略。同时假设管道中的传递过程是一维的。要求压力表处($y=0$) F_2 的摩尔分数低于特定值 x_0，稳态 F_2 通量为零。试确定所需要的最小 N_2 通量。(等温系统的温度为 T，压力表中的绝对压力为 P)

2. 非稳态液体等温蒸发

如图 5.14 所示，装在长管中的纯有机液体 A，其初始高度 H_0 远低于管长，长管敞口放置在空气中。在 $t=0$ 时刻，液体开始蒸发，导致气液界面下降直至液体完全消失。

为了简单起见，把空气看作单组分。因此，气液界面上方的气相作为空气(B)和有机液体(A)的二元气体混合物处理。体系可以近似为等温。气液界面上两相认为是处于相平衡状态，该处的气相摩尔分数 $x_\mathrm{A}(H,t)=x_{\mathrm{Ae}}$，其是由温度所决定的，可作为已知常数处理。假设远离液面的容器上方($z=\infty$)的气体是充分混合的，其所含有机物的量是恒定的，即 $x_\mathrm{A}(\infty,t)=x_{\mathrm{A0}}$。在初始状态，$t=0$，对于气相所有的 $z>H_0$，都有 $x_\mathrm{A}(z,0)=x_{\mathrm{A0}}$。最后，假设空气不会进入或离开液体，这对于预先用空气饱和的液体是比较符合的。

建立数学模型，确定气相组成分布函数 $x_A(z,t)$、液体高度 H 与时间 t 的关系，以及完全蒸发所需的时间 t_p。

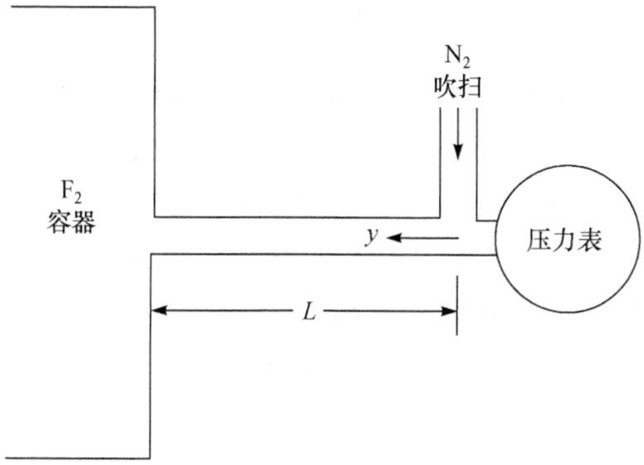

图 5.13

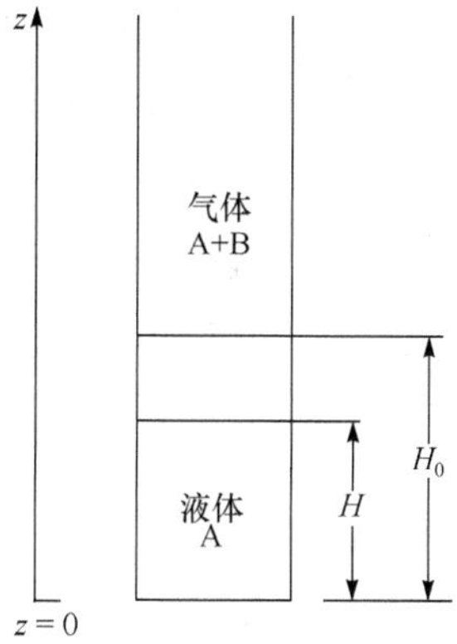

图 5.14

3. 网球使用寿命的延长

为了达到比赛质量要求，网球内部充入空气使其表压为 1.0atm。空气扩散透过橡胶壁面而引起压力下降。一般经过几个星期后，压力会降至 0.8atm 表压，这时网球的性能就不能满足要求。因为与空气相比六氟化硫(SF_6)在橡胶中的渗透性较小，所以有人提议用 SF_6 和空气的混合物填充网球以延长其使用寿命。

网球的球腔半径 a=3.3cm，壁厚 w=0.3cm。将空气看作单组分，相关的二元扩散系数和分配系数见表 5.1(A=空气，S=SF_6，R=橡胶)。

表 5.1

参数	数值
气体扩散系数 $D_{AS}/(cm^2/s)$	0.06
空气在橡胶中的扩散系数 $D_{AR}/(cm^2/s)$	2×10^{-6}
SF_6 在橡胶中的扩散系数 $D_{SR}/(cm^2/s)$	1×10^{-6}
橡胶/气体分配系数(空气)K_A	0.010
橡胶/气体分配系数(SF_6)K_S	0.003

(1) 通过考虑球腔内和球壁内扩散的特征时间，说明 SF_6-空气混合物的扩散是拟稳态的，并说明球壁是扩散的控制阻力区。(球外部扩散的特征长度和阻力都不会超过球内的，因而不必估计)

(2) 如果组分 i 在球腔内的初始摩尔浓度是 C_{i0}，在大气中的浓度是 $C_{i\infty}$，试确定球内浓度 $C_i(t)$。求空气进入和 SF_6 流出的时间常数(分别记作 t_A 和 t_S)。

(3) 确定球内的绝对压力 $P(t)$。初始压力和大气压分别为 P_0 和 P_∞。注意，P 可能单调下降也可能先上升后下降。简要解释这两种行为。

(4) 如果认为 t=0 时 dP/dt=0 是最优的，那么最优的初始摩尔分数(x_{A0}、x_{S0})是多少？注意，$P_0=2P_\infty$。

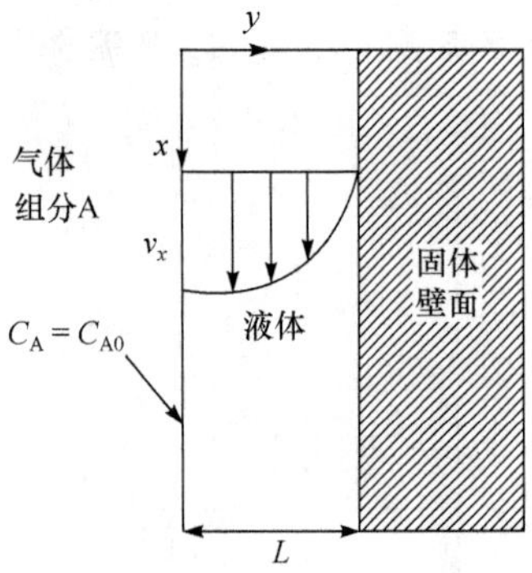

图 5.15

4. 稳态降膜吸收

如图 5.15 所示，厚度为 L 的沿垂直表面向下流的液膜，其流动是充分发展的层流，速度分布为 $v_x = v_{\max}\left[1-\left(\frac{y}{L}\right)^2\right]$。

在起点 x=0 处，纯液体与含有组分 A 的气体接触，使 A 溶解在液体中。组分 A 在气液界面(y=0)上的液相浓度恒定为 C_{A0}。固体表面是不可渗透的，而且不发生化学反应。假设 Peclet 数 $Pe= v_{\max}L / D_A$ (D_A是组分 A 的液相扩散系数)足够大，以致 x 方向的扩散可以忽略。试推导离起点不远的区域(x 很小，液相传质只发生在气液界面附近，即 $y / L \ll 1$)内组分 A 的液相 Sherwood 数表达式。

第6章

伴化学反应的传质

6.1 引　　言

由相内及边界上组分守恒方程：

$$\frac{\partial C_i}{\partial t}+\nabla\cdot\boldsymbol{N}_i=R_{Vi} \tag{6.1.1}$$

$$[(\boldsymbol{N}_i-C_i\boldsymbol{v}_{\rm I})_2-(\boldsymbol{N}_i-C_i\boldsymbol{v}_{\rm I})_1]\cdot\boldsymbol{n}=R_{Si} \tag{6.1.2}$$

可以看出，除了体系的性质，包括传质推动力、热力学性质和传递性质等，以及流动状态这些物理因素外，组分浓度的时空分布和传质通量也受化学反应速率的影响。同时发生的反应过程和传质过程之间是相互影响的。

本征传质速率与本征反应速率的相对大小决定了反应和传质之间的相互影响。当传质和反应的本征速率相差不是很大时，传质动力学和反应动力学相互影响很显著，尤其在化学反应不是一级动力学时，会产生非同寻常的效应。这方面的例子有：在气体吸收过程中，如二氧化碳的化学吸收，化学反应的作用可以使吸收塔的体积相对于物理吸收大约缩小至原来的百分之一。另外，传质和反应之间的相互作用可以造成从低浓度区向高浓度区的传质。

本章讨论化学反应对传质的影响，包括所涉及的基本概念、机理和数学模型方法。

6.2 非均相反应和均相反应[1]

从守恒方程出发对伴化学反应的传质问题进行模型化，第一个要明确的问题是：化学反应是非均相的还是均相的。非均相反应和均相反应的区别在于：非均相反应必定涉及两个不同的相，化学反应发生在相界面上，此时相内守恒方程中的 $R_{Vi}=0$，而边界守恒方程中的 $R_{Si}\neq 0$；均相反应则发生在单一相内，整个相内都可以发生反应，其相内守恒方程中的 $R_{Vi}\neq 0$，而边界守恒方程中的 $R_{Si}=0$。

在某些情况下，即使反应发生在相界面上，也可以将非均相反应体系拟均相化，用均相反应模型进行处理。例如，煤炭颗粒的氧化过程中，球形煤炭颗粒在流化床中燃烧。初始时，反应只发生在颗粒的“外”表面上。这样，初始反应该用非均相反应模型进行

模型化。如果反应动力学对氧气是一级的，那么反应速率方程为

$$R_{Si}(\text{单位颗粒面积的燃烧速率})=k_{1s}C_{O_2s}$$

然而，随反应(燃烧)的进行，煤炭颗粒成为多孔颗粒，化学反应不仅在外表面上进行，还在整个颗粒的孔表面上进行。在某些情况下，孔表面远远超过颗粒的外表面。这时，燃烧反应在整个颗粒内进行，仿佛反应是均相进行的，可以用均相反应模型加以描述。此时，反应动力学方程可以写成：

$$R_{Vi}(\text{单位颗粒体积的燃烧速率})=R_{Si}a(\text{颗粒的比表面积，}m^2/m^3)$$

究竟是采用均相反应模型还是非均相反应模型，必须根据实际情况判断。下面通过几个例子说明。

(1) 低品位硫化铅颗粒焙烧生产多孔氧化铅。由于矿物颗粒的中心是未反应的硫化物核，氧气在该核内的渗透远小于在灰中的渗透，反应主要发生在矿物与灰的界面上，因此该反应最好采用非均相反应模型。

(2) 水洗脱空气中痕量氨。在该过程中，氨首先溶解于水中，产生氢氧化氨的反应发生在液相。因此，尽管该过程涉及气液两相，该反应还是应该作为均相反应模型化。

(3) 阿司匹林溶解于流食中。阿司匹林固体表面上乙酰水杨酸分子与水结合形成水合物，然后阿司匹林水合物扩散进入溶液中。这种情况应该处理成非均相水合反应，随后进行扩散传质。

(4) 乙烷在铂单晶催化剂上脱氢。反应主要发生在晶体表面，应该是非均相反应。

(5) 乙烷在多孔铂催化剂上脱氢。乙烷可以扩散进入催化剂内的孔道，反应在整个催化剂颗粒内的孔壁上发生。该反应可以拟均相化，按均相反应处理。

(6) 石灰浆吸收烟道气中的氧化硫。这种情况较复杂，不能很简单地判断反应应作均相还是非均相处理。在该过程中，氧化硫和氢氧化钙发生反应。氢氧化钙在水中的溶解度不大，故溶液中其浓度很低。因为氢氧化钙既有固体也有溶于水中的，所以固相和液相中均有可能发生反应。对于这种情况，需要对具体过程的化学反应做更多了解以确定反应主要发生在哪里，从而确定用均相反应模型还是非均相反应模型。

在大多数情况下，采用非均相反应模型还是均相反应模型的决定是容易做出的。

如图 6.1 所示，非均相反应体系中传质和反应按串联步骤进行，均相或拟均相反应体系中传质和反应是平行进行的。下面通过几个例子了解反应和传质耦合过程的特性。

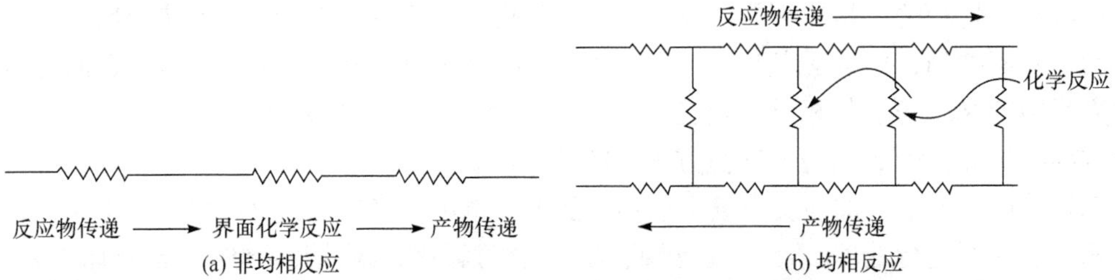

图 6.1 非均相反应和传质及均相反应和传质

6.2.1　稀溶液中非均相化学反应体系的扩散[2]

考虑如图 6.2 所示的稀溶液体系。这里的稀溶液是指在惰性溶剂 S 中 A、B 两个组分的浓度都很低。厚度为 L 的液体膜与催化剂表面接触，固体表面上发生不可逆化学反应：$A \longrightarrow mB$。n 级反应动力学方程：$R_{SA}=-k_{sn}C_A^n$。在稳态条件下，组分在液体膜内的浓度 C_A 和 C_B 只与 y 有关。在 y=0 处的浓度固定为 C_{A0} 和 C_{B0}。

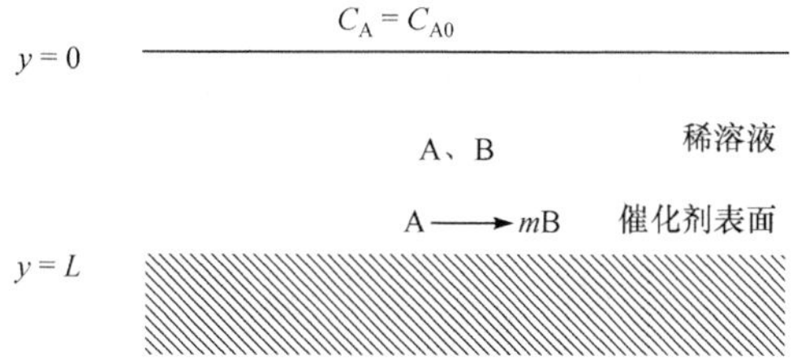

图 6.2　稀溶液中伴非均相化学反应的扩散

对于这个问题，要注意以下两点：

(1) 对于液体体系，可以认为总质量浓度是恒定的。

(2) 对于稀溶液，从扩散的观点看，可以作为拟二元体系处理。组分 A 和 B 的扩散系数可以用 A 和 B 在溶剂 S 中的扩散系数 D_{AS} 和 D_{BS} 近似。

对此一维稳态体系，由连续性方程可以得到在液相内：

$$\frac{d\left(\rho v_y\right)}{dy}=0 \tag{6.2.1}$$

因为 ρ 为常数，所以 v_y 与 y 无关。由于催化剂固体表面是不可渗透的，由边界上的总质量守恒方程可以得出 $v_y(L)=0$，因此，在整个液体膜内 $v_y=0$，即质量平均速度处处为零。组分 A 的传质通量可以写成：

$$N_{Ay}=C_A v_y+J_{Ay}=J_{Ay} \tag{6.2.2}$$

稀溶液中组分的扩散通量可用 Fick 定律表达。对于总质量浓度为常数的体系，选择 Fick 定律的形式为

$$J_{Ay}=-D_{AS}\frac{\rho_t}{M_A}\frac{d\omega_A}{dy}=-D_{AS}\frac{dC_A}{dy} \tag{6.2.3}$$

由于体系是稳态的非均相反应体系，根据组分的守恒方程可以得出：

$$\frac{dN_{Ay}}{dy}=0 \tag{6.2.4}$$

即组分 A 的通量与位置 y 无关。组分 A 的守恒方程的最终形式为

$$-D_{AS}\frac{dC_A}{dy}=N_{Ay}(L) \tag{6.2.5}$$

因此，组分 A 的浓度是线性分布的。

由于固体表面是固定的，即边界的速度为零，所以在固体表面($y=L$)处的边界条件为

$$N_{Ay}^{S}(L)-N_{Ay}(L)=R_{SA} \tag{6.2.6}$$

对于不可渗透固体，界面处固相中的通量 $N_{Ay}^{S}(L)=0$，所以边界条件为

$$N_{Ay}(L)=-R_{SA} \tag{6.2.7}$$

因此可以得出

$$N_{Ay}=-R_{SA}=k_{sn}\left[C_{A}(L)\right]^{n} \tag{6.2.8}$$

也就有

$$-D_{AS}\frac{dC_{A}}{dy}=k_{sn}\left[C_{A}(L)\right]^{n} \tag{6.2.9}$$

其边界条件为

$$C_{A}(0)=C_{A0} \tag{6.2.10}$$

定义如下无量纲量：

$$\theta\equiv C_{A}/C_{A0} \tag{6.2.11}$$

$$\eta\equiv y/L \tag{6.2.12}$$

$$\phi\equiv C_{A}(L)/C_{A0} \tag{6.2.13}$$

$$Da_{S}\equiv\frac{k_{sn}C_{A0}^{n-1}L}{D_{AS}} \tag{6.2.14}$$

其中，达姆科勒(Damkohler)数 Da_S 是表面反应本征速率相对于扩散速率的度量。

无量纲化的微分方程为

$$\frac{d\theta}{d\eta}=-Da_{S}\phi^{n} \tag{6.2.15}$$

其边界条件为 $\theta(0)=1$。

解此微分方程得到

$$Da_{S}\phi^{n}=1-\phi \tag{6.2.16}$$

根据式(6.2.8)和式(6.2.14)，该体系中组分 A 的传质通量为

$$N_{Ay}=k_{sn}\left(C_{A0}\right)^{n}\phi^{n}=\frac{D_{AS}}{L}C_{A0}Da_{S}\phi^{n} \tag{6.2.17}$$

上述结果表明：

(1) 当 $Da_S\to 0$ 时，$\phi\to 1$，即 $C_A(L)\to C_{A0}$。在这种情况下，反应相对于扩散很慢，所以表面反应是控制步骤，反应物浓度在整个液体膜内几乎是均匀的。

(2) 当 $Da_S\to\infty$ 时，$\phi\to 0$，即 $C_A(L)\to 0$。在这种情况下，反应相对于扩散很快，该过程完全由传质控制，即催化剂固体表面的反应物浓度趋近于零。此时，表面化学反

应为极快反应，组分 A 的传质通量 $N_{Ay}=\dfrac{D_{AS}}{L}C_{A0}$。

(3) 随 Da_S 的增大，该过程从反应动力学控制转变为扩散控制，组分 A 的传质通量也随之增大。

6.2.2　非均相化学反应体系的二组分气体扩散[2]

本节将二组分常温常压气体体系代替 6.2.1 节中的稀溶液重新进行讨论。如图 6.3 所示，厚度为 L 的气体膜与催化剂表面接触，固体表面上发生不可逆化学反应：$\mathrm{A}\longrightarrow m\mathrm{B}$。$n$ 级反应动力学方程：$R_{SA}=-k_{sn}C_A^n$。在稳态条件下，组分在气体膜内的浓度 C_A 和 C_B 只与 y 有关。在 y=0 处的浓度固定为 C_{A0} 和 C_{B0}。

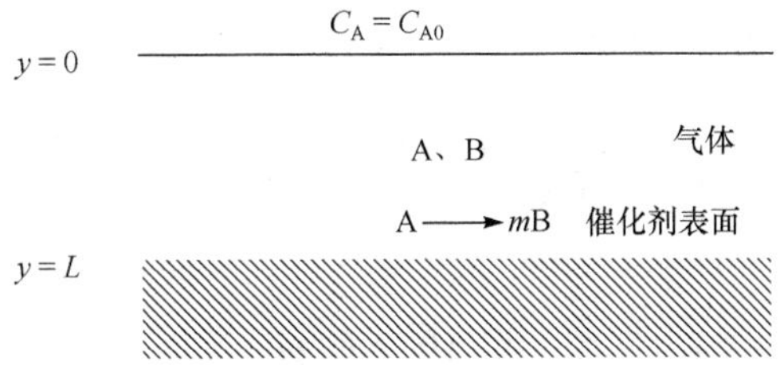

图 6.3　伴非均相化学反应的二组分气体扩散

假定气体处于等温等压状态，则其总摩尔浓度 C_t 为常数。在此条件下，总质量浓度 ρ 并不是常数，除非 A 和 B 的分子量相同(m=1)。

由于体系是稳态的非均相反应体系，根据组分的守恒方程可以得出：

$$\frac{\mathrm{d}N_{Ay}}{\mathrm{d}y}=\frac{\mathrm{d}N_{By}}{\mathrm{d}y}=0 \tag{6.2.18}$$

即组分 A 和 B 的通量均与位置 y 无关。

由于固体表面是固定的，即边界的速度为零，所以在固体表面(y=L)处的边界条件为

$$N_{iy}^{S}(L)-N_{iy}(L)=R_{Si} \tag{6.2.19}$$

对于不可渗透固体，界面处固相中的通量 $N_{iy}^{S}(L)=0$，所以边界条件为

$$N_{iy}(L)=-R_{Si} \tag{6.2.20}$$

因此可以得出：

$$N_{Ay}=-R_{SA}=k_{sn}\left[C_A(L)\right]^n \tag{6.2.21}$$

$$N_{By}=-R_{SB}=-mk_{sn}\left[C_A(L)\right]^n=-mN_{Ay} \tag{6.2.22}$$

二组分气体混合物中组分的扩散通量可以用 Fick 定律表示。由于体系的总摩尔浓度为常数，而总质量浓度不是常数，所以选择包含总摩尔浓度 C_t 的 Fick 定律形式更为便利：

$$J_{Ay}^{M}=-C_tD_{AB}\frac{\mathrm{d}x_A}{\mathrm{d}y} \tag{6.2.23}$$

这是以摩尔平均速度 v_y^M 为参照的扩散通量。组分的传质通量可以写成：

$$N_{iy} = x_i C_t v_y^M + J_{iy}^M \tag{6.2.24}$$

将所有组分的传质通量相加，可得到 $C_t v_y^M = N_{Ay} + N_{By} = N_{Ay}(1-m)$。因此，组分 A 的传质通量可以写成：

$$N_{Ay} = N_{Ay}(1-m)x_A - C_t D_{AB}\frac{dx_A}{dy} \tag{6.2.25}$$

重排式(6.2.25)，得到

$$\frac{dC_A}{dy} = -\frac{N_{Ay}}{D_{AB}}\left[1-\frac{C_A}{C_t}(1-m)\right] \tag{6.2.26}$$

将式(6.2.21)代入式(6.2.26)，可得关于 C_A 的微分方程

$$\frac{dC_A}{dy} = -\frac{k_{sn}}{D_{AB}}\left[C_A(L)\right]^n\left[1-\frac{C_A}{C_t}(1-m)\right] \tag{6.2.27}$$

其边界条件为

$$C_A(0) = C_{A0} \tag{6.2.28}$$

定义如下无量纲量：

$$\theta \equiv C_A / C_{A0} \tag{6.2.29}$$

$$\eta \equiv y / L \tag{6.2.30}$$

$$\phi \equiv C_A(L) / C_{A0} \tag{6.2.31}$$

$$Da_S \equiv \frac{k_{sn}C_{A0}^{n-1}L}{D_{AB}} \tag{6.2.32}$$

无量纲化的微分方程为

$$\frac{d\theta}{d\eta} = -Da_S\phi^n\left[1-x_{A0}(1-m)\theta\right] \tag{6.2.33}$$

其边界条件为 $\theta(0)=1$ 和 $\theta(1)=\phi$。

解此微分方程并利用其边界条件，得到：

$$Da_S\phi^n = \begin{cases} \dfrac{1}{x_{A0}(1-m)}\ln\left[\dfrac{1-x_{A0}(1-m)\phi}{1-x_{A0}(1-m)}\right] & m \neq 1 \\ 1-\phi & m = 1 \end{cases} \tag{6.2.34}$$

只有在 m=1 的条件下，二组分气体体系的结果与液体稀溶液的结果相同。

根据式(6.2.21)，该体系中组分 A 的传质通量为

$$N_{Ay} = k_{sn}(C_{A0})^n\phi^n = \frac{D_{AB}}{L}C_{A0}Da_S\phi^n \tag{6.2.35}$$

利用式(6.2.34)的结果，组分 A 的传质通量也可以写成：

$$N_{Ay}=\begin{cases}\dfrac{D_{AB}}{L}\dfrac{C_{A0}}{x_{A0}(1-m)}\ln\left[\dfrac{1-x_{A0}(1-m)\phi}{1-x_{A0}(1-m)}\right] & m\neq 1\\ \dfrac{D_{AB}C_{A0}}{L}(1-\phi) & m=1\end{cases}\tag{6.2.36}$$

上述结果表明：

(1) 当 $Da_S\to 0$ 时，$\phi\to 1$，即 $C_A(L)\to C_{A0}$。在这种情况下，相对于扩散，反应很慢，所以表面反应是控制步骤，反应物浓度在整个气体膜内几乎是均匀的。

(2) 当 $Da_S\to\infty$ 时，$\phi\to 0$，即 $C_A(L)\to 0$。在这种情况下，表面化学反应为极快反应，反应相对于扩散很快，该过程完全由传质控制。组分 A 的传质通量为

$$N_{Ay}=\begin{cases}\dfrac{D_{AB}}{L}\dfrac{C_{A0}}{x_{A0}(1-m)}\ln\left[\dfrac{1}{1-x_{A0}(1-m)}\right] & m\neq 1\\ \dfrac{D_{AB}C_{A0}}{L} & m=1\end{cases}\tag{6.2.37}$$

(3) 随 Da_S 增大，该过程从反应控制转变为扩散控制，组分 A 的传质通量也随之增大。

从本节和上节的非均相反应传质例子可以看出，表征反应速率与传质速率相对大小的 Da_S 决定了反应与传质之间的相互影响。

反应和传质同时进行的两种极端情况是：

(1) 所谓反应控制的传质过程：当传质速率远大于化学反应速率时，化学反应阻力远大于传质阻力，只有化学因素影响过程速率，即化学反应动力学决定过程速率。

(2) 所谓传质控制的反应过程：当化学反应速率远大于传质速率时，即传质阻力远大于化学反应阻力，过程速率由传质步骤控制。图 6.4 给出了四种传质控制的反应类型，包括：

(i) 极快非均相反应过程[图 6.4(a)]。反应物传质到表面，反应物快速转化为产物，产物传质离开表面，总速率由传质速率及表面反应平衡常数所决定，如单晶催化剂催化过程。

(ii) 多孔催化剂的非均相催化过程[图 6.4(b)]。反应物扩散到孔道中，到达催化活性位，在催化活性位上快速反应，产物扩散离开孔道。反应的总速率取决于扩散步骤。

(iii) 膜内促进扩散[图 6.4(c)]。在膜的一侧，溶质与载体快速形成络合物；络合物扩散通过膜；在膜的另一侧，络合物快速分解。总过程速率由络合物的扩散速率及络合物的稳定常数所决定。

除上述三种传质控制的非均相反应体系外，也存在传质控制的均相反应体系，例如：

(iv) 两种分子均相混合快速反应[图 6.4(d)]。组分在它们碰撞时快速反应，因此反应速率由分子运动即扩散传质控制。

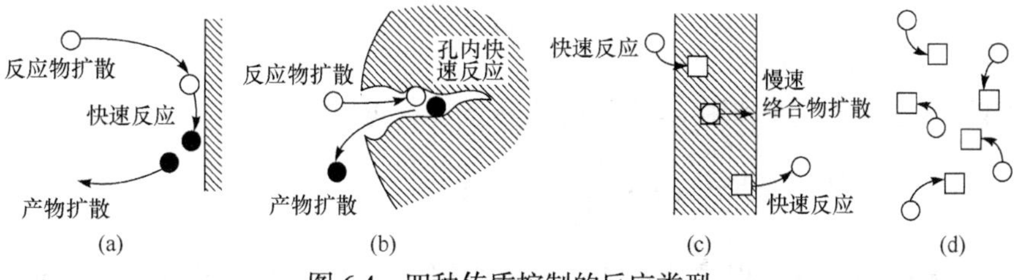

图 6.4　四种传质控制的反应类型

6.2.3 稀溶液中均相可逆化学反应体系的扩散[2]

考虑液体膜内发生可逆化学反应的稳态过程。通过该例讨论扩散传质与均相反应之间的相互影响，同时说明如何处理涉及可逆化学反应的问题。

如图 6.5 所示，在液体膜内发生一级可逆化学反应 $\mathrm{A} \underset{k_{-1}}{\overset{k_1}{\rightleftharpoons}} \mathrm{B}$，其反应动力学方程为 $R_{V\mathrm{A}} = k_{-1}C_\mathrm{B} - k_1 C_\mathrm{A} = k_1(KC_\mathrm{B} - C_\mathrm{A}) = -R_{V\mathrm{B}}$，其中平衡常数 $K = k_{-1}/k_1$。在 $y=0$ 处，组分的浓度为 $C_{\mathrm{A}0}$ 和 $C_{\mathrm{B}0}$。在 $y=L$ 处的惰性固体表面是不可渗透的。

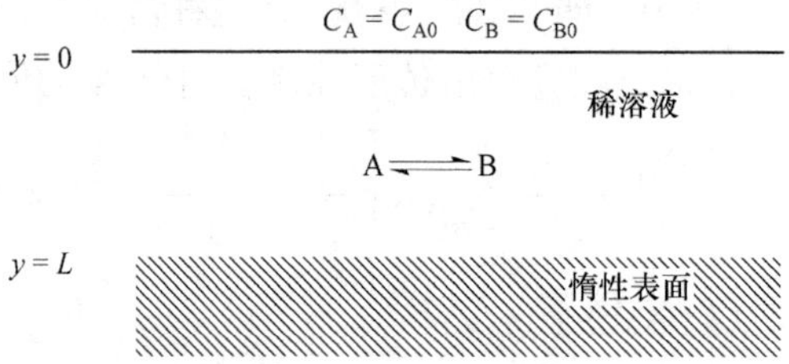

图 6.5 稀溶液中伴均相可逆化学反应的扩散

对于稀溶液中的溶质 A 和 B，其扩散通量可以用 Fick 定律表示，稳态一维守恒方程可以写成：

$$D_\mathrm{A}\frac{\mathrm{d}^2 C_\mathrm{A}}{\mathrm{d}y^2} + k_1(KC_\mathrm{B} - C_\mathrm{A}) = 0 \tag{6.2.38}$$

$$D_\mathrm{B}\frac{\mathrm{d}^2 C_\mathrm{B}}{\mathrm{d}y^2} - k_1(KC_\mathrm{B} - C_\mathrm{A}) = 0 \tag{6.2.39}$$

在 $y=L$ 处，由于惰性固体表面是不可渗透的，故 $N_{\mathrm{A}y}\big|_L = N_{\mathrm{B}y}\big|_L = 0$。因此，边界条件为

$$y=L,\quad \left.\frac{\mathrm{d}C_\mathrm{A}}{\mathrm{d}y}\right|_L = \left.\frac{\mathrm{d}C_\mathrm{B}}{\mathrm{d}y}\right|_L = 0 \tag{6.2.40}$$

$$y=0,\ C_\mathrm{A} = C_{\mathrm{A}0},\ C_\mathrm{B} = C_{\mathrm{B}0}$$

在常微分方程式(6.2.38)和式(6.2.39)中都有反应动力学项存在，使得其求解相对复杂。将两式相加，可获得一个与反应速率无关的方程：

$$D_\mathrm{A}\frac{\mathrm{d}^2 C_\mathrm{A}}{\mathrm{d}y^2} + D_\mathrm{B}\frac{\mathrm{d}^2 C_\mathrm{B}}{\mathrm{d}y^2} = 0 \tag{6.2.41}$$

将其一次积分，并根据 $y=L$ 处的边界条件，可以得到：

$$D_\mathrm{A}\frac{\mathrm{d}C_\mathrm{A}}{\mathrm{d}y} + D_\mathrm{B}\frac{\mathrm{d}C_\mathrm{B}}{\mathrm{d}y} = 0 \tag{6.2.42}$$

将式(6.2.42)进行积分，并利用 $y=0$ 处的边界条件，可以得到：

$$C_\mathrm{B} = \frac{D_\mathrm{A}}{D_\mathrm{B}}(C_{\mathrm{A}0} - C_\mathrm{A}) + C_{\mathrm{B}0} \tag{6.2.43}$$

将其代入组分 A 的守恒方程式(6.2.38)中，可以得出只含 C_A 的常微分方程。通过定义无

量纲浓度和无量纲距离：

$$\theta_{A} \equiv \frac{C_{A}}{C_{A0}}, \quad \theta_{B} \equiv \frac{KC_{B}}{C_{A0}}, \quad \eta \equiv \frac{y}{L}$$

将微分方程无量纲化，可以得到关于组分 A 的无量纲方程：

$$\frac{d^{2}\theta_{A}}{d\eta^{2}} = (\alpha+\beta)\theta_{A} - (\alpha\gamma+\beta) \tag{6.2.44}$$

其无量纲边界条件为 $\theta_{A}(0)=1$ 和 $\left.\frac{d\theta_{A}}{d\eta}\right|_{\eta=1}=0$。其中：

$$\alpha \equiv \frac{k_{1}L^{2}}{D_{A}}, \quad \beta \equiv \frac{k_{-1}L^{2}}{D_{B}}, \quad \gamma \equiv \frac{KC_{B0}}{C_{A0}}$$

α 是均相反应体系中正反应的 Damkohler 数 Da_{V}^{+}，β 是逆反应的 Damkohler 数 Da_{V}^{-}，γ 是反应方向的度量。

该微分方程的解为

$$\theta_{A} = \left(\frac{\alpha\gamma+\beta}{\alpha+\beta}\right) + \left[\frac{\alpha(1-\gamma)}{\alpha+\beta}\right]\left[\cosh\left(\sqrt{\alpha+\beta}\,\eta\right) - \tanh\left(\sqrt{\alpha+\beta}\right)\sinh\left(\sqrt{\alpha+\beta}\,\eta\right)\right] \tag{6.2.45}$$

对应有

$$\theta_{B} = \left(\frac{\alpha\gamma+\beta}{\alpha+\beta}\right) - \left[\frac{\beta(1-\gamma)}{\alpha+\beta}\right]\left[\cosh\left(\sqrt{\alpha+\beta}\,\eta\right) - \tanh\left(\sqrt{\alpha+\beta}\right)\sinh\left(\sqrt{\alpha+\beta}\,\eta\right)\right] \tag{6.2.46}$$

由式(6.2.45)求出 $\theta_{A}(1)$

$$\theta_{A}(1) = \left(\frac{\alpha\gamma+\beta}{\alpha+\beta}\right) + \left[\frac{\alpha(1-\gamma)}{\alpha+\beta}\right]\frac{1}{\cosh\left(\sqrt{\alpha+\beta}\right)} \tag{6.2.47}$$

显然，均相反应的发生使得组分 A 在固体表面处的浓度受 α 和 β 的影响。

在该均相反应体系中，不同位置处的组分传质通量不相同。考虑 y=0 处组分 A 的传质通量，分析均相反应对传质速率的影响。对式(6.2.45)求导，可以得到：

$$\left.\frac{d\theta_{A}}{d\eta}\right|_{\eta=0} = -\left[\frac{\alpha(1-\gamma)}{\alpha+\beta}\right]\sqrt{\alpha+\beta}\tanh(\sqrt{\alpha+\beta}) \tag{6.2.48}$$

则可以得出组分 A 的传质通量：

$$\left.N_{Ay}\right|_{y=0} = -D_{A}\frac{C_{A0}}{L}\left.\frac{d\theta_{A}}{d\eta}\right|_{\eta=0} = D_{A}\frac{C_{A0}}{L}\sqrt{\alpha+\beta}\,\frac{\alpha(1-\gamma)}{\alpha+\beta}\tanh(\sqrt{\alpha+\beta}) \tag{6.2.49}$$

显然，组分的传质通量受到了均相反应的影响。相对应的传质系数为

$$k_{A} = \frac{\left.N_{Ay}\right|_{y=0}}{C_{A0}-C_{A}(L)} = \frac{\left.N_{Ay}\right|_{y=0}}{C_{A0}\left[1-\theta_{A}(1)\right]} \tag{6.2.50}$$

由式(6.2.47)、式(6.2.49)和式(6.2.50)得出：

$$k_{\mathrm{A}}=\frac{D_{\mathrm{A}}}{L}\sqrt{\alpha+\beta}\frac{\sinh\left(\sqrt{\alpha+\beta}\right)}{\cosh\left(\sqrt{\alpha+\beta}\right)-1} \tag{6.2.51}$$

显然，均相反应的发生使得组分 A 的传质系数受 α 和 β 的影响，即传质系数受到化学反应的影响。

对于极快反应，反应速率剧增，而平衡常数不变的情况下，$\alpha\to\infty$ 和 $\beta\to\infty$，但 $\beta/\alpha=KD_{\mathrm{A}}/D_{\mathrm{B}}$ 固定。此时，$\tanh\left(\sqrt{\alpha+\beta}\right)\to 1$，因此

$$\theta_{\mathrm{A}}=\left(\frac{\alpha\gamma+\beta}{\alpha+\beta}\right)+\left[\frac{\alpha(1-\gamma)}{\alpha+\beta}\right]\mathrm{e}^{-\sqrt{\alpha+\beta}\eta} \tag{6.2.52}$$

$$\theta_{\mathrm{B}}=\left(\frac{\alpha\gamma+\beta}{\alpha+\beta}\right)-\left[\frac{\beta(1-\gamma)}{\alpha+\beta}\right]\mathrm{e}^{-\sqrt{\alpha+\beta}\eta} \tag{6.2.53}$$

$$\theta_{\mathrm{A}}-\theta_{\mathrm{B}}=(1-\gamma)\mathrm{e}^{-\sqrt{\alpha+\beta}\eta} \tag{6.2.54}$$

由于 $\alpha\to\infty$ 和 $\beta\to\infty$，在 η 足够大时，$\mathrm{e}^{-\sqrt{\alpha+\beta}\eta}\to 0$。在这种情况下：

$$\theta_{\mathrm{A}}=\theta_{\mathrm{B}}\approx\left(\frac{\gamma+\beta/\alpha}{1+\beta/\alpha}\right)=K\left(\frac{C_{\mathrm{B0}}/C_{\mathrm{A0}}+D_{\mathrm{A}}/D_{\mathrm{B}}}{1+KD_{\mathrm{A}}/D_{\mathrm{B}}}\right) \tag{6.2.55}$$

因此，在反应足够快时，膜内反应处于平衡状态。平衡浓度不仅受平衡常数的影响，而且受两个组分的扩散系数之比的影响，这就是扩散传质对化学平衡影响的一种体现。

在膜表面处，由于 $\eta\to 0$，即使 $\alpha\to\infty$ 和 $\beta\to\infty$，$\mathrm{e}^{-\sqrt{\alpha+\beta}\eta}\neq 0$，所以 $\theta_{\mathrm{A}}\neq\theta_{\mathrm{B}}$。也就是说，即使化学反应是瞬时反应，由于扩散的限制作用，在表面处化学反应也不能达到平衡。

当 $\eta\to 0$ 时，$\theta_{\mathrm{A}}-\theta_{\mathrm{B}}\approx(1-\gamma)\left(1-\sqrt{\alpha+\beta}\eta\right)$。达到化学平衡时，要求 $\theta_{\mathrm{A}}=\theta_{\mathrm{B}}$，在 $\gamma\neq 1$ 时，即 $\eta\approx 1/\sqrt{\alpha+\beta}$。也就是说，只有无量纲距离具有 $1/\sqrt{\alpha+\beta}$ 量级的位置处才能达到化学平衡。达到化学平衡的位置条件是 $\eta\geqslant 1/\sqrt{\alpha+\beta}$。因此，即使反应速率常数非常大，反应为瞬时反应，也不能使整个膜内处处达到化学平衡。在膜表面附近的非平衡层的厚度 δ 具有 $\delta/L\sim 1/\sqrt{\alpha+\beta}$ 量级。这是扩散传质对化学反应影响的又一体现。

从上述几个例子可以看到，传质和反应两个动力学过程相互影响。传质、传热和动量传递对化学反应的影响是化学反应工程的研究范畴。化学反应对传质的影响则是传递过程原理所要关注的。

用传递过程原理分析化学反应对传质的影响，就是考虑均相反应速率(R_{Vi})和非均相反应速率(R_{Si})不都为零时，组分的浓度分布及其传质通量。然而，由于分子扩散行为、流体力学行为和化学反应本征动力学的复杂性，在一般情况下用传递过程原理求解组分的浓度分布很困难。这就需要将理论性的质量传递模型和经验性的传质系数模型相结合，以确定化学反应对传质速率的影响。

用传质系数模型分析发生化学反应的体系的传质行为，会呈现两种不同的表观效应：

(1) 维持较高的组分浓度差。对于反应物而言，化学反应的消耗使其在反应区维持较低的浓度，可以使体系内不同区域的组分浓度差较大。

(2) 在组分浓度差固定的条件下，增强传质速率。这种增强效应可以使传质速率有两个数量级以上的增大。

对于非均相反应，传质和化学反应是串联过程，化学反应对传质的影响只是增大组分的浓度差。对于均相反应，上述两种效应均存在，而且第二种效应即速率增强效应更显著。

6.3　均相反应对传质速率的增强作用[3]

考虑组分通过相界面进入主体的传质速率，组分 A 在界面上和主体中的浓度分别用 $C_{\mathrm{A}i}$ 和 $C_{\mathrm{A}0}$ 表示，相界面位于 $x=0$ 处。对于无均相化学反应的体系，以相界面为参照系，组分 A 在相界面上的传质通量表示为 $N_{\mathrm{A}}^{0}\big|_{x=0}$。有均相化学反应时，组分 A 通过相界面进入的传质通量 $N_{\mathrm{A}}\big|_{x=0}$ 大于 $N_{\mathrm{A}}^{0}\big|_{x=0}$。均相化学反应对传质速率的增强因子 I 定义为有化学反应时的传质通量与无化学反应时的传质通量之比，即

$$I=\frac{N_{\mathrm{A}}\big|_{x=0}}{N_{\mathrm{A}}^{0}\big|_{x=0}} \tag{6.3.1}$$

在无化学反应时，组分 A 在相界面处的传质通量可以根据传质系数模型表示为

$$N_{\mathrm{A}}^{0}\big|_{x=0}=k_{\mathrm{A}}^{0}\left(C_{\mathrm{A}i}-C_{\mathrm{A}0}\right) \tag{6.3.2}$$

其中，k_{A}^{0} 是无化学反应时组分 A 的传质系数。

有均相化学反应时，组分 A 在相界面处的传质通量也可根据传质系数模型表示为

$$N_{\mathrm{A}}\big|_{x=0}=k_{\mathrm{A}}\left(C_{\mathrm{A}i}-C_{\mathrm{A}0}\right) \tag{6.3.3}$$

其中，k_{A} 是有化学反应发生时组分 A 的传质系数。

均相化学反应对传质速率的增强因子 I 就可以表示为

$$I=\frac{N_{\mathrm{A}}\big|_{x=0}}{N_{\mathrm{A}}^{0}\big|_{x=0}}=\frac{k_{\mathrm{A}}\left(C_{\mathrm{A}i}-C_{\mathrm{A}0}\right)}{k_{\mathrm{A}}^{0}\left(C_{\mathrm{A}i}-C_{\mathrm{A}0}\right)}=\frac{k_{\mathrm{A}}}{k_{\mathrm{A}}^{0}} \tag{6.3.4}$$

关于传质速率增强因子 I，必须认识到以下几点：

(1) 传质速率增强因子 I 是界面和主体之间的浓度差相同条件下的传质通量之比，是均相化学反应对传质速率增强作用的度量。

(2) $N_{\mathrm{A}}^{0}\big|_{x=0}$ 或 k_{A}^{0} 是由相界面附近的真实流体力学所决定的。事实上，由于流体力学的复杂性，一般不可能从传质原理出发对其进行预测，但其数值可以由实验及相应的经验关联式确定。

(3) $N_A\big|_{x=0}$ 或 k_A 的预测涉及更为复杂的问题，基本不可能根据传质原理进行预测，复杂反应动力学的情况尤其如此。

(4) 尽管 k_A^0 和 k_A 都受所涉及的流体力学细节的强烈影响，但它们的比值即增强因子 I 几乎与流体力学细节无关。因此，对传质和化学反应耦合过程的传质速率增强因子 I 的理论分析，可以基于很简单的流体力学模型通过传质原理进行。

(5) 传质速率增强因子 I 主要由反应和传质的相对速率决定。

(6) 一般传质速率增强因子 I 是所涉及的所有组分的浓度的复杂函数，只有对若干极限情况才可能获得其解析表达式。

无化学反应时的传质系数 k_A^0 受相界面附近的流体力学影响。k_A 也受所涉及的流体力学细节的强烈影响。对于强制对流体系，化学反应对流体力学的影响可以忽略，因此可以用同一流体力学模型及相同模型参数确定 k_A^0 和 k_A。由于 k_A^0 和 k_A 的比值即增强因子 I 几乎与流体力学细节无关，所以可以选择最简单方便的流体力学模型。下面用膜理论讨论均相化学反应增强传质的机理。

在讨论均相化学反应增强传质的机理时，为了简便起见，考虑只发生一个化学反应的情况。只有组分 A 从相界面向主体传递并与其他组分发生反应。化学反应为

$$\mathrm{A}+\sum_{j=1}^{n}\nu_j\mathrm{B}_j=0 \tag{6.3.5}$$

反应速率为 R_{VA}，是单位时间单位体积内生成 A 的物质的量，是组成的函数，即

$$R_{VA}=R_{VA}\left(C_A,C_{B_1},C_{B_2},\cdots,C_{B_n}\right) \tag{6.3.6}$$

其中，C_A 是组分 A 的浓度；C_{Bj} 是组分 B_j 的浓度。

根据组分的守恒方程，在稳态条件下，有

$$\nabla\cdot\boldsymbol{N}_A=R_{VA} \tag{6.3.7}$$

对于稀溶液，扩散通量可以用 Fick 定律表示。由于溶液的密度基本恒定，相对于质量平均速度的扩散通量可以写成

$$\boldsymbol{J}_A=-D_A\nabla C_A \tag{6.3.8}$$

对于空间一维的稳态扩散过程，有

$$J_{Ax}=-D_A\frac{\mathrm{d}C_A}{\mathrm{d}x} \tag{6.3.9}$$

根据膜理论的流体力学假设，组分 A 的守恒方程为

$$-D_A\frac{\mathrm{d}^2C_A}{\mathrm{d}x^2}=R_{VA} \tag{6.3.10}$$

根据式(6.3.10)，有化学反应时，组分 A 的浓度分布不是线性的。如图 6.6 所示，对于反应消耗 A 的情况，其浓度分布曲线的曲率是正的，即浓度分布曲线是凹的；对于反应生成 A 的情况，其浓度分布曲线的曲率是负的，即浓度分布曲线是凸的。

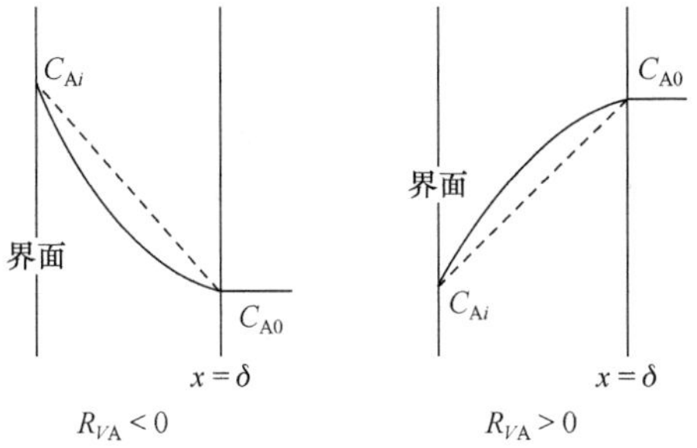

图 6.6　伴化学反应的传质过程的浓度分布
膜理论模型

从图 6.6 可以看到，由于化学反应的存在，界面上的浓度梯度大于无化学反应时的浓度梯度，即

$$\left|\frac{\mathrm{d}C_A}{\mathrm{d}x}\right|_{x=0}\right| > \left|\frac{C_{Ai}-C_{A0}}{\delta}\right| \tag{6.3.11}$$

组分 A 在相界面处的传质速率为

$$N_A\big|_{x=0} = -D_A \frac{\mathrm{d}C_A}{\mathrm{d}x}\bigg|_{x=0} \tag{6.3.12}$$

根据膜理论，无化学反应时的传质速率为

$$N_A^0\big|_{x=0} = D_A \frac{C_{Ai}-C_{A0}}{\delta} \tag{6.3.13}$$

所以

$$I = \left(-D_A \frac{\mathrm{d}C_A}{\mathrm{d}x}\bigg|_{x=0}\right) \Bigg/ \left(D_A \frac{C_{Ai}-C_{A0}}{\delta}\right) \tag{6.3.14}$$

因此，可以预料传质速率增强因子大于 1。这就是化学反应能够增强传质速率的机理解释。

6.4　均相反应传质速率增强因子的一般性模型

讨论液相中只发生一个化学反应，只有组分 A 跨越相界面向液相传递并且与其他组分发生反应的情况。如果化学反应为式(6.3.5)，其反应速率 R_{VA} 即单位时间单位体积内生成 A 的物质的量为式(6.3.6)。应用膜理论模型并用 Fick 定律表示稀溶液组分的扩散通量，可以给出界面附近区域内各组分的守恒方程。

对于跨越界面传质的组分 A，有

$$-D_A \frac{\mathrm{d}^2 C_A}{\mathrm{d}x^2} = R_{VA}\left(C_A, C_{B_1}, \cdots, C_{B_n}\right) \tag{6.4.1}$$

其边界条件为

$$C_{\mathrm{A}}(0)=C_{\mathrm{A}i}$$

$$C_{\mathrm{A}}(\delta)=C_{\mathrm{A}0}$$

对于不跨越界面传递的组分 $\mathrm{B}_j(j=1, 2, \cdots, n)$，有

$$-D_{\mathrm{B}_j}\frac{\mathrm{d}^2C_{\mathrm{B}j}}{\mathrm{d}x^2}=\nu_jR_{V\mathrm{A}}\left(C_{\mathrm{A}},C_{\mathrm{B}_1},\cdots,C_{\mathrm{B}_n}\right) \tag{6.4.2}$$

其边界条件为

$$-D_{\mathrm{B}_j}\left.\frac{\mathrm{d}C_{\mathrm{B}_j}}{\mathrm{d}x}\right|_{x=0}=0$$

$$C_{\mathrm{B}_j}(\delta)=C_{\mathrm{B}_j0}$$

求解式(6.4.1)和式(6.4.2)构成的 n+1 个二阶常微分方程的联立方程组，可以获得各个组分在传质阻力区内的浓度分布，从而获得组分 A 在界面上的传质通量，得出传质系数，进而获得传质速率增强因子 I。然而，二阶常微分方程组的分析解一般情况下不可能获得，其数值解的获得也需要很复杂的计算。为了降低数学上的复杂性，便于求解，可以通过如下方法将组分 $\mathrm{B}_j(j=1, 2, \cdots, n)$的浓度表示成组分 A 浓度的函数，从而将微分方程组的求解转换成单个微分方程的求解。

从 A 和 B_j 的守恒方程式(6.4.1)和式(6.4.2)中消去反应速率，得出：

$$\nu_jD_{\mathrm{A}}\frac{\mathrm{d}^2C_{\mathrm{A}}}{\mathrm{d}x^2}=D_{\mathrm{B}_j}\frac{\mathrm{d}^2C_{\mathrm{B}_j}}{\mathrm{d}x^2} \tag{6.4.3}$$

根据界面上的守恒方程，可以得出：

$$\left.\frac{\mathrm{d}C_{\mathrm{B}_j}}{\mathrm{d}x}\right|_{x=0}=0 \tag{6.4.4}$$

$$-D_{\mathrm{A}}\left.\frac{\mathrm{d}C_{\mathrm{A}}}{\mathrm{d}x}\right|_{x=0}=Ik_{\mathrm{A}}^0\left(C_{\mathrm{A}i}-C_{\mathrm{A}0}\right) \tag{6.4.5}$$

对式(6.4.3)进行一次积分，可得

$$D_{\mathrm{B}_j}\left(\frac{\mathrm{d}C_{\mathrm{B}_j}}{\mathrm{d}x}-\left.\frac{\mathrm{d}C_{\mathrm{B}_j}}{\mathrm{d}x}\right|_{x=0}\right)=\nu_j\left(D_{\mathrm{A}}\frac{\mathrm{d}C_{\mathrm{A}}}{\mathrm{d}x}-D_{\mathrm{A}}\left.\frac{\mathrm{d}C_{\mathrm{A}}}{\mathrm{d}x}\right|_{x=0}\right) \tag{6.4.6}$$

利用边界条件式(6.4.4)和式(6.4.5)可得

$$D_{\mathrm{B}_j}\frac{\mathrm{d}C_{\mathrm{B}_j}}{\mathrm{d}x}=\nu_j\left[D_{\mathrm{A}}\frac{\mathrm{d}C_{\mathrm{A}}}{\mathrm{d}x}+Ik_{\mathrm{A}}^0\left(C_{\mathrm{A}i}-C_{\mathrm{A}0}\right)\right] \tag{6.4.7}$$

在 $x=x$ 和 $x=\delta$ 之间对式(6.4.7)进行积分，得到：

$$C_{\mathrm{B}_j}=C_{\mathrm{B}_j0}-\nu_j\frac{D_{\mathrm{A}}}{D_{\mathrm{B}_j}}\left(C_{\mathrm{A}i}-C_{\mathrm{A}0}\right)\left[I\frac{k_{\mathrm{A}}^0(\delta-x)}{D_{\mathrm{A}}}-\frac{C_{\mathrm{A}}-C_{\mathrm{A}0}}{C_{\mathrm{A}i}-C_{\mathrm{A}0}}\right] \tag{6.4.8}$$

根据膜理论模型，$k_{\mathrm{A}}^0\delta/D_{\mathrm{A}}=1$，得到：

$$C_{\mathrm{B}_j}=C_{\mathrm{B}_j0}-\nu_j\frac{D_{\mathrm{A}}}{D_{\mathrm{A}_j}}(C_{\mathrm{A}i}-C_{\mathrm{A}0})\left[I\left(1-\frac{x}{\delta}\right)-\frac{C_{\mathrm{A}}-C_{\mathrm{A}0}}{C_{\mathrm{A}i}-C_{\mathrm{A}0}}\right] \tag{6.4.9}$$

将用式(6.4.9)表示的 C_{B_j} 代入式(6.4.1)，得到一个只有应变量 C_{A} 的常微分方程。可以通过设定传质速率增强因子 I 的初值后，进行迭代求解获得 I。

另外，利用式(6.4.9)可以获得在 $x=0$ 的界面上组分 B_j 的界面浓度 C_{B_ji}

$$C_{\mathrm{B}_ji}=C_{\mathrm{B}_j0}-\nu_j\frac{D_{\mathrm{A}}}{D_{\mathrm{B}_j}}(C_{\mathrm{A}i}-C_{\mathrm{A}0})(I-1) \tag{6.4.10}$$

也就是说，组分 B_j 的界面浓度 C_{B_ji} 可以用式(6.4.10)，由各组分的主体浓度、组分 A 的界面浓度 $C_{\mathrm{A}i}$ 以及传质速率增强因子 I 表示。

6.5　相对速率的度量和机制划分

前面已提到，化学反应对传质的影响取决于反应速率与传质速率的相对大小。速率增强因子 I 也由反应速率与传质速率的相对大小所决定。为了表征反应速率与传质速率的相对大小，首先定义两个表征反应速率和传质速率的特征时间。

反应时间 t_{r} 是化学反应本征速率的度量，是化学反应在一定程度上改变反应物浓度所需时间的二分之一，其定义为

$$t_{\mathrm{r}}=\frac{1}{2}\frac{C_{\mathrm{A}i}-C_{\mathrm{A}0}}{(-R_{V\mathrm{A}\mathrm{avg}})}=\frac{1}{2}\frac{(C_{\mathrm{A}i}-C_{\mathrm{A}0})^2}{\int_{C_{\mathrm{A}0}}^{C_{\mathrm{A}i}}(-R_{V\mathrm{A}})\mathrm{d}C_{\mathrm{A}}} \tag{6.5.1}$$

其中，$R_{V\mathrm{A}}$ 是 A 的反应生成速率；而

$$R_{V\mathrm{A}\mathrm{avg}}=\frac{1}{C_{\mathrm{A}i}-C_{\mathrm{A}0}}\int_{C_{\mathrm{A}0}}^{C_{\mathrm{A}i}}R_{V\mathrm{A}}\mathrm{d}C_{\mathrm{A}} \tag{6.5.2}$$

即 $R_{V\mathrm{A}\mathrm{avg}}$ 是浓度范围 $C_{\mathrm{A}i}\sim C_{\mathrm{A}0}$ 内 A 的平均反应生成速率。

传质时间 t_{m} 是表征传质现象的一个时间尺度。它是传质使混合物中浓度达到均匀所需的时间，随混合和扰动的加强而减小。其定义为

$$t_{\mathrm{m}}=\frac{D_{\mathrm{A}}}{\left(k_{\mathrm{A}}^0\right)^2} \tag{6.5.3}$$

其中，D_{A} 是组分 A 的扩散系数。对于只有扩散传质的体系，传质时间 t_{m} 就是扩散的特征时间 t_{d}。

根据传质时间 t_{m} 的定义式(6.5.3)，由膜理论、渗透理论和表面更新理论三个流体力学模型，可以将 t_{m} 与表示流体力学状况的对应模型参数膜厚度 δ、渗透时间 t^* 或表面更

新速率 s 关联起来，分别为

膜理论 $$t_m = \frac{\delta^2}{D_A} \tag{6.5.4}$$

渗透理论 $$t_m = \frac{\pi t^*}{4} \tag{6.5.5}$$

表面更新理论 $$t_m = \frac{1}{s} \tag{6.5.6}$$

工业传质单元中的 t_m 值可以根据流体力学状况估计，或者更普遍地通过传质系数 k_A^0 的经验关联式由式(6.5.3)估算。通过这种方法，对于液相充分混合的所有工业传质单元，可以估算出 t_m 值处于一个相对狭窄的范围内：$4\times10^{-3}\text{s}< t_m <4\times10^{-2}\text{s}$。

传质时间 t_m 和反应时间 t_r 的比值是普遍化的 Damkohler 数，它是反应和传质相对速率的度量。对于均相反应体系，用 Da_V 表示 Damkohler 数：

$$Da_V = \frac{t_m}{t_r} \tag{6.5.7}$$

对于一级不可逆反应而且 $C_{A0}=0$ 的情况，Damkohler 数就是 Hatta 数 Ha 的平方，有

$$Da_V = \frac{k_{V1}D_A}{\left(k_A^0\right)^2} = \left(Ha\right)^2 \tag{6.5.8}$$

由于传质速率增强作用主要由反应和传质相对速率决定，所以 Da_V 的大小决定了传质速率增强因子 I。一般，只有对若干极限情况才可能获得简单的 $I = I\left(Da_V\right)$ 的解析表达式。

当 $Da_V \ll 1$ 时，化学反应速率相对很慢，它对传质没有明显影响，传质速率不会被化学反应增强，即 $Da_V \ll 1$ 时，$I=1$。这种情况称为“慢反应机制”。在慢反应机制下，前述的化学反应对传质的两种表观效应中只有第一种表观效应起作用，即只起到维持较高的浓度差的作用。

相反，当 $Da_V \gg 1$ 时，化学反应快得足以产生显著的传质速率增强。然而，传质速率增强因子存在一个上限 I_∞，即 $Da_V \gg 1$ 时，$1<I<I_\infty$。这种情况称为“快反应机制”。

当 $Da_V \to \infty$ 时，化学反应速率非常快，反应可在瞬间完成。此时，反应对传质速率的增强达到上限，即 $Da_V \to \infty$ 时，$I = I_\infty$。这种情况称为“瞬时反应机制”。I_∞ 可以很大，典型的数值为 10^2～10^4。

在慢反应机制下，不必知道化学反应动力学的细节，因为反应速率如此慢，以致不必知道其真实值。在瞬时反应机制下，也不必知道化学反应动力学的细节，因为化学反应如此快，以致不必知道其真实值。然而，在快反应机制下，传质速率增强因子的大小与化学反应动力学的形式相关。对此，将在后面进行深入讨论。

6.6　慢反应机制下的传质速率增强因子[3]

为了简便起见，考虑液相中只发生一个化学反应的情况。只有组分 A 从相界面向主体传递并与其他组分发生反应。化学反应式为式(6.3.5)，其反应速率 $R_{V\text{A}}$ 即单位时间单位体积内生成 A 的物质的量为式(6.3.6)。

当均相反应速率 $R_{V\text{A}}$ 很小时，组分守恒方程中的反应速率项可以忽略，因此有化学反应时界面上的浓度梯度与无化学反应时的浓度梯度相比几乎不变，即化学反应对传质速率无增强作用。这就是前面所提到的慢反应机制，即满足条件 $Da_V \ll 1$，传质速率增强因子 $I=1$。这表明反应所需的时间远大于传质现象发生的时间，因而均相化学反应不会明显地影响传质，不会产生传质增强现象。

应用膜理论，可以认为化学反应对传质的增强效应能够忽略的条件为：浓度分布的曲率很小，即

$$\text{平均曲率} \ll \frac{\text{平均浓度梯度}}{\text{膜厚度}} \tag{6.6.1}$$

浓度分布曲线的曲率 $-R_{V\text{A}} / D_{\text{A}}$ 不是恒定的，其平均值为

$$-\frac{R_{V\text{Aavg}}}{D_{\text{A}}} = -\frac{\dfrac{1}{C_{\text{A}i}-C_{\text{A0}}}\displaystyle\int_{C_{\text{A0}}}^{C_{\text{A}i}} R_{V\text{A}}\mathrm{d}C_{\text{A}}}{D_{\text{A}}} \tag{6.6.2}$$

而平均浓度梯度为 $\dfrac{C_{\text{A}i}-C_{\text{A0}}}{\delta}$。

要满足式(6.6.1)，必须有

$$\left|-\frac{R_{V\text{Aavg}}}{D_{\text{A}}}\right| \ll \left|\frac{C_{\text{A}i}-C_{\text{A0}}}{\delta^2}\right| \tag{6.6.3}$$

即

$$\frac{C_{\text{A}i}-C_{\text{A0}}}{-R_{V\text{Aavg}}} \gg \frac{\delta^2}{D_{\text{A}}} \tag{6.6.4}$$

根据反应时间 t_{r} 的定义[式(6.5.1)]以及传质的膜理论给出的传质时间 t_{m} [式(6.5.4)]，可以知道式(6.6.4)意味着：

$$2t_{\text{r}} \gg t_{\text{m}} \tag{6.6.5}$$

即

$$Da_V = \frac{t_{\text{m}}}{t_{\text{r}}} \ll 2 \tag{6.6.6}$$

一般 $Da_V < 0.2$ 即认为满足式(6.6.6)，传质速率增强因子 I 近似等于 1 不会引起显著误差。

在慢反应机制下，由于没有化学反应对传质的增强效应，传质速率增强因子 $I=1$，

化学反应对传质的唯一影响是对浓度差的作用，传质和化学反应实际上是不耦合的。在这种机制下，化学反应对传质的影响只是使主体相中的浓度 C_{A0} 保持更低(反应消耗 A)或更高(反应生成 A)。主体中的浓度 C_{A0} 本身是由主体相中发生的化学反应的速率所决定的，因此必须考虑主体相中的化学反应动力学。

在工业实践中经常遇到慢反应机制，如前面提到的石灰浆吸收烟道气中氧化硫的过程，以及好氧发酵过程等。

6.7 快反应机制下的传质速率增强因子[3]

在较高化学反应速率的情况下，组分守恒方程中的 R_{VA} 不能忽略，因此式(6.6.4)不能被满足。相反，当化学反应速率 R_{VA} 相对于传质速率大到一定程度时，传质时间远大于反应时间，即

$$t_r \ll t_m \quad 或 \quad Da_V \gg 1 \tag{6.7.1}$$

这种情况就是所谓的快反应机制。

同样考虑液相中只发生一个化学反应的情况。只有组分 A 从相界面向主体传递并且与其他组分发生反应。化学反应为式(6.3.5)，其反应速率 R_{VA} 即单位时间单位体积内生成 A 的物质的量为式(6.3.6)。

应用膜理论模型并用 Fick 定律(对于稀溶液)表示本构方程，在界面附近区各组分的守恒方程为

$$-D_A \frac{d^2 C_A}{dx^2} = R_{VA} \tag{6.7.2}$$

$$-D_{B_j} \frac{d^2 C_{B_j}}{dx^2} = \nu_j R_{VA} \tag{6.7.3}$$

其中，ν_j 是主反应式(6.3.5)的化学计量系数。A 的生成速率 R_{VA} 不能被忽略

$$R_{VA} = R_{VA}\left(C_A, C_{B_1}, C_{B_2}, \cdots, C_{B_n}\right) \tag{6.7.4}$$

显然，R_{VA} 不仅与 C_A 有关，还与 C_{B_j} 有关。因此，必须与所有 C_{B_j} 的微分方程相联立才能求解 C_A，使得数学问题变得相当复杂。

一般界面附近(膜理论的膜厚度，或表面更新理论的渗透厚度)区域内，B_j 的浓度 C_{B_j} 与其在主体内的浓度 C_{B_j0} 不同。然而，如果所有的 C_{B_j} 都满足下列条件：

$$\left|C_{B_j i} - C_{B_j 0}\right| \ll C_{B_j 0} \tag{6.7.5}$$

那么，对于任何位置：

$$C_{B_j} \approx C_{B_j 0} \tag{6.7.6}$$

则

$$R_{VA} \approx R_{VA}\left(C_A, C_{B_1 0}, C_{B_2 0}, \cdots, C_{B_n 0}\right) = R_{VA0}\left(C_A\right) \tag{6.7.7}$$

这样 A 的守恒方程就与 B_j 的守恒方程不相关了。

现在讨论在哪些情况下能够满足式(6.7.5)。根据式(6.4.10)，要满足式(6.7.5)，对于所有 $\nu_j \neq 0$ 的 C_{B_j} 就要满足下列条件：

$$D_A (I-1)\left|C_{Ai} - C_{A0}\right| \ll \frac{D_{B_j} C_{B_j 0}}{\left|\nu_j\right|} \tag{6.7.8}$$

实际上，具有最低 $D_{B_j} C_{B_j 0} / \left|\nu_j\right|$ 值的 B_j 也必须满足式(6.7.8)。当液相为 A 的稀溶液时，一般满足 $C_{B_j 0} \gg C_{Ai}$ 和 C_{A0}，在增强因子不是很大(偏离上限 I_∞ 较远)的情况下，式(6.7.5)可以得到满足。

在快反应机制下，即满足式(6.7.1)，也满足式(6.7.5)的条件下，在界面附近区域应用膜理论模型，组分 A 的守恒方程为

$$D_A \frac{d^2 C_A}{dx^2} = -R_{VA0}\left(C_A\right) \tag{6.7.9}$$

其边界条件为

$$x = 0 \quad C_A = C_{Ai} \tag{6.7.10}$$

$$C_A = C_{A0} \quad \frac{dC_A}{dx} = 0 \tag{6.7.11}$$

微分方程式(6.7.9)的求解很简单，作简单的变量转换：

$$y = \frac{dC_A}{dx} \tag{6.7.12}$$

则式(6.7.9)降阶为

$$D_A y \frac{dy}{dC_A} = -R_{VA0}\left(C_A\right) \tag{6.7.13}$$

将其直接积分，并应用边界条件式(6.7.11)，得到：

$$\left(\frac{dC_A}{dx}\right)^2 = \frac{2}{D_A}\int_{C_{A0}}^{C_A} -R_{VA0}\left(C_A\right) dC_A \tag{6.7.14}$$

式(6.7.14)的右边总是正的，这是因为 $R_{VA0}\left(C_A\right) < 0$ 时，$C_A > C_{A0}$，而 $R_{VA0}\left(C_A\right) > 0$ 时，$C_A < C_{A0}$。

由式(6.7.14)可以得出界面上的浓度梯度：

$$\left.\frac{dC_A}{dx}\right|_{x=0} = \pm\sqrt{\frac{2}{D_A}\int_{C_{A0}}^{C_{Ai}} -R_{VA0}\left(C_A\right) dC_A} \tag{6.7.15}$$

其中，负号表示传质方向由界面向主体，正号则表示传质方向由主体向界面。因此，有化学反应时的传质系数 k_A 为

$$k_A = \sqrt{\frac{2D_A\int_{C_{A0}}^{C_{Ai}} -R_{VA0}(C_A)\mathrm{d}C_A}{(C_{Ai}-C_{A0})^2}} \tag{6.7.16}$$

根据反应时间 t_r 的定义式(6.5.1)，从式(6.7.16)导出：

$$k_A = \sqrt{\frac{D_A}{t_r}} \tag{6.7.17}$$

相应地，传质速率增强因子 I 为

$$I = \sqrt{\frac{t_m}{t_r}} = \sqrt{Da_V} \tag{6.7.18}$$

具有实际意义的 t_m 值在一个相当窄的范围内。在工业传质设备中，t_m 一般为 4×10^{-3}～4×10^{-2}s。相反，对于不同的反应，反应时间 t_r 相差很大。对于某些快反应，t_r 具有 10^{-4}s 甚至更小的量级。因此，由式(6.7.18)可以预计传质速率增强因子具有 10 甚至更大的量级。

在快反应机制下，传质系数由式(6.7.17)决定。这意味着传质速率与 t_m 或 k_A^0 无关，也就是与液相的混合强度无关，而且传质速率强烈地取决于温度，其表观活化能大约是所涉及的化学反应活化能的一半。

在式(6.7.1)被满足的条件下，传质速率与 t_m 无关的事实构成了气液接触设备中相界面积测量方法的基础。实际上，对于一个满足快反应机制条件的体系，用已知相界面面积的实验设备测定传质速率后，就可以计算出传质系数 k_A。那么，在未知相界面面积的设备中测定同一体系的传质总速率后，就可以计算出相界面的面积，因为 k_A 值与液相的混合强度无关，即与实验设备及混合状况无关。这种方法只能用于两个设备中的过程都符合快反应机制的情况，实际上只有在这种情况下两个设备中的 k_A 值才相同。

式(6.7.17)表明，在快反应机制下，传质速率随反应速率的增大而增大，尽管不是线性增大的关系。然而，这只有在式(6.7.4)被满足的条件下才成立。当化学反应速率非常大时，组分 B_j 在界面上的浓度 $C_{B_j i}$ 明显不同于其主体浓度 $C_{B_j 0}$，此时上面的分析不再有效。

6.8　瞬时反应机制下的传质速率增强因子

当化学反应的动力学常数很大，反应进行得非常快时，不仅在主体相中而且在包括界面在内的任何位置都达到了化学平衡。这种情况下传质速率与化学动力学无关。这就是前面已经提到的称为瞬时反应机制的情况。在瞬时反应机制下，化学反应速率非常快，反应可在瞬间完成，$Da_V \to \infty$，反应对传质速率的增强达到了上限，$I = I_\infty$。

由于涉及极限 $t_r \to 0$ 的奇异性，以及由化学平衡所引起的非线性特性，I_∞ 的计算在

数学上是相对困难的，无法得出普遍化的通用结果。仍然针对相对简单的情况进行分析，即液相中只发生一个化学反应，只有组分 A 从相界面向主体传递并且与其他组分发生反应。化学反应为式(6.3.5)，反应平衡常数为

$$K=\frac{\prod_j C_{\mathrm{B}_j}^{-\nu_j}}{C_{\mathrm{A}}} \tag{6.8.1}$$

对于该体系，用膜理论模型分析稀溶液体系瞬时反应机制下的传质速率增强因子 I_∞。根据式(6.4.10)，组分的浓度满足以下关系：

$$C_{\mathrm{B}_j i}=C_{\mathrm{B}_j 0}-\nu_j\frac{D_{\mathrm{A}}}{D_{\mathrm{B}_j}}\left(C_{\mathrm{A}i}-C_{\mathrm{A}0}\right)\left(I-1\right) \tag{6.8.2}$$

定义

$$\xi=\left(C_{\mathrm{A}i}-C_{\mathrm{A}0}\right)\left(I_\infty-1\right) \tag{6.8.3}$$

就有

$$C_{\mathrm{B}_j i}=C_{\mathrm{B}_j 0}-\nu_j\frac{D_{\mathrm{A}}}{D_{\mathrm{B}_j}}\xi \tag{6.8.4}$$

在瞬时反应机制下，液相中任何位置都达到化学平衡状态。在界面上，化学平衡条件是

$$K=\frac{\prod_j\left(C_{\mathrm{B}_j 0}-\nu_j\frac{D_{\mathrm{A}}}{D_{\mathrm{B}}}\xi\right)^{-\nu_j}}{C_{\mathrm{A}i}} \tag{6.8.5}$$

在液相主体，化学平衡关系为

$$K=\frac{\prod_j C_{\mathrm{B}_j 0}^{-\nu_j}}{C_{\mathrm{A}0}} \tag{6.8.6}$$

取式(6.8.5)和式(6.8.6)的比值，得

$$\psi=\frac{C_{\mathrm{A}i}}{C_{\mathrm{A}0}}=\prod_j\left(1-\nu_j\frac{D_{\mathrm{A}}}{D_{\mathrm{B}}C_{\mathrm{B}_j 0}}\xi\right)^{-\nu_j} \tag{6.8.7}$$

如果已知组分在主体中的浓度 $C_{\mathrm{B}_j 0}$ 以及比值 $\psi=C_{\mathrm{A}i}/C_{\mathrm{A}0}$，就可以用式(6.8.7)解出 ξ，从而根据式(6.8.3)得到 I_∞，即

$$I_\infty=1+\frac{\xi}{C_{\mathrm{A}i}-C_{\mathrm{A}0}} \tag{6.8.8}$$

对于式(6.8.7)和式(6.8.8)，一般情况下需要求解非线性方程，不容易得出 I_∞ 的显式表达式。然而在以下三种极限情况下，可以方便地得到 I_∞ 的表达式：

(1) $\psi \gg 1$，即组分 A 在大推动力下由相界面向主体传递。

(2) $\psi \ll 1$，即组分 A 在大推动力下由主体向相界面传递。

(3) $\psi = 1+\varepsilon$，且$|\varepsilon| \ll 1$，即组分 A 在小推动力下传递。

在$\psi \gg 1$的情况下，由式(6.8.7)可知，必定有一个$\nu_j > 0$的组分 B_j(将其记作 $j=1$)满足以下条件：

$$1-\xi\frac{\nu_1 D_A}{D_{B_1}C_{B_1 0}}=0\text{，即 }\xi=\frac{D_{B_1}C_{B_1 0}}{\nu_1 D_A} \tag{6.8.9}$$

而且，在$\psi \gg 1$的情况下，$C_{Ai}-C_{A0}\approx C_{Ai}$。因此，根据式(6.8.8)可以得出：

$$I_\infty = 1+\frac{C_{B_1 0}D_{B_1}}{\nu_1 C_{Ai} D_A} \tag{6.8.10}$$

通常$C_{B_1 0}/\nu_1$比C_{Ai}大很多，而D_{B_1}和D_A具有相近的数值，因此I_∞远大于 1，很容易达到 10^2～10^3 量级。

对于$\psi \gg 1$情况下的结果，可以做出简单明了的物理解释。在$\psi \gg 1$的情况下，化学反应平衡常数$K\to\infty$，也就是化学反应为不可逆瞬时反应。由于反应是瞬时不可逆的，在液相中任何位置，C_{B_1}或C_A必有一个为零。在界面附近的膜分为两部分：靠近界面部分，$C_A>0$ 及$C_{B_1}=0$；靠近主体部分，$C_{B_1}>0$ 及$C_A=0$。在这两个区域内均没有发生反应，所以组分浓度分布是线性的。反应只发生在划分这两个区域的反应面上。如图 6.7 所示，反应面的位置记作$x=\lambda$。传质速率是由 A 和 B_1 这两种反应物扩散到达反应面的速率所控制的。根据组分的边界守恒方程和化学计量系数关系，可以推导出在反应面($x=\lambda$)两侧处，A 和 B_1 的通量之间存在以下关系：

$$\nu_1 N_A\left(\lambda^-\right) = -N_{B_1}\left(\lambda^+\right) \tag{6.8.11}$$

根据膜理论，有

$$\nu_1 D_A\frac{C_{Ai}}{\lambda} = D_{B_1}\frac{C_{B_1 0}}{\delta-\lambda} \tag{6.8.12}$$

即

$$\frac{\delta}{\lambda}=1+\frac{C_{B_1 0}D_{B_1}}{\nu_1 C_{Ai} D_A} \tag{6.8.13}$$

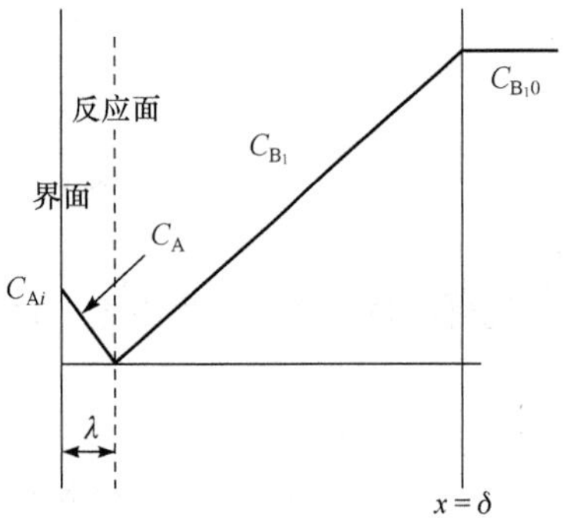

图 6.7 瞬时不可逆反应增强传质速率的物理解释

无化学反应时，A 的传质通量为

$$N_A^0\Big|_{x=0} = D_A\frac{C_{Ai}}{\delta} \tag{6.8.14}$$

有化学反应时，A 的传质通量为

$$N_A\Big|_{x=0} = -D_A\frac{dC_A}{dx}\bigg|_{x=0} = D_A\frac{C_{Ai}}{\lambda} \tag{6.8.15}$$

因此，瞬时不可逆反应条件下的传质速率增强因子为

$$I_{\infty}=\frac{N_{\mathrm{A}}\big|_{x=0}}{N_{\mathrm{A}}^{0}\big|_{x=0}}=\frac{\delta}{\lambda}=1+\frac{C_{\mathrm{B}_1 0}D_{\mathrm{B}_1}}{\nu_1 C_{\mathrm{A}i}D_{\mathrm{A}}} \tag{6.8.16}$$

根据图 6.7 分析得到的式(6.8.16)与式(6.8.10)是完全一致的。注意，在实际情况下$\lambda \ll \delta$，化学反应发生在非常靠近界面处。因此，速率控制步骤是 B_1 从主体向相界面的扩散，而不是 A 从相界面向主体的扩散。因为 B_1 的扩散推动力($C_{\mathrm{B}_1 0}/\nu_1$)远大于 A 的扩散推动力，所以传质速率得到显著增强。

在$\psi \ll 1$的情况下，由式(6.8.7)可知，必定有一个$\nu_j<0$的组分 B_j(将其记作$j=2$)满足以下条件：

$$1-\xi\frac{\nu_2 D_{\mathrm{A}}}{D_{\mathrm{B}_2}C_{\mathrm{B}_2 0}}=0，\ 即\ \xi=\frac{D_{\mathrm{B}_2}C_{\mathrm{B}_2 0}}{\nu_2 D_{\mathrm{A}}} \tag{6.8.17}$$

而且，在$\psi \ll 1$的情况下，$C_{\mathrm{A}i}-C_{\mathrm{A}0}\approx -C_{\mathrm{A}0}$。因此，根据式(6.8.8)可以得出：

$$I_{\infty}=1-\frac{D_{\mathrm{B}_2}}{D_{\mathrm{A}}}\frac{C_{\mathrm{B}_2 0}}{\nu_2 C_{\mathrm{A}0}} \tag{6.8.18}$$

在$\psi \ll 1$的情况下，组分 A 的传质方向是从主体向相界面的。此时，反应也是不可逆的，但按式(6.8.1)定义的化学平衡常数$K\to 0$。

对于第三种情况，即组分 A 小推动力传递的情况，尽管文献报道不多，但是在实际工业应用中很重要，因为吸收塔和解吸塔的大部分塔高用于小推动力条件下的传质。对于这种情况，需要求解式(6.8.7)得出ξ。将$\psi=1+\varepsilon$代入式(6.8.7)，并两边取对数得

$$\ln(1+\varepsilon)=\sum_j -\nu_j \ln\left(1-\xi\frac{\nu_j D_{\mathrm{A}}}{D_{\mathrm{B}_j}C_{\mathrm{B}_j 0}}\right) \tag{6.8.19}$$

将式(6.8.19)中的对数项进行 Taylor 展开并取一级近似，有

$$\varepsilon=\xi D_{\mathrm{A}}\sum_j\frac{\nu_j^2}{D_{\mathrm{B}_j}C_{\mathrm{B}_j 0}} \tag{6.8.20}$$

考虑$\varepsilon=\left(C_{\mathrm{A}i}-C_{\mathrm{A}0}\right)/C_{\mathrm{A}0}$，由式(6.8.8)和式(6.8.20)可以得到在小推动力情况下，瞬时反应对传质速率的增强因子为

$$I_{\infty}=1+\frac{1}{D_{\mathrm{A}}C_{\mathrm{A}0}\sum_j \nu_j^2\Big/\left(D_{\mathrm{B}_j}C_{\mathrm{B}_j 0}\right)} \tag{6.8.21}$$

6.9　过渡机制下的传质速率增强因子[3]

对于均相化学反应对传质速率的增强作用，可以从传质守恒方程、本构方程和流体

力学模型出发，以传质时间与反应时间之比 $Da_V = t_m / t_r$ 为参数，表征传质速率增强因子。在 6.6～6.8 节中，讨论了三种极端情况下化学反应对传质速率的增强作用，包括慢反应机制、快反应机制和瞬时反应机制。

当 $Da_V \ll 1$ 时，化学反应对传质速率没有增强作用，即 $I=1$，这就是所谓的慢反应机制。当 $Da_V \gg 1$ 时，体系处于快反应机制下，传质速率增强因子与 Da_V 的关系为 $I=\sqrt{Da_V}$ 。在瞬时反应机制下，传质速率增强因子 I 到达其上限，即 $Da_V \to \infty$，I 逼近其渐近值 I_∞。显然，均相化学反应对传质速率的增强因子 I 取决于表征反应和传质相对速率的参数 Da_V 。I-Da_V 曲线的三个渐近区域如图 6.8 所示。

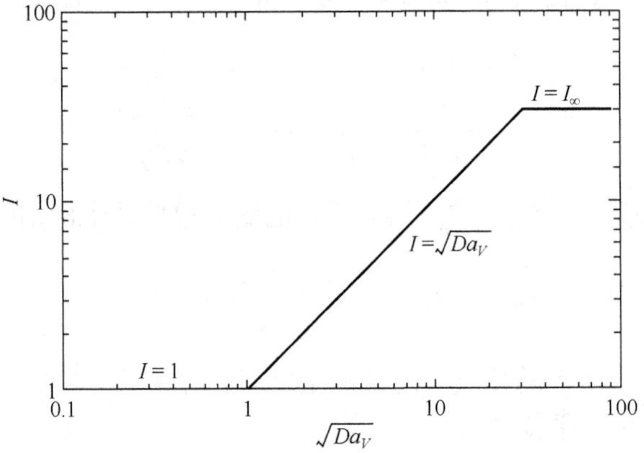

图 6.8 I-Da_V 曲线的渐近行为

当然，I-Da_V 的实际行为比图 6.8 更复杂，因为在 $Da_V=1$ 和 $Da_V=I_\infty^2$ 处 I-Da_V 曲线应该是光滑过渡的，即在渐近线的两个交点附近存在过渡区域。

6.9.1 慢反应-快反应过渡

本节讨论 $Da_V=1$ 周围的过渡区域。假设 $I_\infty \gg 1$，在 $Da_V=1$ 附近的过渡曲线不会和 $Da_V=I_\infty^2$ 附近的过渡曲线相交叉。此假设条件保证了在慢反应-快反应(SF)过渡区内和快反应机制一样，式(6.7.5)可以得到满足，即 $\left|C_{B_j i}-C_{B_j 0}\right| \ll C_{B_j 0}$ 。对于主反应为 $A+\sum_{j=1}^{n}\nu_j B_j=0$ 的体系，以组分 A 的生成速率表示的化学反应动力学可以写成：

$$R_{VA} \approx R_{VA}\left(C_A, C_{B_1 0}, C_{B_2 0}, \cdots, C_{B_n 0}\right)=R_{VA0}\left(C_A\right) \tag{6.9.1}$$

1. 膜理论

应用膜理论，组分 A 的守恒方程为

$$D_A \frac{d^2 C_A}{dx^2}=-R_{VA0}\left(C_A\right) \tag{6.9.2}$$

其边界条件为

$$x=0\text{，}\quad C_{\mathrm{A}}=C_{\mathrm{A}i} \tag{6.9.3}$$

$$x=\delta\text{，}\quad C_{\mathrm{A}}=C_{\mathrm{A}0} \tag{6.9.4}$$

求解方程式(6.9.2)得

$$\frac{\mathrm{d}C_{\mathrm{A}}}{\mathrm{d}x}=\pm\sqrt{\frac{2}{D_{\mathrm{A}}}\int_{C_{\mathrm{A}0}}^{C_{\mathrm{A}}}-R_{V\mathrm{A}0}\left(C_{\mathrm{A}}\right)\mathrm{d}C_{\mathrm{A}}+M} \tag{6.9.5}$$

其中，负号表示组分 A 从相界面向主体传递，正号表示组分 A 从主体向相界面传递。常数 M 等于 $x=\delta$ 处的浓度梯度的平方，即

$$M=\left(\left.\frac{\mathrm{d}C_{\mathrm{A}}}{\mathrm{d}x}\right|_{x=\delta}\right)^{2} \tag{6.9.6}$$

对式(6.9.5)从 $x=0$ 到 $x=\delta$ 进行积分，可以得到求常数 M 的方程：

$$\delta=\left|\int_{C_{\mathrm{A}0}}^{C_{\mathrm{A}i}}\frac{\mathrm{d}C_{\mathrm{A}}}{\sqrt{\frac{2}{D_{\mathrm{A}}}\int_{C_{\mathrm{A}0}}^{C_{\mathrm{A}}}-R_{V\mathrm{A}0}\left(C_{\mathrm{A}}\right)\mathrm{d}C_{\mathrm{A}}+M}}\right| \tag{6.9.7}$$

一旦求得 M，传质通量就可以由式(6.9.5)导出：

$$\left.N_{\mathrm{A}}\right|_{x=0}=\pm\sqrt{2D_{\mathrm{A}}\int_{C_{\mathrm{A}0}}^{C_{\mathrm{A}i}}-R_{V\mathrm{A}0}\left(C_{\mathrm{A}}\right)\mathrm{d}C_{\mathrm{A}}+MD_{\mathrm{A}}^{2}} \tag{6.9.8}$$

根据反应时间 t_{r} 的定义，可以把传质通量写成：

$$\left.N_{\mathrm{A}}\right|_{x=0}=\pm\sqrt{\frac{D_{\mathrm{A}}}{t_{\mathrm{r}}}\left(C_{\mathrm{A}i}-C_{\mathrm{A}0}\right)^{2}+MD_{\mathrm{A}}^{2}} \tag{6.9.9}$$

其中，正号表示组分 A 的传质方向由相界面向主体，负号表示组分 A 的传质方向由主体向相界面。

SF 过渡区的传质系数可以表示为

$$k_{\mathrm{A}}=\frac{\left.N_{\mathrm{A}}\right|_{x=0}}{C_{\mathrm{A}i}-C_{\mathrm{A}0}}=\sqrt{\frac{D_{\mathrm{A}}}{t_{\mathrm{r}}}+\frac{MD_{\mathrm{A}}^{2}}{\left(C_{\mathrm{A}i}-C_{\mathrm{A}0}\right)^{2}}} \tag{6.9.10}$$

相应地，传质速率增强因子为

$$I=\sqrt{Da_{V}+\frac{MD_{\mathrm{A}}}{\left[k_{\mathrm{A}}^{0}\left(C_{\mathrm{A}i}-C_{\mathrm{A}0}\right)\right]^{2}}} \tag{6.9.11}$$

显然，当 $M=0$ 时，由式(6.9.6)可知体系符合快反应机制的条件。此时，式(6.9.11)与快反应机制下的增强因子表达式相一致。式(6.9.11)中的 M 与化学反应动力学方程相关，因此在 SF 过渡区的传质速率增强因子 I 取决于化学反应动力学方程的具体形式。

下面讨论反应动力学为最简单的线性动力学，即一级不可逆反应的情况。此时，反应物的主体相浓度 $C_{\mathrm{A}0}$ 为零。化学反应动力学方程可以写成

$$R_{VA0} = -kC_A \tag{6.9.12}$$

而且本构方程适用 Fick 定律，流体力学模型应用膜理论，那么组分 A 的守恒方程为

$$D_A \frac{d^2 C_A}{dx^2} = kC_A \tag{6.9.13}$$

其边界条件为

$$x = 0\,,\quad C_A = C_{Ai}$$

$$x = \delta\,,\quad C_A = C_{A0} = 0$$

求解微分方程式(6.9.13)，得到浓度分布和界面上的浓度梯度，从而获得传质通量和传质速率增强因子

$$I = \frac{\sqrt{Da_V}}{\tanh\left(\sqrt{Da_V}\right)} \tag{6.9.14}$$

根据双曲正切函数 $\tanh\left(\sqrt{Da_V}\right)$ 的性质，显然，当 $Da_V \gg 1$ 时，式(6.9.14)退化为式(6.7.18)，当 $Da_V \ll 1$ 时，式(6.9.14)退化为 $I = 1$。

图 6.9 给出了根据式(6.9.14)计算得到的在 SF 过渡区的 I-Da_V 曲线。从式(6.9.14)及其在图 6.9 中的曲线可以观察到：

(1) 在 $Da_V = 0.2$ 时，按式(6.9.14)计算的 I 值与 1 的偏差为 6.6%，即 $Da_V \leqslant 0.2$ 的情况下，将体系按慢反应机制处理产生的偏差不会超过 7%。

(2) 对于不是一级反应的复杂反应动力学的情况，通过求解式(6.9.7)和式(6.9.11)得出的传质速率增强因子与式(6.9.14)的偏差在 10% 以内。这表明慢反应-快反应过渡行为受反应动力学方程形式的影响不大。

(3) 实际上，SF 过渡区是相当窄的。在 $Da_V > 1$ 时用 $I = \sqrt{Da_V}$ 近似，以及在 $Da_V < 1$ 时用 $I = 1$ 近似，所产生的偏差都不超过 32%。

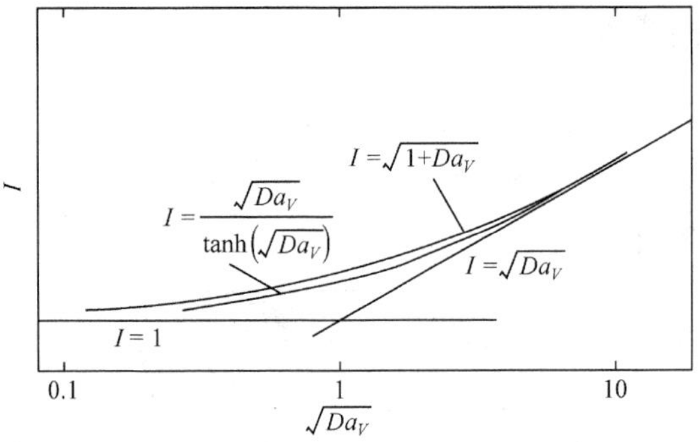

图 6.9　慢反应-快反应过渡行为

2. 表面更新理论

这里针对反应动力学方程为式(6.9.12)的一级不可逆反应体系，用表面更新理论

作为流体力学模型，获得 SF 过渡区传质速率增强因子的解析解，并与膜理论的结果比较。

根据表面更新理论，伴有一级不可逆反应的传质过程，在组分扩散通量适用 Fick 定律的情况下，微元内的传质守恒方程为

$$\frac{\partial C_{\mathrm{A}}}{\partial t}=D_{\mathrm{A}}\frac{\partial^2 C_{\mathrm{A}}}{\partial x^2}-kC_{\mathrm{A}} \tag{6.9.15}$$

初始条件　$t=0 \quad C_{\mathrm{A}}=C_{\mathrm{A0}}=0$

边界条件　$x=0 \quad C_{\mathrm{A}}=C_{\mathrm{A}i}$

$x=\infty \quad C_{\mathrm{A}}=C_{\mathrm{A0}}=0$

传质通量为

$$N_{\mathrm{A}}\big|_{x=0}=-\int_0^\infty D_{\mathrm{A}}\left(\left.\frac{\partial C_{\mathrm{A}}}{\partial x}\right|_{x=0}\right)s\mathrm{e}^{-st}\mathrm{d}t \tag{6.9.16}$$

借助于浓度分布的拉普拉斯(Laplace)函数：

$$\bar{C}_{\mathrm{A}}=\int_0^\infty C_{\mathrm{A}}\mathrm{e}^{-st}\mathrm{d}t \tag{6.9.17}$$

传质通量可以用浓度分布的 Laplace 函数在界面上的梯度表示：

$$N_{\mathrm{A}}\big|_{x=0}=-sD_{\mathrm{A}}\left.\frac{\mathrm{d}\left[\int_0^\infty C_{\mathrm{A}}\mathrm{e}^{-st}\mathrm{d}t\right]}{\mathrm{d}x}\right|_{x=0}=-sD_{\mathrm{A}}\left.\frac{\mathrm{d}\bar{C}_{\mathrm{A}}}{\mathrm{d}x}\right|_{x=0} \tag{6.9.18}$$

对偏微分方程式(6.9.15)进行 Laplace 变换，得到浓度分布的 Laplace 函数 $\bar{C}_{\mathrm{A}}(x)$ 的常微分方程，即可求解 $\bar{C}_{\mathrm{A}}(x)$，从而获得传质通量

$$N_{\mathrm{A}}\big|_{x=0}=\sqrt{(s+k)D_{\mathrm{A}}}\left(C_{\mathrm{A}i}-C_{\mathrm{A0}}\right) \tag{6.9.19}$$

因此，其传质系数为

$$k_{\mathrm{A}}=\sqrt{(s+k)D_{\mathrm{A}}} \tag{6.9.20}$$

传质速率增强因子为

$$I=\sqrt{1+Da_V} \tag{6.9.21}$$

图 6.9 中也给出了式(6.9.21)的曲线。式(6.9.21)与式(6.9.14)的最大偏差只有 10%，这表明慢反应-快反应过渡曲线受流体力学状况细节的影响很小。因此，可以基于完全不同的流体力学模型得出相同的增强因子 I。

6.9.2　快反应-瞬时反应过渡

$Da_V=I_\infty^2$ 附近的快反应-瞬时反应(FI)过渡区的情况比慢反应-快反应过渡区复杂得

多。因为反应尚未快到瞬时平衡的程度，所以必须考虑反应动力学的作用，需要有具体的反应动力学方程以求解组分守恒方程。另外，组分 B_j 的浓度 C_{B_j} 不能再近似为定值 C_{B_j0}，因而不再是仅需求解关于 C_A 的微分方程，也需要同时联立求解所有关于 C_{B_j} 的微分方程。这两方面的原因造成数学问题相当复杂，即使反应动力学方程具有最简单的形式，也需要通过数值方法求解。然而，可以根据膜理论模型提出一套近似方法，以简化数学计算。

从组分 A 的传质通量：

$$N_A\Big|_{x=0} = -D_A \frac{dC_A}{dx}\Big|_{x=0} \tag{6.9.22}$$

可以看出，求解微分方程组只是为了求界面浓度梯度以计算 A 的传质通量，因此只需得到在界面附近足够精确的解。更确切地说，因为只需计算组分 A 的界面浓度梯度，所以只需求得 $0(x)$ 内的 C_A 解，而忽略其 $0\left(x^2\right)$ 项，即

$$C_A = C_{Ai} + 0(x) \tag{6.9.23}$$

在无界面反应时，所有 B_j 的浓度 C_{B_j} 符合边界条件：

$$\frac{dC_{B_j}}{dx}\Big|_{x=0} = 0 \tag{6.9.24}$$

因此，在界面附近有

$$C_{B_j} = C_{B_ji} + 0\left(x^2\right) \tag{6.9.25}$$

在界面附近的区域 $0(x)$ 内，B_j 的浓度可以取其界面值，即 $C_{B_j} = C_{B_ji}$。组分 A 的守恒方程就变成：

$$-D_A \frac{d^2C_A}{dx^2} = R_{VAi}\left(C_A, C_{B_1i}, C_{B_2i}, \cdots, C_{B_ni}\right) \tag{6.9.26}$$

因此，C_A 的微分方程不再与 C_{B_j} 的微分方程相耦合。其边界条件为

在界面上：　　$x=0 \quad C_A = C_{Ai}$

在接近瞬时反应的过渡机制下，浓度变化足够大以致在 $0(x)$ 内满足：

$$C_A = C_{A0} \quad \frac{dC_A}{dx} = 0$$

如果获得了 C_{B_ji}，就可以独立计算 C_A。根据 6.4 节中的推导，C_{B_ji} 可以用式(6.4.10)表示，即

$$C_{B_ji} = C_{B_j0} - \nu_j \frac{D_A}{D_{B_j}}(C_{Ai} - C_{A0})(I-1)$$

设定 I 值，用上式求出 $C_{B_j,i}$ 值。将 $C_{B_j,i}$ 值代入式(6.9.26)就可以解出 C_A，从而由式(6.9.22)求出传质通量和 I。这样就构成了关于 I 的高度非线性隐式方程，可以用数值方法迭代求解。

对众多体系 FI 过渡行为的研究发现：①FI 过渡曲线比 SF 过渡曲线更平坦，即 FI 过渡区范围比 SF 过渡区范围大；②体系的反应动力学行为越复杂，FI 过渡曲线越平坦；③FI 过渡区中，在独立变量 $\sqrt{Da_V}$ 的几个数量级的范围内，增强因子 I 与两条渐近线都可能有显著偏差。图 6.10 为拟一级反应体系的 FI 过渡曲线示例。

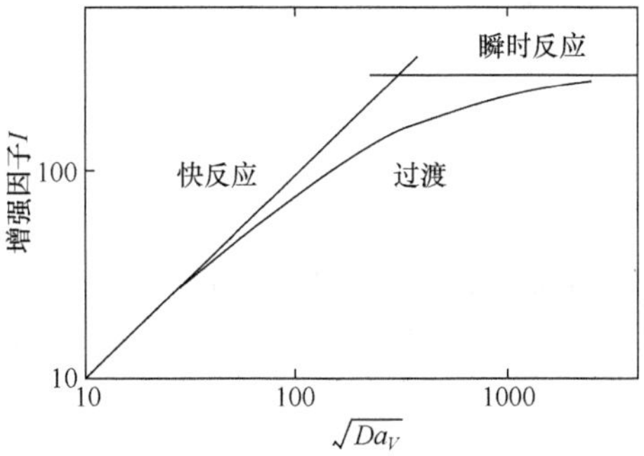

图 6.10 快反应-瞬时反应过渡曲线

参 考 文 献

[1] Cussler E L. Diffusion: Mass Transfer in Fluid Systems. 3rd ed. New York: Cambridge University Press, 2009.

[2] Deen W M. Analysis of Transport Phenomena. 2nd ed. New York: Oxford University Press, 2012.

[3] Astarita G, Savage D W, Bisio A. Gas Treating with Chemical Solvents. New York: John Wiley & Sons, 1982.

习 题

1. 液体中的非均相可逆反应

如图 6.11 所示，在稀溶液膜内，$y=0$ 处，组分的浓度 C_A=C_{A0} 和 C_B=C_{B0}，$y=L$ 处的固体表面是不可渗透的。固体表面发生一级可逆化学反应 $A \underset{k_{-1}}{\overset{k_1}{\rightleftharpoons}} B$，其反应动力学方程为 $R_{SA}=k_{-1}C_B-k_1C_A=k_1(KC_B-C_A)=-R_{SB}$，其中，平衡常数 $K=k_{-1}/k_1$。试确定稳态浓度分布 $C_A(y)$和 $C_B(y)$、传质通量和传质系数，以及固体表面的反应速率。

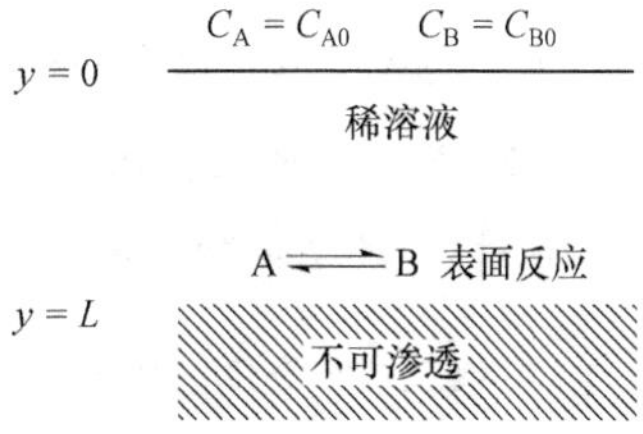

图 6.11

2. 氧气在身体组织中的扩散

氧气(O_2)被身体组织或体外细胞消耗的速率通常几乎与其浓度无关。作为一个组织区域即细胞聚团的模型，将其看作一个半径为 r_0 的球体，考虑消耗速率为零级的 O_2 在其中的稳态扩散。假设 O_2 在外表面(r=r_0)的浓度保持为常数 C_0，确定 O_2 的浓度分布 $C(r)$。

如果 r_0 和 O_2 的消耗速率足够大，那么没有 O_2 到达内核(定义为

$r<r_c$)。对于内核，零级动力学假设不再有效，因为没有 O_2 可获得以参加反应。在某些固态肿瘤中，随着肿瘤的生长，在其中心位置的细胞因为缺氧而被杀死，就属于这种情况。试确定无氧内核存在的条件，并求 r_c 的表达式。

3. 膜内均相化学反应

假设组分 1 通过厚度为 l 的薄膜传递。组分 1 界面上的浓度是 C_{1i}，其在流体主体中的浓度是 $C_{10}=0$。膜内发生零级化学反应。

(1) 试给出组分 1 在膜内浓度的微分方程和边界条件。反应速率方程为

$$r_1=-k \quad (C_1>0)$$

$$r_1=0 \quad (C_1=0)$$

(2) 求组分 1 的传质系数和传质速率增强因子。

4. 酸性气体化学吸收

(1) 估算分压为 1.2atm 的 H_2S 被大量的 0.1mol/L 单乙醇胺水溶液代替纯水快速吸收(近似为瞬时平衡反应)时，传质系数的变化倍数 k/k^0。主反应的平衡常数为 276；H_2S 在水中的亨利(Henry)常数为 646。

(2) 如果假设反应是不可逆的，k/k^0 的误差有多大？

5. 气液反应传质

在一个气液传质设备中，气体含有 A 和 B 两种组分。A 可以透过气液界面从气体中除去，而界面对 B 是不可渗透的。当 A 进入液相时，它以恒定的反应速率(零级)R_{VA} 与组分 C 反应生成 D，即 $A+C \longrightarrow D$。假设各组分在液体中的摩尔分数都很低，而且界面上的平衡条件是 $C_{AG}^*=mC_{AL}^*$。A 在气相和液相的扩散系数分别为 D_{AG} 和 D_{AL}。如果体系用如图 6.12 所示的双膜理论模型描述，求：

(1) 用$(C_{AG})_b$和$(C_{AL})_b$表示的 A 的传质速率。

(2) 反应对 A 的传质速率增强因子。

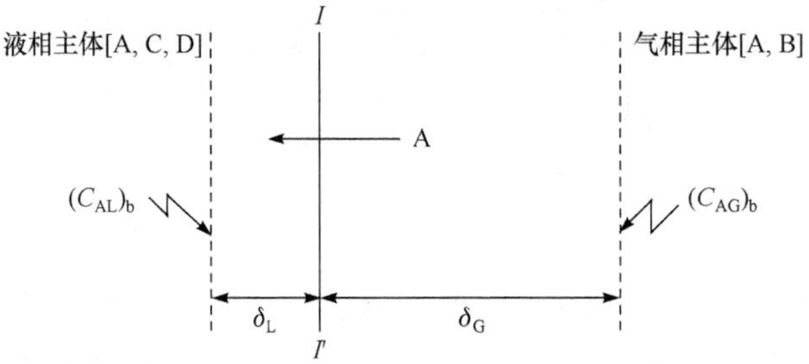

图 6.12

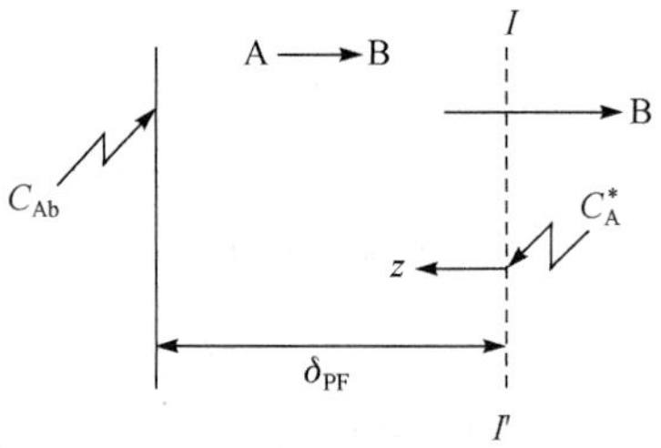

图 6.13

6. 气相膜内反应体系的传质速率

对如图 6.13 所示的情况，推导反应对传质速率增强因子 I 的表达式。其中，组分 A 通过界面 I-I' 传递，并在气相黏滞膜内发生一级反应 $A \longrightarrow B$。假设组分 B 可以穿越界面，而且在界面上 $N_{Az}=-N_{Bz}$。

7. 液膜内可逆化学反应的传质

如图 6.14 所示，假设一个停滞液膜(如多孔膜内的液体)将含有组分 A 的气体分隔成分压(P_A)不相同

的两部分。A 在液体中的溶解度为 C_A。平衡时，$C_A=\alpha P_A$。在液体中，A 可逆地转化为 B。B 是非挥发性的，因而不能从液体中逸出。体系处于稳态。可逆反应的反应速率 $R_{VA}=k_{-1}C_B-k_1C_A=-R_{VB}$，平衡常数 $K=k_{-1}/k_1$。为了计算简便，假设 $D_A=D_B=D$。

(1) 对无化学反应的特定情况，确定 A 的传质通量与分压及其他参数之间的关系。

(2) 确定反应条件下 A 的传质通量。

(3) 确定化学反应对组分 A 的传质速率增强因子 I。考虑极限情况的增强因子 I：化学平衡常数 K 固定，反应速率非常快以致反应瞬时平衡。

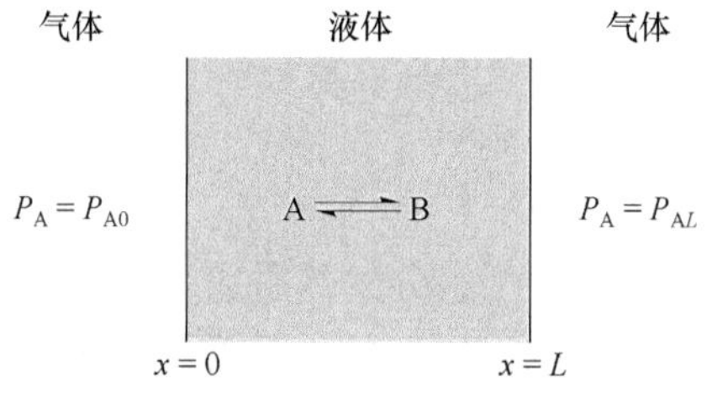

图 6.14

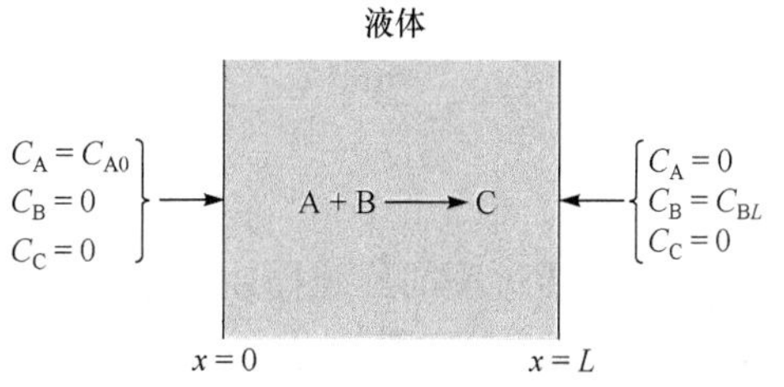

图 6.15

8. 液膜内双分子不可逆反应体系的传质

假设双分子不可逆反应 A + B ⟶ C 在厚度为 L 的液膜内稳态进行。如图 6.15 所示，反应物 A 在 $x=0$ 处引入，反应物 B 在 $x=L$ 处引入。对于 A、B 和 C 而言，液体溶液在任何位置都是稀溶液。C 的体积生成速率 $R_{VC}=kC_AC_B$，其中 k 为二级均相反应速率常数。

如果反应速率足够快，那么 A 和 B 不能在液体中共存。在极限状况下，$k\to\infty$，反应发生在 $x=x_R$ 的平面上。以该平面为界，液膜分成了两部分：一部分含有 A 而不含 B，另一部分含有 B 而不含 A。试确定 x_R、$C_A(x)$、$C_B(x)$、$C_C(x)$、N_A 和 N_B，并确定化学反应对组分 A 和组分 B 的传质速率增强因子。

9. 固体颗粒的化学溶解

如图 6.16 所示，物质 A 的固体圆球悬浮在液体 B 中。A 在 B 中是微溶的，并且与 B 发生一级化学反应 A + B ⟶ C，反应速率常数为 k_1。

(1) 证明：拟稳态条件下组分 A 在液体中的浓度分布为

$$\frac{C_A}{C_{A0}}=\frac{R}{r}\frac{\exp\left(-\sqrt{k_1/D_{AB}}\,r\right)}{\exp\left(-\sqrt{k_1/D_{AB}}\,R\right)}$$

其中，R 是固体圆球的半径；C_{A0} 是 A 在 B 中的摩尔溶解度。

(2) 证明：拟稳态条件下固体圆球半径 $R(t)$ 随时间的变化速率为

$$\frac{dR}{dt}=\frac{D_{AB}C_{A0}}{C_{A0}-\rho_s/M_A}\left(\frac{1}{R}+\sqrt{\frac{k_1}{D_{AB}}}\right)$$

其中，ρ_s 是固体 A 的密度；M_A 是 A 的摩尔质量。

(3) 确定化学反应对组分 A 的传质速率增强因子。

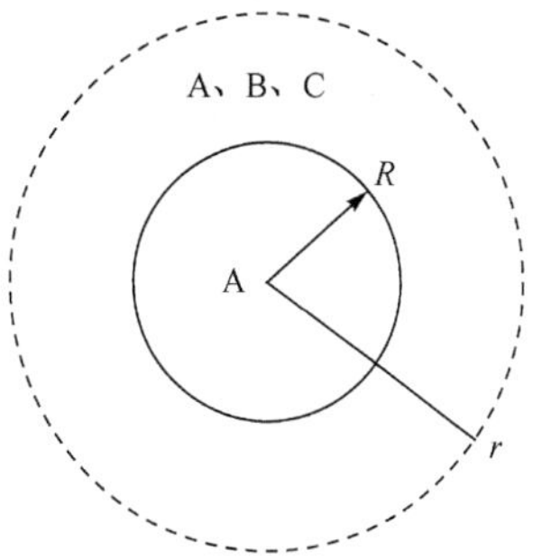

图 6.16

第 7 章

多组分多推动力体系传质

7.1 引　　言

扩散传质过程的传统描述方法是基于一个假设，即每个组分的传质通量与它自身的推动力成正比。然而，这类方法所构建的本构方程只适用于二组分体系以及一些可以近似为二组分体系的特定情况。体系中第三个或更多组分的存在会产生二组分传质理论即使是定性也不能预料的复杂性。本章将讨论多组分混合物体系的传质问题。由于实际体系多为三个以上的多组分体系，这类问题就更具有意义。在很多情况下，组分的传质推动力并不是只有组成梯度，体系中存在的其他场变量的不均匀性也会引起组分传递。本章也将讨论多种推动力驱动下的质量传递问题。

7.2 Fick 定律扩展至多组分体系

表 2.8 所给出的 Fick 定律是一个分子扩散的唯象定律，它并没有给出任何分子扩散机理的信息。它描述了分子扩散通量和组成梯度之间的关系，即一个组分的扩散通量与其自身组成梯度的大小成正比，扩散的方向与其组成梯度的方向相反。然而，这样的描述只对一些特定的体系有效，即 Fick 定律的有效性是有限制条件的。下面的实例很清楚地说明了这一点。

7.2.1 三组分气体扩散[1]

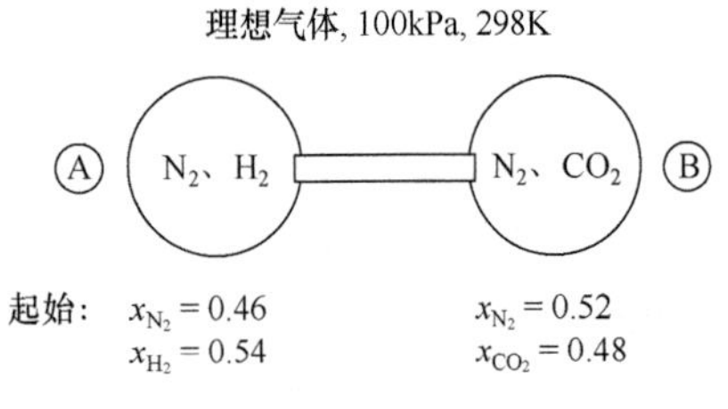

图 7.1　三组分理想气体扩散问题[1]

在如图 7.1 所示的实验中，两个形状和大小相同的玻璃球中充满了理想气体混合物。左边的球含有氢气和氮气，右边的球含有二氧化碳和氮气。两个球中氮气的量仅有微小的差别。两个球的温度和压力相同。在某一时刻，用直径为 1mm 的毛细管连接两球。气体开始从一个球向另一个球扩散。对于图中所示实验，氮气会有怎样的扩散结果呢?

实验结果如图 7.2 所示。氢气和二氧化碳的扩散行为[图 7.2(b)]的确如 Fick 定律所预测，它们的浓度随时间单调变化，直至两个球中的浓度相等，其中氢气比二氧化碳扩散得快。然而，氮气的扩散行为相当不同。

在初期，氮气从高浓度区(B 球)向低浓度区扩散，约 1h 后两个球中的氮气浓度相等。

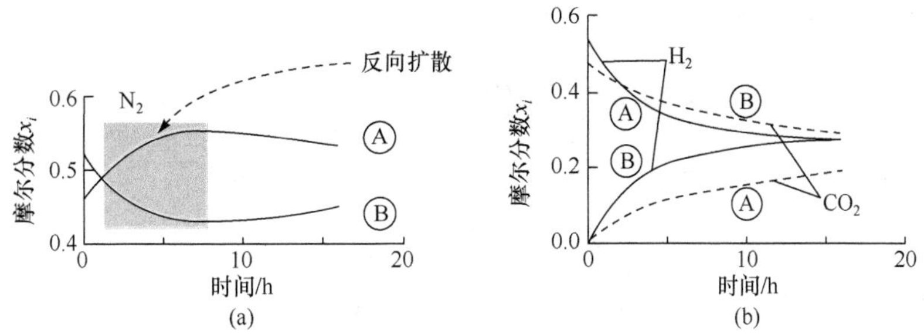

图 7.2　三组分理想气体扩散结果[1]

然而，氮气的扩散并未终止，它继续向同一方向扩散，这时扩散是与浓度下降的方向相反的。氮气的浓度梯度持续增大，直到实验时间达 8h。此后，两个球中的氮气浓度才逐渐接近直至相同。这种现象是 Fick 定律难以解释的。

氢气之所以从左向右迁移是显而易见的。A 球中的氢气远多于 B 球，分子的无规则热运动在总效果上使它们向右运动。同样的机理使二氧化碳向左运动。氮气的运动似乎是由二氧化碳对它的拖曳所引起的，因为可以预料较重的二氧化碳分子与氮气分子之间的摩擦比氮气分子和氢气分子之间的摩擦大。氮气分子的运动主要是由二氧化碳和氢气的浓度梯度所决定的，而不是由它自身的浓度梯度(其值很小)决定的。

三组分以上的多组分体系，组分的扩散传质不仅与其自身的组成梯度相关，而且取决于体系中其他组分的组成梯度。即使对三组分理想气体混合物，Fick 定律也是不适用的。

7.2.2　Fick 定律的扩展[2]

对于二组分体系，Fick 定律给出了独立通量 $\boldsymbol{J}_1^M$ 和推动力 ∇x_1 之间的线性关系：

$$\boldsymbol{J}_1^M = -C_t D_{12} \nabla x_1 \tag{7.2.1}$$

对于三组分体系，有两个独立的通量和两个独立的组成推动力。两个独立的扩散通量 $\boldsymbol{J}_1^M$ 和 $\boldsymbol{J}_2^M$ 都与两个独立的摩尔分数梯度 ∇x_1 和 ∇x_2 相关。因此，以类似于 Fick 定律的形式，假设在通量和浓度梯度之间存在线性关系，可以写出：

$$\boldsymbol{J}_1^M = -C_t D_{11}^M \nabla x_1 - C_t D_{12}^M \nabla x_2 \tag{7.2.2}$$

$$\boldsymbol{J}_2^M = -C_t D_{21}^M \nabla x_1 - C_t D_{22}^M \nabla x_2 \tag{7.2.3}$$

显然，表征三组分体系需要四个多组分 Fick 扩散系数。

对于 n 个组分的体系，有 $n-1$ 个独立的扩散通量和 $n-1$ 个独立的组成梯度，可以写出：

$$\begin{aligned}
\boldsymbol{J}_1^M &= -C_t D_{11}^M \nabla x_1 - C_t D_{12}^M \nabla x_2 \cdots - C_t D_{1(n-1)}^M \nabla x_{n-1} \\
\boldsymbol{J}_2^M &= -C_t D_{21}^M \nabla x_1 - C_t D_{22}^M \nabla x_2 \cdots - C_t D_{2(n-1)}^M \nabla x_{n-1} \\
&\vdots \\
\boldsymbol{J}_i^M &= -C_t D_{i1}^M \nabla x_1 - C_t D_{i2}^M \nabla x_2 \cdots - C_t D_{i(n-1)}^M \nabla x_{n-1} \\
&\vdots \\
\boldsymbol{J}_{n-1}^M &= -C_t D_{(n-1)1}^M \nabla x_1 - C_t D_{(n-1)2}^M \nabla x_2 \cdots - C_t D_{(n-1)(n-1)}^M \nabla x_{n-1}
\end{aligned} \tag{7.2.4}$$

式(7.2.4)中的每个式子都可以写成以下形式：

$$\boldsymbol{J}_i^M = -C_t \sum_{k=1}^{n} D_{ik}^M \nabla x_k \quad i=1,2,\cdots,n-1 \tag{7.2.5}$$

式(7.2.4)或式(7.2.5)是 $n-1$ 个方程构成的方程组，可以用矩阵表示：

$$\left(\boldsymbol{J}^M\right) = -C_t\left[D^M\right](\nabla x) \tag{7.2.6}$$

其中，$\left(\boldsymbol{J}^M\right)$是以摩尔平均速度为参照的摩尔扩散通量列矩阵：

$$\left(\boldsymbol{J}^M\right) = \begin{pmatrix} \boldsymbol{J}_1^M \\ \boldsymbol{J}_2^M \\ \vdots \\ \boldsymbol{J}_{n-1}^M \end{pmatrix} \tag{7.2.7}$$

(∇x) 代表 $n-1$ 个元素的摩尔分数梯度列矩阵：

$$(\nabla x) = \begin{pmatrix} \nabla x_1 \\ \nabla x_2 \\ \vdots \\ \nabla x_{n-1} \end{pmatrix} \tag{7.2.8}$$

多组分 Fick 扩散系数矩阵$\left[D^M\right]$是一个$(n-1)\times(n-1)$阶矩阵：

$$\left[D^M\right] = \begin{bmatrix} D_{11}^M & D_{12}^M & \cdots & D_{1(n-1)}^M \\ D_{21}^M & D_{22}^M & \cdots & D_{2(n-1)}^M \\ & & \cdots & \\ D_{(n-1)1}^M & D_{(n-1)2}^M & \cdots & D_{(n-1)(n-1)}^M \end{bmatrix} \tag{7.2.9}$$

其中，上标 M 表示它们与相对于摩尔平均速度的摩尔通量相对应。

对于三组分体系(n=3)，扩展 Fick 定律的矩阵表达式(7.2.6)是二阶矩阵。通过矩阵的乘法运算，可以将摩尔扩散通量 $\boldsymbol{J}_1^M$ 及 $\boldsymbol{J}_2^M$ 恢复到式(7.2.2)和式(7.2.3)的形式。

上面所讨论的是用相对于摩尔平均速度的摩尔通量表示的 Fick 定律的扩展形式。常用的扩展型 Fick 定律还有以下三种形式。

(1) 相对于质量平均速度的摩尔通量：

$$(\boldsymbol{J}) = -\rho_t[D][M]^{-1}(\nabla\omega) \tag{7.2.10}$$

其中，$[M]$是以摩尔质量 M_i 为对角元素的对角矩阵。

(2) 相对于质量平均速度的质量通量：

$$(\boldsymbol{j}) = -\rho_t\left[D^\omega\right](\nabla\omega) \tag{7.2.11}$$

(3) 相对于体积平均速度的摩尔通量：

$$\left(\boldsymbol{J}^V\right) = -\left[D^V\right](\nabla C) \tag{7.2.12}$$

7.2.3　多组分 Fick 扩散系数矩阵之间的变换

对于一般的多组分体系，式(7.2.6)和式(7.2.10)～式(7.2.12)所定义的四个扩散系数矩阵通常互不相同，它们之间存在变换关系。对于二元体系，这四个矩阵都只有一个元素。四种二元扩散系数 D、D^M、D^ω 和 D^V 是相等的。

根据第 2 章中不同定义的扩散通量之间的关系，有

$$(\boldsymbol{j})=[M](\boldsymbol{J}) \tag{7.2.13}$$

其中，$[M]$ 是以摩尔质量 M_i 为对角元素的对角矩阵。

将式(7.2.10)和式(7.2.11)代入式(7.2.13)可以得到：

$$-\rho_{\mathrm{t}}\left[D^\omega\right](\nabla\omega)=-\rho_{\mathrm{t}}[M][D][M]^{-1}(\nabla\omega)$$

所以，有 $\left[D^\omega\right]$ 和 $[D]$ 之间的变换关系式：

$$\left[D^\omega\right]=[M][D][M]^{-1} \tag{7.2.14}$$

根据第 2 章中不同参照速度的扩散通量之间的关系，有

$$(\boldsymbol{J})=\left[B^{\omega x}\right]\left(\boldsymbol{J}^M\right) \tag{7.2.15}$$

其中

$$B_{ik}^{\omega x}=\delta_{ik}-x_i\left(\frac{\omega_k}{x_k}-\frac{\omega_n}{x_n}\right),\quad i,k=1,2,\cdots,n-1 \tag{7.2.16}$$

根据质量分数的定义，有

$$\omega_i=\frac{\rho_i}{\rho_{\mathrm{t}}}=\frac{C_{\mathrm{t}}x_iM_i}{\sum\limits_{k=1}^{n}C_{\mathrm{t}}x_kM_k}=\frac{x_iM_i}{\sum\limits_{k=1}^{n}x_kM_k}$$

即

$$\omega_i\sum_{k=1}^{n}C_{\mathrm{t}}x_kM_k=C_{\mathrm{t}}x_iM_i \tag{7.2.17}$$

由式(7.2.17)可以推导出：

$$\rho_{\mathrm{t}}\frac{\nabla\omega_i}{M_i}=C_{\mathrm{t}}\sum_{k=1}^{n-1}\left[\delta_{ik}-\frac{\omega_i}{M_i}\left(M_k-M_n\right)\right]\nabla x_k \tag{7.2.18}$$

由式(7.2.17)可以得出：

$$\frac{M_k}{M_i}=\frac{\omega_k}{\omega_i}\frac{x_i}{x_k} \tag{7.2.19}$$

结合式(7.2.18)和式(7.2.19)，有

$$\rho_{\mathrm{t}}\frac{\nabla\omega_i}{M_i}=C_{\mathrm{t}}\sum_{k=1}^{n-1}\left[\delta_{ik}-x_i\left(\frac{\omega_k}{x_k}-\frac{\omega_n}{x_n}\right)\right]\nabla x_k$$

应用式(7.2.16)得

$$\rho_t \frac{\nabla \omega_i}{M_i} = C_t \sum_{k=1}^{n-1} B_{ik}^{\omega x} \nabla x_k \tag{7.2.20}$$

将其写成矩阵形式：

$$\rho_t [M]^{-1} (\nabla \omega) = C_t \left[B^{\omega x} \right] (\nabla x) \tag{7.2.21}$$

所以

$$(\boldsymbol{J}) = -\rho_t [D][M]^{-1} (\nabla \omega) = -C_t [D] \left[B^{\omega x} \right] (\nabla x)$$

由式(7.2.15)可得

$$-C_t [D] \left[B^{\omega x} \right] (\nabla x) = \left[B^{\omega x} \right] \left(\boldsymbol{J}^M \right)$$

根据式(7.2.6)，有

$$-C_t [D] \left[B^{\omega x} \right] (\nabla x) = -C_t \left[B^{\omega x} \right] \left[D^M \right] (\nabla x)$$

如此，得到 $[D]$ 和 $\left[D^M \right]$ 之间的变换关系式：

$$[D] = \left[B^{\omega x} \right] \left[D^M \right] \left[B^{\omega x} \right]^{-1} \tag{7.2.22}$$

根据第 2 章中不同定义的扩散通量之间的关系，有

$$\left(\boldsymbol{J}^M \right) = \left[B^{x\phi} \right] \left(\boldsymbol{J}^V \right) \tag{7.2.23}$$

其中

$$B_{ik}^{x\phi} = \delta_{ik} - x_i \left(1 - \frac{x_n}{\phi_n} \frac{\phi_k}{x_k} \right) = \delta_{ik} - x_i \left(1 - \frac{\overline{V}_k}{\overline{V}_n} \right), \quad i,k = 1,2,\cdots,n-1 \tag{7.2.24}$$

根据摩尔分数的定义，有 $C_i = C_t x_i$。由此出发，可以做以下推导：

$$C_t \nabla x_i = \nabla C_i - x_i \nabla \left(\sum_{k=1}^{n} C_k \right) = \nabla C_i - x_i \sum_{k=1}^{n} \nabla C_k \tag{7.2.25}$$

因为 $\sum_{k=1}^{n} \overline{V}_k C_k = 1$，而 $\sum_{k=1}^{n} C_k \nabla \overline{V}_k = 1$，所以有 $\sum_{k=1}^{n} \overline{V}_k \nabla C_k = 1$，可以得到：

$$\nabla C_n = -\sum_{k=1}^{n-1} \frac{\overline{V}_k}{\overline{V}_n} \nabla C_k \tag{7.2.26}$$

结合式(7.2.25)和式(7.2.26)，有

$$C_t \nabla x_i = \nabla C_i - x_i \sum_{k=1}^{n-1} \left[\left(1 - \frac{\overline{V}_k}{\overline{V}_n} \right) \right] \nabla C_k$$

即

$$C_t \nabla x_i = \sum_{k=1}^{n-1} \left[\delta_{ik} - x_i \left(1 - \frac{\overline{V}_k}{\overline{V}_n} \right) \right] \nabla C_k = \sum_{k=1}^{n-1} B_{ik}^{x\phi} \nabla C_k$$

写成矩阵形式，有

$$C_t(\nabla x)=\left[B^{x\phi}\right](\nabla C) \tag{7.2.27}$$

由式(7.2.6)、式(7.2.12)和式(7.2.23)可得

$$\left[D^M\right]\left[B^{x\phi}\right](\nabla C)=\left[B^{x\phi}\right]\left[D^V\right](\nabla C)$$

因此，$\left[D^V\right]$和$\left[D^M\right]$之间的变换关系为

$$\left[D^M\right]=\left[B^{x\phi}\right]\left[D^V\right]\left[B^{x\phi}\right]^{-1} \tag{7.2.28}$$

7.2.4　多组分 Fick 扩散系数的特性[2]

多组分 Fick 扩散系数可以从一个扩散设备中所测量的组成分布获得。大多数实验数据是以$\left[D^V\right]$的形式报道的。表 7.1 是丙酮(1)-苯(2)-四氯化碳(3)体系在 25℃的数据，表 7.2 是丙酮(1)-苯(2)-甲醇(3)体系在 25℃的数据。如这两个实例所示，多组分 Fick 扩散系数是混合物组成的复杂函数。

表 7.1　丙酮(1)-苯(2)-四氯化碳(3)体系在 25℃的 Fick 扩散系数

x_1	x_2	D_{11}^V	D_{12}^V	D_{21}^V	D_{22}^V
0.2989	0.3490	1.887	−0.213	−0.037	2.255
0.1497	0.1499	1.598	−0.058	−0.083	1.812
0.1497	0.7984	1.971	0.013	−0.149	1.929
0.7999	0.1497	2.330	−0.432	0.132	2.971
0.0933	0.8977	3.105	0.550	−0.780	1.870
0.2415	0.7484	3.079	0.703	−0.738	1.799
0.4924	0.4972	2.857	0.045	−0.289	2.471
0.7432	0.2477	3.251	−0.011	−0.301	2.897
0.8954	0.0948	3.475	−0.158	0.108	3.737

注：D_{ij}^V 的单位为 $10^{-9}m^2/s$。

表 7.2　丙酮(1)-苯(2)-甲醇(3)体系在 25℃的 Fick 扩散系数

x_1	x_2	D_{11}^V	D_{12}^V	D_{21}^V	D_{22}^V
0.350	0.302	3.819	0.420	−0.571	2.133
0.777	0.114	4.400	0.921	−0.834	2.780
0.553	0.190	4.472	0.972	−0.480	2.579
0.400	0.500	4.434	1.877	−0.817	1.778
0.299	0.150	3.192	0.277	−0.191	2.378
0.207	0.548	3.513	0.775	−0.702	1.948
0.102	0.795	3.502	1.204	−1.130	1.124

续表

x_1	x_2	D_{11}^V	D_{12}^V	D_{21}^V	D_{22}^V
0.120	0.132	3.115	0.138	−0.227	2.235
0.150	0.298	3.050	0.150	−0.279	2.250

注：D_{ij}^V 的单位为 $10^{-9}\text{m}^2/\text{s}$。

多组分 Fick 扩散系数矩阵$[D]$、$\left[D^M\right]$、$\left[D^V\right]$或$\left[D^\omega\right]$中的元素不能和二元扩散系数相混淆。多组分的D_{ij}、D_{ij}^M、D_{ij}^V或D_{ij}^ω也不具有二元 Fick 扩散系数的物理意义，它们并不反映 i-j 相互作用。D_{ij}、D_{ii}^M、D_{ii}^V或D_{ii}^ω并不是组分 i 的自扩散系数。D_{ij}、D_{ij}^M、D_{ij}^V或D_{ij}^ω的数值可以是正的也可以是负的，而且取决于体系中组分的编号顺序，改变组分的序号就可能改变它们的正负号和绝对值。对于 n 个组分的多组分扩散，非对角线元素，即交叉扩散系数D_{ij}、D_{ij}^M、D_{ij}^V或$D_{ij}^\omega(i \neq j)$一般不为零，它们通常不具有对称性，即$D_{ij}^M \neq D_{ji}^M$，$D_{ij}^V \neq D_{ji}^V$，$D_{ij}^\omega \neq D_{ji}^\omega$，$D_{ij} \neq D_{ji}$。

在特殊的情况下，矩阵$\left[D^M\right]$是一个对角矩阵，此时组分 i 的扩散通量与其他组分的组成梯度无关。对于由分子结构类似的组分构成的理想混合物，扩散系数矩阵退化为一个标量和单位矩阵的乘积，即

$$\left[D^M\right] = D^M[I] \tag{7.2.29}$$

甲苯-氯苯-溴苯就是一个可以这样简化处理的体系。

当组分 i 的含量趋近于零时，非对角线元素$D_{ij}^M(i \neq j)$也趋近于零。对于在第 n 个组分(溶剂)中无限稀的 $n-1$ 个组分(x_i, $i=1,\cdots,n-1$，接近 0)，所有的交叉系数$D_{ij}^M(i \neq j)$为零。然而在这种情况下，不同组分 i 所对应的对角线元素D_{ii}^M不必相等。实际应用中经常遇到稀溶液，所以这种特例具有实际意义。

7.3 Fick 定律的适用性

从上述讨论可以得出，用式(7.2.6)或式(7.2.10)～式(7.2.12)表示的扩展型 Fick 扩散定律，尽管包含了多组分体系中所有独立的组成梯度对扩散通量的影响，但由于其扩散系数的复杂性，也只能对特殊的情况才具有实用性，如混合物中很低含量的组分在一个大大过量的组分中的扩散，以及混合物中所有组分具有类似的大小和性质的情况。

只有对二组分体系 Fick 扩散系数才具有物理意义，而且只有对二组分理想体系才是与组成无关的常数。对于二组分非理想体系，Fick 扩散系数也是组成的函数。因此，严格地讲，Fick 定律只适用于两组成理想混合物中的扩散。除了不适用于多组分体系以外，Fick 定律还有其他限制条件。下面通过实例说明。

7.3.1　电解质溶液[1]

在这个实验例子中，一个阳离子渗透膜分隔了两种电解质溶液(图 7.3)。膜的右侧是低浓度的氯化钠水溶液，左侧是高浓度的氯化氢水溶液。阳离子渗透膜只允许钠离子和氢离子通过，而阴离子和水不能透过。所要讨论的问题是，在这样的体系中钠离子是如何扩散的。

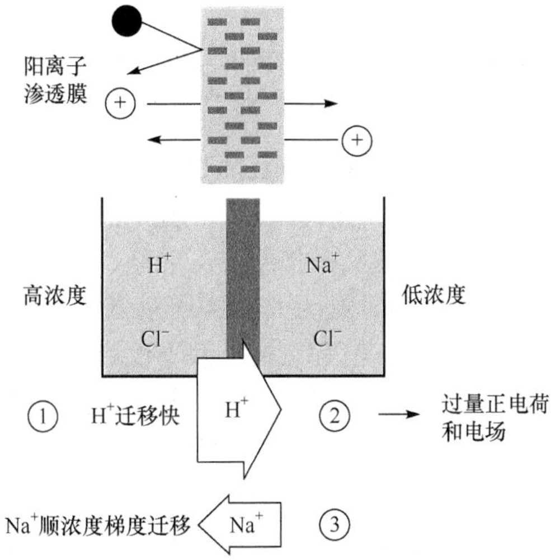

图 7.3　钠离子顺浓度梯度迁移(反向扩散)

在膜内只有两个组分(钠离子和氢离子)扩散，因此根据 Fick 定律判断的结论是：钠离子由右侧(高浓度)向左侧(低浓度)迁移，直至两侧溶液中钠离子的浓度相等。实际结果是，钠离子的确是由右向左迁移，但是在两侧溶液中钠离子的浓度相等时及以后，它继续从右向左扩散，直至左侧溶液中钠离子的浓度高于右侧很多倍。也就是说，钠离子能从低浓度区向高浓度区扩散。这是不能由 Fick 定律解释的，需要有不同的理解。

在该体系中，氢离子从左侧向右侧扩散。由于氢离子相对于钠离子较小，运动速度较快，而且氢离子的浓度差(浓度梯度)相对较大，这使得氢离子的扩散较钠离子快，又因为氯离子不能透过膜，所以会引起右侧正电荷的轻微过量，从而在膜两侧产生电势梯度。电势梯度从左向右增大。这样的电势梯度会驱动钠离子从右向左迁移，造成其从低浓度区向高浓度区扩散的结果。

对于带电荷的组分而言，存在两种推动力：组成梯度和电势梯度。然而，Fick 定律把分子扩散表示为只是由组成梯度引起的，因而无法描述有其他形式推动力(如电场和外场力)作用下的分子扩散传质。

7.3.2　多孔介质体系[1]

如图 7.4 所示，温度和压力都相同的常温常压气体氦和氩分置在一个多孔介质的两侧。该多孔介质是惰性的，其空隙为微米以下的孔道。在这种情况下，两种气体的浓度梯度是相同的，而且由于体系不存在压差而不产生对流。按照 Fick 定律，对于这个两组分体系，氦和氩的扩散通量大小相等方向相反。由于没有对流作用，氦和氩的传质通量也应该如此。然而，实际结果却是氦的通量大于氩的通量，是其近三倍。

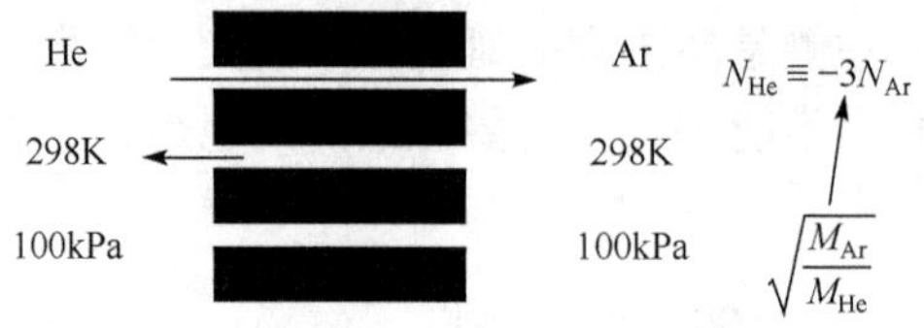

图 7.4 透过多孔介质的二组分传质通量

摩擦(He/塞子)<摩擦(Ar/塞子)；塞子、介质或膜是一个(虚拟)组分

出现这种结果的原因是，Fick 定律只涉及两组分体系分子之间的相互作用和相对运动，并未涉及流体分子与介质(孔壁)之间的相互作用和相对运动。对于多孔介质体系，当孔道足够小时，孔壁对流体分子的摩擦作用不可忽略。因为氩原子体积大于氦原子体积，所以孔壁对氩的摩擦作用比其对氦的大。这导致氦原子的运动比氩原子快，使得氦的通量比氩的大。在这个体系中，氩和氦的扩散不仅取决于氦和氩之间的相互作用，也取决于氩与孔壁、氦与孔壁之间的相互作用。因为孔壁与两种流体分子都有相互作用，所以孔壁可以看作一个组分，该体系就相当于一个三组分体系，Fick 定律当然是不适用的。

分子与边界(本例中的孔壁)之间的相互作用必须加以考虑的体系就是所谓的受限体系。通过本例的讨论可以得出结论：Fick 定律只能用于描述主体相中分子的扩散，不能用于必须考虑分子与边界相互作用的受限体系。

对于该体系，在多孔介质两侧施加一定的压差，就可以使氦和氩的传质通量相等(图 7.5)。压力梯度的存在会引起孔道内流体的黏性流动，这一主体流动的方向与氩的传递方向一致，它在加速氩迁移的同时阻滞氦的迁移，从而增加氩的通量并减小氦的通量。压力梯力也会推动分子扩散，驱动分子沿压力下降方向迁移，这也增加氩的通量，并减少氦的通量。使这两个通量相等所需的压力差取决于多孔介质的结构：孔道越小，所需压差越大。本例表明：对于细微孔道中的传质，必须考虑压力梯度引起黏性流动的对流传递作用。

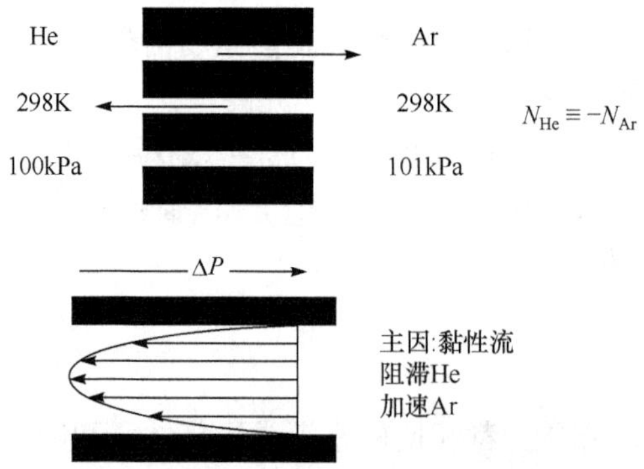

图 7.5 微小压差下的二组分传质通量

7.4　Maxwell-Stefan 方程

7.4.1　对分子扩散的描述

传质过程就是组分在时空中净迁移的过程。一个组分的分子无疑将随混合物一起移动，但它也相对于混合物而净迁移。组分相对于混合物的净迁移，即扩散，是组分的全部分子在一定的推动力作用下随机运动的总体结果。由于受到推动力的作用，组分分子在混合物中运动。这些分子在移动时要与其他组分分子发生碰撞，也就是要受到其他分子对它所加的摩擦力的作用。根据力学原理，一个组分的分子在混合物中移动速度一定时，所受的推动力和摩擦力必然方向相反而数值相等。因此，组分在空间位置上的净迁移速度由若干因素决定：

(1) 混合物整体的移动。

(2) 组分所受到的相对于混合物移动的推动力。

(3) 组分与其环境之间的摩擦。

1. 扩散推动力

引起一个组分相对于混合物迁移，即扩散的推动力，是该组分的势能梯度。在组成为 $x_i(i=1,2,\cdots,n)$ 的每摩尔混合物中，i 组分相对于混合物迁移的推动力为

$$\boldsymbol{d}_i = -\frac{x_i}{RT}\nabla\psi_i \tag{7.4.1}$$

其中，负号表示扩散方向与势能梯度方向相反。

混合物中每摩尔 i 组分的势能 ψ_i 是化学势和所有其他种类势能的总和，即

$$\psi_i = \mu_i + \psi_i^0(X) = \mu_i^0(T,P) + RT\ln(\gamma_i x_i) + \psi_i^0(X) \tag{7.4.2}$$

其中，$\psi_i^0(X)$ 代表除温度、压力和组成外的所有强度变量场(外力场)对组分势能的贡献。

势能梯度不仅可以由浓度场导致，也可以由压力场、温度场以及各种其他外力场如重力场、电势和离心力场等所引起。相对应地，组分扩散的推动力包括等温等压的化学势推动力(由于体系的组成决定其化学势，故也称为组成推动力)、压强推动力、温度场推动力、重力场推动力、电场推动力和离心力场推动力，以及其他外场推动力等。由于势能的加和性，由势能梯度表示的扩散推动力也具有加和性。

在组成为 $x_i(i=1,2,\cdots,n)$ 的每摩尔混合物中，组分 i 的组成推动力就是等温等压下的化学势推动力：

$$\boldsymbol{d}_i^x = -\frac{x_i}{RT}\nabla_{T,P}\mu_i = -x_i\nabla\ln(\gamma_i x_i) \tag{7.4.3}$$

这里借助于活度系数，推动力中包含了混合物的非理想性。组成推动力是组分扩散的重要推动力。

在组成为 $x_i(i=1,2,\cdots,n)$ 的每摩尔混合物中，组分 i 扩散的压强推动力为

$$\boldsymbol{d}_i^P=-\frac{x_i}{RT}\bar{V}_i\nabla P \tag{7.4.4}$$

即与组分的偏摩尔体积 $\bar{V}_i$ 和压强梯度成正比。

在组成为 $x_i(i=1,2,\cdots,n)$ 的每摩尔混合物中，组分 i 扩散的重力场推动力为

$$\boldsymbol{d}_i^g=-\frac{x_i}{RT}\nabla\left(M_i gz\right) \tag{7.4.5}$$

注意，只有在重力方向上重力场推动力才对组分的扩散起作用。重力场推动力对于分子运动而言是一个很小的力，除了重力是主要推动力的特殊情况以外，通常加以忽略。

在电场中，带电组分受到静电力的作用。这个力正比于电势梯度，所以在组成为 $x_i(i=1,2,\cdots,n)$ 的每摩尔混合物中，电场对组分 i 扩散的推动力为

$$\boldsymbol{d}_i^\Phi=-\frac{x_i}{RT}FZ_i\nabla\Phi \tag{7.4.6}$$

其中，F 是法拉第(Faraday)常量；Z_i 是组分的电荷数；Φ 是电势能(单位电荷在静电场的某一点所具有的电势能，即电势)。

如果组分还受到其他种类的外力场作用，那么通过表达外力场对组分势能的贡献，得出相应的势能梯度贡献项，就可以获得外力场所产生的组分扩散推动力作用项 $\boldsymbol{d}_i^o$。在磁场中需要考虑带电组分受到的磁场推动力，对于可极化的分子也需要考虑电场和磁场感应推动力。在旋转装置中需要考虑离心力场的作用，这将在第 8 章中详细讨论。在需要考虑温度梯度对分子扩散的作用的场合，也需要加上温度场所产生的扩散推动力，这在讨论热量和质量同时传递时会详细论述。

在组成为 $x_i\left(i=1,2,\cdots,n\right)$ 的每摩尔混合物中，组分 i 的扩散推动力是其各种推动力的总和：

$$\boldsymbol{d}_i=\boldsymbol{d}_i^x+\boldsymbol{d}_i^P+\boldsymbol{d}_i^\Phi+\boldsymbol{d}_i^o \tag{7.4.7}$$

即

$$\boldsymbol{d}_i=-\frac{x_i}{RT}\left[RT\nabla\ln\left(\gamma_i x_i\right)+\bar{V}_i\nabla P+FZ_i\nabla\Phi\right]+\boldsymbol{d}_i^o \tag{7.4.8}$$

在式(7.4.7)和式(7.4.8)中已经忽略了重力场推动力。

2. 扩散阻力

混合物中组分在受到扩散推动力作用的同时，也受到扩散阻力的作用。扩散阻力就是组分分子所受到的总摩擦力。组分 i 所受到的摩擦力是所有其他组分 $j(j\neq i)$ 对其所施加的摩擦力的总和。在边界对组分的作用不可忽略的情况下，也要包含边界对组分的摩擦力，此时边界可以当作一个额外的虚拟组分处理。

组分 j 对组分 i 的摩擦力与这两个组分的相对速度即组分速度差 $\boldsymbol{v}_j-\boldsymbol{v}_i$ 成正比。在组成为 $x_i\left(i=1,2,\cdots,n\right)$ 的每摩尔混合物中，j 组分对 i 组分施加的摩擦力与 $x_i x_j\left(\boldsymbol{v}_j-\boldsymbol{v}_i\right)$ 成

正比，可表示为

$$\boldsymbol{f}_{ji}=x_ix_j\frac{\boldsymbol{v}_j-\boldsymbol{v}_i}{\mathcal{D}_{ij}} \tag{7.4.9}$$

组分 i 所受到的总摩擦力为

$$\boldsymbol{f}_i=\sum_{\substack{j=1\\j\neq i}}^{n}x_ix_j\frac{\boldsymbol{v}_j-\boldsymbol{v}_i}{\mathcal{D}_{ij}} \tag{7.4.10}$$

其中，比例常数 $\mathcal{D}_{ij}$ 是 Maxwell-Stefan 扩散系数。

组分 j 对组分 i 的摩擦力与组分 i 对组分 j 的摩擦力互为作用力和反作用力，其大小相等、方向相反，所以

$$\mathcal{D}_{ij}=\mathcal{D}_{ji} \tag{7.4.11}$$

7.4.2　多组分体系的普遍化 Maxwell-Stefan 方程

组分 i 在混合物中扩散时，所受的推动力和摩擦力必然相平衡，即

$$\boldsymbol{d}_i+\boldsymbol{f}_i=0 \tag{7.4.12}$$

所以

$$\boldsymbol{d}_i=-\sum_{\substack{j=1\\j\neq i}}^{n}x_ix_j\frac{\boldsymbol{v}_j-\boldsymbol{v}_i}{\mathcal{D}_{ij}} \tag{7.4.13}$$

式(7.4.13)就是以组分速度表示的 Maxwell-Stefan 方程的一般形式。它适用于非理想多组分混合物，也适用于多种外场力的场合。

组分 i 相对于固定坐标的扩散通量可表示为

$$\boldsymbol{N}_i=C_i\boldsymbol{v}_i=C_\mathrm{t}x_i\boldsymbol{v}_i\quad i=1,2,\cdots,n \tag{7.4.14}$$

组分 i 相对于固定坐标(界面)的扩散通量也可表示为

$$\boldsymbol{N}_i=C_i\boldsymbol{v}+\boldsymbol{J}_i=C_\mathrm{t}x_i\boldsymbol{v}+\boldsymbol{J}_i\quad i=1,2,\cdots,n$$

或

$$\boldsymbol{N}_i=C_i\boldsymbol{v}^M+\boldsymbol{J}_i^M=C_\mathrm{t}x_i\boldsymbol{v}^M+\boldsymbol{J}_i^M\quad i=1,2,\cdots,n \tag{7.4.15}$$

Maxwell-Stefan 方程也可以用组分的通量表示：

$$-\boldsymbol{d}_i=\sum_{\substack{j=1\\j\neq i}}^{n}\frac{x_i\boldsymbol{N}_j-x_j\boldsymbol{N}_i}{C_\mathrm{t}\mathcal{D}_{ij}} \tag{7.4.16}$$

或

$$-\boldsymbol{d}_i=\sum_{\substack{j=1\\j\neq i}}^{n}\frac{x_i\boldsymbol{J}_j-x_j\boldsymbol{J}_i}{C_\mathrm{t}\mathcal{D}_{ij}} \tag{7.4.17}$$

及

$$-\boldsymbol{d}_i=\sum_{\substack{j=1\\j\neq i}}^{n}\frac{x_i\boldsymbol{J}_j^M-x_j\boldsymbol{J}_i^M}{C_t Ð_{ij}} \tag{7.4.18}$$

将式(7.4.8)给出的 $\boldsymbol{d}_i$ 的表达式分别代入式(7.4.13)、式(7.4.16)～式(7.4.18)，得到下列四个常用的 Maxwell-Stefan 方程：

$$RT\nabla\ln(\gamma_i x_i)+\bar{V}_i\nabla P+FZ_i\nabla\Phi+\cdots=RT\sum_{\substack{j=1\\j\neq i}}^{n}x_j\frac{\boldsymbol{v}_j-\boldsymbol{v}_i}{Ð_{ij}} \tag{7.4.19}$$

$$RT\nabla\ln(\gamma_i x_i)+\bar{V}_i\nabla P+FZ_i\nabla\Phi+\cdots=\frac{RT}{C_t x_i}\sum_{\substack{j=1\\j\neq i}}^{n}\frac{x_i\boldsymbol{J}_j^M-x_j\boldsymbol{J}_i^M}{Ð_{ij}} \tag{7.4.20}$$

$$RT\nabla\ln(\gamma_i x_i)+\bar{V}_i\nabla P+FZ_i\nabla\Phi+\cdots=\frac{RT}{C_t x_i}\sum_{\substack{j=1\\j\neq i}}^{n}\frac{x_i\boldsymbol{J}_j-x_j\boldsymbol{J}_i}{Ð_{ij}} \tag{7.4.21}$$

$$RT\nabla\ln(\gamma_i x_i)+\bar{V}_i\nabla P+FZ_i\nabla\Phi+\cdots=\frac{RT}{C_t x_i}\sum_{\substack{j=1\\j\neq i}}^{n}\frac{x_i\boldsymbol{N}_j-x_j\boldsymbol{N}_i}{Ð_{ij}} \tag{7.4.22}$$

7.4.3　Maxwell-Stefan 方程的矩阵形式[2]

考虑到只有 $n-1$ 个 $\boldsymbol{J}_i^M$ 是独立的，可以将 $\boldsymbol{J}_n^M$ 表示为

$$\boldsymbol{J}_n^M=-\sum_{j=1}^{n-1}\boldsymbol{J}_j^M \tag{7.4.23}$$

对式(7.4.18)进行变换，并利用式(7.4.23)得到：

$$C_t\boldsymbol{d}_i=B_{ii}\boldsymbol{J}_i^M+\sum_{\substack{j=1\\j\neq i}}^{n-1}B_{ij}\boldsymbol{J}_j^M \tag{7.4.24}$$

其中，系数 B_{ii} 和 B_{ij} 定义为

$$B_{ii}=\frac{x_i}{Ð_{in}}+\sum_{\substack{k=1\\k\neq i}}^{n}\frac{x_k}{Ð_{ik}} \tag{7.4.25}$$

$$B_{ij}=x_i\left(\frac{1}{Ð_{in}}-\frac{1}{Ð_{ij}}\right) \tag{7.4.26}$$

此时式(7.4.24)可以写成矩阵形式，即 Maxwell-Stefan 方程的矩阵形式：

$$C_t(\boldsymbol{d})=[B](\boldsymbol{J}^M) \tag{7.4.27}$$

其中，$[B]$是$(n-1)\times(n-1)$维矩阵，其元素由式(7.4.25)和式(7.4.26)所定义，即

$$[B]=\begin{bmatrix} B_{11} & B_{12} & B_{13} & \cdots & B_{1,n-1} \\ B_{21} & B_{22} & B_{23} & \cdots & B_{2,n-1} \\ & & \vdots & & \\ B_{n-1,1} & B_{n-1,2} & B_{n-1,3} & \cdots & B_{n-1,n-1} \end{bmatrix}$$

列矩阵$(\boldsymbol{d})$和$\left(\boldsymbol{J}^M\right)$分别为

$$(\boldsymbol{d})=\begin{pmatrix} \boldsymbol{d}_1 \\ \boldsymbol{d}_2 \\ \vdots \\ \boldsymbol{d}_{n-1} \end{pmatrix} \quad 和 \quad \left(\boldsymbol{J}^M\right)=\begin{pmatrix} \boldsymbol{J}_1^M \\ \boldsymbol{J}_2^M \\ \vdots \\ \boldsymbol{J}_{n-1}^M \end{pmatrix}$$

式(7.4.27)可以变换为

$$\left(\boldsymbol{J}^M\right)=C_{\mathrm{t}}[B]^{-1}(\boldsymbol{d}) \tag{7.4.28}$$

其中，$[B]^{-1}$是$[B]$的逆矩阵。

根据$(\boldsymbol{J})$和$\left(\boldsymbol{J}^M\right)$之间的变换关系式(7.2.15)，有

$$(\boldsymbol{J})=C_{\mathrm{t}}\left[B^{\omega x}\right][B]^{-1}(\boldsymbol{d}) \tag{7.4.29}$$

其中，$B_{ik}^{\omega x}=\delta_{ik}-x_i\left(\dfrac{\omega_k}{x_k}-\dfrac{\omega_n}{x_n}\right),\quad i,k=1,2,\cdots,n-1$。

对于二组分体系，式(7.4.28)变为

$$\boldsymbol{J}_1^M=C_{\mathrm{t}}B^{-1}\boldsymbol{d}_1 \tag{7.4.30}$$

其中，B 由式(7.4.25)获得，即

$$B=\frac{(x_1+x_2)}{\mathcal{D}_{12}}=\frac{1}{\mathcal{D}_{12}} \tag{7.4.31}$$

由此可以将式(7.4.30)重新写为

$$\boldsymbol{J}_1^M=C_{\mathrm{t}}\mathcal{D}_{12}\boldsymbol{d}_1 \tag{7.4.32}$$

对于在第 n 个组分(溶剂)中 $n-1$ 个组分(溶质)的无限稀溶液体系，由于组分的摩尔分数有 $x_n\to 1$ 和 $x_i(i=1,2,\cdots,n-1)\to 0$，根据式(7.4.25)和式(7.4.26)可以得出对角矩阵：

$$[B]^{-1}=\begin{bmatrix} \mathcal{D}_{1n} & 0 & \cdots & 0 \\ 0 & \mathcal{D}_{2n} & \cdots & 0 \\ \vdots & \vdots & & \vdots \\ 0 & 0 & \cdots & \mathcal{D}_{n-1,n} \end{bmatrix} \tag{7.4.33}$$

因此，可以将各组分的分子扩散通量写成：

$$\boldsymbol{J}_i^M=C_{\mathrm{t}}\mathcal{D}_{in}\boldsymbol{d}_i \qquad i=1,2,\cdots,n-1 \tag{7.4.34}$$

由此，证明了在第 n 个组分(溶剂)中 $n-1$ 个组分(溶质)无限稀的多组分体系，某一溶质的

分子扩散通量只与其自身所受到的推动力相关。

对于只有一个组分(记作 1，$x_1 \to 0$)是痕量的多组分体系，根据式(7.4.25)和式(7.4.26)，矩阵$[B]$的第一行元素中只有B_{11}不为零。因此，该组分的分子扩散通量为

$$\boldsymbol{J}_1^M = C_t B_{11}^{-1} \boldsymbol{d}_1 \tag{7.4.35}$$

其中，B_{11}由式(7.4.25)可知：

$$B_{11} = \sum_{j=2}^{n} \frac{x_j}{Ð_{1j}} \tag{7.4.36}$$

7.5 绑定问题[2]

对于 n 个组分的混合物，组分之间的相对速度只有 $n-1$ 个，所以 Maxwell-Stefan 方程只有 $n-1$ 个独立的方程。可以对其求解获得 $n-1$ 个独立扩散通量，$\boldsymbol{J}_i^M$ 或 $\boldsymbol{J}_i$，即可获得所有组分的扩散通量表达式。然而，要获得 n 个相对于固定坐标(如相界面)的传质通量 $\boldsymbol{N}_i$，就需要确定摩尔平均速度或质量平均速度，一般需要根据体系的流体力学模型，并利用体系内部及边界上的总质量守恒方程或总摩尔守恒方程加以确定。对于某些体系，可以获得各组分的传质通量 $\boldsymbol{N}_i$ 之间的一个关系式，即绑定方程。这类问题也称为绑定问题。绑定方程一般可以根据体系的特性而确定。

7.5.1 等摩尔逆向传质

总摩尔通量为零，即

$$\boldsymbol{N}_t = \sum_{k=1}^{n} \boldsymbol{N}_k = 0 \tag{7.5.1}$$

各组分的通量可以用相对于摩尔平均速度的扩散通量表示为

$$\boldsymbol{N}_i = \boldsymbol{J}_i^M + x_i \boldsymbol{N}_t = \boldsymbol{J}_i^M + x_i \sum_{k=1}^{n} \boldsymbol{N}_k \tag{7.5.2}$$

因此，混合物中所有组分的摩尔通量 $\boldsymbol{N}_i$ 等于其相对于摩尔平均速度的摩尔扩散通量 $\boldsymbol{J}_i^M$：

$$\boldsymbol{N}_i = \boldsymbol{J}_i^M \tag{7.5.3}$$

7.5.2 多组分蒸馏

在多组分蒸馏计算中，通常可以按式(7.5.1)处理，但更好的近似是

$$\sum_{k=1}^{n} \boldsymbol{N}_k \Delta H_{\mathrm{vap},k} = 0 \tag{7.5.4}$$

其中，$\Delta H_{\mathrm{vap},k}$ 是组分 k 的摩尔蒸发潜热。可见，如果各组分的摩尔蒸发潜热相等，总摩尔通量就等于零。

7.5.3 Stefan 扩散

混合物中某一个组分的通量为零的传质情况称为 Stefan 扩散。这种情形很普遍，例如：

(1) 不凝气体存在时的冷凝。这是一个重要的化工单元操作。一个众所周知的例子是水蒸气在冷玻璃窗上的冷凝。水蒸气的通量不为零，但空气不冷凝因而其通量为零。

(2) 上述相反的过程，不凝气体存在时的蒸发。最普通的例子是地面上水坑中的水蒸发到空气中。空气的通量也是零。

(3) 吸收也是一个很重要的化工过程。一个或多个组分被吸收到液体中，而从气体中除去。气体中的某个组分不溶(或被假设是不溶)于吸收液，因而其通量为零。

将零通量的组分记作 n 组分，那么

$$\boldsymbol{N}_n=\boldsymbol{J}_n^M+x_n\boldsymbol{N}_{\mathrm{t}}=0 \tag{7.5.5}$$

可以给出总摩尔通量 $\boldsymbol{N}_{\mathrm{t}}$：

$$\boldsymbol{N}_{\mathrm{t}}=-\frac{\boldsymbol{J}_n^M}{x_n} \tag{7.5.6}$$

非零的通量 $\boldsymbol{N}_i\,(i\neq n)$ 可以表示为

$$\boldsymbol{N}_i=\boldsymbol{J}_i^M-\frac{x_i\boldsymbol{J}_n^M}{x_n}=\left(1+\frac{x_i}{x_n}\right)\boldsymbol{J}_i^M+\frac{x_i}{x_n}\sum_{\substack{k=1\\k\neq i}}^{n-1}\boldsymbol{J}_k^M \tag{7.5.7}$$

对于二组分混合物，式(7.5.7)可以简化为

$$\boldsymbol{N}_1=\frac{\boldsymbol{J}_1^M}{x_2} \tag{7.5.8}$$

7.5.4 固定通量比率

在某些情况下，组分的摩尔通量 $\boldsymbol{N}_i$ 和总通量之间的比率是固定的，即

$$\boldsymbol{N}_i=z_i\boldsymbol{N}_{\mathrm{t}} \tag{7.5.9}$$

其中，z_i 是固定的通量比率。注意，z_i 的总和等于 1，但个别的 z_i 可以是正值、零或负值。

$\boldsymbol{N}_i$ 和 $\boldsymbol{J}_i^M$ 之间的关系式为

$$\boldsymbol{N}_i=\frac{\boldsymbol{J}_i^M}{1-x_i/z_i} \tag{7.5.10}$$

对于非均相化学反应控制的扩散过程，反应计量系数决定了参与反应的各组分在界面(反应面)上的传质通量的比率。例如，由多孔固体催化剂催化的氮气(1)和氢气(2)合成氨(3)的反应：$N_2+3H_2\longrightarrow 2NH_3$。各组分在催化剂表面上通量的比率被反应计量系数所固定：

$$N_1 = \frac{1}{3}N_2 = -\frac{1}{2}N_3 = \frac{1}{2}N_t$$

即 $z_1 = 1/2$， $z_2 = 3/2$， $z_3 = -1$。

7.5.5　普遍化绑定问题

对于很多体系，绑定方程可以用一个普遍化的关系式表示：

$$\sum_{i=1}^{n} \nu_i \boldsymbol{N}_i = 0 \tag{7.5.11}$$

其中，常数 ν_i 可以认为是绑定系数。

普遍化的 Maxwell-Stefan 方程加上绑定方程[式(7.5.11)]就可以求解出 n 个组分的传质通量 $\boldsymbol{N}_i$ 的显式表达式。下面讨论如何获得 $\boldsymbol{N}_i$ 与 $\boldsymbol{J}_i^M$ 的关系式。

首先，用 ν_i 乘以式(7.5.2)得到：

$$\nu_i \boldsymbol{N}_i = \nu_i \boldsymbol{J}_i^M + \nu_i x_i \boldsymbol{N}_t \tag{7.5.12}$$

然后，由式(7.5.11)和式(7.5.12)得到：

$$\sum_{k=1}^{n} \nu_k \boldsymbol{J}_k^M + \boldsymbol{N}_t \sum_{k=1}^{n} \nu_k x_k = 0 \tag{7.5.13}$$

此时总通量 $\boldsymbol{N}_t$ 可以用扩散通量表示为

$$\boldsymbol{N}_t = -\left(\sum_{k=1}^{n} \nu_k \boldsymbol{J}_k^M \bigg/ \sum_{k=1}^{n} \nu_k x_k \right) = -\sum_{k=1}^{n-1} \Lambda_k \boldsymbol{J}_k^M \tag{7.5.14}$$

其中，系数 Λ_k 定义为

$$\Lambda_k = (\nu_k - \nu_n) \bigg/ \sum_{j=1}^{n} \nu_j x_j \tag{7.5.15}$$

最后，将 $\boldsymbol{N}_t$ 代入式(7.5.2)得到：

$$\boldsymbol{N}_i = \sum_{k=1}^{n-1} \beta_{ik} \boldsymbol{J}_k^M \tag{7.5.16}$$

其中， β_{ik} 定义为

$$\beta_{ik} \equiv \delta_{ik} - x_i \Lambda_k \tag{7.5.17}$$

其中， δ_{ik} 是 Delta 函数。

对于等摩尔逆向传质，所有的 ν_i 都相等，即

$$\nu_i = \nu_n \quad i = 1, 2, \cdots, n \tag{7.5.18}$$

而 β_{ik} 退化为 δ_{ik}。

对于非等摩尔蒸馏， ν_i 等于摩尔蒸发潜热，即

$$\nu_i = \Delta H_{\text{vap},i} \quad i = 1,2,\cdots,n \tag{7.5.19}$$

对于 Stefan 扩散，除了一个为非零外，其余的 ν_i 都为零，即

$$\nu_i = 0 \quad \nu_n \neq 0 \tag{7.5.20}$$

在这种情况下，式(7.5.17)可以简化为

$$\beta_{ik} = \delta_{ik} + x_i / x_n \tag{7.5.21}$$

对于化学反应计量系数控制通量比率的场合，尽管其绑定条件不能用式(7.5.11)表示，但仍然可以用：

$$\beta_{ik} = \delta_{ik} / (1 - x_i / z_i) \tag{7.5.22}$$

将式(7.5.10)转化成式(7.5.16)的形式。

用矩阵形式表示式(7.5.14)和式(7.5.16)：

$$\boldsymbol{N}_{\text{t}} = -(\Lambda)^{\text{T}}\left(\boldsymbol{J}^M\right) \tag{7.5.23}$$

和

$$\left(\boldsymbol{N}\right) = [\beta]\left(\boldsymbol{J}^M\right) \tag{7.5.24}$$

$[\beta]$ 称为绑定矩阵，其元素由式(7.5.17)给出。对于等摩尔逆向扩散，有简单的结果 $[\beta] = [I]$。$[\beta]$ 与单位矩阵的偏离意味着对流项 $x_i\boldsymbol{N}_{\text{t}}$ 在传质过程中的作用增大。

由式(7.4.28)和式(7.5.24)可以得出以固定坐标为参照系的传质通量 $\boldsymbol{N}_i\left(i = 1,2,\cdots,n-1\right)$ 的 Maxwell-Stefan 方程的矩阵形式：

$$\left(\boldsymbol{N}\right) = C_{\text{t}}[\beta][B]^{-1}\left(\boldsymbol{d}\right) \tag{7.5.25}$$

7.6　Maxwell-Stefan 方程应用于多组分体系

对于多组分体系的传质问题，采用 Maxwell-Stefan 方程作为本构方程，应用于组分的守恒方程中，结合边界条件就可以求解组分的浓度分布并求出其传递通量。

7.6.1　零通量下的组分摩尔分数梯度[3]

多组分体系的扩散传质会出现与 Fick 定律相冲突的结果，而 Maxwell-Stefan 方程能正确地预测这些结果。本节通过一个简化的实例说明如何应用 Maxwell-Stefan 方程分析多组分体系的传质问题，得出 Fick 定律无法解释的正确结果。

考虑含有组分 A、B 和 C 气体的一维稳态扩散和反应。如图 7.6 所示，在不可渗透的催化剂表面($y=L$)发生不可逆反应 $\text{A} \longrightarrow \text{B}$，其中组分 C 是惰性的。假设所有组分在 $y=0$ 处的摩尔分数是已知的，气体混合物是等温等压的理想气体。需要确定的是各组分的组成分布及其传递通量，以及反应速率。

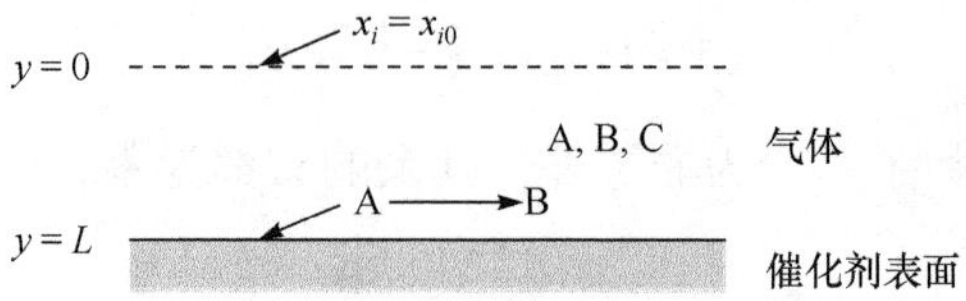

图 7.6 惰性组分存在下的扩散和非均相催化反应过程

组分 A 和 C 的 Maxwell-Stefan 方程分别为

$$\frac{\mathrm{d}x_{\mathrm{A}}}{\mathrm{d}y}=\frac{1}{C_{\mathrm{t}}}\left(\frac{x_{\mathrm{A}}N_{\mathrm{B}y}-x_{\mathrm{B}}N_{\mathrm{A}y}}{\mathcal{D}_{\mathrm{AB}}}+\frac{x_{\mathrm{A}}N_{\mathrm{C}y}-x_{\mathrm{C}}N_{\mathrm{A}y}}{\mathcal{D}_{\mathrm{AC}}}\right) \tag{7.6.1}$$

$$\frac{\mathrm{d}x_{\mathrm{C}}}{\mathrm{d}y}=\frac{1}{C_{\mathrm{t}}}\left(\frac{x_{\mathrm{C}}N_{\mathrm{A}y}-x_{\mathrm{A}}N_{\mathrm{C}y}}{\mathcal{D}_{\mathrm{AC}}}+\frac{x_{\mathrm{C}}N_{\mathrm{B}y}-x_{\mathrm{B}}N_{\mathrm{C}y}}{\mathcal{D}_{\mathrm{BC}}}\right) \tag{7.6.2}$$

对于这样的非均相反应稳态一维过程，$\mathrm{d}N_{iy}/\mathrm{d}y=0$，因而各组分的通量都与位置 y 无关。因为 y 轴指向固定的固体表面，根据界面上组分守恒方程，有 $N_{iy}=-R_{Si}=-\xi_i R_S$，所以 $N_{\mathrm{B}y}=-N_{\mathrm{A}y}=-R_S$ 及 $N_{\mathrm{C}y}=0$。这样式(7.6.2)可以简化为

$$\frac{\mathrm{d}x_{\mathrm{C}}}{\mathrm{d}y}=\frac{R_S x_{\mathrm{C}}}{C_{\mathrm{t}}}\left(\frac{1}{\mathcal{D}_{\mathrm{AC}}}-\frac{1}{\mathcal{D}_{\mathrm{BC}}}\right),\qquad x_{\mathrm{C}}(0)=x_{\mathrm{C}0} \tag{7.6.3}$$

其解为

$$x_{\mathrm{C}}(y)=x_{\mathrm{C}0}\exp\left[\left(\frac{1}{\mathcal{D}_{\mathrm{AC}}}-\frac{1}{\mathcal{D}_{\mathrm{BC}}}\right)\frac{R_S}{C_{\mathrm{t}}}y\right] \tag{7.6.4}$$

由式(7.6.3)可知，尽管组分 C 的通量为零，其摩尔分数梯度却一般不为零，原因是组分 A 对 C 的摩擦作用与组分 B 对 C 的摩擦作用通常并不相同，即 $\mathcal{D}_{\mathrm{AC}}\neq\mathcal{D}_{\mathrm{BC}}$。只有在 $\mathcal{D}_{\mathrm{AC}}=\mathcal{D}_{\mathrm{BC}}$，即组分 A 对 C 的摩擦作用等同于组分 B 对 C 的摩擦作用时，组分 C 没有浓度梯度。

组分 A 的 Maxwell-Stefan 方程可以简化为

$$\frac{\mathrm{d}x_{\mathrm{A}}}{\mathrm{d}y}=-\frac{R_S}{C_{\mathrm{t}}}\left(\frac{1-x_{\mathrm{C}}}{\mathcal{D}_{\mathrm{AB}}}+\frac{x_{\mathrm{C}}}{\mathcal{D}_{\mathrm{AC}}}\right),\qquad x_{\mathrm{A}}(0)=x_{\mathrm{A}0} \tag{7.6.5}$$

将组分 C 的摩尔分数分布函数式(7.6.4)代入式(7.6.5)，就可以得到关于组分 A 摩尔分数的微分方程。对其求解，可以得到组分 A 的摩尔分数分布函数，进而求得固体表面，即 $y=L$ 处的 $x_{\mathrm{A}}(L)$，再由反应动力学方程求出 $R_{S\mathrm{A}}$ 及 $N_{\mathrm{A}y}$。然而，除 $\mathcal{D}_{\mathrm{AC}}=\mathcal{D}_{\mathrm{AB}}$ 这样的特殊条件以外，一般只能获得 $x_{\mathrm{A}}(L)$的数值解。

7.6.2 离散化 Maxwell-Stefan 方程[1]

上述例子表明，使用 Maxwell-Stefan 方程作为本构方程的传质模型分析多组分体系的传质问题，可正确预测 Fick 定律不能解释的现象。然而，对于 n 个组分的多元扩散传质问题，作为本构方程的 Maxwell-Stefan 方程是 n–1 个方程构成的微分方程组，这就带

来数学上求解的难度。如 7.6.1 节的例子所示，即使是三组分理想气体的一维稳态传质这样的简单问题，也无法获得组成分布的解析解。对于无均相化学反应的一维稳态或拟稳态传质问题，在一些特定的情况下可以用差分来近似 Maxwell-Stefan 方程中的微分，而构成离散型的 Maxwell-Stefan 方程，将微分方程转变成代数方程，从而简化数学求解过程。

对于一维问题，如图 7.7 所示。对于传质阻力集中在扩散阻力膜内的情况(很多传质过程可以用此近似)，推动力势能梯度可以用势能的差商近似，组成用平均值近似，活度系数、组分速度等与组成相关的量则用平均组成下的数值近似，即

$$d_i = -\frac{x_i}{RT}\frac{\mathrm{d}\psi_i}{\mathrm{d}y} \approx -\frac{\overline{x}_i}{RT}\frac{\psi_i^\delta - \psi_i^0}{\delta} = -\frac{\overline{x}_i}{RT}\frac{\Delta\psi_i}{\delta} \tag{7.6.6}$$

组成推动力：

$$d_i^x \approx -\overline{x}_i \frac{\Delta\ln(\gamma_i x_i)}{\delta} = -\frac{\overline{x}_i}{\delta}\frac{\Delta(\gamma_i x_i)}{\left(\overline{\gamma}_i \overline{x}_i\right)} \tag{7.6.7}$$

其中，$\overline{\gamma}_i$ 是平均摩尔分数 $\overline{x}_i = \left(x_\delta + x_0\right)/2$ 下的活度系数。对于理想体系：

$$d_i^x \approx -\overline{x}_i \frac{\Delta(\ln x_i)}{\delta} = -\frac{\overline{x}_i}{\delta}\ln\frac{x_\delta}{x_0} \approx -\frac{1}{\delta}\Delta x_i \tag{7.6.8}$$

压强推动力：

$$d_i^P \approx -\frac{\overline{x}_i}{RT}\overline{V}_i\frac{\Delta P}{\delta} = -\frac{\overline{x}_i}{\delta}\frac{\Delta P}{P_i^*} \tag{7.6.9}$$

其中，$P_i^* = \dfrac{RT}{\overline{V}_i}$。

电场推动力：

$$d_i^\Phi \approx -\frac{\overline{x}_i}{RT}FZ_i\frac{\Delta\Phi}{\delta} = -\frac{\overline{x}_i}{\delta}\frac{\Delta\Phi}{\Phi_i^*} \tag{7.6.10}$$

其中，$\Phi_i^* = \dfrac{RT}{FZ_i}$。

总推动力：

$$d_i \approx -\frac{\overline{x}_i}{\delta}\left[\frac{\Delta\left(\gamma_i x_i\right)}{\overline{\gamma}_i \overline{x}_i} + \frac{\Delta P}{P_i^*} + \frac{\Delta\Phi}{\Phi_i^*} + \cdots\right] \tag{7.6.11}$$

组分 i 的总摩擦力可以表示为

$$f_i \approx \sum_{j \neq i}\overline{x}_i\overline{x}_j\frac{\overline{v}_j - \overline{v}_i}{Đ_{ij}} \tag{7.6.12}$$

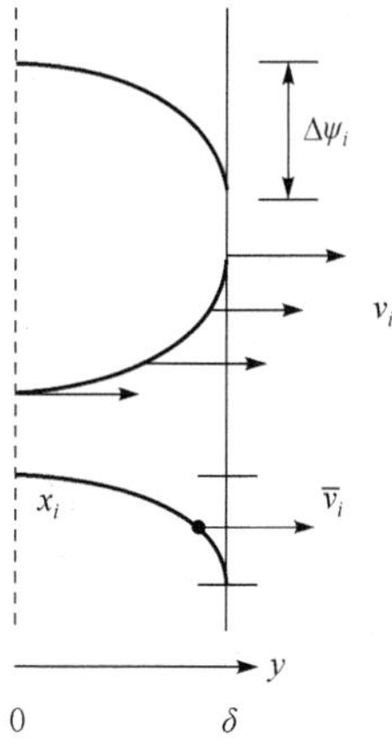

图 7.7　推动力的差商近似和摩擦力的近似示意

其中，$\overline{v}_i$ 是 i 组分在平均摩尔分数 $\overline{x}_i$ 下的速度。

令 $k_{ij} = \dfrac{Đ_{ij}}{\delta}$，即所谓的 Maxwell-Stefan 传质系数，可以得到离散化的 Maxwell-Stefan 方程：

$$\frac{\Delta(\gamma_i x_i)}{\overline{\gamma_i x_i}}+\frac{\Delta P}{P_i^*}+\frac{\Delta \Phi}{\Phi_i^*}+\cdots=\sum_{j\neq i}\overline{x}_j\frac{\overline{v}_j-\overline{v}_i}{k_{ij}} \tag{7.6.13}$$

它适用于非理想的多组分混合物，也适用于多种外场力作用下的场合。

在直角坐标系中稳态或拟稳态一维传质且无均相反应的条件下，组分 i 相对于界面的传质通量为常数，可表示为

$$N_i = C_t\overline{x}_i\overline{v}_i \quad i=1,2,\cdots,n \tag{7.6.14}$$

那么，离散化的一维 Maxwell-Stefan 方程也可以用扩散通量表示：

$$\frac{\Delta(\gamma_i x_i)}{\overline{\gamma_i x_i}}+\frac{\Delta P}{P_i^*}+\frac{\Delta \Phi}{\Phi_i^*}+\cdots=\frac{1}{C_t\overline{x}_i}\sum_{j\neq i}\frac{\overline{x}_i N_j-\overline{x}_j N_i}{k_{ij}} \tag{7.6.15}$$

对于直角坐标系中稳态一维传质且无均相反应的传质问题，利用离散化的 Maxwell-Stefan 方程可以将多种推动力作用下的多组分传质问题转化为线性代数方程组的求解，其计算过程简捷方便。对大多数直角坐标系中的稳态无均相反应的一维传质问题，用离散化的 Maxwell-Stefan 方程都可以获得精度足够的结果。

这里通过一个非均相反应体系的多组分气体传质的例子说明离散化 Maxwell-Stefan 方程的有效性。在催化剂表面上发生乙醇脱氢反应 $CH_3CH_2OH(1)\longrightarrow CH_3CHO(2)+H_2(3)$，如图 7.8 所示。反应在 1atm 和 548K 的条件下进行。该反应是与乙醇在反应表面上浓度相关的一级反应：k_r=0.45m/s，$r=-k_r C_t x_{1\delta}$ [mol/(m^2 · s)]。假设催化剂颗粒内扩散阻力可以忽略。气相 Maxwell-Stefan 传质系数：k_{12}=0.07m/s，k_{23}=0.23m/s，k_{13}=0.23m/s。气相主体组成：x_{10}=0.7，x_{20}=0.15，x_{30}=0.15。求各组分的传质通量及以乙醇消耗计的总反应速率。

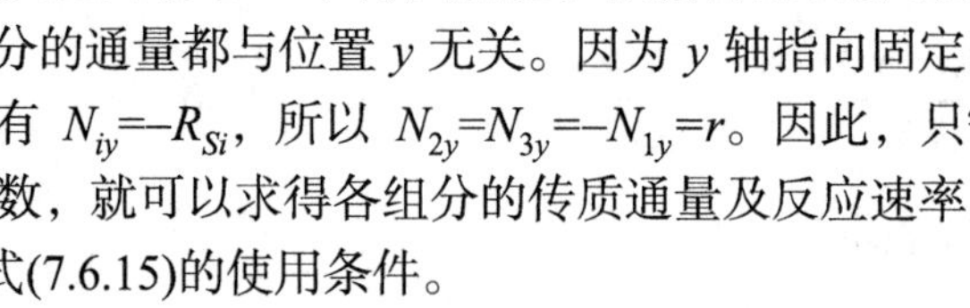

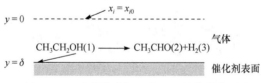

图 7.8 乙醇催化脱氢反应过程的扩散传质

这是一个无均相反应的稳态一维传质过程。根据体系内部的组分守恒方程可知，$dN_{iy}/dy=0$，因而各组分的通量都与位置 y 无关。因为 y 轴指向固定的固体表面，根据界面上组分守恒方程，有 $N_{iy}=-R_{Si}$，所以 $N_{2y}=N_{3y}=-N_{1y}=r$。因此，只需确定催化剂表面处气体中乙醇的摩尔分数，就可以求得各组分的传质通量及反应速率。该问题符合离散型 Maxwell-Stefan 方程式(7.6.15)的使用条件。

该等温等压的理想气体体系，离散型的 Maxwell-Stefan 方程为

$$\Delta x_1=\frac{1}{C_t}\left(\frac{\overline{x}_1 N_{2y}-\overline{x}_2 N_{1y}}{k_{12}}+\frac{\overline{x}_1 N_{3y}-\overline{x}_3 N_{1y}}{k_{13}}\right) \tag{7.6.16}$$

$$\Delta x_2=\frac{1}{C_t}\left(\frac{\overline{x}_2 N_{1y}-\overline{x}_1 N_{2y}}{k_{12}}+\frac{\overline{x}_2 N_{3y}-\overline{x}_3 N_{2y}}{k_{23}}\right) \tag{7.6.17}$$

利用各组分通量之间的关系，可以将式(7.6.16)和式(7.6.17)简化为

$$x_{1\delta}-x_{10}=-k_{\mathrm{r}}x_{1\delta}\left(\frac{\overline{x}_1+\overline{x}_2}{k_{12}}+\frac{1-\overline{x}_2}{k_{13}}\right) \tag{7.6.18}$$

$$x_{2\delta}-x_{20}=k_{\mathrm{r}}x_{1\delta}\left(\frac{\overline{x}_1+\overline{x}_2}{k_{12}}-\frac{2\overline{x}_2+\overline{x}_1-1}{k_{23}}\right) \tag{7.6.19}$$

其中，$\overline{x}_i=\dfrac{x_{i\delta}+x_{i0}}{2}$，$i=1,2$。

求解式(7.6.18)和式(7.6.19)构成的代数方程组，即可求出 $x_{1\delta}$，从而求得 N_{1y}= 0.959[mol/(m^2 · s)]。如果采用连续型的 Maxwell-Stefan 方程，只能通过数值方法求解微分方程组，其结果为 N_{1y}=0.996[mol/(m^2 · s)]。这两种方法结果的相对偏差不到 4%，说明用离散型方程近似求解的结果具有相当好的精度。

7.7　Maxwell-Stefan 扩散系数[1-2]

在利用 Maxwell-Stefan 方程进行多组分体系的传质分析时，需要有 Maxwell-Stefan 扩散系数 $Đ_{ij}$。本节首先讨论 Maxwell-Stefan 扩散系数与 Fick 扩散系数之间的关系，然后分别就气体、非电解质液体和电解质溶液讨论 Maxwell-Stefan 扩散系数 $Đ_{ij}$ 的特性及获得方法。

7.7.1　Maxwell-Stefan 扩散系数和 Fick 扩散系数的关系

在只有组成推动力的情况下：

$$\boldsymbol{d}_i=\boldsymbol{d}_i^x \tag{7.7.1}$$

即

$$\boldsymbol{d}_i=-x_i\nabla\ln\left(\gamma_i x_i\right) \tag{7.7.2}$$

可以推导出在只有组成推动力的情况下：

$$\boldsymbol{d}_i=-\sum_{j=1}^{n-1}\Gamma_{ij}\nabla x_j \tag{7.7.3}$$

其中，Γ_{ij}是热力学因子，它反映了体系非理想性的影响，其定义为

$$\Gamma_{ij}=\delta_{ij}+x_i\left(\frac{\partial\ln\gamma_i}{\partial x_j}\right)_{T,P,x_k}\quad i,j=1,2,\cdots,n-1;\quad k\neq j \tag{7.7.4}$$

$$\delta_{ij}=\begin{cases}1 & i=j\\ 0 & i\neq j\end{cases} \tag{7.7.5}$$

推动力式(7.7.3)的矩阵形式为

$$\left(\boldsymbol{d}\right)=-[\Gamma]\left(\nabla x\right) \tag{7.7.6}$$

将其代入式(7.4.28)可得

$$\left(\boldsymbol{J}^{M}\right)=-C_{\mathrm{t}}[B]^{-1}[\Gamma](\nabla x) \tag{7.7.7}$$

对比式(7.2.6)和式(7.7.7)可以发现，多组分体系的 Fick 扩散系数与 Maxwell-Stefan 扩散系数之间存在以下关系：

$$\left[D^{M}\right]=[B]^{-1}[\Gamma] \tag{7.7.8}$$

对于二元体系，式(7.7.8)中所有矩阵都退化成标量，有

$$D_{12}=Đ_{12}\Gamma \tag{7.7.9}$$

$$\Gamma=1+x_1\frac{\partial\ln\gamma_1}{\partial x_1} \tag{7.7.10}$$

对于二元(1-2)理想体系，Γ 为 1，所以在这种情况下，Fick 扩散系数 D_{12} 和 Maxwell-Stefan 扩散系数 $Đ_{12}$ 相等。很显然，Fick 定律是 Maxwell-Stefan 方程的一个特例，即二元理想体系并且只有组成推动力。

对于在第 n 个组分(溶剂)中无限稀 n–1 个组分(溶质)的稀溶液体系，由于组分的摩尔分数 $x_n\to1$ 和 $x_i(i=1,2,\cdots,n-1)\to0$，由式(7.7.4)可知，热力学因子矩阵 $[\Gamma]$ 是一个 $(n-1)\times(n-1)$ 阶单位矩阵 $[I]$。因此，由式(7.7.8)可以得出 Fick 扩散系数矩阵 $\left[D^{M}\right]$ 为

$$\left[D^{M}\right]=\begin{bmatrix}Đ_{1n} & 0 & \cdots & 0\\ 0 & Đ_{2n} & \cdots & 0\\ \vdots & \vdots & & \vdots\\ 0 & 0 & \cdots & Đ_{n-1,n}\end{bmatrix} \tag{7.7.11}$$

即对于在第 n 个组分(溶剂)中无限稀的 n–1 个组分(x_i 接近 0，i=1,⋯,n–1)，所有的交叉系数 D_{ij}^{M} ($i\neq j,\ i,j=1,\cdots,n-1$)为零。

对于只有一个组分(记作 1)是痕量的多组分体系($x_1\to0$)，由式(7.7.4)可知，热力学因子矩阵 $[\Gamma]$ 第一行的元素中 Γ_{11} 等于 1 而其余的为零，因此，Fick 扩散系数矩阵 $\left[D^{M}\right]$ 中第一行的元素中只有 D_{11}^{M} 不为零，由式(7.4.36)可知：

$$D_{11}^{M}=1\bigg/\sum_{j=2}^{n}\frac{x_j}{Đ_{1j}} \tag{7.7.12}$$

由此，该组分的分子扩散通量可以写成：

$$\boldsymbol{J}_1^{M}=-C_{\mathrm{t}}\left(1\bigg/\sum_{j=2}^{n}\frac{x_j}{Đ_{1j}}\right)\nabla x_1 \tag{7.7.13}$$

7.7.2 气体组分的 Maxwell-Stefan 扩散系数

低压气体的扩散系数可以从气体动力学理论得到严格的表达式。根据气体动力学理

论，组分之间的摩擦是由不相同的分子之间的二元碰撞引起的。对于硬球分子，可以经过推导得出气体的 Maxwell-Stefan 扩散系数：

$$Đ_{ij} = \frac{\sqrt{2}}{\pi^{3/2}} \frac{(RT)^{3/2}}{N_{Av} P d_{ij}} \left(\frac{1}{M_i} + \frac{1}{M_j} \right)^{1/2} \tag{7.7.14}$$

$$d_{ij} = (d_i + d_j) / 2$$

其中，N_{Av} 是阿伏伽德罗常量；d 是分子直径；M 是摩尔质量。

根据由气体动力学理论导出的式(7.7.14)，可以得出以下结论：

(1) 扩散系数与气体的组成无关。

(2) 扩散系数随温度升高而快速增加，但与压力成反比。

(3) 大分子和较重分子的扩散系数较小。

实际分子不是硬球，在较高温度下，它们进行较激烈的碰撞，因而其有效直径要小一些。考虑到这些因素，对式(7.7.14)进行经验修正：

$$Đ_{ij} = 3.16 \times 10^{-8} \frac{T^{1.75}}{P \left(V_i^{1/3} + V_j^{1/3} \right)^2} \left(\frac{1}{M_i} + \frac{1}{M_j} \right)^{1/2} \tag{7.7.15}$$

其中，V_i 是扩散体积，m^3/mol。式(7.7.15)要用“扩散体积”，其数值可以在某些手册上查到。它们的数值大约为液体体积的三分之二。在压力不超过 1MPa 的条件下，式(7.7.15)的误差不大于 10%。在高压下，二元碰撞以及自由程远大于分子直径的假设不成立，故式(7.7.15)不适用，需要由实验或其他经验方法确定 Maxwell-Stefan 扩散系数。

由于摩擦由二元碰撞决定，所以对于低压多组分气体混合物可以简单地使用二元扩散系数。这是 Maxwell-Stefan 方法的一个突出优点。然而，这只适用于中低压气体。图 7.9 给出了中低压气体的 Maxwell-Stefan 扩散系数的重要特性。对于高密度的高压气体混合物，由于体系的非理想性，其 Maxwell-Stefan 扩散系数的特性类似于液体，求取方法也与液体体系相同。

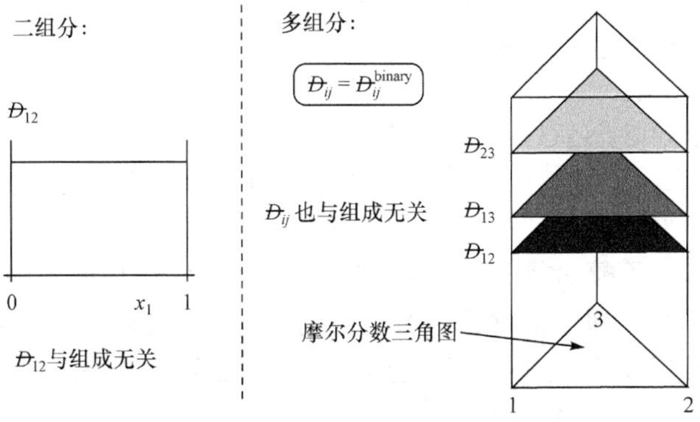

图 7.9　气体 Maxwell-Stefan 扩散系数的特性

7.7.3 液体组分的 Maxwell-Stefan 扩散系数

1. 无限稀溶液组分 Maxwell-Stefan 扩散系数

无限稀溶液是符合理想溶液条件的体系，因此组分的无限稀 Maxwell-Stefan 扩散系数与无限稀 Fick 扩散系数是相等的，可以由 Stokes-Einstein 方程从理论上获得，即

$$Đ_{ij}^{0} = \frac{k_b}{6\pi\mu_j r_i} \tag{7.7.16}$$

其中，$Đ_{ij}^{0}$ 是无限稀的组分 i 在组分 j 中的扩散系数；k_b 是 Boltzmann 常量；μ_j 是溶剂黏度；r_i 是扩散分子的半径。虽然这一简单的关系式只对扩散分子相对于溶剂是很大的分子时有效，但它是若干无限稀扩散系数的半经验关联式的起点。

另一个广为人知的方程是 Wilke-Chang 方程：

$$Đ_{ij}^{0}=7.4\times10^{-8}\frac{\left(\phi_j M_j\right)^{1/2}T}{\mu_j V_i^{0.6}} \tag{7.7.17}$$

其中，$Đ_{ij}^{0}$ 是组分 i(溶质)以无限稀的浓度在组分 j(溶剂)中存在时的扩散系数，cm^2/s；M_j 是溶剂的摩尔质量，g/mol；T 是温度，K；μ_j 是溶剂黏度，mPa · s；V_i 是溶质在正常沸点下的摩尔体积，cm^3/mol；ϕ_j 是溶剂的缔合因子(水 2.27，甲醇 1.9，乙醇 1.5，非缔合溶剂 1.0)。

2. 二组分溶液的 Maxwell-Stefan 扩散系数

对于稀溶液，可以用组分在无限稀溶液中的 Maxwell-Stefan 扩散系数近似。非理想浓溶液中组分的 Maxwell-Stefan 扩散系数与组成有关，但是与 Fick 扩散系数相比，它与组成的关系要简单得多，如图 7.10 所示。

大多数预测浓溶液中 $Đ_{ij}$ 的方法是把无限稀扩散系数用一个简单的组成函数组合起来，最简单的表达式是

$$Đ_{12} = x_2 Đ_{12}^{0} + x_1 Đ_{21}^{0} \tag{7.7.18}$$

应用较多的关系式即 Vignes 式是

$$Đ_{12}=\left(Đ_{12}^{0}\right)^{x_2}\left(Đ_{21}^{0}\right)^{x_1} \tag{7.7.19}$$

一般，约四分之三的体系可以用 Vignes 式预测 Maxwell-Stefan 扩散系数。还有若干方式可对式(7.7.19)进行修正，但并没有有效地提高其精度。用 Vignes 式计算四个体系甲醇-正己烷、丙酮-苯、乙醇-水和三乙胺-水的扩散系数，结果如图 7.10 所示。从图中可以看到，即使对于非理想性很强的体系，如乙醇-水体系，Vignes 式也具有较好的精度。对于非理想性较弱的体系，如丙酮-苯、正己烷-正十六烷等，Vignes 式具有很高的精度。

3. 多组分溶液的 Maxwell-Stefan 扩散系数

多组分溶液的情况就更加复杂了。到目前为止，实验确定的多组分 Maxwell-Stefan

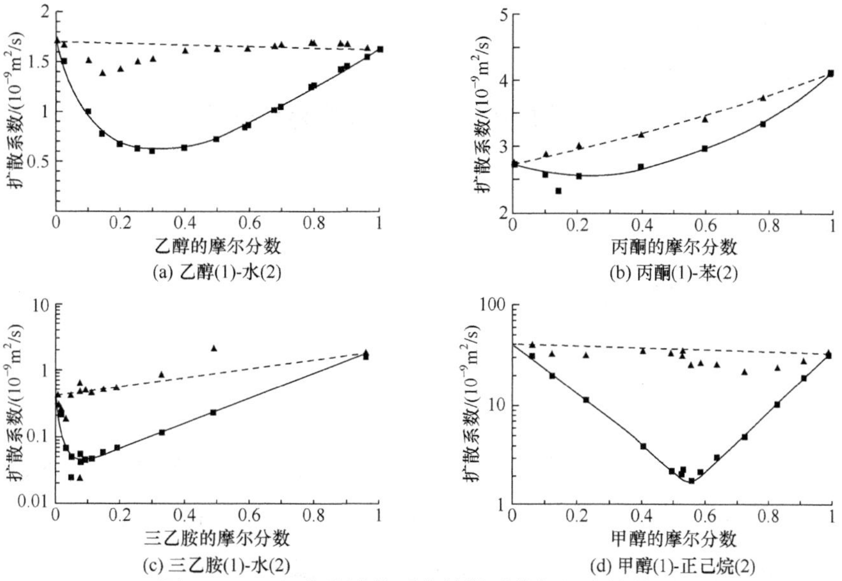

图 7.10　二组分溶液体系的扩散系数与组成的关系

— — Vignes 关系式；▲ Maxwell-Stefan；■ Fick

扩散系数数据也很少。图 7.11 给出了三元体系 2-丙醇(1)-水(2)-丙三醇(3)的 Maxwell-Stefan 扩散系数，以及二元体系水-丙三醇和 2-丙醇-丙三醇的 Maxwell-Stefan 扩散系数。正如所期望的，三元体系中的 Maxwell-Stefan 扩散系数 $Đ_{ij}$ 与浓度的关系与其对应的二元体系的 Maxwell-Stefan 扩散系数相类似。

在缺少更好方法的情况下，可将式(7.7.19)扩展到多元体系，即

$$Đ_{ij} = \prod_{k=1}^{n} \left(Đ_{ij,x_k \to 1} \right)^{x_k} \tag{7.7.20}$$

其中，$Đ_{ij,x_k \to 1}$ 是组分 k 大大过量(k 作为溶剂)的混合物中 Maxwell-Stefan 扩散系数的极限值。如图 7.12 所示，对于三元体系，极限扩散系数实际上是处于扩散系数-组成关系

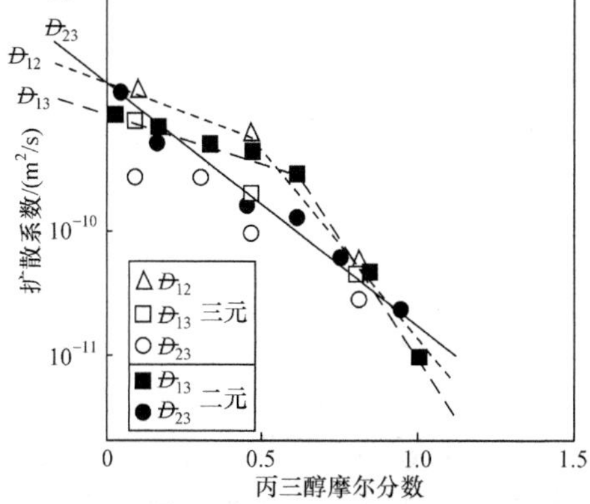

图 7.11　三元体系和二元体系的 Maxwell-Stefan 扩散系数

体系：2-丙醇(1)-水(2)-丙三醇(3)；$\frac{x_1}{x_2}=1$

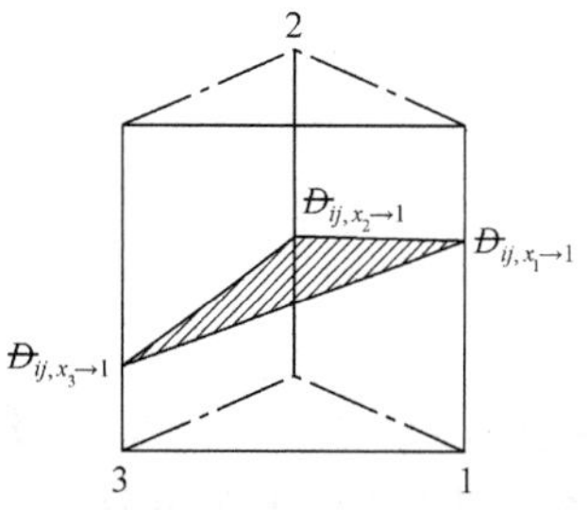

图 7.12　三元体系 Maxwell-Stefan 扩散系数 $Đ_{ij}$ 与组成的关系

面的角上的 Maxwell-Stefan 扩散系数。当 $\left(x_i + x_j\right) \to 1$ 且 $x_k \to 0\left(k \neq i, j\right)$ 时，式(7.7.20)就退化为二元体系的式(7.7.19)。

在 i-j 面上的两个极限扩散系数就是二元 i-j 无限稀扩散系数：

$$
\begin{aligned}
Đ_{ij,x_j\to 1} &= Đ_{ij}^{0} \\
Đ_{ij,x_i\to 1} &= Đ_{ji}^{0}
\end{aligned}
\tag{7.7.21}
$$

将式(7.7.21)代入式(7.7.20)可得

$$
Đ_{ij} = \left(Đ_{ij}^{0}\right)^{x_j} \left(Đ_{ji}^{0}\right)^{x_i} \prod_{\substack{k=1 \\ k\neq i,j}}^{n} \left(Đ_{ij,x_k\to 1}\right)^{x_k} \tag{7.7.22}
$$

极限扩散系数 $Đ_{ij,x_k\to 1}$ 必须受到一定约束条件的限制，以保证 Maxwell-Stefan 扩散系数的最终表达式是对称的($Đ_{ij}=Đ_{ji}$)。为了保证扩散系数与组成关系面的角上的连续性，还需要满足 $\lim\limits_{x_i\to 0} Đ_{ij,x_j=0} = \lim\limits_{x_j\to 0} Đ_{ij,x_i=0}$ 。较为认可的极限扩散系数 $Đ_{ij,x_k\to 1}$ 表达式为

$$
Đ_{ij,x_k\to 1} = \left(Đ_{ik}^{0} Đ_{jk}^{0}\right)^{1/2} \tag{7.7.23}
$$

将式(7.7.22)和式(7.7.23)相结合，得到多组分体系的 Maxwell-Stefan 扩散系数表达式：

$$
Đ_{ij} = \left(Đ_{ij}^{0}\right)^{x_j} \left(Đ_{ji}^{0}\right)^{x_i} \prod_{\substack{k=1 \\ k\neq i,j}}^{n} \left(Đ_{ik}^{0} Đ_{jk}^{0}\right)^{x_k/2} \tag{7.7.24}
$$

在只能获得 i 和 j 二元体系数据的情况下，极限扩散系数 $Đ_{ij,x_k\to 1}$ 表达式为

$$
Đ_{ij,x_k\to 1} = \left(Đ_{ij}^{0} Đ_{ji}^{0}\right)^{1/2} \tag{7.7.25}
$$

将式(7.7.24)和式(7.7.25)相结合，得到多组分体系的 Maxwell-Stefan 扩散系数表达式：

$$
Đ_{ij} = \left(Đ_{ij}^{0}\right)^{\left(1+x_j-x_i\right)/2} \left(Đ_{ji}^{0}\right)^{\left(1+x_i-x_j\right)/2} \tag{7.7.26}
$$

无限稀扩散系数 $Đ_{ij}^{0}$ 无疑是正值，因此由式(7.6.26)可以得出结论：在组成空间的任何位置 $Đ_{ij}$ 都必定是正值。

7.8 多组分扩散的有效扩散系数模型[2]

Fick 定律对多组分体系的无效性和 Maxwell-Stefan 方程的计算相对复杂性，使得许多研究者试图建立处理多组分扩散传质问题的简单方法，尤其是在计算工具和手段不发达的年代。本节要讨论的是一种早期化学工程中常用的经验性处理方法，即有效扩散系数模型。

7.8.1 有效扩散系数

有效扩散系数通过将组分 i 的扩散通量表示成以下关系式而定义：

$$\boldsymbol{J}_i^M = -C_t D_{i,\text{eff}} \nabla x_i \tag{7.8.1}$$

其中，$D_{i,\text{eff}}$ 是混合物中组分 i 的有效扩散系数。对于二元体系，式(7.8.1)就退化为 Fick 定律。

下面考察对于多组分体系，它是不是一种理论上可接受的描述扩散过程的方法。如果将所有 n 个组分的式(7.8.1)相加，并考虑 $\sum_{i=1}^{n} \boldsymbol{J}_i^M = 0$ 的限制，那么

$$C_t \sum_{i=1}^{n} D_{i,\text{eff}} \nabla x_i = 0 \tag{7.8.2}$$

将式(7.8.2)中的第 n 个梯度 ∇x_n 消除，得到：

$$C_t \sum_{i=1}^{n-1} \left(D_{i,\text{eff}} - D_{n,\text{eff}} \right) \nabla x_i = 0 \tag{7.8.3}$$

如果要求 $D_{i,\text{eff}}$ 独立于组成梯度，由于式(7.8.3)中的 $n-1$ 个梯度都是可以独立变化的，其唯一可能的解是有效扩散系数彼此相等：

$$D_{i,\text{eff}} = D_{n,\text{eff}} \quad i = 1,2,\cdots,n-1 \tag{7.8.4}$$

根据二元和三元混合物中组分扩散的知识，可以断定式(7.8.4)不是普遍成立的。只有在构成混合物的所有组分都具有相同的性质时，这样的简单结果才是正确的。

7.8.2 有效扩散系数与 Maxwell-Stefan 扩散系数的关系

将式(7.8.1)重排，得出摩尔分数梯度：

$$\nabla x_i = -\frac{\boldsymbol{J}_i^M}{C_t D_{i,\text{eff}}} = -\frac{\boldsymbol{N}_i - x_i \boldsymbol{N}_t}{C_t D_{i,\text{eff}}} \tag{7.8.5}$$

根据 Maxwell-Stefan 方程，对于只有组成推动力的多组分理想体系，摩尔分数梯度为

$$\nabla x_i = \frac{1}{C_t} \sum_{j \neq i} \frac{x_i \boldsymbol{N}_j - x_j \boldsymbol{N}_i}{Đ_{ij}} \tag{7.8.6}$$

所以，对于只有组成推动力的多组分理想体系，可以得出 $D_{i,\text{eff}}$ 与 $Đ_{ij}$ 关系的一般表达式为

$$D_{i,\text{eff}} = \left(\boldsymbol{N}_i - x_i \boldsymbol{N}_t \right) \Bigg/ \left(\boldsymbol{N}_i \sum_{\substack{j=1 \\ j \neq k}}^{n} \frac{x_j}{Đ_{ij}} - x_i \sum_{\substack{j=1 \\ j \neq k}}^{n} \frac{\boldsymbol{N}_j}{Đ_{ij}} \right) \tag{7.8.7}$$

对于等摩尔反向传质，即 $\boldsymbol{N}_t = 0$ 的情况，式(7.8.7)可以给出 $D_{i,\text{eff}}$ 的表达式为

$$\frac{1}{D_{i,\text{eff}}}=\sum_{\substack{j=1\\j\neq k}}^{n}\frac{x_j}{\text{Đ}_{ij}}\left(1-\frac{x_i\boldsymbol{N}_j}{x_j\boldsymbol{N}_i}\right) \tag{7.8.8}$$

从上面的表达式可以清楚地看到：有效扩散系数一般不具有扩散系数的物理意义；它的数值可以从负无穷到正无穷，而且沿扩散路径随组成和通量变化。将 $D_{i,\text{eff}}$ 归并参数和二元扩散系数进行类比时必须十分小心，只有当有效扩散系数是正的、有限的而且不强烈地与组成或通量有关时，才可能进行有意义的类比。

7.8.3　极限情况

尽管有效扩散系数法用于多组分扩散在原理上存在不足，但它在过去被广泛使用。因此，有必要描述该方法可以合理使用的条件。式(7.8.7)的一些有用的极限情况包括：

(1) 所有的二元扩散系数相等，那么

$$D_{i,\text{eff}}=\text{Đ}_{ij}=\text{Đ} \tag{7.8.9}$$

满足该条件的一个实例是 O_2-N_2-CO 混合物体系。虽然这样的体系存在，但是只占有意义体系的很小一部分。

(2) 在其中一个组分大大过量的稀溶液中，可作近似：$x_n\to 1$，$x_i\to 0(i=1,2,\cdots,n-1)$。对于这种情况，式(7.8.7)可简化为

$$D_{i,\text{eff}}=\text{Đ}_{in}\quad i=1,2,\cdots,n-1 \tag{7.8.10}$$

由于稀溶液是经常遇到的，所以这种极限情况具有一定实际意义。

(3) 当组分 i 扩散穿过 n–1 个组分静止的中低压气体时，$\boldsymbol{N}_j=0(j\neq i)$，则

$$D_{i,\text{eff}}=\frac{1-x_i}{\sum\limits_{\substack{j=1\\j\neq i}}^{n}\dfrac{x_j}{\text{Đ}_{ij}}} \tag{7.8.11}$$

式(7.8.11)就是经典的 Wilke 方程，经常用于估算混合物中所有组分的 $D_{i,\text{eff}}$，即使没有一个组分的通量为零。

$D_{i,\text{eff}}$ 的另一简单公式是

$$\frac{1}{D_{i,\text{eff}}}=\frac{x_i}{\text{Đ}_{in}}+\sum_{\substack{k=1\\k\neq i}}^{n}\frac{x_k}{\text{Đ}_{ik}} \tag{7.8.12}$$

这相当于设定 $D_{i,\text{eff}}=1/B_{ii}$，而 B_{ii} 是由式(7.4.25)定义的，实质上是忽略了矩阵[B]中的非对角线元素。

【例 7.1】　有效扩散系数的计算

计算 H_2(1)-N_2(2)-CCl_2F_2(3)体系的有效扩散系数。Maxwell-Stefan 扩散系数为

H_2-N_2　　　$\text{Đ}=77.0\text{mm}^2/\text{s}$

N_2-CCl_2F_2　　$\mathcal{D} = 8.1\text{mm}^2/\text{s}$

CCl_2F_2-H_2　　$\mathcal{D} = 33.1\text{mm}^2/\text{s}$

混合物的组成：$x_{N_2} = 0.4$，$x_{CCl_2F_2} = 0.25$ 和 $x_{H_2} = 0.35$。

解　由式(7.8.11)计算得到下列有效扩散系数：

$$D_{1,\text{eff}} = \frac{(1 - x_1)}{x_2/\mathcal{D}_{12} + x_3/\mathcal{D}_{13}} = 50.99(\text{mm}^2/\text{s})$$

$$D_{2,\text{eff}} = \frac{(1 - x_2)}{x_1/\mathcal{D}_{12} + x_3/\mathcal{D}_{23}} = 16.95(\text{mm}^2/\text{s})$$

由式(7.8.12)计算得到下列有效扩散系数：

$$D_{1,\text{eff}} = \frac{1}{x_1/\mathcal{D}_{13} + x_2/\mathcal{D}_{13} + x_3/\mathcal{D}_{13}} = 42.88(\text{mm}^2/\text{s})$$

$$D_{2,\text{eff}} = \frac{1}{x_2/\mathcal{D}_{23} + x_1/\mathcal{D}_{12} + x_3/\mathcal{D}_{23}} = 11.79(\text{mm}^2/\text{s})$$

用以上两种方法及明显不适用的式(7.8.10)的结果见表 7.3。可以看到不同方法计算的 $D_{2,\text{eff}}$ 之间的偏差有 2 倍，而不同方法计算的 $D_{1,\text{eff}}$ 之间的偏差则有 1.7 倍。用这些方法计算的通量也有类似的差别。

表 7.3　通量的计算结果　(单位：mm^2/s)

计算式	$D_{1,\text{eff}}$	$D_{2,\text{eff}}$
式(7.8.10)	33.10	8.10
式(7.8.11)	50.99	16.95
式(7.8.12)	42.88	11.79

7.8.4　有效扩散系数模型求解多组分扩散过程

对扩散问题进行数学分析，需要求解组分守恒方程或方程组。如果用式(7.8.1)表示扩散通量，那么组分守恒方程可以写成：

$$\frac{\partial(C_t x_i)}{\partial t} + \nabla\cdot(x_i \boldsymbol{N}_t) = \nabla\cdot(C_t D_{i,\text{eff}} \nabla x_i) + R_{Vi} \tag{7.8.13}$$

为了获得组分守恒方程的解，通常假定若干参数为常数。对于二元扩散问题，二元 Fick 扩散系数可以取恒定值。如果用式(7.8.13)模拟传质过程而获得简单的解析解，通常必须假定有效扩散系数 $D_{i,\text{eff}}$ 为常数。因为有效扩散系数是摩尔通量的函数，也相当强烈地取决于组成，甚至比多组分 Fick 扩散系数受组成的影响还要强烈，所以将其当作常数不是一个有效的方法。

如果假设 $D_{i,\text{eff}}$ 及 C_t 为恒定常数，在 R_{Vi} 为零的条件下，式(7.8.13)可以简化为

$$C_t \frac{\partial x_i}{\partial t} + \nabla\cdot(x_i \boldsymbol{N}_t) = C_t D_{i,\text{eff}} \nabla^2 x_i \tag{7.8.14}$$

或

$$\frac{\partial x_i}{\partial t}+\nabla\cdot\left(x_i\boldsymbol{v}^M\right)=D_{i,\mathrm{eff}}\nabla^2 x_i \tag{7.8.15}$$

式(7.8.15)和二元体系扩散方程的形式完全相同。这意味着如果知道对应的二元扩散方程的解，就可以利用有效扩散系数代替二元扩散系数而立刻得到多组分扩散方程的解。对于静止膜或固体中的一维稳态扩散过程，式(7.8.15)可以简化为

$$\frac{\mathrm{d}^2 x_i}{\mathrm{d}z^2}=0 \tag{7.8.16}$$

边界条件是

$$z=0,\quad x_i=x_{i0};\quad z=\delta,\quad x_i=x_{i\delta} \tag{7.8.17}$$

微分方程式(7.8.16)的解为

$$\frac{x_i-x_{i0}}{x_{i\delta}-x_{i0}}=\frac{z}{\delta} \tag{7.8.18}$$

摩尔扩散通量：

$$J_i^M=-C_\mathrm{t}D_{i,\mathrm{eff}}\frac{\mathrm{d}x_i}{\mathrm{d}z}=C_\mathrm{t}\frac{D_{i,\mathrm{eff}}}{\delta}\left(x_{i0}-x_{i\delta}\right) \tag{7.8.19}$$

7.8.5 有效扩散系数模型的特点

有效扩散系数模型的优点是简单。主要缺点是，除了若干极限情况外，有效扩散系数不是体系的性质，而且有效扩散系数取决于通量 $\boldsymbol{N}_i$ ，而它本身是不可能预先知道的。更复杂的情况是有时需要对 $D_{i,\mathrm{eff}}$ 进行迭代，有时 $D_{i,\mathrm{eff}}$ 随着空间位置和组成而变。

严格地讲，只有在前面讨论的几种极限情况下，有效扩散系数模型才能比较好地描述多组分扩散问题。

7.9 Maxwell-Stefan 方程、Fick 定律和有效扩散系数模型的比较

多组分扩散传质是一个复杂的主题，它可以用多种方法描述。本章已经讨论了多组分扩散的 Fick 定律、Maxwell-Stefan 方程和有效扩散系数模型。Maxwell-Stefan 方程与 Fick 定律及有效扩散系数模型相比较，有明显的优势。

多组分 Fick 定律扩散方程为

$$\boldsymbol{J}_i^M=-C_\mathrm{t}\sum_{k=1}^{n-1}D_{ik}^M\nabla x_k \tag{7.9.1}$$

有效扩散系数模型的扩散方程为

$$\boldsymbol{J}_i^M=-C_\mathrm{t}D_{i,\mathrm{eff}}\nabla x_i \tag{7.9.2}$$

Maxwell-Stefan 方程为

$$-\boldsymbol{d}_i = \frac{1}{C_t x_i}\sum_{\substack{j=1\\ j\neq i}}^{n}\frac{x_i \boldsymbol{J}_j^M - x_j \boldsymbol{J}_i^M}{\mathcal{D}_{ij}} \tag{7.9.3}$$

多组分 Fick 定律所给出的扩散通量是显式的，方便用于守恒方程中。用它进行传质计算时不需要热力学模型。这些似乎是多组分 Fick 定律的优点。然而，它有致命的缺陷。多组分 Fick 定律中推动力是组成梯度。如果要考虑非理想性、电场和压力梯度等外场力的影响，就根本无法处理。

另一个问题是 Fick 扩散系数的行为。对于二元理想气体，Fick 扩散系数与组成无关，但是对于三个以上组分的多元体系情况完全不同。以 298K 和 100kPa 下的三元理想气体(氢气、氮气和二氯二氟甲烷)混合物中组分的扩散系数为例进行讨论。可以有三种方式选定两个独立组分。第一种方式选择氮气(1)和二氯二氟甲烷(2)，此时四个 Fick 扩散系数都是正值[图 7.13(a)]。然而，它们随组成变化的行为并不简单，在图 7.13(a)中它们构成了强烈弯曲的表面，只有沿二元边界上是两条直线。第二种方式选择二氯二氟甲烷(1)和氢气(2)作为独立组分，则 Fick 扩散系数的行为完全不同，其中的一个交叉系数总是负的。第三种选择方式的结果更为复杂，两个交叉系数都是负的，而且扩散系数随组成的变化曲面更为复杂。很明显，对三元理想气体的情况，Fick 扩散系数不仅取决于压力、温度和组成，也取决于组分序列的选择。对于非理想气体，其结果就更复杂了。另外，需要指出对于三个以上组分的多组分体系，选择不同的参考速度将产生完全不同的 Fick 扩散系数。

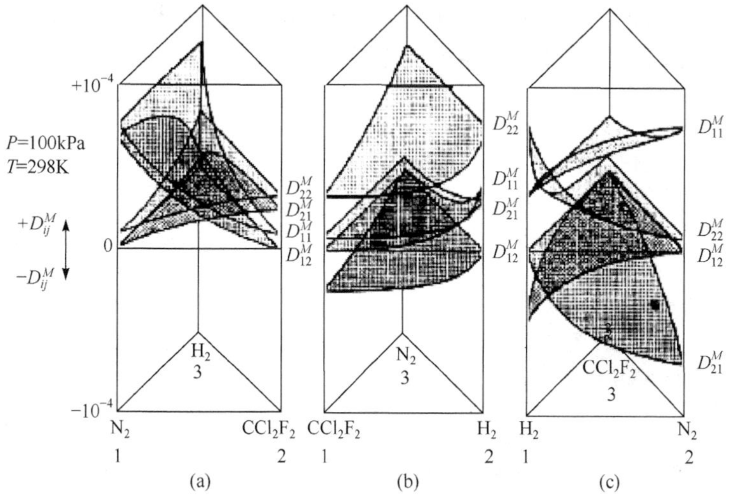

图 7.13　三组分理想气体的 Fick 扩散系数 D_{ij}^M

多组分体系的有效扩散系数模型所给出的通量也是显式的，方便用于守恒方程中。用它进行传质计算时，不需要热力学模型。这些与多组分 Fick 定律相同。同样，它所含的推动力只是浓度梯度。如果要考虑非理想性、电场和压力梯度等外场力的影响，就根本无法处理。

有效扩散系数的行为也十分复杂，它的数值可以从负无穷到正无穷，沿扩散路径随混合物组成而变化，而且取决于传质通量。以三组分体系为例，如图 7.14 所示，在扩散屏障处($\boldsymbol{J}_i^M=0,\ \nabla x_i\neq 0$)，$D_{i,\mathrm{eff}}$ 是零；在反向扩散区($\boldsymbol{J}_i^M<0,\ \nabla x_i<0$)，$D_{i,\mathrm{eff}}$ 是负的；在渗透扩散点($\boldsymbol{J}_i^M\neq 0,\ \nabla x_i=0$)，$D_{i,\mathrm{eff}}$ 是无穷大。

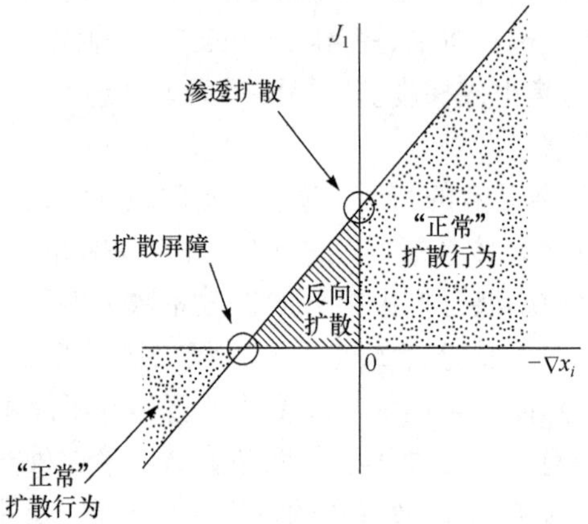

图 7.14　三组分体系扩散通量与组成梯度的关系

Maxwell-Stefan 方程与参考态的选择无关。对于理想体系，Maxwell-Stefan 扩散系数与组成无关(图 7.15)。对于非理想体系，Maxwell-Stefan 扩散系数与组成之间有简单明确的关系(图 7.16)。Maxwell-Stefan 方程所含的推动力包括组成梯度、电场和压力梯度等外场推动力，也考虑了非理想性。因为 Maxwell-Stefan 方程是隐式地给出通量，所以计算比较复杂。但是，借助于现代计算手段，复杂的计算已不是问题。表 7.4 总结了 Maxwell-Stefan 方程、Fick 定律和有效扩散系数模型的特性。

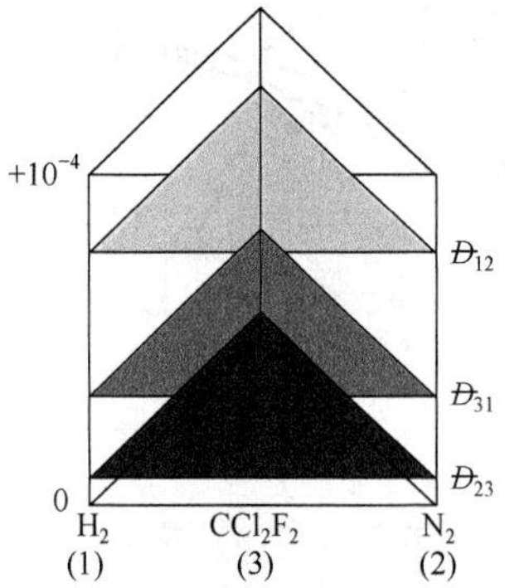

图 7.15　三组分理想气体的 Maxwell-Stefan 扩散系数

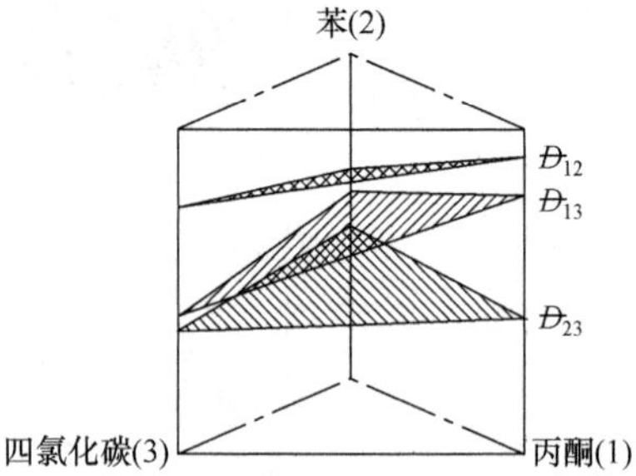

图 7.16　三组分非理想溶液的 Maxwell-Stefan 扩散系数

表 7.4　Maxwell-Stefan 方程、Fick 定律和有效扩散系数模型的对比

特性	Maxwell-Stefan 方程	Fick 定律	有效扩散系数模型
简单的扩散系数行为	是	否	否
独立于参照系	是	否	否

续表

特性	Maxwell-Stefan 方程	Fick 定律	有效扩散系数模型
容易扩展其他推动力	是	否	否
扩散系数个数(n 组分体系)	$n(n-1)/2$	$(n-1)(n-1)$	n
系数对推动力独立	是	否	否
系数对组分序列独立	是	否	是
包含体系非理想性	是	否	否

参 考 文 献

[1] Wesselingh J A, Krishna R. Mass Transfer. New York: Ellis Horwood Limited, 1990.

[2] Taylor R, Krishna R. Multicomponent Mass Transfer. New York: John Wiley & Sons,1993.

[3] Deen W M. Analysis of Transport Phenomena. 2nd ed. New York: Oxford University Press, 2012.

习 题

1. 一氧化碳(1)和金属镍反应生成气态羰基镍(2)：

$$\mathrm{Ni + 4CO \longrightarrow Ni(CO)_4}$$

羰基镍从金属表面扩散到气相主体中。假设反应无限快，因而镍表面 CO 的浓度为零。稳态条件下，相关的参数值为：CO 摩尔分数 x_{10}=0.50 和 $x_{1\delta}$=0.00，羰基镍摩尔分数 x_{20}=0.50 和 $x_{2\delta}$=1.00，Maxwell-Stefan 传质系数 k_{12}=0.032m/s，气相总浓度 C_t=37mol/m^3。求 CO 的通量。

2. 固体催化剂表面上发生 H_2 被 O_2 氧化的稳态反应：$\mathrm{2H_2 + O_2 \longrightarrow 2H_2O}$ 。在反应器的特定位置，温度 473K，总压 101.35kPa，气相主体组成 H_2(1) y_{10}=0.40、O_2(2) y_{20}=0.20 和 H_2O(3) y_{30}=0.40。假设 H_2 和 O_2 扩散通过 1mm 厚的气体膜到达催化剂表面，瞬间反应，所生成的 H_2O 扩散通过同一膜返回气相。所涉及的组分扩散系数为 D_{12}=180mm^2/s，D_{13}=212mm^2/s 和 D_{23}=59mm^2/s。计算扩散控制条件下单位催化剂表面的 H_2 反应速率。

3. 如图 7.17 所示，一根管子的底部是一池静止的液体。液体蒸发产生的蒸气扩散到该管子的顶部。管子的顶部有一股气体流过，使得扩散在这里的蒸气成分的摩尔分数基本保持为零。气液界面上的气相组成是其平衡值。液面随时间变化很慢，组分的扩散是拟稳态的。

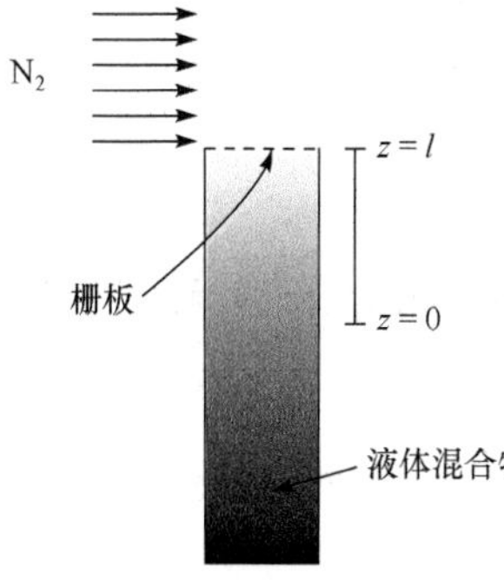

图 7.17

丙酮(1)和甲醇(2)的二元液体混合物在管内蒸发。氮气(3)为载气。在某次实验中，液体表面处的蒸气组成为 x_1=0.319，x_2=0.529。气相的压力和温度分别是 99.4kPa 和 328.5K。扩散行程长 0.238m。三个二元 Maxwell-Stefan 扩散系数 Đ_{12} 、Đ_{13} 和 Đ_{23} 分别为 8.48mm^2/s、13.72mm^2/s 和 19.91mm^2/s。用离散型 Maxwell-Stefan 方程求传质通量 N_1、N_2。

4. 由普遍化推动力定义的有效扩散系数的通用表达式为 $\boldsymbol{J}_i^M = -C_t D_{i,\mathrm{eff}} \boldsymbol{d}_i$ 。以非理想流体的 Maxwell-Stefan 方程为基础，导出有效扩散系数与 Maxwell-Stefan 扩散系数的关系。

第8章

电解质溶液和离心力场中的传质

8.1 引　　言

对于包含组成梯度以外的扩散推动力的多推动力传质体系，Fick 定律已无法描述组分的扩散通量与推动力之间的关系，而 Maxwell-Stefan 方程可以将各种推动力包含到传质本构方程中。本章讨论在组成推动力和电势、压力、离心力等推动力共同作用下的传质问题，涉及电解质溶液中离子的传质和离心力场中组分的传质。通过将普遍化的 Maxwell-Stefan 方程应用于组成推动力和各种外场推动力共同作用的体系，导出组成推动力和电势推动力，以及组成推动力和离心推动力共同作用的传质本构方程，并用实例说明如何分析相应的传质问题。

8.2 电解质溶液的电中性关系[1]

电解质溶液由溶剂及所溶解的阳离子和阴离子构成(图 8.1)。因此，所要考虑的组分包括体系所含的全部阳离子、阴离子和分子。在组分守恒方程和本构方程中的摩尔分数 x_i 必须是各种离子组分和非离子组分的摩尔分数。通常离子的摩尔分数不等同于未解离状态电解质的摩尔分数。例如，硫酸溶液由摩尔浓度为 C_s 的 H_2SO_4 和摩尔浓度为 C_w 的 H_2O 构成。未解离状态组分的摩尔分数分别为

$$x_{H_2SO_4}=\frac{C_s}{C_s+C_w},\quad x_{H_2O}=\frac{C_w}{C_s+C_w}$$

对于完全解离的硫酸溶液，$H_2SO_4 \longrightarrow 2H^+ + SO_4^{2-}$，有

$$C_{H^+}=2C_s,\quad C_{SO_4^{2-}}=C_s,\quad C_{H_2O}=C_w$$

各组分的摩尔分数为

$$x_{H^+}=\frac{2C_s}{3C_s+C_w},\quad x_{SO_4^{2-}}=\frac{C_s}{3C_s+C_w},\quad x_{H_2O}=\frac{C_w}{3C_s+C_w}$$

对于混合离子体系，各种电解质组分都会对离子的浓度 C_i 有贡献。例如，在 HCl 和 $BaCl_2$ 混合溶液体系中，氯离子的浓度 $C_{Cl^-}=C_{HCl}+2C_{BaCl_2}$。

电解质溶液的界面几乎总是带电的。这是由若干原因造成的，其中很重要的一种机理是某些离子在界面上的优先吸附。表面电荷吸引相反电荷而形成或多或少的扩散反电荷

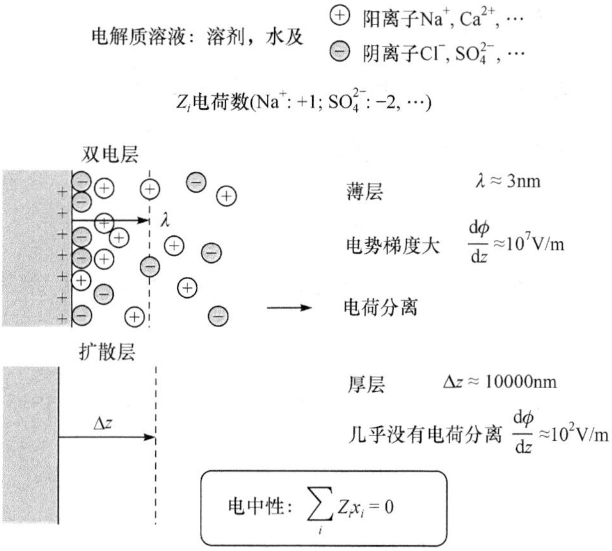

图 8.1　电解质溶液的组分、双电层和电中性关系

层，称为双电层。双电层很薄，只有几个分子直径的量级。双电层中的电势梯度相当大。

传质理论中所涉及的扩散“层”要厚很多。扩散层具有 10μm 量级的厚度，即约 30000 个分子直径。扩散层中的电势梯度不大，然而对离子的传递却很重要。由于扩散层中电势梯度不大，扩散层及液体主体中的电荷分离可以忽视。正电荷和负电荷的浓度是相等的，即得电中性方程：

$$\sum_i Z_i x_i = 0 \tag{8.2.1}$$

其中，Z_i是 i 组分的电荷数(离子的价数)。这是描述电解质溶液传质所必需的一个对溶液组成的约束方程。除此之外，所有组分的摩尔分数加和为 1。这意味着在电解质溶液体系中只有 n−2 个组成梯度是独立的。

对于电解质溶液的传质，单位时间内通过单位面积的电量即电流强度和各组分的通量之间存在确定的关系：

$$\boldsymbol{i} = \sum_i F Z_i \boldsymbol{N}_i \tag{8.2.2}$$

其中，$\boldsymbol{i}$ 的单位为 A/m^2。

在无外加电场时，电流强度为零，因此有零电流方程：

$$\sum_i Z_i \boldsymbol{N}_i = 0 \tag{8.2.3}$$

式(8.2.3)是零电流的电解质溶液体系的通量绑定方程，相当于普遍化绑定方程式(7.5.11)中的$\nu_i = Z_i$。

8.3　电解质溶液的 Maxwell-Stefan 方程[2]

在电解质体系中，电场推动力对扩散过程起相当重要的作用。因此，组分扩散的推

动力必须包括电场推动力，即

$$\boldsymbol{d}_i = -\frac{x_i}{RT}\left[RT\nabla\ln\left(\gamma_i x_i\right) + \bar{V}_i\nabla P + FZ_i\nabla\Phi\right] + \boldsymbol{d}_i^o \tag{8.3.1}$$

在等温等压和无其他外力场梯度存在的情况下：

$$\boldsymbol{d}_i = -\frac{x_i}{RT}\left[RT\nabla\ln\left(\gamma_i x_i\right) + FZ_i\nabla\Phi\right] \tag{8.3.2}$$

对于电解质溶液的组分扩散，最常用的参考速度是溶剂(记为第 n 个组分)速度 $\boldsymbol{v}_n$，即

$$\boldsymbol{J}_i^n = C_i\left(\boldsymbol{v}_i - \boldsymbol{v}_n\right) = \boldsymbol{N}_i - C_i\boldsymbol{v}_n \tag{8.3.3}$$

在这样的参考速度下，组分 n(溶剂)的扩散通量 $\boldsymbol{J}_n^n$ 为零。如果是非流动体系，即溶剂是静止的，$\boldsymbol{v}_n = 0$，于是有

$$\boldsymbol{J}_i^n = \boldsymbol{N}_i \tag{8.3.4}$$

电解质体系的连续型 Maxwell-Stefan 方程为

$$\boldsymbol{d}_i = -\sum_{\substack{j=1 \\ j\neq i}}^{n} \frac{x_i\boldsymbol{J}_j^n - x_j\boldsymbol{J}_i^n}{C_t Ð_{ij}} \tag{8.3.5}$$

也可以写成

$$C_t\boldsymbol{d}_i = \sum_{j=1}^{n-1} B_{ij}^n \boldsymbol{J}_j^n \tag{8.3.6}$$

其中，B_{ij}^n 的定义为

$$B_{ii}^n = \sum_{\substack{k=1 \\ k\neq i}}^{n} \frac{x_k}{Ð_{ik}} \quad i = 1,2,\cdots,n-1 \tag{8.3.7}$$

$$B_{ij}^n = -\frac{x_i}{Ð_{ij}} \quad i \neq j = 1,2,\cdots,n-1 \tag{8.3.8}$$

写成矩阵形式为

$$C_t(\boldsymbol{d}) = \left[B^n\right]\left(\boldsymbol{J}^n\right) \tag{8.3.9}$$

即

$$\left(\boldsymbol{J}^n\right) = C_t\left[B^n\right]^{-1}(\boldsymbol{d}) \tag{8.3.10}$$

8.4 电解质稀溶液的传质

8.4.1 电解质稀溶液的 Maxwell-Stefan 方程[2]

在稀溶液中，离子的活度系数近似等于 1。在这样的溶液中，组分之间的摩擦主要是

离子和溶剂之间的摩擦。对于等温等压的电解质稀溶液，在无外力场的作用下，其组分的扩散推动力为

$$\boldsymbol{d}_i = -\nabla x_i - Z_i x_i \frac{F}{RT}\nabla \varPhi \tag{8.4.1}$$

并且，其矩阵$\left[B^n\right]$为对角矩阵，其元素为

$$B_{ii}^n = \frac{1}{Đ_{in}^0} \quad B_{ij}^n = 0 \ (i \neq j) \tag{8.4.2}$$

其中，$Đ_{in}^0$的上标 0 表示无限稀溶液的扩散系数。由式(8.3.10)可以得出：

$$\boldsymbol{J}_i^n = -C_t Đ_{in}^0 \nabla x_i - C_t Đ_{in}^0 Z_i x_i \frac{F}{RT}\nabla \varPhi \tag{8.4.3}$$

根据式(8.3.3)，组分的摩尔传质通量是

$$\boldsymbol{N}_i = -C_t Đ_{in}^0 \nabla x_i - C_t Đ_{in}^0 Z_i x_i \frac{F}{RT}\nabla \varPhi + C_t x_i \boldsymbol{v}_n \tag{8.4.4}$$

在式(8.4.4)中，带电离子的传质通量由三部分构成：①组成梯度对扩散的贡献项$-C_t Đ_{in}^0 \nabla x_i$；②电势梯度对扩散的贡献项$-C_t Đ_{in}^0 Z_i x_i \frac{F}{RT}\nabla \varPhi$；③对流对扩散的贡献项$C_t x_i \boldsymbol{v}_n$。式(8.4.4)就是能斯特-普朗克(Nernst-Planck)方程，它只是 Maxwell-Stefan 方程用于电解质稀溶液的结果。

可以根据式(8.2.2)和式(8.4.4)，并利用电中性关系式(8.2.1)得出电解质稀溶液的电流强度与组成梯度及电势梯度之间的关系。由于溶剂(组分 n)不是带电组分，所以式(8.2.2)中的加和只是 $n-1$ 项，即

$$\boldsymbol{i} = -FC_t \sum_{i=1}^{n-1} Z_i Đ_{in}^0 \nabla x_i - \frac{F^2}{RT} C_t \nabla \varPhi \sum_{i=1}^{n-1} Z_i^2 x_i Đ_{in}^0 \tag{8.4.5}$$

将式(8.4.5)重排，可以得出电势梯度：

$$\nabla \varPhi = -\frac{RT}{F^2 C_t \sum_{i=1}^{n-1} Z_i^2 x_i Đ_{in}^0}\left(\boldsymbol{i} + FC_t \sum_{i=1}^{n-1} Z_i Đ_{in}^0 \nabla x_i\right) \tag{8.4.6}$$

从式(8.4.6)可以看出，即使混合物中没有电流存在($\boldsymbol{i}=0$)，仍然有一个有限的电势梯度存在，这就是扩散电势梯度，即

$$\nabla \varPhi = -\frac{RT}{F}\frac{\sum_{i=1}^{n-1} Z_i Đ_{in}^0 \nabla x_i}{\sum_{i=1}^{n-1} Z_i^2 x_i Đ_{in}^0} \tag{8.4.7}$$

这个扩散电势梯度相对很小(如图 8.1 所示，10^2V/m 量级)，但在 Maxwell-Stefan 方程中必须包括。

如果不存在其他外场力，对于无化学反应的一维传质过程，电解质溶液体系的离散型 Maxwell-Stefan 方程为

$$\frac{\Delta(\gamma_i x_i)}{\overline{\gamma}_i \overline{x}_i}+\frac{\Delta \Phi}{\Phi_i^*}=\sum_{\substack{j=1\\j\neq i}}\overline{x}_j\frac{\overline{v}_j-\overline{v}_i}{k_{ij}} \tag{8.4.8}$$

静止溶液中溶剂的速度可以认为是零，即 v_n=0。那么，对于静止稀电解质水溶液，离散型 Maxwell-Stefan 方程式(8.4.8)可简化为

$$\frac{\Delta x_i}{\overline{x}_i}+\frac{\Delta \Phi}{\Phi_i^*}=-\frac{\overline{v}_i}{k_{iw}} \tag{8.4.9}$$

对于一维稳态过程，因为通量为常数，即 $N_i=C_t x_i v_i=C_t\overline{x}_i\overline{v}_i$，所以

$$\frac{\Delta x_i}{\overline{x}_i}+\frac{\Delta \Phi}{\Phi_i^*}=-\frac{N_i}{C_t\overline{x}_i k_{iw}} \tag{8.4.10}$$

8.4.2 单一电解质稀溶液的传质[3]

可以从阳离子和阴离子传递的守恒方程和本构方程出发，导出溶液体系中电解质浓度的微分方程。稀溶液只含电解质 A_aB_b，其摩尔浓度为 C_s。A_aB_b 完全电离成阳离子和阴离子，其电离方程式为 $A_aB_b = aA^{z_+}+bB^{z_-}$。阳离子和阴离子在溶剂中的 Maxwell-Stefan 扩散系数分别为 $\mathit{Đ}_{+n}^0$ 和 $\mathit{Đ}_{-n}^0$。该等温等压电解质稀溶液中不发生化学反应，而且没有受到电场以外的外力场作用。

根据电中性条件，阳离子浓度 C_+和阴离子浓度 C_-之间有

$$z_+C_++z_-C_-=0 \tag{8.4.11}$$

根据电离方程式，有

$$z_+a+z_-b=0 \tag{8.4.12}$$

由式(8.4.11)和式(8.4.12)可知：

$$\frac{C_+}{a}=\frac{C_-}{b}=C_s \tag{8.4.13}$$

在稀溶液(溶剂为组分 n)中，当没有电场以外的外力场时，离子传递的本构方程为

$$\boldsymbol{N}_+=-C_t\mathit{Đ}_{+n}^0\nabla x_+-C_t\mathit{Đ}_{+n}^0 z_+x_+\frac{F}{RT}\nabla\Phi+C_t x_+\boldsymbol{v}_n \tag{8.4.14}$$

$$\boldsymbol{N}_-=-C_t\mathit{Đ}_{-n}^0\nabla x_--C_t\mathit{Đ}_{-n}^0 z_-x_-\frac{F}{RT}\nabla\Phi+C_t x_-\boldsymbol{v}_n \tag{8.4.15}$$

在稀溶液中，C_t 可以认为是常数，溶液的质量平均速度近似等于溶剂速度，即 $\boldsymbol{v}=\boldsymbol{v}_n$。将式(8.4.14)除以 a，式(8.4.15)除以 b，并利用式(8.4.13)可以得到：

$$\frac{\boldsymbol{N}_+}{a}=-\mathit{Đ}_{+n}^0\left(\nabla C_s+C_s z_+\frac{F}{RT}\nabla\Phi\right)+C_s\boldsymbol{v}_n \tag{8.4.16}$$

$$\frac{\boldsymbol{N}_-}{b} = -\mathcal{D}_{-n}^0\left(\nabla C_{\mathrm{s}} + C_{\mathrm{s}} z_- \frac{F}{RT}\nabla \Phi\right) + C_{\mathrm{s}}\boldsymbol{v}_n \tag{8.4.17}$$

那么

$$\frac{\boldsymbol{N}_+}{a} - \frac{\boldsymbol{N}_-}{b} = -\left(\mathcal{D}_{+n}^0 - \mathcal{D}_{-n}^0\right)\nabla C_{\mathrm{s}} - \left(z_+\mathcal{D}_{+n}^0 - z_-\mathcal{D}_{-n}^0\right)C_{\mathrm{s}}\frac{F}{RT}\nabla \Phi \tag{8.4.18}$$

因为溶液中不发生化学反应，所以离子的守恒方程为

$$\frac{\partial C_i}{\partial t} = -\nabla \cdot \boldsymbol{N}_i \quad i = +,- \tag{8.4.19}$$

因此

$$\frac{\partial C_{\mathrm{s}}}{\partial t} = -\nabla \cdot \left(\frac{\boldsymbol{N}_+}{a}\right) \tag{8.4.20}$$

$$\frac{\partial C_{\mathrm{s}}}{\partial t} = -\nabla \cdot \left(\frac{\boldsymbol{N}_-}{b}\right) \tag{8.4.21}$$

所以

$$\nabla \cdot \left(\frac{\boldsymbol{N}_+}{a} - \frac{\boldsymbol{N}_-}{b}\right) = 0 \tag{8.4.22}$$

将式(8.4.18)代入式(8.4.22)得

$$\left(\mathcal{D}_{+n}^0 - \mathcal{D}_{-n}^0\right)\nabla^2 C_{\mathrm{s}} + \left(z_+\mathcal{D}_{+n}^0 - z_-\mathcal{D}_{-n}^0\right)\frac{F}{RT}\nabla \cdot \left(C_{\mathrm{s}}\nabla \Phi\right) = 0 \tag{8.4.23}$$

重排式(8.4.23)可得

$$\frac{F}{RT}\nabla \cdot \left(C_{\mathrm{s}}\nabla \Phi\right) = -\frac{\left(\mathcal{D}_{+n}^0 - \mathcal{D}_{-n}^0\right)\nabla^2 C_{\mathrm{s}}}{z_+\mathcal{D}_{+n}^0 - z_-\mathcal{D}_{-n}^0} \tag{8.4.24}$$

由式(8.4.16)和式(8.4.20)可得

$$\frac{\partial C_{\mathrm{s}}}{\partial t} = \mathcal{D}_{+n}^0\left[\nabla^2 C_{\mathrm{s}} + z_+\frac{F}{RT}\nabla \cdot \left(C_{\mathrm{s}}\nabla \Phi\right)\right] - \nabla \cdot \left(C_{\mathrm{s}}\boldsymbol{v}_n\right) \tag{8.4.25}$$

由式(8.4.24)和式(8.4.25)可得

$$\frac{\partial C_{\mathrm{s}}}{\partial t} = \mathcal{D}_{+n}^0\left(1 - \frac{\mathcal{D}_{+n}^0 - \mathcal{D}_{-n}^0}{z_+\mathcal{D}_{+n}^0 - z_-\mathcal{D}_{-n}^0}z_+\right)\nabla^2 C_{\mathrm{s}} - \nabla \cdot \left(C_{\mathrm{s}}\boldsymbol{v}_n\right) \tag{8.4.26}$$

重排式(8.4.26)可得

$$\frac{\partial C_{\mathrm{s}}}{\partial t} + \boldsymbol{v}_n \cdot \nabla C_{\mathrm{s}} + C_{\mathrm{s}}\nabla \cdot \boldsymbol{v}_n = \frac{z_+ - z_-}{z_+\mathcal{D}_{+n}^0 - z_-\mathcal{D}_{-n}^0}\mathcal{D}_{+n}^0\mathcal{D}_{-n}^0\nabla^2 C_{\mathrm{s}} \tag{8.4.27}$$

由于 $\boldsymbol{v} = \boldsymbol{v}_n$，根据液体的连续性方程 $\nabla \cdot \boldsymbol{v}_n = \nabla \cdot \boldsymbol{v} = 0$，有

$$\frac{\partial C_{\mathrm{s}}}{\partial t} + \boldsymbol{v} \cdot \nabla C_{\mathrm{s}} = \frac{z_+ - z_-}{z_+\mathcal{D}_{+n}^0 - z_-\mathcal{D}_{-n}^0}\mathcal{D}_{+n}^0\mathcal{D}_{-n}^0\nabla^2 C_{\mathrm{s}} \tag{8.4.28}$$

从而得出电解质摩尔浓度的微分方程：

$$\frac{\mathrm{D}C_\mathrm{s}}{\mathrm{D}t}=D_\mathrm{s}\nabla^2 C_\mathrm{s} \tag{8.4.29}$$

其中

$$D_\mathrm{s}=\frac{(z_+-z_-)\,\text{Ð}_{+n}^0\,\text{Ð}_{-n}^0}{z_+\text{Ð}_{+n}^0-z_-\text{Ð}_{-n}^0} \tag{8.4.30}$$

因此在单一电解质稀溶液中，决定溶质摩尔浓度时空分布的微分方程与中性溶质的微分方程具有相同的形式。方程中所含的参数 D_s 可以看作有效扩散系数，由式(8.4.30)可知，它的数值介于阳离子在溶剂中的扩散系数和阴离子在溶剂中的扩散系数之间。

8.4.3　盐酸稀溶液中离子的一维稳态扩散[1]

下面讨论静止的盐酸稀溶液的扩散。如图 8.2 所示，在这个例子中，不同离子的扩散系数相差很大。即使如此，氯化氢在水中仍然像一个物质的分子一样扩散，其原因不难定性理解。氢离子具有较快速迁移的趋向，引起不可测量的电荷的不平衡和电势梯度。这个电势梯度可减慢氢离子运动速度，却加速氯离子运动速度，以致它们以同样的速度一起迁移。

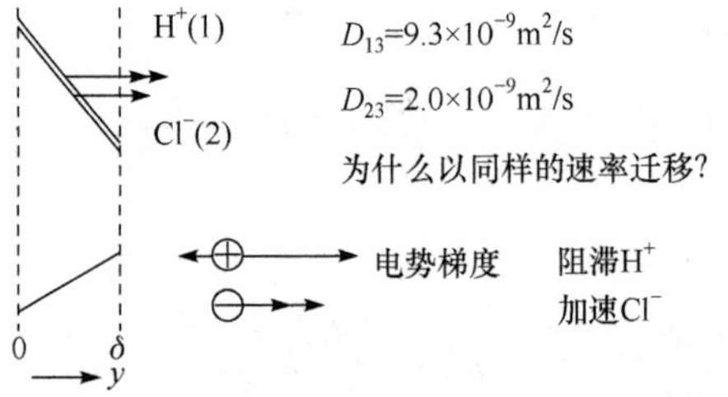

图 8.2　氯化氢在水溶液中的离子扩散

描述这一体系除了 Maxwell-Stefan 方程，还需要用到“电中性”关系和“零电流”关系式：

电中性

$$x_1=x_2=x \tag{8.4.31}$$

零电流

$$N_1=N_2=N \tag{8.4.32}$$

因此，氢离子和氯离子的传递通量必然相同，即氯化氢在水中像一个物质的分子一样扩散。根据组分的守恒方程，对于一维稳态无反应过程，N 是常数。可以用连续型 Maxwell-Stefan 方程，也可以用离散型 Maxwell-Stefan 方程描述该体系中离子的扩散。

1. 离散型 Maxwell-Stefan 方程解

对于如图 8.2 所示的一维稳态过程，根据电解质稀溶液的离散型 Maxwell-Stefan 方程式(8.4.10)，由氢离子和氯离子的传递通量与组成差及电势差之间的关系，有以下关系式：
氢离子

$$\frac{\Delta x}{\bar{x}}+\frac{F}{RT}\Delta \Phi=-\frac{N}{C_{\mathrm{t}}\bar{x}k_{13}} \tag{8.4.33}$$

氯离子

$$\frac{\Delta x}{\bar{x}}-\frac{F}{RT}\Delta \Phi=-\frac{N}{C_{\mathrm{t}}\bar{x}k_{23}} \tag{8.4.34}$$

解该方程组可以求得组分的传递通量和扩散电势差：

$$N=-2C_{\mathrm{t}}\left(\frac{1}{k_{13}}+\frac{1}{k_{23}}\right)^{-1}\Delta x=-2C_{\mathrm{t}}\left(\frac{1}{Đ_{13}}+\frac{1}{Đ_{23}}\right)^{-1}\frac{\Delta x}{\delta} \tag{8.4.35}$$

$$\Delta \Phi=-\frac{RT}{F}\frac{k_{13}-k_{23}}{k_{13}+k_{23}}\frac{\Delta x}{\bar{x}} \tag{8.4.36}$$

对于静止溶液，离子组分的扩散通量为

$$J=N=-2C_{\mathrm{t}}\left(\frac{1}{Đ_{13}}+\frac{1}{Đ_{23}}\right)^{-1}\frac{\Delta x}{\delta} \tag{8.4.37}$$

2. 连续型 Maxwell-Stefan 方程解

对于如图 8.2 所示的一维稳态过程，根据电解质稀溶液的连续型 Maxwell-Stefan 方程式 (8.4.4)，由氢离子和氯离子的传递通量与组成梯度及电势梯度之间的关系可得

$$N=-C_{\mathrm{t}}xĐ_{13}\frac{\mathrm{d}\ln x}{\mathrm{d}y}-C_{\mathrm{t}}xĐ_{13}\frac{F}{RT}\frac{\mathrm{d}\Phi}{\mathrm{d}y} \tag{8.4.38}$$

$$N=-C_{\mathrm{t}}xĐ_{23}\frac{\mathrm{d}\ln x}{\mathrm{d}y}+C_{\mathrm{t}}xĐ_{23}\frac{F}{RT}\frac{\mathrm{d}\Phi}{\mathrm{d}y} \tag{8.4.39}$$

解该方程组得到离子的传质通量：

$$N=-2C_{\mathrm{t}}\left(\frac{1}{Đ_{13}}+\frac{1}{Đ_{23}}\right)^{-1}\frac{\mathrm{d}x}{\mathrm{d}y}=-2C_{\mathrm{t}}\left(\frac{1}{Đ_{13}}+\frac{1}{Đ_{23}}\right)^{-1}\frac{\Delta x}{\delta} \tag{8.4.40}$$

对于静止溶液，扩散通量就是传质通量，即

$$J=-2C_{\mathrm{t}}\left(\frac{1}{Đ_{13}}+\frac{1}{Đ_{23}}\right)^{-1}\frac{\mathrm{d}x}{\mathrm{d}y}=-2C_{\mathrm{t}}\left(\frac{1}{Đ_{13}}+\frac{1}{Đ_{23}}\right)^{-1}\frac{\Delta x}{\delta} \tag{8.4.41}$$

解得电势梯度和电势差：

$$\frac{\mathrm{d}\Phi}{\mathrm{d}y}=\frac{RT}{F}\frac{Đ_{23}-Đ_{13}}{Đ_{23}+Đ_{13}}\frac{\mathrm{d}\ln x}{\mathrm{d}y} \tag{8.4.42}$$

$$\Delta\Phi = \frac{RT}{F}\frac{Đ_{23} - Đ_{13}}{Đ_{13} + Đ_{23}}\ln\frac{x_\delta}{x_0} = -\frac{RT}{F}\frac{k_{13} - k_{23}}{k_{13} + k_{23}}\frac{\Delta x}{\overline{x}} \tag{8.4.43}$$

从上述结果可知，无论应用离散型还是连续型的 Maxwell-Stefan 方程，得出的结果是相同的。由于氢离子和氯离子的扩散通量相同，氯化氢的扩散可以用单一的氯化氢扩散系数描述，其数值介于两种离子的扩散系数之间：

$$Đ_{\mathrm{HCl}} = 2\left(\frac{1}{Đ_{\mathrm{H^+w}}} + \frac{1}{Đ_{\mathrm{Cl^-w}}}\right)^{-1} = 3.3\times10^{-9}\,(\mathrm{m^2/s}) \tag{8.4.44}$$

对所有的 1-1 价电解质 AB(盐、碱或酸)的稀水溶液具有相同的结果，即在无外加电场的条件下，阴、阳离子的扩散速度相同，如同没有解离的单一物质分子一样扩散，其对应的分子扩散系数可由式(8.4.45)获得：

$$Đ_{\mathrm{AB}} = 2\left(\frac{1}{Đ_{\mathrm{A^+w}}} + \frac{1}{Đ_{\mathrm{B^-w}}}\right)^{-1} \tag{8.4.45}$$

然而，对于混合电解质溶液，如果还这样处理就会导致完全错误的结论。如图 8.3 所示，在氯化氢稀溶液中加入痕量的氯化钠。图 8.3 中给出根据式(8.4.45)求得的氯化钠分子的扩散系数。如果预测氯化钠会以与该扩散系数相对应的速度沿其浓度梯度的反方向扩散，就完全错误了。实际上，钠离子按相反的方向扩散。它的迁移是由电势梯度决定的，而这一电势梯度是由氢离子引起的。这些都可以由 Maxwell-Stefan 方程正确地预测。

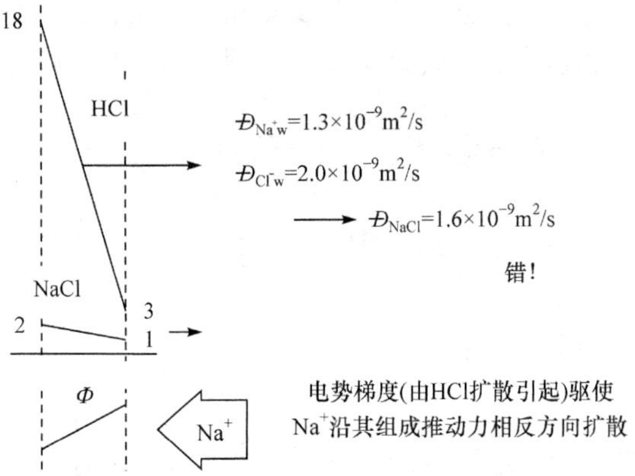

图 8.3 氯化氢和痕量氯化钠的扩散

浓度单位为 mg/L

8.4.4 电解过程的极化：银离子在负极附近的扩散[1]

由 8.4.1 节的讨论可知，即使体系没有外加电流，电解质溶液中的浓度梯度也会产生电势梯度，也就是浓度差会引起电势差。本节讨论另一种情况，在外加电压时电势梯度引起浓度梯度，即电势差产生浓度差的极化过程。如图 8.4 所示，以稀硝酸银水溶液的电解为例，考虑电解过程中负极附近阳离子的扩散。

该体系中，硝酸银在水(3)中电离为银离子(1)和硝酸根离子(2)，银离子在负极表面发生电极反应 $Ag^{+}+e^{-}\longrightarrow Ag$，硝酸根和水不发生反应。对于一维($z$ 方向)稳态过程，根据界面处组分守恒方程和溶液相的组分守恒方程，可以断定水和硝酸根的通量为零，银离子的通量是不为零的常数，即

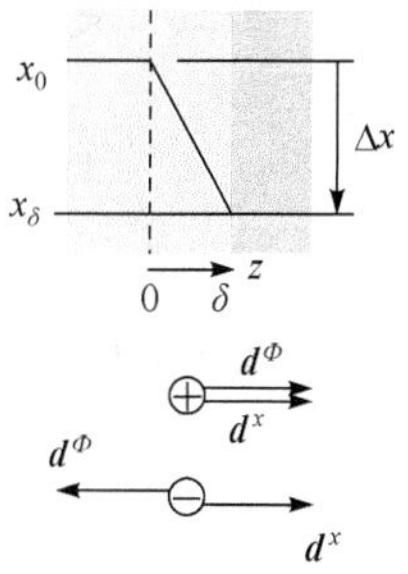

图 8.4　阳离子在负极附近的扩散

$$N_2 = N_3 = 0$$

根据电中性方程，有

$$x_1 = x_2 = x$$

由银离子和硝酸根的 Maxwell-Stefan 方程可得

$$N_1 = -C_{\mathrm{t}} x \text{Đ}_{13} \frac{\mathrm{d}\ln x}{\mathrm{d}z} - C_{\mathrm{t}} x \text{Đ}_{13} \frac{F}{RT}\frac{\mathrm{d}\Phi}{\mathrm{d}z} \tag{8.4.46}$$

$$0 = -C_{\mathrm{t}} x \text{Đ}_{23} \frac{\mathrm{d}\ln x}{\mathrm{d}z} + C_{\mathrm{t}} x \text{Đ}_{23} \frac{F}{RT}\frac{\mathrm{d}\Phi}{\mathrm{d}z} \tag{8.4.47}$$

由式(8.4.47)可得

$$\frac{\mathrm{d}\ln x}{\mathrm{d}z} = \frac{F}{RT}\frac{\mathrm{d}\Phi}{\mathrm{d}z} \tag{8.4.48}$$

解此方程得

$$x_\delta = x_0 \exp\left(\frac{F}{RT}\Delta\Phi\right) \tag{8.4.49}$$

因此，由电势差 $\Delta\Phi$ 所引起的浓度差为

$$\Delta x = x_\delta - x_0 = x_0\left[\exp\left(\frac{F}{RT}\Delta\Phi\right) - 1\right] \tag{8.4.50}$$

由式(8.4.46)和式(8.4.48)可以导出：

$$N_1 = -2C_{\mathrm{t}}\text{Đ}_{13}\frac{\mathrm{d}x}{\mathrm{d}z} = -2C_{\mathrm{t}}\text{Đ}_{13}\frac{x_\delta - x_0}{\delta} \tag{8.4.51}$$

因此可以获得电流强度为

$$i = FN_1 = -2FC_{\mathrm{t}}\text{Đ}_{13}\frac{x_\delta - x_0}{\delta} \tag{8.4.52}$$

将式(8.4.50)代入式(8.4.52)得

$$i = 2FC_{\mathrm{t}}\frac{\text{Đ}_{13}}{\delta}x_0\left[1 - \exp\left(\frac{F}{RT}\Delta\Phi\right)\right] \tag{8.4.53}$$

在极限情况下，银离子在电极表面完全被转化，即 $x_\delta=0$，相对应的电流强度为极限值：

$$i_{\lim}=2FC_t\frac{Đ_{13}}{\delta}x_0 \tag{8.4.54}$$

电流强度也可以表示为

$$\frac{i}{i_{\lim}}=1-\exp\left(\frac{F}{RT}\Delta\Phi\right) \tag{8.4.55}$$

该式表明，无论施加多大的电势差 $\Delta\Phi$，电流强度都不会超过其极限值。

8.5 电解质溶液组分的 Maxwell-Stefan 扩散系数[1]

对于电解质溶液，需要确定离子-溶剂(如水)的扩散系数，以及表示相反电荷离子相互作用的扩散系数。

在稀溶液中，离子-溶剂的扩散系数与浓度无关。当离子的摩尔分数超过 1% 时，其值缓慢减小，主要是由于溶液黏度上升。组分在稀水溶液中的扩散系数可以从文献中查到。图 8.5 给出了几个数据，其中 H^+和 OH^-在水中的 Maxwell-Stefan 扩散系数比其他离子大得多，而电荷数的增大使得离子在水中的扩散系数减小。

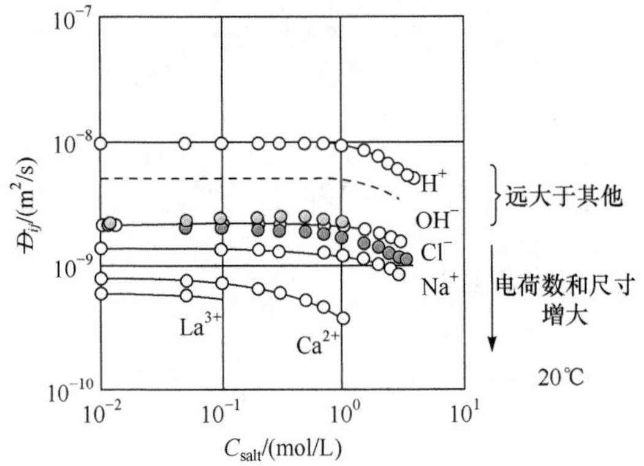

图 8.5 离子在水中的扩散系数

水溶液中阳离子-阴离子扩散系数可以用经验关系式(8.5.1)求得：

$$Đ_{+-}\approx\frac{Đ_{+w}+Đ_{-w}}{2}\frac{I_x^{0.55}}{\left|Z_+Z_-\right|^{2.3}} \tag{8.5.1}$$

其中，I_x 是基于摩尔分数的离子强度，即

$$I_x=\frac{1}{2}\sum_{j=1}^{n}Z_j^2x_j \tag{8.5.2}$$

如图 8.6 所示，所有的阳离子-阴离子扩散系数 $Đ_{+-}$ 都随离子强度增大而增大。电荷数的增大使得扩散系数 $Đ_{+-}$ 大大减小。

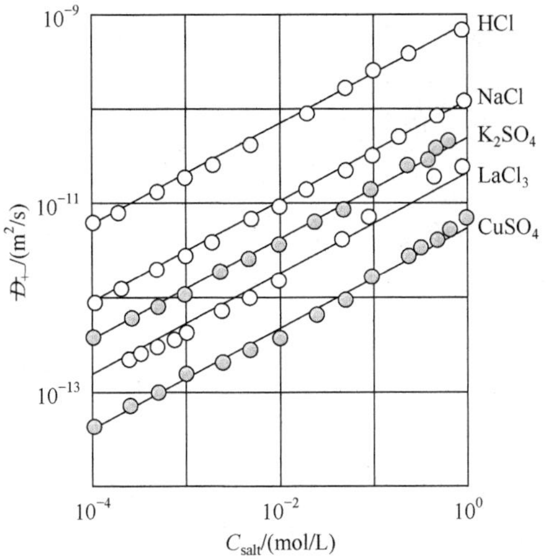

图 8.6 阳离子-阴离子的扩散系数

8.6 离心力作用下的传质[2]

8.6.1 含离心推动力的 Maxwell-Stefan 方程

在离心力场中，如高速离心机分离气体混合物或蛋白质溶液等场合，组分扩散受到离心力的推动作用。离心推动力只有在旋转半径即柱坐标系的 r 方向起作用。在组成为 $x_i\left(i=1,2,\cdots,n\right)$ 的每摩尔混合物中，离心力对组分 i 在 r 方向的扩散推动力为

$$d_{ir}^{\Omega}=-\frac{x_i}{RT}\nabla\left(-M_i\Omega^2r^2/2\right)=\frac{x_i}{RT}M_i\Omega^2r \tag{8.6.1}$$

其中，Ω 是旋转角速度；M_i 为组分 i 的摩尔质量。

在无其他外力场梯度的条件下，等温体系在柱坐标系 r 方向的一维传质过程，组分的扩散推动力可以表示为

$$d_{ir}=-\frac{x_i}{RT}\left[RT\frac{\mathrm{d}\ln\left(\gamma_ix_i\right)}{\mathrm{d}r}+\overline{V}_i\frac{\mathrm{d}P}{\mathrm{d}r}+FZ_i\frac{\mathrm{d}\Phi}{\mathrm{d}r}-M_i\Omega^2r\right] \tag{8.6.2}$$

因此对应的 Maxwell-Stefan 方程为

$$RTC_i\frac{\mathrm{d}\ln\left(\gamma_ix_i\right)}{\mathrm{d}r}+C_i\overline{V}_i\frac{\mathrm{d}P}{\mathrm{d}r}+FZ_iC_i\frac{\mathrm{d}\Phi}{\mathrm{d}r}-C_iM_i\Omega^2r=RT\sum_{\substack{j=1\\j\neq i}}^{n}\frac{x_iN_j-x_jN_i}{Đ_{ij}} \tag{8.6.3}$$

所有组分的 Maxwell-Stefan 方程加和得

$$RT\sum_{i=1}^{n}C_i\frac{\mathrm{d}\ln\left(\gamma_ix_i\right)}{\mathrm{d}r}+\sum_{i=1}^{n}C_i\overline{V}_i\frac{\mathrm{d}P}{\mathrm{d}r}+F\sum_{i=1}^{n}C_iZ_i\frac{\mathrm{d}\Phi}{\mathrm{d}r}-\sum_{i=1}^{n}C_iM_i\Omega^2r=0 \tag{8.6.4}$$

根据吉布斯-杜安(Gibbs-Duhem)方程，有 $\sum_{i=1}^{n}C_i\nabla_{T,P}\mu_i=0$，即 $\sum_{i=1}^{n}C_i\frac{\mathrm{d}\ln\left(\gamma_ix_i\right)}{\mathrm{d}r}=0$；根据电

中性方程，有 $\sum_{i=1}^{n} C_i Z_i = 0$。再利用 $\sum_{i=1}^{n} C_i \bar{V}_i = 1$，可以得出：

$$\frac{\mathrm{d}P}{\mathrm{d}r} = \sum_{i=1}^{n} C_i M_i \Omega^2 r = \rho_t \Omega^2 r \tag{8.6.5}$$

这就是离心力场中压力梯度与角速度及旋转半径的关系。将式(8.6.5)代入式(8.6.3)，并利用质量分数和体积分数的定义，可以将 Maxwell-Stefan 方程写成如下形式：

$$\frac{1}{RT}\left[RTC_i \frac{\mathrm{d}\ln(\gamma_i x_i)}{\mathrm{d}r} + FZ_i C_i \frac{\mathrm{d}\Phi}{\mathrm{d}r} + (\phi_i - \omega_i)\rho_t \Omega^2 r\right] = \sum_{\substack{j=1\\ j\neq i}}^{n} \frac{x_i N_j - x_j N_i}{Đ_{ij}} \tag{8.6.6}$$

对于如图 8.7 所示的离心过程的不同时间阶段，式(8.6.6)中各项的重要性不同。在离心过程的起始阶段[图 8.7(a)，t=0]，组成变化很小，左边的第一项可以忽略。在离心过程的最终阶段[图 8.7(c)，t=∞]，体系处于稳定状态，所有组分的通量都为零。因此，在离心起始阶段有

$$\frac{1}{RT}\left[FZ_i C_i \frac{\mathrm{d}\Phi}{\mathrm{d}r} + (\phi_i - \omega_i)\rho_t \Omega^2 r\right] = \sum_{\substack{j=1\\ j\neq i}}^{n} \frac{x_i N_j - x_j N_i}{Đ_{ij}} \tag{8.6.7}$$

在离心最终阶段有

$$\frac{1}{RT}\left[RTC_i \frac{\mathrm{d}\ln(\gamma_i x_i)}{\mathrm{d}r} + FZ_i C_i \frac{\mathrm{d}\Phi}{\mathrm{d}r} + (\phi_i - \omega_i)\rho_t \Omega^2 r\right] = 0 \tag{8.6.8}$$

利用式(8.6.8)可以确定离心分离过程的极限效果。

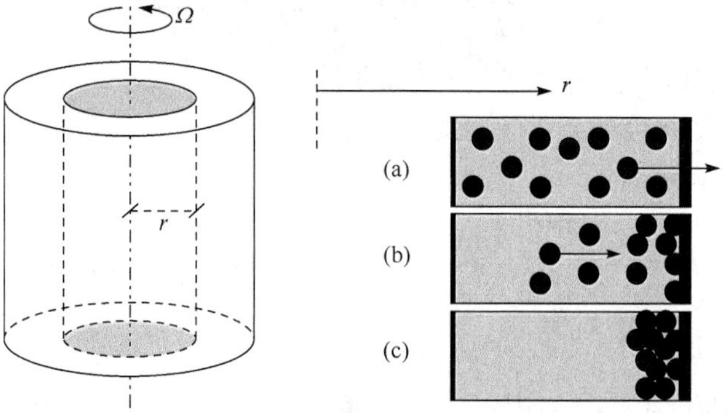

图 8.7　离心过程的不同时间阶段

8.6.2　同位素气体离心分离

考虑 $U^{235}F_6$(1)和 $U^{238}F_6$(2)在气体离心机中的分离。离心机的内径为 60mm，转速为 40000r/min，操作温度为 20℃。已知组分的摩尔质量分别为 M_1=0.34915kg/mol 和 M_2=0.35215kg/mol。y 和 x 分别表示轻组分在半径 r=0 和 $r=r_1$ 处的摩尔分数。要求确定分离因子 α 的数值：

$$\alpha = \frac{y(1-x)}{x(1-y)} \tag{8.6.9}$$

在离心的最终阶段，组分的摩尔分数梯度可以由式(8.6.8)确定。对于这个无带电组分的低压气体分离过程，有

$$\frac{\mathrm{d}x_1}{\mathrm{d}r} = (\omega_1 - \phi_1)\frac{\rho_t}{RTC_t}\Omega^2 r = (\omega_1 - \phi_1)\frac{x_1 M_1 + x_2 M_2}{RT}\Omega^2 r \tag{8.6.10}$$

由于两个同位素组分的摩尔体积(等于其偏摩尔体积)相等，组分的体积分数等于其摩尔分数。根据质量分数的定义式，可以导出：

$$\frac{\mathrm{d}x_1}{\mathrm{d}r} = x_1(1-x_1)(M_1 - M_2)\frac{\Omega^2}{RT}r \tag{8.6.11}$$

其边界条件为

$$r = 0, \quad x_1 = y$$

$$r = r_1, \quad x_1 = x$$

将式(8.6.11)进行变换并积分可得

$$\ln\frac{x}{y} - \ln\frac{1-x}{1-y} = (M_1 - M_2)\frac{\Omega^2}{2RT}r_1^2 \tag{8.6.12}$$

即

$$\alpha = \frac{y(1-y)}{x(1-x)} = \exp\left[(M_2 - M_1)\frac{\Omega^2}{2RT}r_1^2\right] \tag{8.6.13}$$

可以算出角速度

$$\Omega = \frac{2\pi \times 40000}{60} = 4188.8(\mathrm{s}^{-1})$$

将 R=8.3144J/(mol · K)、T=293.15K、r_1=0.06m 以及摩尔质量的数值代入式(8.6.13)，得到分离因子 $\alpha = 1.0396$。

尽管分离因子的数值很小，但高速离心实际中可用于铀同位素的分离过程。因为每个离心机单位的分离因子和处理量都很小，所以实际工厂需要使用数量很多的离心机。

8.6.3　蛋白质溶液离心分离

对于带电荷组分的离心过程，Maxwell-Stefan 方程式(8.6.6)中的电势梯度项必须保留，离心力的作用也会产生电势梯度和电势差。通过对蛋白质溶液高速离心过程的分析，可以明确地表明这一点。

蛋白质溶液由水(1)、带负电荷的蛋白质 Pr(2)和阳离子(3)三个组分构成。溶液为稀溶液，因此其密度 ρ_t 与水的密度 ρ_1 相同。蛋白质的负电荷数为 Z_2，其密度为 ρ_2。阳离子的正电荷数为 Z_3，可以假设其密度与水的密度相同，即 $\rho_3 = \rho_1$。如图 8.8 所示，溶液

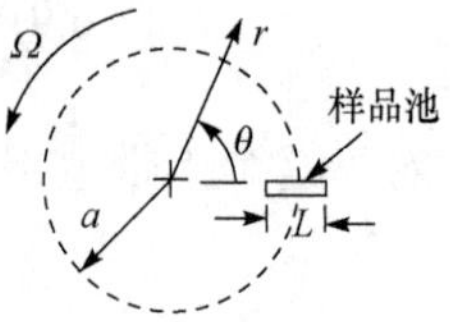

图 8.8 蛋白质溶液的离心分离

置于密闭样品池内，其径向位置是 $a-L/2\leqslant r\leqslant a+L/2$，并以角速度 Ω 旋转。离心机旋转足够时间后，体系处于稳定状态。考虑稳定状态下离心分离所产生的蛋白质的摩尔分数差和电势差。

在离心的稳定阶段，根据 Maxwell-Stefan 方程式(8.6.8)，对于组分 2 和 3，有

$$RTC_t x_i \frac{\mathrm{d}\ln x_i}{\mathrm{d}r} + FZ_i C_t x_i \frac{\mathrm{d}\Phi}{\mathrm{d}r} + (\phi_i - \omega_i)\rho_t \Omega^2 r = 0 \tag{8.6.14}$$

由体积分数和质量分数的定义可知，$\phi_i = C_t x_i \bar{V}_i$，$\omega_i = C_t x_i M_i / \rho_t$，因此

$$RT\frac{\mathrm{d}x_2}{\mathrm{d}r} + FZ_2 x_2 \frac{\mathrm{d}\Phi}{\mathrm{d}r} + x_2\left(\bar{V}_2 - \frac{M_2}{\rho_t}\right)\rho_t \Omega^2 r = 0 \tag{8.6.15}$$

$$RT\frac{\mathrm{d}x_3}{\mathrm{d}r} + FZ_3 x_3 \frac{\mathrm{d}\Phi}{\mathrm{d}r} + x_3\left(\bar{V}_3 - \frac{M_3}{\rho_t}\right)\rho_t \Omega^2 r = 0 \tag{8.6.16}$$

因为该稀溶液中 $\rho_t = \rho_1 = \rho_3$，组分的偏摩尔体积等于其摩尔体积，所以可由式(8.6.16)导出：

$$\frac{\mathrm{d}\Phi}{\mathrm{d}r} = -\frac{RT}{FZ_3 x_3}\frac{\mathrm{d}x_3}{\mathrm{d}r} \tag{8.6.17}$$

根据电中性条件，有

$$Z_2 x_2 + Z_3 x_3 = 0 \tag{8.6.18}$$

由式(8.6.17)和式(8.6.18)可得

$$\frac{\mathrm{d}\Phi}{\mathrm{d}r} = -\frac{RT}{F}\frac{1}{Z_3}\frac{\mathrm{d}\ln x_2}{\mathrm{d}r} \tag{8.6.19}$$

将式(8.6.19)代入式(8.6.15)得

$$RT\left(1 - \frac{Z_2}{Z_3}\right)\frac{\mathrm{d}\ln x_2}{\mathrm{d}r} + \left(\bar{V}_2 - \frac{M_2}{\rho_t}\right)\rho_t \Omega^2 r = 0 \tag{8.6.20}$$

利用 $\rho_t = \rho_1$ 和 $\rho_2 = M_2/V_2 = M_2/\bar{V}_2$，得

$$\frac{\mathrm{d}\ln x_2}{\mathrm{d}r} = \frac{\left(1 - \dfrac{\rho_1}{\rho_2}\right)}{\left(1 - \dfrac{Z_2}{Z_3}\right)}\frac{M_2 \Omega^2}{RT} r \tag{8.6.21}$$

解此微分方程可以得出样品池两端的蛋白质摩尔分数之比为

$$\frac{x_2(a + L/2)}{x_2(a - L/2)} = \exp\left[\frac{\left(1 - \dfrac{\rho_1}{\rho_2}\right)}{\left(1 - \dfrac{Z_2}{Z_3}\right)}\frac{M_2 \Omega^2}{RT} aL\right] \tag{8.6.22}$$

将式(8.6.21)代入式(8.6.19)得

$$\frac{\mathrm{d}\Phi}{\mathrm{d}r}=\frac{\left(1-\dfrac{\rho_1}{\rho_2}\right)}{\left(Z_2-Z_3\right)}\frac{M_2\Omega^2}{F}r \tag{8.6.23}$$

解微分方程式(8.6.23)可得到样品池两端的电势差为

$$\Delta\Phi=\Phi\left(a+L/2\right)-\Phi\left(a-L/2\right)=\frac{\left(1-\dfrac{\rho_1}{\rho_2}\right)}{\left(Z_2-Z_3\right)}\frac{M_2\Omega^2}{F}aL \tag{8.6.24}$$

对于典型的离心机操作参数：a=7.5cm，L=3.0cm，$\Omega=6.3\times10^3\mathrm{s}^{-1}$(60000r/min) 和 T=293K，有 $\Omega^2 aL/\left(RT\right)=3.8\times10^{-2}\mathrm{mol/g}$。因此，对于 M_2=1.0×10^{5}g/mol，V_2/M_2=0.75cm^3/g 和 Z_2=$-Z_3$=-1 的蛋白质水溶液，由式(8.6.22)计算得出样品池两端的蛋白质摩尔分数之比是 e^{475}，该值非常大。

参 考 文 献

[1] Wesselingh J A, Krishna R. Mass Transfer. New York: Ellis Horwood Limited, 1990.
[2] Taylor R, Krishna R. Multicomponent Mass Transfer. New York: John Wiley & Sons, 1993.
[3] Deen W M. Analysis of Transport Phenomena. 2nd ed. New York: Oxford University Press, 2012.

习　题

1. 如图 8.9 所示，考虑银电极附近稳态反应和扩散的黏滞膜模型。由外接电源驱动的电极表面反应为 $Ag^+(aq)+e^-\longrightarrow Ag(s)$，假设溶液为稀溶液，电解质溶液中 AgCl 和 KCl 的主体浓度分别是 C_S 和 C_P，膜厚度 δ 远超过德拜(Debye)长度。

(1) 假设电极表面的电流密度 $I_x(\delta)=I_0$，其中 I_0 已知。写出确定离子浓度 $C_j(x)$(j=1, 2, 3)及无量纲静电势 $\Psi\left(x\right)\equiv\Phi\left(x\right)F/RT$ 的方程，即建立该扩散问题的数学模型。

(2) 根据 Cl^- 浓度 $C_3(x)$和已知常数确定 $\dfrac{\mathrm{d}\Psi}{\mathrm{d}x}$，并利用其结果确定 Ag^+ 浓度 $C_1(x)$。

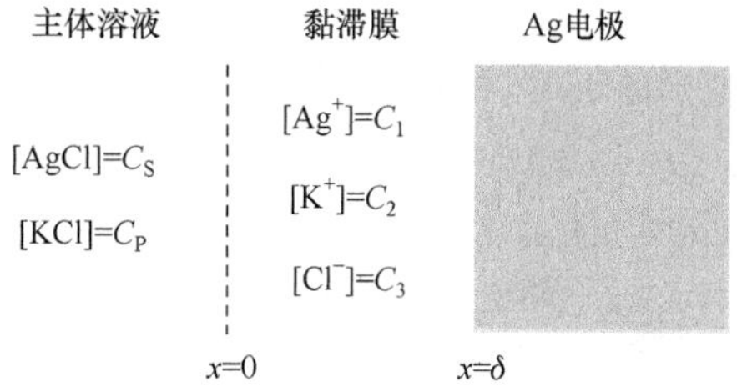

图 8.9

2. 考虑如图 8.10 所示的铂电极附近的稳态反应和扩散的黏滞膜模型。假设主体溶液含有等摩尔的 $K_3Fe(CN)_6$ 和 $K_4Fe(CN)_6$，浓度均为 C_F，并含有浓度为 C_C 的过量的 KCl。以外加电压驱动电极上的还原反应 $Fe(CN)_6^{3-}(aq)+e^-\longrightarrow Fe(CN)_6^{4-}(aq)$。其他离子如 K^+和 Cl^-不参与反应。假设溶液足够稀，膜厚

度 δ 远超过 Debye 长度。

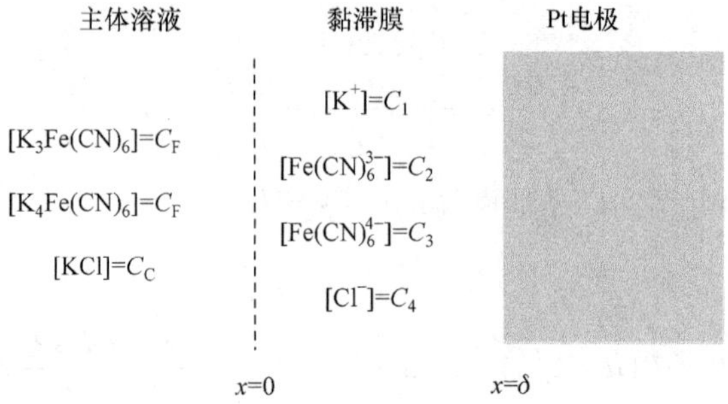

图 8.10

假设电极表面的电流密度 $I_x(\delta)=I_0$ 已知。写出确定离子浓度 $C_j(x)(j=1, 2, 3)$及无量纲静电势 $\Psi(x)\equiv\Phi(x)F/RT$ 的方程，即建立该扩散问题的数学模型。

3. 如图 8.11 所示，采用超滤膜浓缩稀蛋白质溶液。超滤膜只允许水和盐进入滤液中，而将所有的蛋白质留在保留液中。考虑如图 8.11 所示的静止膜模型。假设保留液主体中 $K^+(1)$、$Cl^-(2)$和蛋白质阴离子 $Pr^{-m}(3)$的浓度已知。有效膜厚度 δ 和滤液流速 v_F 也已给出，但离子在滤液中的浓度未知。取一个适当的近似即 $Đ_{1S}=Đ_{2S}$，其中 S 代表溶剂。该问题的关键特征是蛋白质分子体积较大，使得 $Đ_{3S}\ll Đ_{1S}$ 或 $Đ_{2S}$ 并导致产生扩散电势。

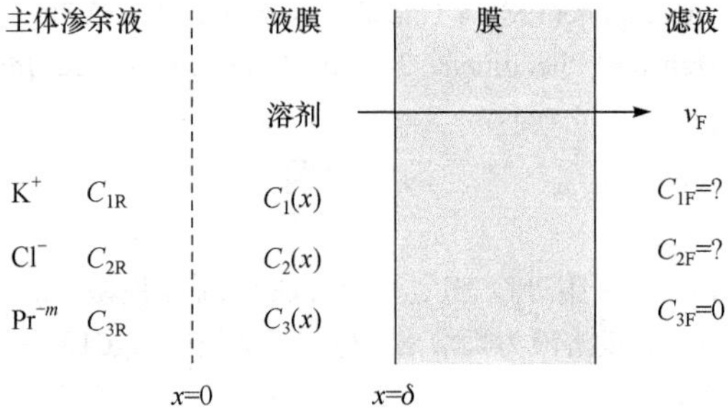

图 8.11

(1) 写出确定 $C_i(x)$ 和 $\Psi(x)\equiv\Phi(x)F/RT$ 的方程(将 C_{1F} 和 C_{2F} 作为随后确定的参数)。

(2) 证明 $\dfrac{d\Psi}{dx}=\dfrac{m}{Đ_{2S}(C_1+C_2)}\left(v_F C_3-Đ_{2S}\dfrac{dC_3}{dx}\right)$。

(3) 利用(2)的结果证明蛋白质的守恒方程可以写成 $v_F C_3-fĐ_{3S}\dfrac{dC_3}{dx}=0$，其中，$f$ 是溶质浓度的函数。证明：$m=0$ 时 $f=1$，以及 $m>0$ 时 $f>1$。

4. 将装有等物质的量苯(1)和四氯化碳(2)混合物的离心管(直径 12.5mm)置于高速离心机的沉降池中，离心机的转速是 30000r/min。沉降池的外半径 r_1 是 100mm，液体的深度是 40mm。沉降池的温度维持在 20℃。估算平衡时的分离程度。

相关数据：苯的摩尔质量 M_1=0.0781kg/mol，四氯化碳的摩尔质量 $M_2=0.1538$kg/mol，等物质的量混合物的密度 $\rho_t=1252$kg/m³，苯在等物质的量混合物中的偏摩尔体积 $\bar{V}_1=89\times10^{-6}$m³/mol，液相 Maxwell-Stefan 扩散系数 $Đ_{12}=1.45\times10^{-9}$m²/s，苯在溶液中的活度系数 $\ln\gamma_1=0.14x_2^2$。

第9章

多孔介质孔道内的传质

9.1 引　　言

在很多情况下，分子传递不仅取决于流体内部分子之间的相互作用，也取决于分子与边界的相互作用。对于气体在孔径接近或小于分子平均自由程的小孔内的流动，以及孔径接近分子尺寸时充满液体的孔内等情况，传递是由分子与孔壁的碰撞所决定，而不是由分子之间的碰撞所决定。对于分子在致密固体介质内的传递，如致密膜内的分子扩散，分子与固体之间的相互作用力起决定性作用。对于这类体系，体系的特征尺度与分子间相互作用的特征尺寸相近，分子与边界的相互作用不可忽视，分子运动受到边界的影响，即受到边界的限制。相对于自由状态，分子运动受到边界限制的传递现象就是所谓的“限域传递”。本章讨论多孔介质的孔道内“限域传质”的本构方程。

9.2 孔道内的传质机理[1]

对于催化、吸附、色谱和多孔膜分离等流-固非均相过程，孔道内的组分传质是决定过程性能的重要因素。对于流体和多孔固体构成的两相体系，流体混合物中的组分必须首先从流体相主体传递到多孔固体的外表面，然后在固体内部的孔道中传递。根据固体内部的孔结构，固体颗粒内可能存在两种不同的传质阻力：颗粒的大孔(晶间)传质阻力和微孔(晶内)传质阻力。大孔传质和微孔传质的存在与否，以及它们的相对重要性取决于固体颗粒内的孔径分布。如图 9.1 所示的吸附剂或催化剂颗粒是由较小的微孔晶体(如沸石)所构成的大孔颗粒，存在大孔扩散和微孔扩散传质阻力。一些多孔膜是由小颗粒烧结而成的，它们不仅用于膜分离过程，也用于许多其他过程。还有一些多孔膜具有很规整的接近圆柱形的孔道。按国际通用的定义，微孔是指直径小于 2nm 的孔，大孔的直径大于 50nm，而介孔的直径为 2～50nm。图 9.2 给出了三种常用吸附剂颗粒的孔径分布示意图。

这里首先讨论孔道内传质的机理，然后用 Maxwell-Stefan 方程建立多孔介质中传质的本构方程。注意，本章所有的浓度以单位多孔材料体积计，所有的传质通量以单位多孔材料截面积计。

通常，组分在孔内的传质可能涉及扩散和对流两种机理，而扩散又可以分为以下三种不同类型的机理，如图 9.3 所示。

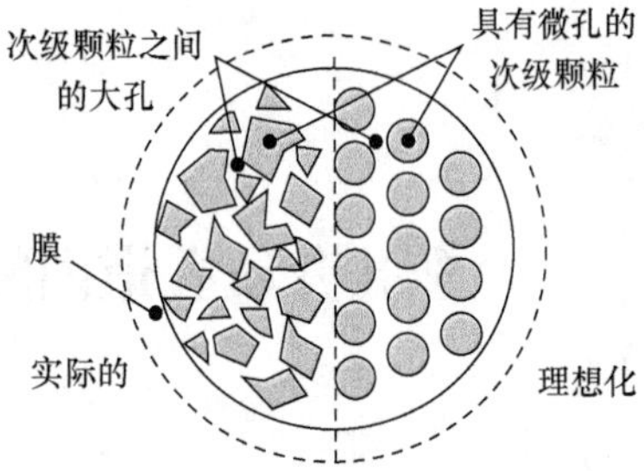

图 9.1 吸附剂或催化剂颗粒内的两种主要传质阻力

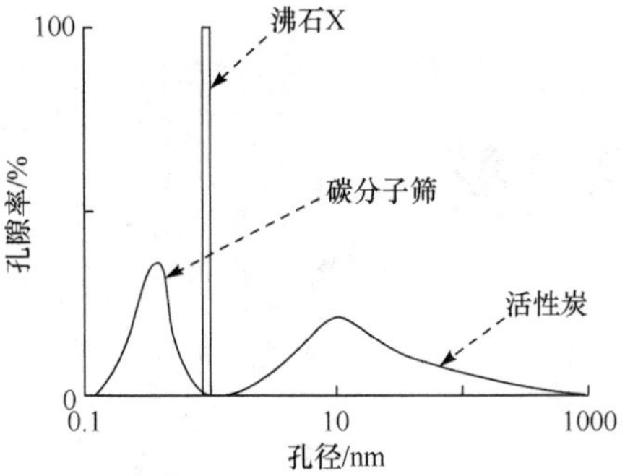

图 9.2 沸石 X、碳分子筛和活性炭的孔径分布

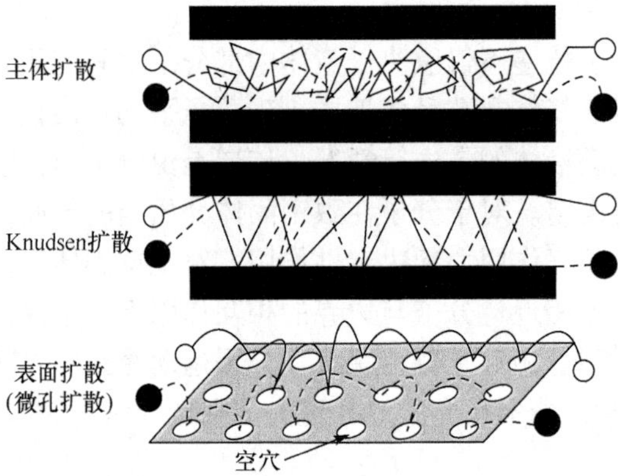

图 9.3 孔内的三种扩散机理

(1) 流体的主体扩散，也就是“自由空间”内的分子扩散，即自由分子扩散。当孔径远大于分子的相互作用特征尺寸，分子与分子之间的相互作用相对于分子与壁面之间的相互作用是主要作用时，这种机理起主导作用。对于高压气体在大孔径孔道中的扩散，主体扩散是起主要作用的机理。

(2) 流体的 Knudsen 扩散。当分子的相互作用特征尺寸接近或大于孔径，分子与壁面之间的碰撞变得重要时，这种机理的扩散占重要地位。

(3) 吸附相的表面扩散，被吸附的组分沿孔壁表面扩散。对微孔体系和强吸附组分，这种机理是传递过程的主体。

另外，颗粒内压力梯度并不总是可以忽视。该压力梯度会产生流体的黏性流动，即达西(Darcy)流动。

主体扩散和 Knudsen 扩散是同时存在的。一般同时考虑这两种机理，而不是假设一种或另一种机理作为“控制”步骤。在某些情况下，表面扩散与其他两种机理的扩散平行发生，它对组分传质通量的贡献在许多场合是相当重要的。在微孔内，表面扩散是主导机理。正因为如此，在文献中表面扩散也称为微孔扩散。对于沸石结构，微孔扩散也称为构型扩散。图 9.4 举例说明了各种机理的扩散对颗粒内组分通量的贡献。对于高吸附强度的组分，表面扩散的贡献很重要。如图 9.4 所示，即使在孔径大至 350nm 时表面扩散对 H_2S 透过膜通量的贡献也是相当显著的。用活性炭变压吸附分离 $H_2/CH_4/CO_2$，表面扩散通量在数量级上与 Knudsen 扩散相同。

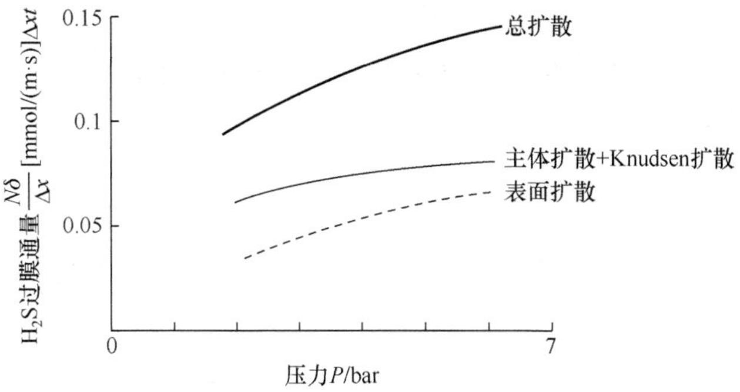

图 9.4　主体扩散、Knudsen 扩散和表面扩散对 H_2S 通过多孔催化膜传递通量的贡献

9.3　孔道内的主体扩散和 Knudsen 扩散：尘气模型[1]

实际研究中通常将主体扩散和 Knudsen 扩散归并在一起进行分析，这两部分传质通量的总和是孔道中流体由扩散而引起的相对于固体的通量 $\boldsymbol{N}_i^{\mathrm{d}}$，这里的 $\boldsymbol{N}_i^{\mathrm{d}}$ 以单位多孔介质截面积计。归并描述主体扩散和 Knudsen 扩散最方便的方法是尘气模型。该模型原理相当简单，而且可以直接应用 Maxwell-Stefan 方程。如图 9.5 所示，孔壁(“介质”)被看作在空间均匀分布的巨大分子(“尘”)。这些“尘”分子被当作混合物中的一个虚拟组分。

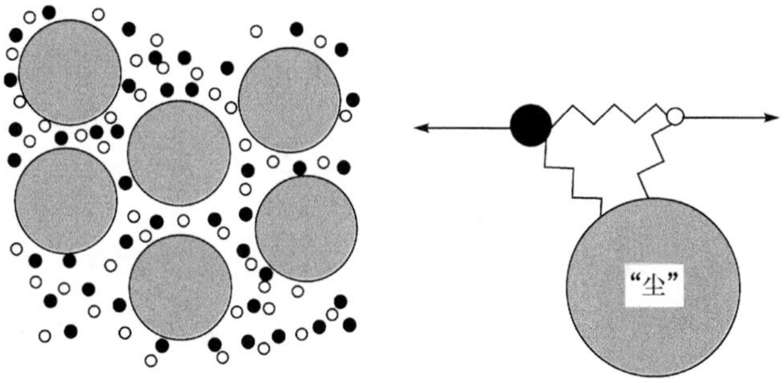

图 9.5　尘气模型示意图
二元流体混合物

对于孔道中含 n 个组分，组成为 $x_i(i=1,2,\cdots,n)$ 的流体混合物，定义以单位空隙体积计的总浓度即真实流体相总浓度为 C_{t}，以单位体积多孔介质计的总浓度即表观流体相总浓度为 $C_{\mathrm{t}}^{\mathrm{f}}$。在应用 Maxwell-Stefan 方程时要考虑 $n+1$ 个组分的虚拟体系。该虚拟体系的组成记作 $x_i'(i=1,2,\cdots,n+1)$，以单位空隙体积计的总浓度为 C_{t}'。对于真实组分 $i(i=1,2,\cdots,n)$，其浓度和迁移速度在真实体系和虚拟体系中是相同的，即

$$C_i' = C_i \tag{9.3.1}$$

$$\boldsymbol{v}_i' = \boldsymbol{v}_i \tag{9.3.2}$$

每摩尔真实组分 $i(i=1,2,\cdots,n)$ 的势能梯度在真实体系和虚拟体系中是相同的，即

$$\nabla\psi_i'=\nabla\psi_i$$

在用 Maxwell-Stefan 方程描述尘气模型时，需要做以下假设：

(1) “尘”浓度 C_{n+1}' 是空间均匀的。

(2) “尘”是不可移动的，即 $\boldsymbol{v}_{n+1}'=0$。

(3) “尘”的摩尔质量 $M_{n+1}\to\infty$。

对于虚拟体系，相互独立的前 n 个组分的 Maxwell-Stefan 方程为

$$-\boldsymbol{d}_i'=\sum_{\substack{j=1\\j\neq i}}^{n}x_i'x_j'\frac{\boldsymbol{v}_j'-\boldsymbol{v}_i'}{Đ_{ij}'}+x_i'x_{n+1}'\frac{\boldsymbol{v}_{n+1}'-\boldsymbol{v}_i'}{Đ_{i,n+1}'}\tag{9.3.3}$$

注意，组分数不同会导致虚拟体系的 Maxwell-Stefan 扩散系数 D_{ij}' 与自由空间的 $Đ_{ij}$ 不同。

虚拟体系中，前 n 个组分的推动力为

$$\boldsymbol{d}_i'=-\frac{x_i'}{RT}\nabla\psi_i=\frac{x_i'}{x_i}\boldsymbol{d}_i=\frac{C_t}{C_t'}\boldsymbol{d}_i$$

其中，$x_i'=x_iC_t/C_t'$、$\boldsymbol{v}_i'=\boldsymbol{v}_i$ 和 $\boldsymbol{v}_{n+1}'=0$，式(9.3.3)可以变换成：

$$\boldsymbol{d}_i=\sum_{\substack{j=1\\j\neq i}}^{n}x_ix_j\frac{\boldsymbol{v}_i-\boldsymbol{v}_j}{Đ_{ij}'C_t'/C_t}+x_i\frac{\boldsymbol{v}_i}{Đ_{i,n+1}'/x_{n+1}'}\quad i=1,2,\cdots,n\tag{9.3.4}$$

其中，左边是真实流体相中组分 i 的扩散推动力；右边第一项是流体中组分 i 受到其他组分的摩擦力的总和，右边第二项是孔壁对流体中组分 i 的摩擦力。因此

$$Đ_{ij}=Đ_{ij}'C_t'/C_t\tag{9.3.5}$$

及

$$Đ_{iM}=Đ_{i,n+1}'/x_{n+1}'\tag{9.3.6}$$

$Đ_{ij}$ 是自由空间中的 Maxwell-Stefan 扩散系数，可以由第 7 章中所述方法求得。$Đ_{iM}$ 则是 Knudsen 扩散系数，对于直筒圆形毛细管内的理想(中低压)气体混合物，其数值可以由式(9.3.7)确定：

$$Đ_{iM}=\frac{d_0}{3}\sqrt{\frac{8RT}{\pi M_i}}\tag{9.3.7}$$

其中，d_0 是毛细管孔径。

以单位多孔介质截面积计的组分 i 的通量可以表示为

$$\boldsymbol{N}_i^{\mathrm{d}}=C_i^{\mathrm{f}}\boldsymbol{v}_i^{\mathrm{d}}=\varepsilon C_tx_i\frac{\boldsymbol{v}_i}{\tau}\tag{9.3.8}$$

该式考虑了多孔介质中孔隙率和孔道弯曲因子影响。孔隙率 ε 和孔道弯曲因子 τ 是多孔结构的特征参数，其数值一般由实验确定。对于圆柱形孔，$\tau=1$。

由式(9.3.4)～式(9.3.6)和式(9.3.8)可以导出：

$$\boldsymbol{d}_i = \frac{1}{C_\text{t}}\left(\sum_{\substack{j=1\\j\neq i}}^{n}\frac{x_j\boldsymbol{N}_i^\text{d} - x_i\boldsymbol{N}_j^\text{d}}{\text{Đ}_{ij}^\text{e}} + \frac{\boldsymbol{N}_i^\text{d}}{\text{Đ}_{iM}^\text{e}}\right) \tag{9.3.9}$$

其中，Đ_{ij}^e 是考虑了多孔介质中孔隙率和孔道弯曲因子影响的有效 Maxwell-Stefan 扩散系数。它与对应的自由空间中的 Maxwell-Stefan 扩散系数之间的关系为

$$\text{Đ}_{ij}^\text{e} = (\varepsilon/\tau)\text{Đ}_{ij} \tag{9.3.10}$$

Đ_{iM}^e 则是考虑了孔隙率和孔道弯曲因子影响的有效 Knudsen 扩散系数，为

$$\text{Đ}_{iM}^\text{e} = (\varepsilon/\tau)\text{Đ}_{iM} \tag{9.3.11}$$

将式(9.3.9)写成矩阵形式，有

$$\left(\boldsymbol{N}^\text{d}\right) = C_\text{t}\left[B^\text{e}\right]^{-1}(\boldsymbol{d}) \tag{9.3.12}$$

其中，$n\times n$ 阶矩阵$\left[B^\text{e}\right]$的元素为

$$B_{ii}^\text{e} = \frac{1}{\text{Đ}_{iM}^\text{e}} + \sum_{\substack{k=1\\k\neq i}}^{n}\frac{x_k}{\text{Đ}_{ik}^\text{e}} \tag{9.3.13}$$

$$B_{ij(i\neq j)}^\text{e} = -\frac{x_i}{\text{Đ}_{ij}^\text{e}} \tag{9.3.14}$$

对于理想体系，在只有组成推动力起作用时，其矩阵形式的显式通量表达式为

$$\left(\boldsymbol{N}^\text{d}\right) = -C_\text{t}\left[B^\text{e}\right]^{-1}(\nabla x) \tag{9.3.15}$$

对于理想气体，可以写成：

$$\left(\boldsymbol{N}^\text{d}\right) = -\frac{P}{RT}\left[B^\text{e}\right]^{-1}(\nabla x) \tag{9.3.16}$$

对于中低压的低密度气体体系，扩散系数 Đ_{ij}^e 与压力成反比，而且与孔的大小无关。因此在主体扩散控制区，通量 $\boldsymbol{N}_i^\text{d}$ 与系统的压力和孔径无关。另外，Knudsen 扩散系数 Đ_{ij}^e 不受压力的影响，但与孔径成正比。因此在 Knudsen 扩散控制区，通量 $\boldsymbol{N}_i^\text{d}$ 与系统压力及孔径成正比。

图 9.6 给出了利用式(9.3.16)计算氦(1)-氖(2)-氩(3)在不同压力下透过一束平行毛细孔的扩散通量的结果。计算结果很好地模拟了实验结果。随总压的增加，系统从 Knudsen 扩散控制转为主体扩散控制。在恒压下，增大孔径产生了类似的结果(图 9.7)。

对于非理想流体混合物，在多孔介质中的扩散过程应用尘气模型同时考虑主体扩散和 Knudsen 扩散，可以得到 Maxwell-Stefan 传质方程：

$$RT\nabla\ln(\gamma_i x_i) + \bar{V}_i\nabla P + Z_iF\nabla\Phi + \cdots = -\frac{RT}{C_\text{t}x_i}\left(\sum_{\substack{j=1\\j\neq i}}^{n}\frac{x_j\boldsymbol{N}_i^\text{d} - x_i\boldsymbol{N}_j^\text{d}}{\text{Đ}_{ij}^\text{e}} + \frac{\boldsymbol{N}_i^\text{d}}{\text{Đ}_{iM}^\text{e}}\right) \tag{9.3.17}$$

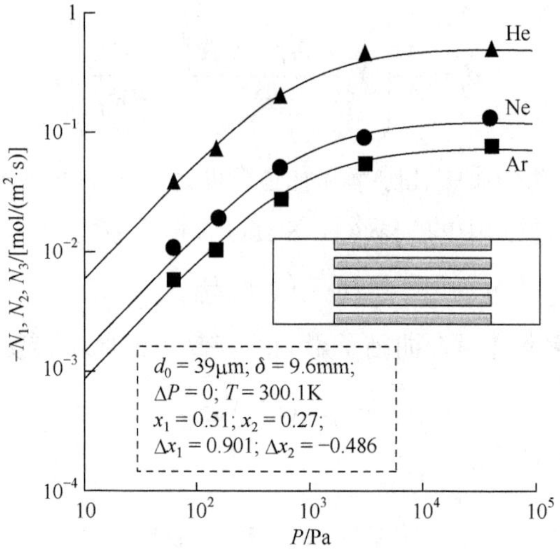

图 9.6 氦(1)-氖(2)-氩(3)透过平行毛细管束的扩散通量

尘气模型和实验数据的对比

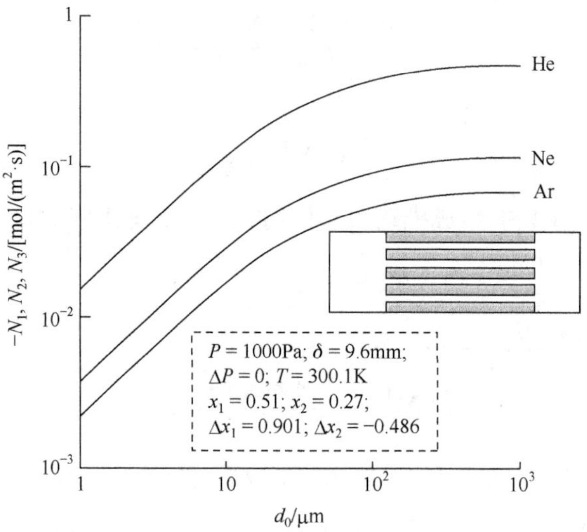

图 9.7 孔径对氦(1)-氖(2)-氩(3)透过平行毛细管束的扩散通量的影响

根据尘气模型计算

对于一维的情况，在传质阻力膜内也可以用差商近似各推动力项的梯度，将它们变成离散型的方程从而简化计算过程。离散化的方法与第 7 章中的方法相同。

采用式(9.3.16)可以描述各种电解质体系在多孔结构中的传质行为，如离子交换过程。为了描述离子交换过程的组分扩散，必须考虑至少 5 个组分。如图 9.8 所示的阳离子交换剂颗粒和膜的情况，这些组分包括：①带固定电荷 M 的交换介质；②介质内初始存在的相反电荷离子；③相邻的主体溶液中的相反电荷离子；④溶剂(通常是水)；⑤相同电荷离子(带有与固定电荷 M 相同的电荷)。相同电荷离子存在于主体溶液中，不出现在颗粒或膜内，所以也不出现在传递方程中。因此，需要考虑的是 4 个组分和相对应的

6 个扩散系数：①水-介质 $Đ_{\mathrm{wM}}^{\mathrm{e}}$；②水-相反电荷离子(两对) $Đ_{\mathrm{w+}}^{\mathrm{e}}$；③介质-相反电荷离子(两对) $Đ_{\mathrm{+M}}^{\mathrm{e}}$；④两种相反电荷离子之间的扩散系数 $Đ_{\mathrm{++}}^{\mathrm{e}}$。由于对 $Đ_{\mathrm{++}}^{\mathrm{e}}$ 的行为了解很少，通常加以忽略。

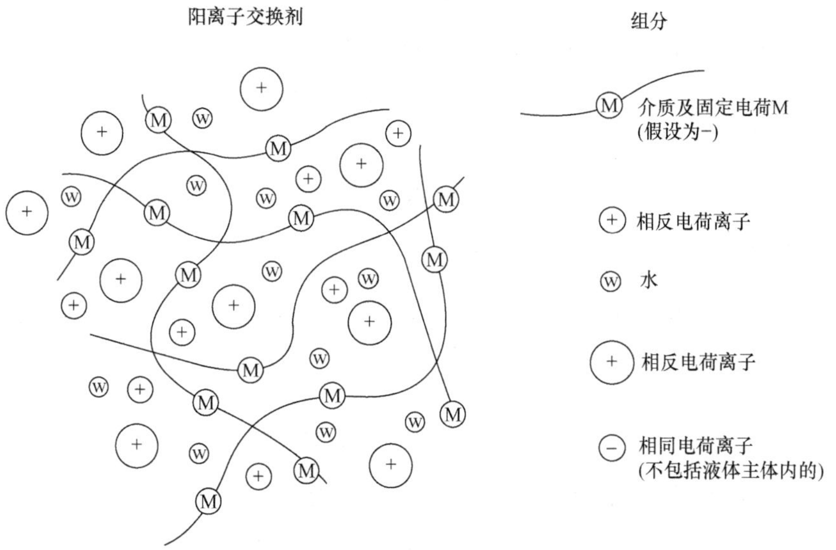

图 9.8　阳离子交换剂和传递过程所涉及的组分

9.4　孔道内黏性流作用下的传质[1]

9.4.1　黏性流

在流体相压力梯度的作用下，多孔介质内部的孔道中会产生黏性流动，即层流。黏性速度分布的平均值 $\boldsymbol{v}^{\nu}$ 通常用 Darcy 定律与压力梯度相关联：

$$\boldsymbol{v}^{\nu}=-\frac{B_0}{\mu}\nabla P \tag{9.4.1}$$

其中，μ 是流体黏度，Pa · s；P 是系统压力，Pa；渗透度 B_0 是多孔结构的特性，通常需要和孔隙率与孔道弯曲因子之比 ε/τ 一起通过实验确定。对于某些典型的多孔结构(图 9.9)，渗透度 B_0 是可以计算的。

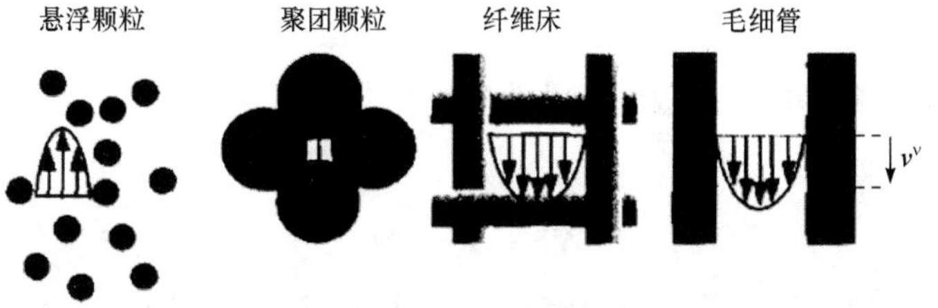

图 9.9　悬浮颗粒床、聚团颗粒床、纤维床和毛细管内的流体黏性流

对于圆柱孔，渗透度可以由 Posieuille 流动关系式计算：

$$B_0 = d_0^2/32 \tag{9.4.2}$$

对于直径为 d_0 的球形颗粒悬浮体，由 Richardson-Zaki 关联式计算：

$$B_0 = (d_0^2/18)\varepsilon^{2.7} \tag{9.4.3}$$

其中，ε 是悬浮体的孔隙率。

对于球形颗粒聚集床，由 Carman-Kozeny 关系式计算：

$$B_0 = (d_0^2/180)[\varepsilon^2/(1-\varepsilon)^2] \tag{9.4.4}$$

对于纤维床，有

$$B_0 = (d_0^2/80)[\varepsilon^2/(1-\varepsilon)^2] \tag{9.4.5}$$

9.4.2　黏性流作用下的传质

黏性流驱使混合物中的组分与混合物一起移动。黏性流对组分迁移速度的贡献用 $\boldsymbol{v}_i^\nu$ 表示，通过引入黏性选择因子 α_i，可以得到：

$$\boldsymbol{v}_i^\nu = \alpha_i \boldsymbol{v}^\nu = -\alpha_i \frac{B_0}{\mu}\nabla P \tag{9.4.6}$$

以单位多孔介质截面积计的黏性流引起的组分通量为

$$\boldsymbol{N}_i^\nu = -C_t^f x_i \alpha_i \frac{B_0}{\mu}\nabla P = -\varepsilon C_t x_i \alpha_i \frac{B_0}{\mu}\nabla P \tag{9.4.7}$$

黏性选择因子 α_i 取决于多孔介质的结构和组分的结构。在窄孔内，相对较大的分子趋向于聚集在孔的中心附近，其黏性选择因子超过 1，即 $\alpha_i > 1$；黏在孔壁上滑动的组分，其 $\alpha_i < 1$（图 9.10）。任何不能由黏性流机理挤压通过多孔介质的组分的 $\alpha_i = 0$。

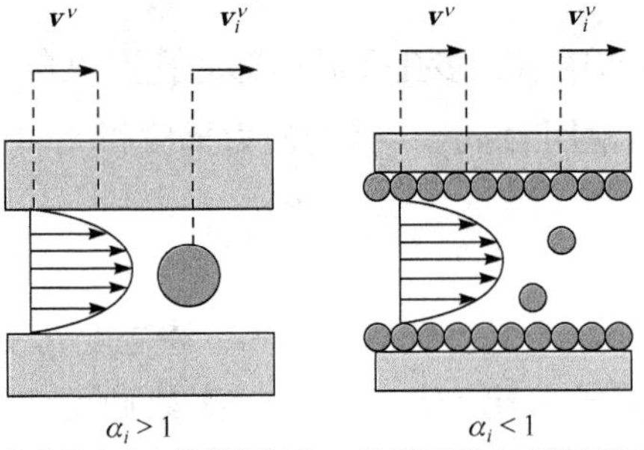

$\alpha_i > 1$　　$\alpha_i < 1$

(a) 大分子在中心线附近运动　(b) 强吸附分子黏在壁上

图 9.10　黏性选择性

在主体扩散和 Knudsen 扩散以及黏性流存在的情况下，孔道内流体相组分 i 的通量 $\boldsymbol{N}_i^f$ 为

$$\boldsymbol{N}_i^f = \boldsymbol{N}_i^\nu + \boldsymbol{N}_i^d \tag{9.4.8}$$

其中，三个通量都以单位多孔介质截面积计。因而，组分 i 在主体扩散和 Knudsen 扩散共同作用下的流体相扩散通量 $\boldsymbol{N}_i^d$ 和流体相的组分通量 $\boldsymbol{N}_i^f$ 之间的关系为

$$\boldsymbol{N}_i^{\mathrm{d}} = \boldsymbol{N}_i^{\mathrm{f}} + \varepsilon C_{\mathrm{t}} x_i \alpha_i \frac{B_0}{\mu} \nabla P \tag{9.4.9}$$

将式(9.4.9)代入式(9.3.17)就可以获得考虑了多孔介质中主体扩散、Knudsen 扩散和黏性流的 Maxwell-Stefan 方程：

$$\begin{aligned} & -C_i \nabla \ln(\gamma_i x_i) - \frac{C_i}{RT} \bar{V}_i \nabla P - \alpha_i' C_i \varepsilon \frac{B_0}{\mu Ð_{iM}^{\mathrm{e}}} \nabla P - C_i Z_i \frac{F}{RT} \nabla \Phi - \cdots \\ & = \sum_{\substack{j=1 \\ j \neq i}}^{n} \frac{x_j \boldsymbol{N}_i^{\mathrm{f}} - x_i \boldsymbol{N}_j^{\mathrm{f}}}{Ð_{ij}^{\mathrm{e}}} + \frac{\boldsymbol{N}_i^{\mathrm{f}}}{Ð_{iM}^{\mathrm{e}}} \quad i = 1, 2, \cdots, n \end{aligned} \tag{9.4.10}$$

其中，α_i' 是修正的黏性选择因子，由式(9.4.11)表示。这里流体相组分 i 的通量 $\boldsymbol{N}_i^{\mathrm{f}}$ 是以单位多孔介质截面积计的，流体相组分浓度 C_i 则是以单位孔体积计的。

$$\alpha_i' = \alpha_i + \sum_{j=1}^{n} x_j \frac{Ð_{iM}^{\mathrm{e}}}{Ð_{ij}^{\mathrm{e}}} (\alpha_i - \alpha_j) \tag{9.4.11}$$

如果将扩散和黏性流共同作用下孔道内组分传质推动力用式(9.4.12)表示：

$$\boldsymbol{d}_i^{\mathrm{f}} = -\frac{x_i}{RT} \left[RT \nabla \ln(\gamma_i x_i) + \bar{V}_i \nabla P + \alpha_i' \varepsilon \frac{RTB_0}{\mu Ð_{iM}^{\mathrm{e}}} \nabla P + FZ_i \nabla \Phi + \cdots \right] \quad i = 1, 2, \cdots, n \tag{9.4.12}$$

则考虑了多孔介质中主体扩散、Knudsen 扩散和黏性流的 Maxwell-Stefan 方程可以写成：

$$\boldsymbol{d}_i^{\mathrm{f}} = \frac{1}{C_{\mathrm{t}}} \left(\sum_{\substack{j=1 \\ j \neq i}}^{n} \frac{x_j \boldsymbol{N}_i^{\mathrm{f}} - x_i \boldsymbol{N}_j^{\mathrm{f}}}{Ð_{ij}^{\mathrm{e}}} + \frac{\boldsymbol{N}_i^{\mathrm{f}}}{Ð_{iM}^{\mathrm{e}}} \right) \quad i = 1, 2, \cdots, n \tag{9.4.13}$$

写成矩阵形式是

$$(\boldsymbol{N}^{\mathrm{f}}) = C_{\mathrm{t}} \left[B^{\mathrm{e}} \right]^{-1} (\boldsymbol{d}^{\mathrm{f}}) \tag{9.4.14}$$

其中，矩阵$\left[B^{\mathrm{e}} \right]$的元素由式(9.3.13)和式(9.3.14)所定义。

对于不同的过程，式(9.4.10)左边的推动力中各项的重要性不同。对于具有开口孔结构的固体膜内传递，如微滤和超滤过程，黏性流的贡献是很重要的。超滤膜一般具有相当规整的孔，用于分离 1～100nm 范围的胶体粒子。对于超滤过程，可透过溶剂组分的传质推动力只是压力梯度，包括压力梯度引起的扩散和黏性流作用，起作用的传质阻力是组分与膜介质之间的摩擦力，传质本构方程为

$$\boldsymbol{N}_i^{\mathrm{f}} = -\left(Ð_{iM}^{\mathrm{e}} C_i \frac{\bar{V}_i}{RT} + \varepsilon \alpha_i' C_i \frac{B_0}{\mu} \right) \nabla P \quad i = 1, 2, \cdots, n \tag{9.4.15}$$

而且扩散作用相对于黏性流作用是微小的，通常可以忽略。

对于单组分体系，只在压力驱动下经过多孔介质的传质，黏性选择因子 $\alpha_i' = 1$，因此

$$\boldsymbol{N}_1^{\mathrm{f}} = -\left(\frac{Đ_{1M}^{\mathrm{e}}}{RT} + \varepsilon C_1 \frac{B_0}{\mu}\right)\nabla P \tag{9.4.16}$$

其中，右边第一项是 Knudsen 项，反映了 Knudsen 扩散的作用，只对低压气体或小孔径介质中的传递才具有意义；第二项是黏性流项，反映了黏性流对传质的贡献。

对于一维的情况，在传质阻力膜内也可以用差商近似式(9.4.10)中各推动力项的梯度，将它们变成离散型的方程从而简化计算过程。离散化的方法与第 7 章相同。

9.4.3 孔道内部压力梯度和组分传质通量的关系[1]

将 n 个组分的 Maxwell-Stefan 方程式(9.4.10)分别列出并相加，可以得到：

$$\begin{aligned}&\frac{1}{RT}\sum_{i=1}^{n} C_i \nabla_{T,P}\mu_i + \frac{F}{RT}\nabla \Phi \sum_{i=1}^{n} C_i Z_i + \frac{1}{RT}\left(\sum_{i=1}^{n} C_i \bar{V}_i + \frac{\varepsilon C_{\mathrm{t}} RTB_0}{\mu}\sum_{i=1}^{n}\frac{\alpha_i' x_i}{Đ_{iM}^{\mathrm{e}}}\right)\nabla P \\ &= -\sum_{i=1}^{n}\sum_{\substack{j=1 \\ j\neq i}}^{n} \frac{x_j \boldsymbol{N}_i^{\mathrm{f}} - x_i \boldsymbol{N}_j^{\mathrm{f}}}{Đ_{ij}^{\mathrm{e}}} - \sum_{i=1}^{n}\frac{\boldsymbol{N}_i^{\mathrm{f}}}{Đ_{iM}^{\mathrm{e}}}\end{aligned} \tag{9.4.17}$$

根据 Gibbs-Duhem 方程，有 $\sum_{i=1}^{n} C_i \nabla_{T,P}\mu_i = C_{\mathrm{t}}\sum_{i=1}^{n} x_i \nabla_{T,P}\mu_i = 0$，以及 $\sum_{i=1}^{n} C_i \bar{V}_i = C_{\mathrm{t}}\sum_{i=1}^{n} x_i \bar{V}_i = C_{\mathrm{t}} V = 1$，其中，$V$ 是流体混合物的摩尔体积。根据电中性方程，有 $\sum_{i=1}^{n} C_i Z_i = C_{\mathrm{t}}\sum_{i=1}^{n} x_i Z_i = 0$，而且式(9.4.17)右边第一项为零。由此可以导出：

$$\nabla P = -\frac{RT\sum_{i=1}^{n}\boldsymbol{N}_i^{\mathrm{f}} / Đ_{iM}^{\mathrm{e}}}{1 + Đ_{\mathrm{visc}}\sum_{i=1}^{n}\alpha_i' x_i / Đ_{iM}^{\mathrm{e}}} \tag{9.4.18}$$

为了计算方便，定义“黏性”扩散系数：

$$Đ_{\mathrm{visc}} \equiv \frac{\varepsilon C_{\mathrm{t}} B_0 RT}{\mu} = \frac{C_{\mathrm{t}}^{\mathrm{f}} B_0 RT}{\mu} \tag{9.4.19}$$

要使多孔介质(催化剂颗粒)内部不存在压力梯度，即满足约束条件 $\nabla P = 0$，那么由式(9.4.18)可以知道各组分的通量之间必须满足以下关系式：

$$\sum_{i=1}^{n}\frac{\boldsymbol{N}_i^{\mathrm{f}}}{Đ_{iM}} = 0 \tag{9.4.20}$$

对于中低压气体混合物，利用式(9.3.7)和式(9.4.20)可知各组分的通量之间必须满足：

$$\sum_{i=1}^{n}\boldsymbol{N}_i^{\mathrm{f}}\sqrt{M_i} = 0 \tag{9.4.21}$$

这就是气体混合物扩散的 Graham 定律。

对于非均相化学反应条件下的扩散，在反应发生的不可渗透固体表面上，参与化学反应 $\sum_{i}\xi_i A_i = 0$ 的各组分的传质通量之间的比率是由化学计量系数决定的，即 $\boldsymbol{N}_i^{\mathrm{f}} =$

$(\xi_i/\xi_1)\boldsymbol{N}_1^{\mathrm{f}}$。因此，固体表面处气相的压力梯度是

$$\nabla P = -\frac{RT\boldsymbol{N}_1^{\mathrm{f}}\sum_{i=1}^{n}\xi_i / \mathcal{D}_{iM}^{\mathrm{e}}}{\xi_1\left(1+\mathcal{D}_{\mathrm{visc}}\sum_{i=1}^{n}\alpha_i' x_i / \mathcal{D}_{iM}^{\mathrm{e}}\right)} \tag{9.4.22}$$

对于稳态或拟稳态的一维非均相反应过程，不仅是发生反应的固体表面上，孔道内的任何位置也都满足 $\boldsymbol{N}_i^{\mathrm{f}} = (\xi_i/\xi_1)\boldsymbol{N}_1^{\mathrm{f}}$，因此也满足式(9.4.22)。

由式(9.4.22)可知，在各组分的有效 Knudsen 扩散系数相差不是很大的情况下，如果化学反应使得体系中物质的总摩尔量发生变化，那么在多孔介质内部会产生一定的压力梯度。图 9.11 给出了裂解型反应和聚合型反应情况下，多孔催化剂内压力分布的示意图。有时由化学反应造成的内部压力梯度相当大，足以引起催化剂机械强度问题。

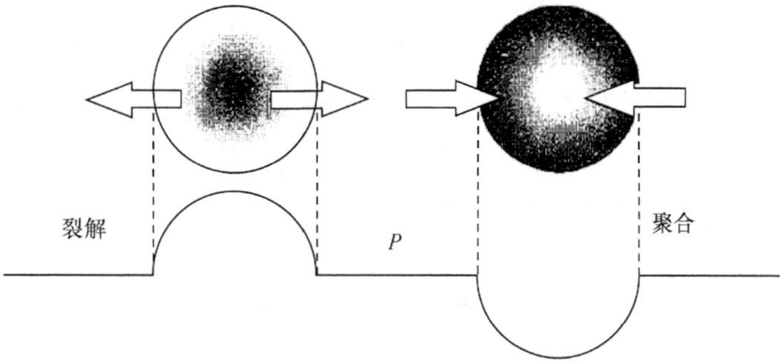

图 9.11　裂解型反应和聚合型反应情况下多孔催化剂内压力分布

对于低压下的两个组分 A 和 B 之间的气-固相不可逆反应：$A+\xi_B B=0$，其中 ξ_B 是组分 B 的化学计量系数，扩散过程由 Knudsen 扩散机理控制且扩散主要由化学势梯度推动。

对于球形对称问题，由式(9.4.10)可导出该体系催化剂颗粒的径向压力梯度为

$$\frac{\mathrm{d}p_{\mathrm{A}}}{\mathrm{d}r} = -RT\frac{N_{\mathrm{A}r}^{\mathrm{f}}}{\mathcal{D}_{\mathrm{A}M}^{\mathrm{e}}}$$

以及

$$\frac{\mathrm{d}p_{\mathrm{B}}}{\mathrm{d}r} = -RT\frac{N_{\mathrm{B}r}^{\mathrm{f}}}{\mathcal{D}_{\mathrm{B}M}^{\mathrm{e}}}$$

所以

$$\frac{\mathrm{d}p_{\mathrm{B}}}{\mathrm{d}p_{\mathrm{A}}} = \frac{N_{\mathrm{B}r}^{\mathrm{f}}}{N_{\mathrm{A}r}^{\mathrm{f}}}\frac{\mathcal{D}_{\mathrm{A}M}^{\mathrm{e}}}{\mathcal{D}_{\mathrm{B}M}^{\mathrm{e}}}$$

对于稳态或拟稳态过程，有 $N_{\mathrm{B}r}^{\mathrm{f}}(r)=\xi_{\mathrm{B}}N_{\mathrm{A}r}^{\mathrm{f}}(r)$，并利用式(9.3.7)可得

$$\frac{\mathrm{d}p_{\mathrm{B}}}{\mathrm{d}p_{\mathrm{A}}} = \xi_{\mathrm{B}}\frac{\sqrt{M_{\mathrm{B}}}}{\sqrt{M_{\mathrm{A}}}}$$

根据质量守恒关系，有

$$M_{\mathrm{A}} + \xi_{\mathrm{B}} M_{\mathrm{B}} = 0$$

故

$$M_{\mathrm{A}} = -\xi_{\mathrm{B}} M_{\mathrm{B}}$$

所以

$$\frac{\mathrm{d}p_{\mathrm{B}}}{\mathrm{d}p_{\mathrm{A}}} = -\sqrt{-\xi_{\mathrm{B}}}$$

将上式积分，得到：

$$p_{\mathrm{B}} - p_{\mathrm{B0}} = \sqrt{-\xi_{\mathrm{B}}}\left(p_{\mathrm{A0}} - p_{\mathrm{A}}\right)$$

其中，p_{i0}是 i 组分在颗粒外表面的分压；p_i是 i 组分在颗粒内半径为 r 处的分压。如果颗粒所处的环境中只有纯的反应物 A，那么 $p_{\mathrm{B0}} = 0$ 及 $p_{\mathrm{A0}} = P_0$， $p_{\mathrm{B}} + p_{\mathrm{A}} = P$ ，因而

$$P = \sqrt{-\xi_{\mathrm{B}}} P_0 - \left(\sqrt{-\xi_{\mathrm{B}}} - 1\right) p_{\mathrm{A}}$$

其中，P_0 是催化剂外的压力。在组分 A 完全转化时催化剂颗粒中心的 p_{A} 为零，则 $P = \sqrt{-\xi_{\mathrm{B}}} P_0$。因此，对于 $\xi_{\mathrm{B}} = -2$ 的情况，颗粒中心的压力比颗粒外的压力高 40%。显然，对于小孔的催化剂，忽略内部压力梯度会导致严重偏差。

9.5 表 面 扩 散[1-2]

表面扩散即吸附在固体表面的分子沿固体表面的净迁移。在微孔内，表面作用力占主导地位，孔内的分子总是处于表面力场中，即使它处在孔中心也是如此。由于扩散分子始终受到孔壁力场的作用，它在微孔内可以认为是单一的“吸附”相。被吸附分子在微孔中的扩散机理是沿孔壁的表面扩散。这类扩散也称为构型扩散、微孔扩散，或简单地称为表面扩散。无疑，表面扩散传质是一类受限传质过程。除微孔介质包括吸附剂、催化剂和固体微孔膜等以外，在表面对分子有强吸附作用的固体介质中，表面扩散机理对分子传递也起重要的作用。

在吸附位点，吸附分子处于能量较低的状态。表面扩散是一个活化过程，即分子在低势能区域(吸附位点)之间的跳跃，如图 9.12 所示。表面扩散存在两种可能机理：①分子从一个吸附位跳跃到一个空吸附位，这由吸附分子与吸附位之间的相互作用所决定；②两种不同的吸附分子之间的逆向交换跳跃，这由两种吸附分子之间的相互作用所决定。

相对孔道而言，分子太大以至于分子之间不能相互超越或交错运动的情况下，孔道内某处在特定时刻只能容纳一种组分，不可能发生不同吸附分子之间的逆向交换跳跃，分子在孔道中以单一队列的形式迁移。例如，沸石晶体的单一狭窄通道内的分子扩散过程。这种形式的扩散称为单列扩散(single file diffusion)。对于相对较大的孔道，如活性炭的缝隙和具有交联笼形结构的平行孔束的沸石等，就不能忽略逆向交换吸附的可能性。

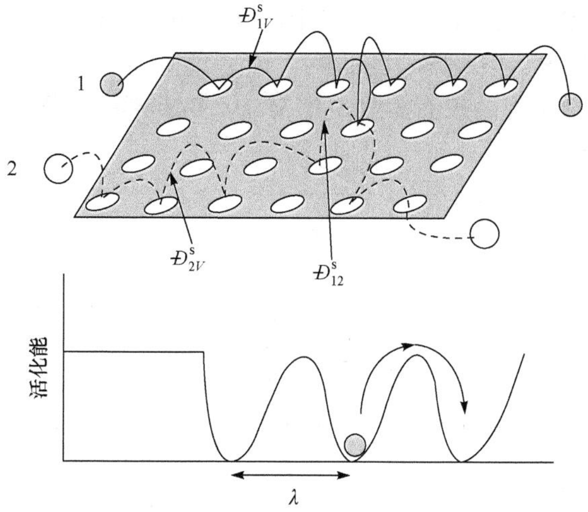

图 9.12　吸附组分 1 和 2 表面扩散的概念模型

$Ð_{1V}^{s}$ 和 $Ð_{2V}^{s}$ 分别是组分 1 和 2 的 Maxwell-Stefan 表面扩散系数；$Ð_{12}^{s}$ 是 Maxwell-Stefan 逆向吸附扩散系数

表面扩散的总推动力是被吸附组分的势能梯度。其中，固体表面的吸附组分(吸附相)化学势的梯度即表面化学势梯度是最为重要的一种推动力，它是由吸附相组成的空间不均匀性所引起的，即表面组成推动力。在没有外力场作用的情况下，表面化学势梯度是表面扩散的唯一推动力。

9.5.1　表面扩散的 Maxwell-Stefan 方程

固体表面的吸附相组成通常用吸附组分 i 占总吸附位的分率，即组分 i 的表面覆盖分率 θ_i 表示。组分的表面覆盖分率可以根据被吸附组分的吸附量确定：

$$\theta_i = \frac{q_i}{q_{i,\text{sat}}} \tag{9.5.1}$$

其中，q_i 是单位质量吸附剂的组分 i 吸附量，kmol/kg；$q_{i,\text{sat}}$ 是单位质量吸附剂的组分 i 饱和吸附量，kmol/kg。由于不同分子的饱和吸附量不尽相同，所以对于多组分体系各组分的 $q_{i,\text{sat}}$ 可能不相等。

考虑 n 个吸附组分沿表面的扩散，可以将空吸附位看作体系中的第 n+1 个虚拟组分。所有吸附组分的表面覆盖分率之和就是总表面覆盖分率 θ_t。虚拟组分的分率 θ_{n+1} 就是空吸附位的分率 θ_V。显然，它们之间有以下相互关系：

$$\theta_{n+1} = \theta_V = 1 - \sum_{i=1}^{n}\theta_i = 1 - \theta_\text{t} \tag{9.5.2}$$

采用类似尘气模型所用的方法描述表面扩散，其 Maxwell-Stefan 方程为

$$\boldsymbol{d}_i^\text{s} = \sum_{\substack{j=1\\ j\neq i}}^{n}\theta_i\theta_j\frac{\left(\boldsymbol{v}_i^\text{s} - \boldsymbol{v}_j^\text{s}\right)}{Ð_{ij}^\text{s}} + \theta_i\theta_{n+1}\frac{\left(\boldsymbol{v}_i^\text{s} - \boldsymbol{v}_{n+1}^\text{s}\right)}{Ð_{i,n+1}^\text{s}} \quad i = 1,2,\cdots,n \tag{9.5.3}$$

式(9.5.3)右边第一项反映了吸附组分 j 对吸附组分 i 的表面移动所施加的摩擦力；右边第二项是组分 i 所受到的来自空吸附位的摩擦。

对于符合单列扩散机理的表面扩散，其 Maxwell-Stefan 方程为

$$\boldsymbol{d}_i^{\mathrm{s}} = \theta_i \theta_{n+1} \frac{\left(\boldsymbol{v}_i^{\mathrm{s}} - \boldsymbol{v}_{n+1}^{\mathrm{s}}\right)}{Ð_{i,n+1}^{\mathrm{s}}} \quad i = 1,2,\cdots,n \tag{9.5.4}$$

定义 Maxwell-Stefan 表面扩散系数为

$$Ð_{iV}^{\mathrm{s}} \equiv \frac{D_{i,n+1}^{\mathrm{s}}}{\theta_{n+1}} \tag{9.5.5}$$

以吸附介质为参照系，则空吸附位可以认为是静止的，所以 $\boldsymbol{v}_{n+1}^{\mathrm{s}} = 0$。表面扩散的普遍化 Maxwell-Stefan 方程为

$$\boldsymbol{d}_i^{\mathrm{s}} = \sum_{\substack{j=1 \\ j \neq i}}^{n} \theta_i \theta_j \frac{\left(\boldsymbol{v}_i^{\mathrm{s}} - \boldsymbol{v}_j^{\mathrm{s}}\right)}{Ð_{ij}^{\mathrm{s}}} + \theta_i \frac{\boldsymbol{v}_i^{\mathrm{s}}}{Ð_{iV}^{\mathrm{s}}} \quad i = 1,2,\cdots,n \tag{9.5.6}$$

单列扩散的 Maxwell-Stefan 方程为

$$\boldsymbol{d}_i^{\mathrm{s}} = \theta_i \frac{\boldsymbol{v}_i^{\mathrm{s}}}{Ð_{iV}^{\mathrm{s}}} \quad i = 1,2,\cdots,n \tag{9.5.7}$$

在机理上，Maxwell-Stefan 表面扩散系数与被吸附组分分子的位移 λ、紧邻位点数 z 及跳跃频率 ν_i 有关，而跳跃频率 ν_i 取决于总表面覆盖分率 θ_{t}，因此

$$Ð_{iV}^{\mathrm{s}} = \frac{1}{z} \lambda^2 \nu_i\left(\theta_{\mathrm{t}}\right) \tag{9.5.8}$$

式(9.5.8)表明，在体系确定的前提下，吸附相组成对 Maxwell-Stefan 表面扩散系数 $Ð_{iV}^{\mathrm{s}}$ 的影响只体现在总表面覆盖分率 θ_{t} 与 $Ð_{iV}^{\mathrm{s}}$ 的关系上。由于 $Ð_{iV}^{\mathrm{s}}$ 反映的是组分 i 与吸附位之间的相互作用，可以认为多组分吸附体系与单组分吸附体系具有相同的 $Ð_{iV}^{\mathrm{s}}$ - θ_{t} 关系式。

如果跳跃频率与总表面覆盖分率无关，即随总表面覆盖分率变化保持恒定，$\nu_i\left(\theta_{\mathrm{t}}\right) = \nu_i(0)$，那么 Maxwell-Stefan 表面扩散系数 $Ð_{iV}^{\mathrm{s}}$ 也与总表面覆盖分率 θ_{t} 无关，即

$$Ð_{iV}^{\mathrm{s}} = \frac{1}{z} \lambda^2 \nu_i(0) = Ð_{iV}^{\mathrm{s}}(0) \tag{9.5.9}$$

另一种可能性是，由于吸附组分之间的相互作用，跳跃频率随总表面覆盖分率的增大而减小。如果分子从一个吸附位迁移到另一个空吸附位的概率正比于 θ_V，那么 $\nu_i(\theta_{\mathrm{t}}) = \nu_i(0)\theta_V = \nu_i(0)\left(1 - \theta_{\mathrm{t}}\right)$，所以

$$Ð_{iV}^{\mathrm{s}} = \frac{1}{z} \lambda^2 \nu_i(0)\left(1 - \theta_{\mathrm{t}}\right) = Ð_{iV}^{\mathrm{s}}(0)\left(1 - \theta_{\mathrm{t}}\right) \tag{9.5.10}$$

对于具有交联笼形结构的沸石，如沸石 A 或沸石 X，式(9.5.10)可以修正为

$$Ð_{iV}^{\mathrm{s}} = \frac{1}{mz} \lambda^2 \nu_i(0)(1 - \theta_{\mathrm{t}}^{mz}) = Ð_{iV}^{\mathrm{s}}(0)\left(1 - \theta_{\mathrm{t}}^{mz}\right) \tag{9.5.11}$$

其中，m 是每个笼中的最大分子数；因子 mz 是每个笼的最大紧邻位点数；$\left(1-\theta_{\mathrm{t}}^{mz}\right)$ 是至少有一个紧邻位点是空穴的概率。对 ZSM-5 孔形结构，可以取 $m=1$ 和 $z=1$。对具有三维笼形结构的沸石，如沸石 A 或沸石 X，可以取 $m=2$ 和 $z=4$。

由于表面扩散是一个活化过程，Maxwell-Stefan 表面扩散系数 $Đ_{iV}^{\mathrm{s}}$ 与温度的关系遵循 Arrhenius 公式。例如，图 9.13 所示的正丁烷在硅沸石 silicalite-1 分子筛中的 Maxwell- Stefan 表面扩散系数与温度的关系。

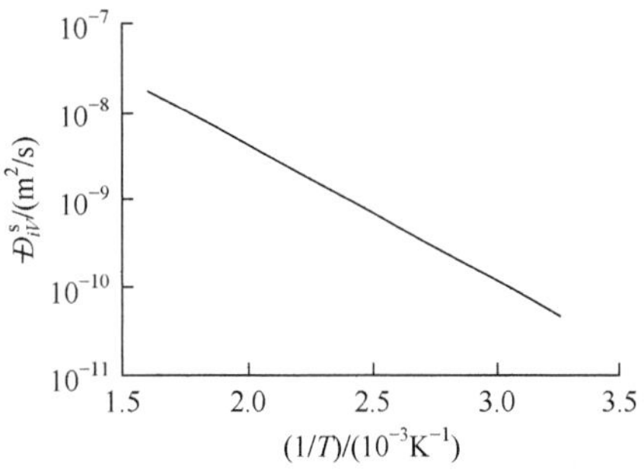

图 9.13　正丁烷在硅沸石 silicalite-1 分子筛中的 Maxwell-Stefan 表面扩散

系数 $Đ_{ij}^{\mathrm{s}}$ 反映了吸附组分 i 和吸附组分 j 之间的相互作用。可以认为这个系数表示了逆向交换，即在一个吸附位点上的吸附组分 j 被吸附组分 i 取代的可能性(图 9.12)。因此，可以预料逆向吸附扩散系数 $Đ_{ij}^{\mathrm{s}}$ 与吸附组分 i 和 j 的跳跃频率有关。对于极限情况，可以设想逆向吸附扩散系数将由两个频率 ν_i 和 ν_j 中较低的那个决定，即

$$Đ_{ij}^{\mathrm{s}}=\frac{1}{z}\lambda^2\nu_j(\theta_{\mathrm{t}})\quad \nu_j<\nu_i \tag{9.5.12}$$

另一个估计逆向吸附扩散系数的经验关系式是

$$Đ_{ij}^{\mathrm{s}}=\left[Đ_{iV}^{\mathrm{s}}(0)\right]^{\theta_i/(\theta_i+\theta_j)}\left[Đ_{jV}^{\mathrm{s}}(0)\right]^{\theta_j/(\theta_i+\theta_j)} \tag{9.5.13}$$

表面扩散的普遍化 Maxwell-Stefan 方程式(9.5.6)的左边是吸附组分 i 的表面扩散推动力。在无外力场作用时，等温等压下驱使吸附组分 i 沿表面迁移的推动力(表面扩散的推动力)由组分的表面化学势梯度(吸附相组分的化学势梯度)所决定：

$$\boldsymbol{d}_i^{\mathrm{s}}=-\frac{\theta_i}{RT}\nabla_{T,P}\mu_i^{\mathrm{s}}\quad i=1,2,\cdots,n \tag{9.5.14}$$

表面化学势 μ_i^{s} 的物理意义是，吸附有 n 个组分的吸附材料中移出 1mol 纯物质 i 组分，同时产生 1mol 空吸附位所需要做的功。对于特定体系，它是由体系的热力学状态和吸附相的组成即表面覆盖分率 θ_i 所决定的。

根据热力学相平衡原理，组分 i 的表面化学势 μ_i^{s} 应该等于与吸附相处于吸附平衡状态的流体相中组分 i 的化学势 μ_i^*，即

$$\mu_i^{\mathrm{s}}=\mu_i^*=\mu_i^0+RT\ln\frac{f_i^*}{f_i^0}=\mu_i^0+RT\ln a_i^* \tag{9.5.15}$$

其中，μ_i^0 是选定的标准态化学势；f_i^0 是组分 i 在标准态下的逸度；f_i^* 是组分 i 的平衡流体相逸度；a_i^* 是组分 i 的平衡流体相活度。与表面覆盖分率为 $\theta_i(i=1,2,\cdots,n)$ 的吸附相平衡的流体相逸度 f_i^* 或活度 a_i^* 可以根据吸附平衡关系(吸附等温线)表示成吸附相表面

覆盖分率 $\theta_i(i=1,2,\cdots,n)$ 的函数。

可以通过引入热力学因子矩阵，用表面覆盖分率 $\theta_i(i=1,2,\cdots,n)$ 的梯度表示表面化学势梯度：

$$\frac{\theta_i}{RT}\nabla_{T,P}\mu_i^{\mathrm{s}}=\sum_{j=1}^{n}\varGamma_{ij}^{\mathrm{s}}\nabla\theta_j$$
$$\varGamma_{ij}^{\mathrm{s}}\equiv\theta_i\frac{\partial\ln f_i^*}{\partial\theta_j}\equiv\theta_i\frac{\partial\ln a_i^*}{\partial\theta_j}\quad i,j=1,2,\cdots,n \tag{9.5.16}$$

对于压力不是很高的气相体系，组分分压可以代替组分逸度，即 $f_i^*=p_i^*$。对于稀溶液(理想溶液)，$f_i^*/f_i^0=x_i^*$。

被吸附组分的表面扩散通量为

$$\boldsymbol{N}_i^{\mathrm{s}}=\rho_{\mathrm{s}}(1-\varepsilon)q_i\boldsymbol{v}_i^{\mathrm{s}}=\rho_{\mathrm{s}}(1-\varepsilon)\theta_i q_{i,\mathrm{sat}}\boldsymbol{v}_i^{\mathrm{s}} \tag{9.5.17}$$

其中，ρ_{s}是构成多孔材料的骨架固体密度，kg/m^3；ε是多孔材料的孔隙率；以单位多孔材料截面积为基准的表面扩散传质通量 $\boldsymbol{N}_i^{\mathrm{s}}$ 的单位为 kmol/(m$^2\cdot$s)。

将式(9.5.16)和式(9.5.17)应用于式(9.5.6)，可以将普遍化的表面扩散 Maxwell-Stefan 方程写成：

$$-\rho_{\mathrm{s}}(1-\varepsilon)\sum_{j=1}^{n}\varGamma_{ij}^{\mathrm{s}}\nabla\theta_j=\sum_{\substack{j=1\\j\neq i}}^{n}\frac{1}{Đ_{ij}^{\mathrm{s}}}\left(\frac{\theta_j\boldsymbol{N}_i^{\mathrm{s}}}{q_{i,\mathrm{sat}}}-\frac{\theta_i\boldsymbol{N}_j^{\mathrm{s}}}{q_{j,\mathrm{sat}}}\right)+\frac{\boldsymbol{N}_i^{\mathrm{s}}}{q_{i,\mathrm{sat}}Đ_{iV}^{\mathrm{s}}}\quad i=1,2,\cdots,n \tag{9.5.18}$$

将式(9.5.18)写成矩阵形式，有

$$-\rho_{\mathrm{s}}(1-\varepsilon)\left[\varGamma^{\mathrm{s}}\right](\nabla\theta)=\left[B^{\mathrm{s}}\right][q_{\mathrm{sat}}]^{-1}\left(\boldsymbol{N}^{\mathrm{s}}\right) \tag{9.5.19}$$

其中，$\left[\varGamma^{\mathrm{s}}\right]$是热力学因子矩阵，其元素为$\varGamma_{ij}^{\mathrm{s}}$；$[q_{\mathrm{sat}}]$是以 $q_{i,\mathrm{sat}}$ 为对角元素的对角矩阵；矩阵$\left[B^{\mathrm{s}}\right]$的元素为

$$B_{ii}^{\mathrm{s}}=\frac{1}{Đ_{iV}^{\mathrm{s}}}+\sum_{\substack{j=1\\j\neq i}}^{n}\frac{\theta_j}{Đ_{ij}^{\mathrm{s}}}$$
$$B_{ij}^{\mathrm{s}}=-\frac{\theta_i}{Đ_{ij}^{\mathrm{s}}}\quad i\neq j \tag{9.5.20}$$

从式(9.5.19)可以解出表面扩散的传质通量：

$$\left(\boldsymbol{N}^{\mathrm{s}}\right)=-\rho_{\mathrm{s}}(1-\varepsilon)[q_{\mathrm{sat}}]\left[B^{\mathrm{s}}\right]^{-1}\left[\varGamma^{\mathrm{s}}\right](\nabla\theta) \tag{9.5.21}$$

如果用式(9.5.22)定义 Fick 表面扩散系数矩阵$\left[D^{\mathrm{s}}\right]$，则

$$\left(\boldsymbol{N}^{\mathrm{s}}\right)=-\rho_{\mathrm{s}}(1-\varepsilon)[q_{\mathrm{sat}}]\left[D^{\mathrm{s}}\right](\nabla\theta) \tag{9.5.22}$$

可以得到$\left[D^{\mathrm{s}}\right]$的表达式为

$$\left[D^{\mathrm{s}}\right]=\left[B^{\mathrm{s}}\right]^{-1}\left[\varGamma^{\mathrm{s}}\right] \tag{9.5.23}$$

对于吸附组分 i 和 j 之间不发生逆向交换的所谓“单列扩散”(SFD)，矩阵 $\left[B^{\mathrm{s}}\right]$ 为对角矩阵，即

$$B_{ii}^{\mathrm{s}}=\frac{1}{\text{Đ}_{iV}^{\mathrm{s}}} \qquad B_{ij}^{\mathrm{s}}=0 \quad i\neq j \tag{9.5.24}$$

对应的 Fick 表面扩散系数矩阵 $\left[D^{\mathrm{s}}\right]$ 的表达式为

$$\left[D^{\mathrm{s}}\right]=\begin{bmatrix} \text{Đ}_{1V}^{\mathrm{s}} & 0 & 0 & \cdots & 0 \\ 0 & \text{Đ}_{2V}^{\mathrm{s}} & 0 & \cdots & 0 \\ \vdots & \vdots & \vdots & & \vdots \\ 0 & 0 & 0 & \cdots & \text{Đ}_{nV}^{\mathrm{s}} \end{bmatrix}\left[\Gamma^{\mathrm{s}}\right] \tag{9.5.25}$$

即

$$(\boldsymbol{N}^{\mathrm{s}})=-\rho_{\mathrm{s}}\left(1-\varepsilon\right)[q_{\mathrm{sat}}]\begin{bmatrix} \text{Đ}_{1V}^{\mathrm{s}} & 0 & 0 & \cdots & 0 \\ 0 & \text{Đ}_{2V}^{\mathrm{s}} & 0 & \cdots & 0 \\ \vdots & \vdots & \vdots & & \vdots \\ 0 & 0 & 0 & \cdots & \text{Đ}_{nV}^{\mathrm{s}} \end{bmatrix}\left[\Gamma^{\mathrm{s}}\right](\nabla\theta) \tag{9.5.26}$$

该传质通量与表面吸附分率梯度之间的关系描述了两种效应的结合：①包含在 $\text{Đ}_{iV}^{\mathrm{s}}$ 中的表面迁移度，$\text{Đ}_{iV}^{\mathrm{s}}$ 与总表面覆盖分率 θ_{t} 及温度的关系可从单组分吸附动力学数据确定；②包含在热力学因子矩阵 $\left[\Gamma^{\mathrm{s}}\right]$ 中的多组分吸附平衡。

9.5.2　用 Langmuir 吸附模型描述的表面扩散

在很多情况下，吸附平衡关系可以用多组分朗缪尔(Langmuir)吸附模型描述。对于多组分气固体系，Langmuir 等温关系式为

$$\theta_i=\frac{q_i}{q_{i,\mathrm{sat}}}=\frac{b_i p_i^*}{1+\sum_{j=1}^{n} b_j p_j^*}$$

即

$$p_i^*=\frac{\theta_i}{b_i\left(1-\theta_{\mathrm{t}}\right)} \tag{9.5.27}$$

其中，p_i^* 是组分的平衡分压。

对于多组分液固吸附体系，Langmuir 等温关系式为

$$\theta_i=\frac{q_i}{q_{i,\mathrm{sat}}}=\frac{b_i C_i^*}{1+\sum_{j=1}^{n} b_j C_j^*}$$

即

$$C_i^* = \frac{\theta_i}{b_i\left(1-\theta_t\right)} \tag{9.5.28}$$

其中，C_i^* 是组分的平衡浓度。

对于压力不是很高的气体吸附体系，$f_i^* = p_i^*$；由式(9.5.27)和式(9.5.16)可以得出 $\left[\Gamma^s\right]$ 的元素是

$$\Gamma_{ij}^s = \delta_{ij} + \frac{\theta_i}{\theta_V} \quad i, j = 1, 2, \cdots, n \tag{9.5.29}$$

对于稀溶液吸附体系，$a_i^* = x_i^* = C_i^* / C_t$，可以得出 $\left[\Gamma^s\right]$ 的元素同样是式(9.5.29)。

对于单组分扩散，式(9.5.22)退化为标量形式：

$$N_1^s = -\rho_s\left(1-\varepsilon\right) q_{1,\text{sat}} D_1^s \nabla \theta_1 \tag{9.5.30}$$

其中的 Fick 表面扩散系数可以由式(9.5.23)得出：

$$D_1^s = Ð_{1V}^s \Gamma^s \tag{9.5.31}$$

吸附平衡关系为 Langmuir 吸附等温线时，热力学因子为

$$\Gamma^s = \frac{1}{1-\theta_1} \tag{9.5.32}$$

所以

$$D_1^s = \frac{Ð_{1V}^s}{(1-\theta_1)} \tag{9.5.33}$$

如果 Maxwell-Stefan 表面扩散系数 $Ð_{1V}^s$ 按式(9.5.10)随表面覆盖分率增大而线性减小，那么 Fick 表面扩散系数 D_1^s 必定与表面覆盖分率无关。另一方面，如果 $Ð_{1V}^s$ 与表面覆盖分率无关，D_1^s 必定随 θ_1 的增大而迅速增大。这些情况已从实验中观测到，如图 9.14 所示氧气和氮气在碳分子筛中的扩散。

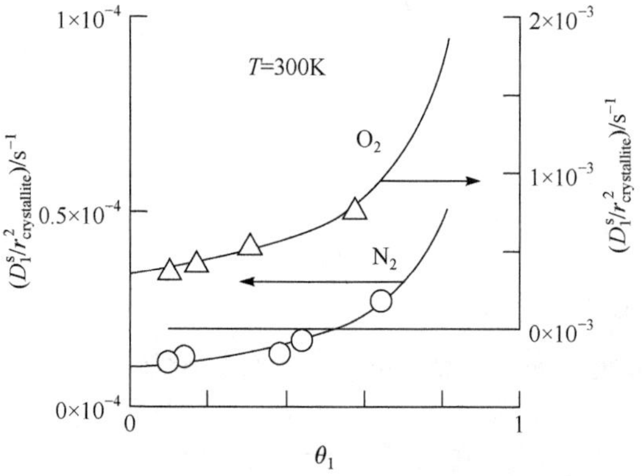

图 9.14　氧气和氮气在碳分子筛中的 Fick 表面扩散系数随表面覆盖分率的变化

9.5.3 热力学因子和单列扩散近似的影响

多组分体系在微孔固体中的动态吸附过程可以通过求解如下守恒方程进行模拟：

$$\frac{\partial(\theta)}{\partial t}=\nabla\cdot\left(\left[D^{\mathrm{s}}\right](\nabla\theta)\right) \tag{9.5.34}$$

其中，$\left[D^{\mathrm{s}}\right]$由式(9.5.23)决定。对于单列扩散机理过程，$\left[D^{\mathrm{s}}\right]$由式(9.5.25)决定。

为了举例说明单列扩散的 Fick 表面扩散系数矩阵$\left[D^{\mathrm{s}}\right]$所揭示的表面迁移度(包含在 $Đ_{iV}^{\mathrm{s}}$ 中)与吸附平衡(包含在热力学因子矩阵$\left[\Gamma^{\mathrm{s}}\right]$中)之间的耦合效应，下面讨论沸石 NaX 吸附正庚烷(1)和苯(2)混合物的动态过程。将沸石晶体暴露在恒定组成的苯和正庚烷蒸气混合物中，监测不同时刻沸石对组分的吸附量。其动态吸附曲线由实验确定，如图 9.15 所示。正庚烷的分布有最大值，其表面浓度达到一个显著高于最终平衡表面浓度值。该结果可以从物理意义上作如下解释：由于分子构型的差别，正庚烷的 Maxwell-Stefan 表面扩散系数 $Đ_{1V}^{\mathrm{s}}$ 是苯的 $Đ_{2V}^{\mathrm{s}}$ 的约 50 倍。在用新鲜沸石晶体吸附的初期，正庚烷很快地渗透进入沸石的孔道而占据吸附位。然而，由于极性等因素，正庚烷的吸附强度远低于苯的吸附强度。已吸附的正庚烷分子最终会被苯分子取代，因而正庚烷的表面浓度从其最大值下降到最终的平衡饱和值。在平衡状态下，沸石的孔道主要被强吸附的苯分子所占据。

对于符合 Langmuir 吸附等温线的两组分单列扩散问题，由式(9.5.29)确定热力学因子矩阵$\left[\Gamma^{\mathrm{s}}\right]$的元素，可以得到：

$$\left[D^{\mathrm{s}}\right]=\begin{bmatrix} Đ_{1V}^{\mathrm{s}} & 0 \\ 0 & Đ_{2V}^{\mathrm{s}} \end{bmatrix}\begin{bmatrix} 1-\theta_2 & \theta_1 \\ \theta_2 & 1-\theta_1 \end{bmatrix}/\left(1-\theta_1-\theta_2\right) \tag{9.5.35}$$

其动态吸附曲线可以用式(9.5.34)和式(9.5.35)进行模拟，模拟结果见图 9.15，其中正庚烷的表面浓度的最大值被适当地模拟。这样的效应是由热力学因子矩阵$\left[\Gamma^{\mathrm{s}}\right]$贡献的，可以通过取$\left[\Gamma^{\mathrm{s}}\right]$为单位矩阵进行模拟来证明。

若$\left[\Gamma^{\mathrm{s}}\right]$为单位矩阵，则

$$\left[D^{\mathrm{s}}\right]=\begin{bmatrix} Đ_{1V}^{\mathrm{s}} & 0 \\ 0 & Đ_{2V}^{\mathrm{s}} \end{bmatrix} \tag{9.5.36}$$

用式(9.5.34)和式(9.5.36)进行模拟，预测出两个组分的表面浓度单调趋近平衡值(图 9.16 中的虚线)，这与实验结果在定性上就不符合。

使用包含逆向吸附的完整 Maxwell-Stefan 方程式(9.5.22)，用式(9.5.13)估算逆向吸附扩散系数，而不用单列扩散近似，结果并不会导致显著的不同。模拟结果如图 9.17 所示。因此，逆向吸附扩散系数 $Đ_{ij}^{\mathrm{s}}$ 预测的不确定性并不会导致显著的误差。这对于实际应用是很有利的。

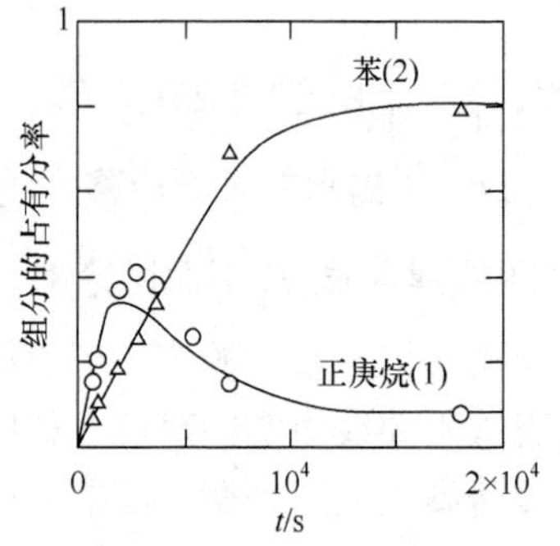

图 9.15 苯和正庚烷在沸石 X 上的动态吸附过程

实验结果与 Maxwell-Stefan 单列扩散模型比较

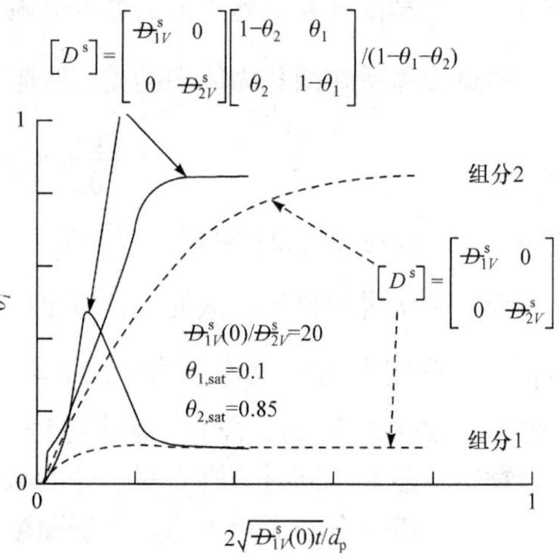

图 9.16 苯和正庚烷的动态吸附过程模拟结果

Maxwell-Stefan 单列扩散模型与恒定 Fick 表面扩散系数模型比较

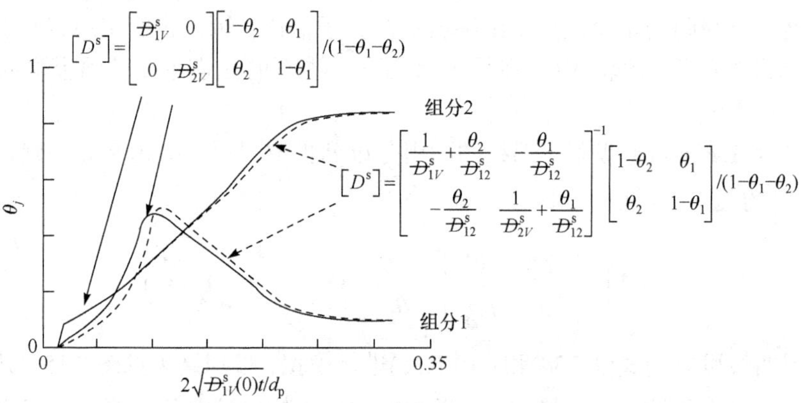

图 9.17 单个球形颗粒内二元混合物的动态吸附曲线

Maxwell-Stefan 单列扩散模型与包含逆向吸附的完整 Maxwell-Stefan 扩散模型比较

在某些沸石结构中，如 ZSM-5，Maxwell-Stefan 表面扩散系数 Đ^s_{iV} 符合式(9.5.10)，即随表面覆盖分率的增大而减小，因而，符合 Langmuir 等温线的两组分体系的 Fick 表面扩散系数矩阵为

$$[D^s]=\begin{bmatrix}\text{Đ}^s_{1V}(0)&0\\0&\text{Đ}^s_{2V}(0)\end{bmatrix}\begin{bmatrix}1-\theta_2&\theta_1\\\theta_2&1-\theta_1\end{bmatrix}\tag{9.5.37}$$

其中，$\text{Đ}^s_{iV}(0)$ 表示零覆盖率时的 Maxwell-Stefan 表面扩散系数。应用式(9.5.37)，只借助纯组分的表面扩散系数 $\text{Đ}^s_{iV}(0)$ 就可以成功地模拟苯(1)-乙苯(2)在 ZSM-5 中的扩散过程(图 9.18)。

综上所述，基于单组分表面扩散参数 Đ^s_{iV} 的表达式和多组分吸附平衡热力学因子 $[\Gamma^s]$ 的表达式，就可以用式(9.5.26)表示表面扩散的本构方程，即传质通量和表面组成的关系。

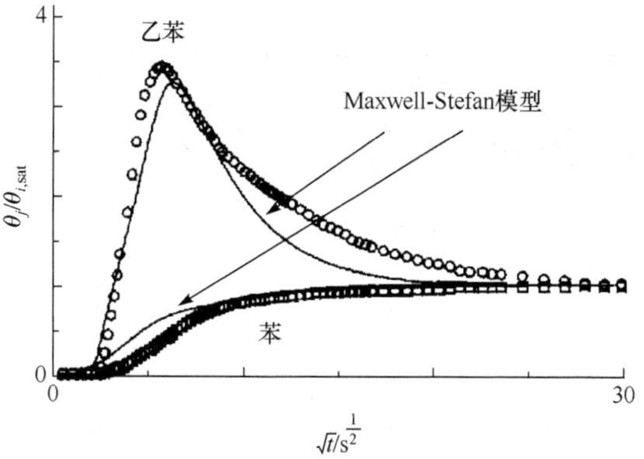

图 9.18　苯(1)-乙苯(2)在 ZSM-5 中的动态吸附过程
Maxwell-Stefan 单列扩散模型和实验数据比较

9.6　多孔介质内传质的总结

对孔道内传质的总结见表 9.1。在多孔介质内部结构中，溶质可能存在于流体相和吸附相两相中。两相都可能有溶质组分的质量传递。在流体相中，溶质的传质通量包括由主体扩散和 Knudsen 扩散机理所决定的扩散通量，以及由黏性流贡献的传质通量。在吸附相中，传质机理是表面扩散，它所贡献的通量就是表面传质通量。总的传质通量应该是流体的扩散通量(包括主体扩散和 Knudsen 扩散)、黏性流通量和表面扩散通量的总和。要注意的是，将流体相的传质通量和吸附相(固体相)的传质通量进行加和时，要使计算两相传质通量的面积基准一致，而且计算流体相和固体两相摩尔浓度的体积基准也要一致。根据式(9.4.14)和式(9.5.21)，可以得出传质本构方程的矩阵形式为

$$\left(\boldsymbol{N}\right)=C_{\mathrm{t}}\left[B^{\mathrm{e}}\right]^{-1}\left(\boldsymbol{d}^{\mathrm{f}}\right)-\rho_{\mathrm{s}}(1-\varepsilon)[q_{\mathrm{sat}}]\left[B^{\mathrm{s}}\right]^{-1}\left[\Gamma^{\mathrm{s}}\right](\nabla\theta) \tag{9.6.1}$$

表 9.1　多孔介质内传质总结

相	流体相			吸附相	
组成	摩尔分数 x_i(或分压 p_i)			表面覆盖分率 θ_i	
机理	主体扩散	Knudsen 扩散	黏性流	表面扩散	
				取代扩散	逆向交换扩散
通量	扩散通量 $\boldsymbol{N}_i^{\mathrm{d}}$		对流通量 $\boldsymbol{N}_i^{V}$	表面通量 $\boldsymbol{N}_i^{\mathrm{s}}$	
特性参数	$Đ_{ij}^{\mathrm{e}}$	$Đ_{iM}^{\mathrm{e}}$	$\alpha_i\beta_0/\mu$	$Đ_{iV}^{\mathrm{s}}$	$Đ_{ij}^{\mathrm{s}}$
本构方程	$RT\nabla\ln(\gamma_i x_i)+\bar{V}_i\nabla P+Z_iF\nabla\Phi+\cdots$ $=-\dfrac{RT}{C_{\mathrm{t}}x_i}\left(\sum_{\substack{j=1\\j\neq i}}^{n}\dfrac{x_j\boldsymbol{N}_i^{\mathrm{d}}-x_i\boldsymbol{N}_j^{\mathrm{d}}}{Đ_{ij}^{\mathrm{e}}}+\dfrac{\boldsymbol{N}_i^{\mathrm{d}}}{Đ_{iM}^{\mathrm{e}}}\right)$		$\boldsymbol{N}_i^{V}=-\varepsilon C_{\mathrm{t}}x_i\alpha_i\dfrac{B_0}{\mu}\nabla P$	$-\rho_s(1-\varepsilon)\sum_{j=1}^{n}\Gamma_{ij}^{\mathrm{s}}\nabla\theta_j$ $=\sum_{\substack{j=1\\j\neq i}}^{n}\dfrac{1}{Đ_{ij}^{\mathrm{s}}}\left(\dfrac{\theta_j\boldsymbol{N}_i^{\mathrm{s}}}{q_{i,\mathrm{sat}}}-\dfrac{\theta_i\boldsymbol{N}_j^{\mathrm{s}}}{q_{j,\mathrm{sat}}}\right)+\dfrac{\boldsymbol{N}_i^{\mathrm{s}}}{q_{i,\mathrm{sat}}Đ_{iV}^{\mathrm{s}}}$ $i=1,2,\cdots,n$	

续表

相	流体相	吸附相
本构方程	$-C_i\nabla\ln(\gamma_i x_i)-\dfrac{C_i}{RT}\bar{V}_i\nabla P-\alpha_i'\varepsilon C_i\dfrac{B_0}{\mu \text{Đ}_{iM}^{e}}\nabla P-C_iZ_i\dfrac{F}{RT}\nabla\Phi-\cdots$ $=\sum\limits_{\substack{j=1\\j\neq i}}^{n}\dfrac{x_j\boldsymbol{N}_i^{f}-x_i\boldsymbol{N}_j^{f}}{\text{Đ}_{ij}^{e}}+\dfrac{\boldsymbol{N}_i^{f}}{\text{Đ}_{iM}^{e}}\quad i=1,2,\cdots,n$	
热力学因子	$x_i\nabla\ln(\gamma_i x_i)=\sum\limits_{j=1}^{n-1}\varGamma_{ij}\nabla x_j,\quad \varGamma_{ij}=\delta_{ij}+x_i\left(\dfrac{\partial\ln\gamma_i}{\partial x_j}\right)_{T,P,x_k},\quad \delta_{ij}=\begin{cases}1 & i=j\\0 & i\neq j\end{cases}$ $i,j=1,2,\cdots,n-1;\quad k\neq j$	$\varGamma_{ij}^{s}\equiv\theta_i\dfrac{\partial\ln f_i^{*}}{\partial\theta_j}\equiv\theta_i\dfrac{\partial\ln a_i^{*}}{\partial\theta_j}\quad i,j=1,2,\cdots,n$
总通量(单位多孔材料截面积)	$\boldsymbol{N}_i=\boldsymbol{N}_i^{f}+\boldsymbol{N}_i^{s}$	

对于不同的情况，各种传质机理的重要性是不同的，可以根据具体情况忽略总通量中的若干项内容。对于同时涉及大孔、介孔扩散和表面扩散的过程，用式(9.5.26)(单列扩散近似)并结合式(9.4.14)构成传质的本构方程，再将其应用于守恒方程中，就可以预测多孔介质内多组分体系的传质行为。对单组分在水溶液中和多组分在活性炭中吸附的分析都表明了这一点。

参考文献

[1] Krishna R, Wesselingh J A. The Maxwell-Stefan approach to mass transfer. Chemical Engineering Science, 1998, 52(6): 861-911.

[2] Kapteijn F, Moulijn J A, Krishna R. The generalized Maxwell-Stefan model for diffusion in zeolites: sorbate molecules with different saturation loadings. Chemical Engineering Science, 2000, 55: 2923-2930.

习 题

1. 三元气体混合物 He(1)-Ne(2)-Ar(3)扩散通过一个惰性多孔膜。膜内的孔可以看作平行圆柱孔，膜的孔隙率为 80%。试确定在 100nm、200nm 和 300nm 三种孔径条件下，三个组分的稳态传质通量。已知条件如下：上游压力 $P_0=210\times10^3$Pa，下游压力 $P_\delta=190\times10^3$Pa，温度 $T=300$K，气体黏度 $\eta=22\times10^{-6}$Pa · s，膜厚度 $\delta=9.6$mm，膜两侧组分的摩尔分数为

$$x_{10}=0.4 \qquad x_{1\delta}=0.4$$
$$x_{20}=0.4 \qquad x_{2\delta}=0.3$$
$$x_{30}=0.2 \qquad x_{3\delta}=0.3$$

组分在压力为 100×10^3Pa 和温度为 300K 的主体相气体中的二元扩散系数为

$$D_{12}=1.068\times10^{-4}\text{m}^2/\text{s},\quad D_{13}=0.824\times10^{-4}\text{m}^2/\text{s}$$
$$D_{23}=0.316\times10^{-4}\text{m}^2/\text{s}。$$

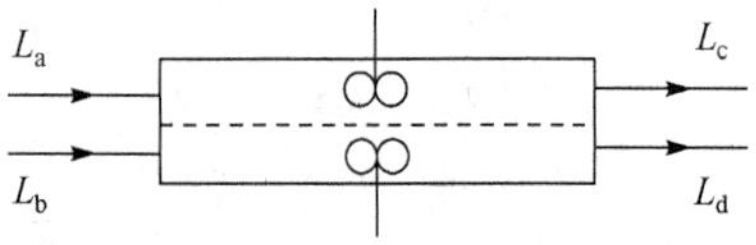

图 9.19

2. 在如图 9.19 所示的渗析膜器中，膜两侧流体均匀混合。传递组分为水(1)和尿素(2)。膜内的传质系数为

$$k_{12} = Đ_{12}^{e}/\delta = 0.3\times10^{-6}(\text{m/s})$$

$$k_{1M} = Đ_{1M}^{e}/\delta = 0.1\times10^{-6}(\text{m/s})\;;\quad k_{2M} = Đ_{2M}^{e}/\delta = 0.02\times10^{-6}(\text{m/s})$$

膜面积 A=1m^2，膜内总浓度 C_t=3×10^{4}mol/m^3；进料流量和摩尔分数为：L_a=0.003mol/s，L_b=0.005mol/s，x_{1a}=0.980、x_{2a}=0.020，x_{1b}=1.000、x_{2b}=0.000。试计算两股出料的摩尔流量。

3. 用一个未溶胀厚度为 6μm 的聚丙烯膜进行碳氢化合物的渗析实验。实验开始时，膜的左侧是纯正己烷(1)，右侧是纯异辛烷(2)。溶胀后，膜厚度 δ=7.66μm；膜表面的浓度为 C_{10}=1677mol/m^3、C_{20}≈0mol/m^3、$C_{1\delta}$≈0mol/m^3 和 $C_{2\delta}$=1192mol/m^3；实验测定的传质通量为 $N_1 = 7.57\times10^{-2}\,\text{mol/(m}^2\cdot\text{s)}$ 和 $N_2 = -2.74\times10^{-2}\,\text{mol/(m}^2\cdot\text{s)}$；有效二元 Maxwell-Stefan 扩散系数 $Đ_{12}^{e}$=2×10^{-9}m^2/s。利用上述数据，用差分近似微分估计有效 Knudsen 扩散系数 $Đ_{1M}^{e}$ 和 $Đ_{2M}^{e}$，并讨论 $Đ_{12}^{e}$ 对它们的影响。

4. 单组分体系二氧化硫在一种微孔介质(Spheron 6)中的表面扩散已经由实验测定。在 0℃时，二氧化硫的 Fick 表面扩散系数 D_1^s 与其表面覆盖分率相关，其数据见表 9.2。

表 9.2

θ_1	$D_1^s/(10^{-8}\,\text{m}^2/\text{s})$	θ_1	$D_1^s/(10^{-8}\,\text{m}^2/\text{s})$
0.001	9.0	0.556	9.3
0.111	9.6	0.888	11.9
0.333	9.1	0.999	19.9

试分析二氧化硫的 Maxwell-Stefan 表面扩散系数 $Đ_{1V}^{s}$ 与其表面覆盖分率的关系。

5. 某种沸石的 Maxwell-Stefan 表面扩散系数随表面覆盖分率的增大而线性减小。利用氮吸附法测定沸石的孔径小于 2nm。用这种沸石制成微孔无机膜，弱极性的有机物能被吸附并透过，水分不能被吸附和透过，因此可用于分离水中的有机组分 A。吸附平衡实验证明，其吸附等温线符合 Langmuir 关系式，溶质 A 的饱和吸附量为 $q_{A,sat}$。为了测定 A 的表面扩散系数 $Đ_{AV}^{s}(0)$，设计了如图 9.20 所示的等温实验。

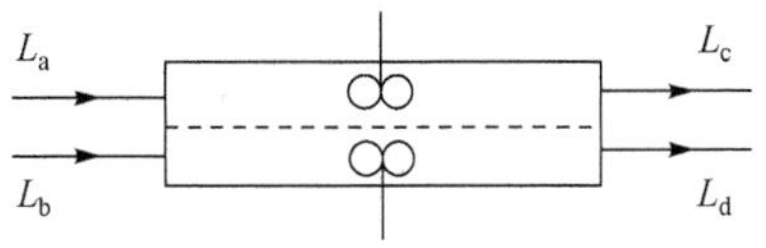

图 9.20

所用平板微孔无机膜的面积和厚度分别为 S 和 l，膜的表观密度经测定为 ρ_b。膜两侧的流体均匀混合，可以认为流体相没有传质阻力。膜表面处可以认为是处于吸附平衡状态。进料 a 是溶质 A 的稀水溶液，流量和 A 的摩尔分数分别为 L_a(mol/s)和 x_{Aa}。进料 b 是纯水，流量为 L_b(mol/s)。稳态实验测定了出料 d 中溶质 A 的摩尔分数为 x_{Ad}。由于所涉及的都是稀水溶液，可以近似认为溶液的总浓度恒定为纯水的总摩尔浓度。试求参数 $Đ_{AV}^{s}(0)$ 的表达式。

第10章

质量和热量同时传递

10.1 引　　言

前面各章节所讨论的传质问题及其理论分析均假设体系是等温的，至少在传质阻力存在的区域内不存在温度梯度。也就是说，在传质发生的时候没有传热现象。前面讨论传热时也假定没有传质现象，即针对纯物质或组成恒定的混合物而言的传热。事实上，只有纯物质或组成恒定、不随时间和空间位置而变化的混合物的热传导才可以用 Fourier 定律描述。然而，在人类的生产和生活中，在很多自然现象中，很多过程在传质的同时也有传热的发生，即传热和传质是同时进行的。

许多典型的化工单元操作，如精馏、冷凝、干燥和蒸发等，既有传质通量 $\boldsymbol{N}$，也有热量通量 $\boldsymbol{E}$ 跨越相界面，如图 10.1 所示。在相界面附近，既有温度梯度也有组分浓度梯

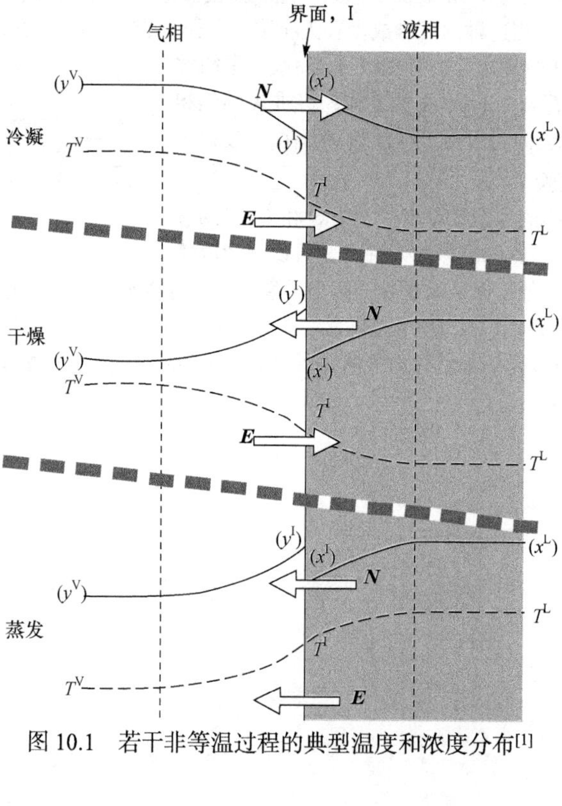

图 10.1　若干非等温过程的典型温度和浓度分布[1]

度。在冷凝过程中，质量通量和热量通量的方向相同，均为从气相至液相；在干燥操作中，质量通量从液相到气相，而热量通量则从气相到液相；在蒸发过程中，质量通量和热量通量的方向相同，均为从液相到气相。

对于化学反应过程，在反应热很大的情况下，传质和传热同时发生并相互影响。例如，图 10.2 所示的煤炭气化过程，煤炭与二氧化碳气体反应生成一氧化碳气体，一氧化碳气体与水蒸气发生水气变换反应生成氢气和二氧化碳。该过程中，在颗粒表面附近的传递“阻力膜”内，既有很大的浓度梯度，又有很大的温度梯度，各组分的传质通量受温度梯度的影响很大。

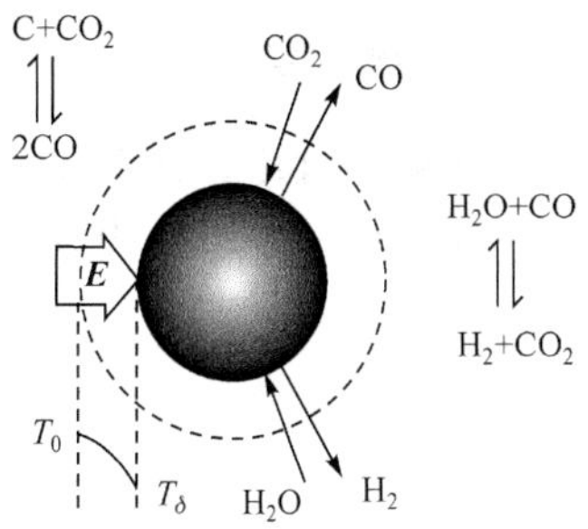

图 10.2　煤炭颗粒的气化[2]
质量通量、热量通量及反应

在自然界，很多现象也受到质量和热量同时传递控制。例如，雾的形成实质是质量和热量同时传递的水蒸气冷凝过程。

10.2　传热和传质的相互影响

传质和传热同时进行时，质量传递和热量传递是相互影响的。其中，温度梯度对传质的影响包括以下五个方面：

(1) 温度梯度直接引起分子迁移，即热扩散现象(Soret 效应)。

(2) 温度梯度影响流体的主体流动。由于流体主体及界面性质随温度发生变化，引起“自然对流”和界面运动(Benard 效应)，从而引起流体力学状况的变化。

(3) 温度变化引起化学反应速率的变化，从而影响传质。

(4) 温度变化引起相平衡的变化，从而引起传质过程边界条件的变化。

(5) 温度变化引起体系物性的变化，从而影响传质。

传质对传热的影响包括以下三个方面：

(1) 质量通量引起热量(焓)通量。这方面的影响很大，必须在过程分析和模型化时加以考虑。

(2) 组分传递直接引起热量通量，即所谓的“扩散热传导效应”(Dufour 效应)。

(3) 质量传递引起组成变化而改变物性，从而影响传热。

由温度梯度和组分势能梯度引起的分子传递通量见表 10.1。交叉通量是指由温度梯度引起的组分扩散通量，即热扩散通量 $\boldsymbol{J}_i^T$，以及由组分势能梯度引起的热传导通量，即扩散热通量 $\boldsymbol{q}^x$；交叉传递系数为 D_i^T，即热扩散系数。

表 10.1　非等温体系分子传递的推动力(梯度)、通量和系数

推动力(梯度)	热量通量和系数	组分 i 的通量和系数
温度	Fourier 热传导 $\boldsymbol{q}^c$，k	热扩散(Soret 效应) $\boldsymbol{J}_i^T$，D_i^T
组分总势能	扩散热传导(Dufour 效应) $\boldsymbol{q}^x$，D_i^T	分子扩散 $\boldsymbol{J}_i$，$Ð_{ij}$

10.3　质量和热量同时传递的传质方程

10.3.1　热扩散

由温度梯度直接引起分子运动而产生的扩散传质即热扩散，其相应的通量就是热扩散通量。由 n 个组分构成的混合物中，组分 i 的热扩散通量为

$$\boldsymbol{J}_i^T = C_i\left(\boldsymbol{v}_i^T - \boldsymbol{v}^T\right) \tag{10.3.1}$$

或

$$\boldsymbol{j}_i^T = \rho_i\left(\boldsymbol{v}_i^T - \boldsymbol{v}^T\right) \tag{10.3.2}$$

其中，$\boldsymbol{v}_i^T$ 是 i 组分相对于固定坐标的热扩散迁移速度；$\boldsymbol{v}^T$ 是质量平均热扩散速度：

$$\boldsymbol{v}^T = \sum_{i=1}^{n}\omega_i \boldsymbol{v}_i^T \tag{10.3.3}$$

热扩散通量与温度梯度之间的关系可以用线性关系表示为

$$\boldsymbol{j}_i^T = -D_i^T \nabla \ln T \tag{10.3.4}$$

或

$$\boldsymbol{J}_i^T = -\frac{D_i^T}{M_i}\nabla \ln T \tag{10.3.5}$$

其中，D_i^T 是热扩散系数，kg/(m · s)；M_i 为摩尔质量，kg/kmol。

热扩散系数 D_i^T 不仅受温度的影响，还与体系有关，受体系的组成影响，是一个行为复杂的量。

对于 n 个组分的多组分体系，有

$$\sum_{i=1}^{n} D_i^T = 0 \tag{10.3.6}$$

只有 $n-1$ 个独立的热扩散通量和相应的热扩散系数。

对于二元混合物(A+B)，有

$$D_{\mathrm{B}}^T = -D_{\mathrm{A}}^T \tag{10.3.7}$$

即对于二元体系只有一个独立的热扩散系数。热扩散系数 D_{A}^T 可以是正值，也可以是负值，取决于 A 和 B 摩尔质量的相对大小。如果 $M_{\mathrm{A}} > M_{\mathrm{B}}$，一般 $D_{\mathrm{A}}^T > 0$，即 A 的热扩散是从高温区向低温区进行的。

热扩散只对以下三类情况是重要的：

(1) 温度梯度很大的场合，如化学气相沉积(CVD)等。

(2) 催化剂颗粒内气体混合物的反应和传质，尤其是各组分的摩尔质量相差很大，而且反应热很大的场合。

(3) 同位素的热扩散分离。

对于其他场合，热扩散传质通量相对于其他类型的传质通量很小，通常可忽略。

10.3.2　质量传递的本构方程

由式(10.3.2)和式(10.3.4)可以得出：

$$\boldsymbol{v}_i^T - \boldsymbol{v}^T = -\frac{D_i^T}{C_t x_i M_i}\nabla \ln T = -\frac{D_i^T}{\rho_i}\nabla \ln T \tag{10.3.8}$$

因而，组分之间由热扩散引起的相对迁移速度为

$$\boldsymbol{v}_j^T - \boldsymbol{v}_i^T = \left(\frac{D_i^T}{\rho_i} - \frac{D_j^T}{\rho_j}\right)\nabla \ln T \tag{10.3.9}$$

组分传递的总速度可表示为

$$\boldsymbol{v}_i = \boldsymbol{v}_i^{\mathrm{d}} + \boldsymbol{v}_i^T \tag{10.3.10}$$

其中，$\boldsymbol{v}_i^{\mathrm{d}}$ 是除温度梯度以外的所有推动力驱动的组分迁移速度，也就是在第 7 章给出的 Maxwell-Stefan 方程中的组分速度。因此，有

$$\boldsymbol{v}_j^{\mathrm{d}} - \boldsymbol{v}_i^{\mathrm{d}} = \boldsymbol{v}_j - \boldsymbol{v}_i - \left(\frac{D_i^T}{\rho_i} - \frac{D_j^T}{\rho_j}\right)\nabla \ln T \tag{10.3.11}$$

将式(10.3.11)中的 $\boldsymbol{v}_j^{\mathrm{d}} - \boldsymbol{v}_i^{\mathrm{d}}$ 代入如下 Maxwell-Stefan 方程中：

$$-\boldsymbol{d}_i^{\mathrm{d}} = \sum_{\substack{j=1 \\ j\neq i}}^{n} x_i x_j \frac{\boldsymbol{v}_j^{\mathrm{d}} - \boldsymbol{v}_i^{\mathrm{d}}}{\mathit{Đ}_{ij}} \tag{10.3.12}$$

其中，$\boldsymbol{d}_i^{\mathrm{d}}$ 是不包括温度梯度作用的扩散推动力。因此，有

$$-\boldsymbol{d}_i^{\mathrm{d}} = \frac{1}{C_t}\sum_{\substack{j=1 \\ j\neq i}}^{n} \frac{\left(x_i \boldsymbol{N}_j - x_j \boldsymbol{N}_i\right)}{\mathit{Đ}_{ij}} - \sum_{\substack{j=1 \\ j\neq i}}^{n} x_i x_j \frac{1}{\mathit{Đ}_{ij}}\left(\frac{D_i^T}{\rho_i} - \frac{D_j^T}{\rho_j}\right)\nabla \ln T \tag{10.3.13}$$

定义多组分热扩散因子：

$$\alpha_{ij} = \frac{1}{\mathit{Đ}_{ij}}\left(\frac{D_i^T}{\rho_i} - \frac{D_j^T}{\rho_j}\right) \tag{10.3.14}$$

显然

$$\alpha_{ij} = -\alpha_{ji} \quad i \neq j = 1,2,\cdots,n \tag{10.3.15}$$

用摩尔传质通量而不用组分速度表示，并利用热扩散因子，有

$$-\boldsymbol{d}_i^{\mathrm{d}} + \sum_{\substack{j=1 \\ j\neq i}}^{n} x_i x_j \alpha_{ij} \nabla \ln T = \frac{1}{C_t}\sum_{\substack{j=1 \\ j\neq i}}^{n} \frac{\left(x_i \boldsymbol{N}_j - x_j \boldsymbol{N}_i\right)}{\mathit{Đ}_{ij}} \tag{10.3.16}$$

因为不包括温度梯度的推动力为

$$\boldsymbol{d}_i^{\mathrm{d}} = -\frac{x_i}{RT}[RT\nabla\ln(\gamma_i x_i) + \bar{V}_i\nabla P + FZ_i\nabla\Phi + \cdots] \tag{10.3.17}$$

所以包括了温度梯度的分子扩散总推动力为

$$\boldsymbol{d}_i = -\frac{x_i}{RT}[RT\nabla\ln(\gamma_i x_i) + \bar{V}_i\nabla P + FZ_i\nabla\Phi + \beta_i\nabla T + \cdots] \tag{10.3.18}$$

则包含了温度梯度的总势能梯度为

$$\nabla\psi_i = RT\nabla\ln(\gamma_i x_i) + \bar{V}_i\nabla P + FZ_i\nabla\Phi + \beta_i\nabla T + \cdots \tag{10.3.19}$$

其中，β_i 为修正的热扩散因子，其定义为

$$\beta_i = R\sum_{\substack{j=1\\ j\neq i}}^{n} x_j\alpha_{ij} \tag{10.3.20}$$

则与热量同时传递的质量传递本构方程为

$$-\boldsymbol{d}_i = \frac{x_i}{RT}\nabla\psi_i = \frac{1}{C_{\mathrm{t}}}\sum_{\substack{j=1\\ j\neq i}}^{n}\frac{x_i\boldsymbol{N}_j - x_j\boldsymbol{N}_i}{\text{Đ}_{ij}} \tag{10.3.21}$$

即

$$\frac{x_i}{RT}\left[RT\nabla\ln(\gamma_i x_i) + \bar{V}_i\nabla P + FZ_i\nabla\Phi + \beta_i\nabla T + \cdots\right] = \frac{1}{C_{\mathrm{t}}}\sum_{\substack{j=1\\ j\neq i}}^{n}\frac{x_i\boldsymbol{N}_j - x_j\boldsymbol{N}_i}{\text{Đ}_{ij}} \tag{10.3.22}$$

这就是考虑了热扩散的质量传递本构方程。因为除三类特殊情况外热扩散可以忽略，所以对大多数过程 β_i 可以当作零处理。

10.3.3　组分的守恒方程

根据普遍化守恒方程可以写出组分 i 的守恒方程为

$$\frac{\partial C_i}{\partial t} = -\nabla\cdot\boldsymbol{N}_i + R_{Vi} \tag{10.3.23}$$

$$[(\boldsymbol{N}_i - C_i\boldsymbol{v}_{\mathrm{I}})_{\mathrm{B}} - (\boldsymbol{N}_i - C_i\boldsymbol{v}_{\mathrm{I}})_{\mathrm{A}}]\cdot\boldsymbol{n}_{\mathrm{I}} = R_{Si} \tag{10.3.24}$$

其中，$\boldsymbol{N}_i$ 是组分 i 相对于固定坐标的摩尔通量，其与扩散推动力的关系由式(10.3.21)表示。当 $\boldsymbol{N}_i$ 为相对于界面(固定坐标系)的传质通量时，界面速度为零。如果界面上没有 i 组分参与的化学反应，即 $R_{Si} = 0$，那么根据式(10.3.24)，在界面上有

$$\boldsymbol{N}_i\big|_{\mathrm{A}} = \boldsymbol{N}_i\big|_{\mathrm{B}} \tag{10.3.25}$$

这意味着相界面上质量传递通量连续。

10.4　质量和热量同时传递的热量传递方程

10.4.1　扩散热传导

对于 n 个组分的多组分体系，扩散热传导通量 $\boldsymbol{q}^x$ 与所有组分的总势能梯度(包括热扩散) $\nabla\psi_i$ 相关。采用通量与梯度线性比例关系，$\boldsymbol{q}^x$ 可以表示为

$$\boldsymbol{q}^x = \sum_{i=1}^{n} -D_i^T \frac{\nabla\psi_i}{M_i} \tag{10.4.1}$$

由于组分 i 的总扩散推动力 $\boldsymbol{d}_i$ 为

$$\boldsymbol{d}_i = -\frac{x_i}{RT}\nabla\psi_i \tag{10.4.2}$$

由式(10.4.1)和式(10.4.2)两式可得

$$\boldsymbol{q}^x = C_t RT \sum_{i=1}^{n} \frac{D_i^T}{\rho_i}\boldsymbol{d}_i \tag{10.4.3}$$

根据式(10.3.21)有

$$\boldsymbol{q}^x = RT \sum_{i=1}^{n}\sum_{\substack{j=1\\ j\neq i}}^{n} \frac{D_i^T}{\rho_i}\frac{\left(x_j\boldsymbol{N}_i - x_i\boldsymbol{N}_j\right)}{\mathit{Đ}_{ij}} \tag{10.4.4}$$

可以将其变换成

$$\boldsymbol{q}^x = \frac{1}{2}RT \sum_{i=1}^{n}\sum_{\substack{j=1\\ j\neq i}}^{n} \left(\frac{D_i^T}{\rho_i} - \frac{D_j^T}{\rho_j}\right)\frac{\left(x_j\boldsymbol{N}_i - x_i\boldsymbol{N}_j\right)}{\mathit{Đ}_{ij}} \tag{10.4.5}$$

因此，扩散热传导通量 $\boldsymbol{q}^x$ 可以写成:

$$\boldsymbol{q}^x = \frac{1}{2}RT \sum_{i=1}^{n}\sum_{\substack{j=1\\ j\neq i}}^{n} \alpha_{ij}\left(x_j\boldsymbol{N}_i - x_i\boldsymbol{N}_j\right) \tag{10.4.6}$$

由上述几个 $\boldsymbol{q}^x$ 的表达式可见，传质诱导的热传导通量受混合物的组成、所有组分的通量、组分的 Maxwell-Stefan 扩散系数和组分的热扩散系数等因素影响。

对于二元混合物(A+B)，由传质引起的热传导通量 $\boldsymbol{q}^x$ 为

$$\boldsymbol{q}^x = \frac{RT}{\mathit{Đ}_{AB}}\left(\frac{D_A^T}{\rho_A} - \frac{D_B^T}{\rho_B}\right)\left(x_B\boldsymbol{N}_A - x_A\boldsymbol{N}_B\right) \tag{10.4.7}$$

由于 $D_B^T = -D_A^T$，所以

$$\boldsymbol{q}^x = \frac{RTD_A^T}{\mathit{Đ}_{AB}}\left(\frac{1}{\rho_A} + \frac{1}{\rho_B}\right)\left(x_B\boldsymbol{N}_A - x_A\boldsymbol{N}_B\right) \tag{10.4.8}$$

对于理想二元混合物，因为$\mathcal{D}_{AB}=D_{AB}$，所以

$$\boldsymbol{q}^x=\frac{RTD_A^T}{D_{AB}}\left(\frac{1}{\rho_A}+\frac{1}{\rho_B}\right)\left(x_B\boldsymbol{N}_A-x_A\boldsymbol{N}_B\right) \tag{10.4.9}$$

这与 Hirschfelder、Curtiss 和 Bird[4]对二元气体所给的理论推导结果一致。

相对于 Fourier 热传导通量和质量传递通量引起的热量通量，扩散热传导通量$\boldsymbol{q}^x$很小，通常可以忽略。

10.4.2 热量守恒方程

考虑热量守恒时，普遍化守恒方程中的标量密度用单位体积混合物的焓表示。对于n个组分的混合物，有

$$H=\sum_i^n C_i\bar{H}_i \tag{10.4.10}$$

其中，H是单位体积混合物的焓；$\bar{H}_i$是组分i的偏摩尔焓。

根据普遍化守恒方程，可以写出热量守恒方程为

$$\frac{\partial\sum\limits_{i=1}^n C_i\bar{H}_i}{\partial t}+\nabla\cdot\boldsymbol{E}=H_V \tag{10.4.11}$$

$$\left[\left(\boldsymbol{E}-\boldsymbol{v}_I\sum_{i=1}^n C_i\bar{H}_i\right)_B-\left(\boldsymbol{E}-\boldsymbol{v}_I\sum_{i=1}^n C_i\bar{H}_i\right)_A\right]\cdot\boldsymbol{n}_I=H_S \tag{10.4.12}$$

$$\boldsymbol{E}=\boldsymbol{e}+\left(\sum_{i=1}^n C_i\bar{H}_i\right)\boldsymbol{v} \tag{10.4.13}$$

其中，$\boldsymbol{e}$是焓通量的分子传递项，即相对于质量平均速度的焓通量；H_V是系统内单位体积的外部热量输入速率；H_S是界面上单位面积的外部热量输入速率。

当$\boldsymbol{E}$为相对于界面(固定坐标系)的热量通量时，界面速度为零。如果界面上无外部热源，即$H_S=0$，那么式(10.4.12)变成：

$$\boldsymbol{E}_B=\boldsymbol{E}_A \tag{10.4.14}$$

这意味着相界面上热量通量连续。

10.4.3 热量传递的本构方程

热量传递的本构方程式(10.4.13)中，焓通量的分子传递项$\boldsymbol{e}$包括由$\boldsymbol{q}^c$和$\boldsymbol{q}^x$两部分构成的热传导通量$\boldsymbol{q}$，以及由组分扩散通量$\boldsymbol{J}_i$引起的焓通量，即

$$\boldsymbol{e}=\boldsymbol{q}^c+\boldsymbol{q}^x+\sum_{i=1}^n\boldsymbol{J}_i\bar{H}_i \tag{10.4.15}$$

其中，摩尔扩散通量$\boldsymbol{J}_i$是相对于总质量平均速度的扩散通量。将式(10.4.13)和式(10.4.15)组合可得

$$\boldsymbol{E}=\boldsymbol{q}+\sum_{i=1}^{n}\left(\boldsymbol{J}_i+C_i\boldsymbol{v}\right)\bar{H}_i=\boldsymbol{q}+\sum_{i=1}^{n}\boldsymbol{N}_i\bar{H}_i \tag{10.4.16}$$

其中，$\boldsymbol{q}$ 是$\boldsymbol{q}^c$ 和$\boldsymbol{q}^x$ 的和，即

$$\boldsymbol{q}=-k\nabla T+\frac{1}{2}RT\sum_{i=1}^{n}\sum_{\substack{j=1\\ j\neq i}}^{n}\alpha_{ij}\left(x_j\boldsymbol{N}_i-x_i\boldsymbol{N}_j\right) \tag{10.4.17}$$

式(10.4.17)右边第二项即扩散热传导通量$\boldsymbol{q}^x$，与 Fourier 热传导通量$\boldsymbol{q}^c$ 及由质量通量引起的热量通量$\sum_{i=1}^{n}\boldsymbol{N}_i\bar{H}_i$ 相比很小，一般可忽略。因此，质量和热量同时传递的大多数场合，热量传递的本构方程为

$$\boldsymbol{E}=-k\nabla T+\sum_{i=1}^{n}\boldsymbol{N}_i\bar{H}_i \tag{10.4.18}$$

10.5　质量和热量同时传递过程的模型

质量和热量同时传递的问题，其模型化涉及质量传递和热量传递的守恒方程联立求解，包括：

组分的守恒方程

$$\frac{\partial C_i}{\partial t}=-\nabla\cdot\boldsymbol{N}_i+R_{Vi} \tag{10.5.1}$$

边界组分守恒方程

$$[(\boldsymbol{N}_i-C_i\boldsymbol{v}_{\mathrm{I}})_{\mathrm{B}}-(\boldsymbol{N}_i-C_i\boldsymbol{v}_{\mathrm{I}})_{\mathrm{A}}]\cdot\boldsymbol{n}_{\mathrm{I}}=R_{Si} \tag{10.5.2}$$

传质的本构方程

$$\frac{x_i}{RT}\left[RT\nabla\ln\left(\gamma_i x_i\right)+\bar{V}_i\nabla P+FZ_i\nabla\varPhi+\beta_i\nabla T+\cdots\right]=\frac{1}{C_{\mathrm{t}}}\sum_{\substack{j=1\\ j\neq i}}^{n}\frac{x_i\boldsymbol{N}_j-x_j\boldsymbol{N}_i}{Ð_{ij}} \tag{10.5.3}$$

对于绑定问题，还有传质绑定方程

$$\sum_{i=1}^{n}v_i\boldsymbol{N}_i=0 \tag{10.5.4}$$

热量守恒方程

$$\frac{\partial\sum_{i=1}^{n}C_i\bar{H}_i}{\partial t}+\nabla\cdot\boldsymbol{E}=H_V \tag{10.5.5}$$

边界热量守恒方程

$$\left[\left(\boldsymbol{E}-\boldsymbol{v}_{\mathrm{I}}\sum_{i=1}^{n}C_i\bar{H}_i\right)_{\mathrm{B}}-\left(\boldsymbol{E}-\boldsymbol{v}_{\mathrm{I}}\sum_{i=1}^{n}C_i\bar{H}_i\right)_{\mathrm{A}}\right]\cdot\boldsymbol{n}_{\mathrm{I}}=H_S \tag{10.5.6}$$

热量传递的本构方程

$$\boldsymbol{E}=-k\nabla T+\frac{1}{2}RT\sum_{i=1}^{n}\sum_{\substack{j=1\\j\neq i}}^{n}\alpha_{ij}\left(x_j\boldsymbol{N}_i-x_i\boldsymbol{N}_j\right)+\sum_{i=1}^{n}\boldsymbol{N}_i\bar{H}_i \tag{10.5.7}$$

对于质量传递本构方程中的热扩散项，除三类特殊情况，即温度梯度很大、催化剂颗粒内组分分子量相差很大且反应热很大的气体混合物和同位素热扩散分离以外，都可以忽略。热量传递本构方程中扩散热传导通量一般可以忽略。对于具体问题需要根据具体情况确定守恒方程及其边界条件中的各项和相关量。

严格地讲，在热量传递即温度梯度存在的情况下，体系的物性包括扩散系数和导热系数等都随温度而变化。这使得原本就很复杂的偏微分方程组的求解更为困难，很难得到解析解。在很多情况下只有经适当的简化处理才能获得数值解。

10.5.1　热扩散效应的分析[3]

如图 10.3 所示，假设气体组分 A 和 B 被限制在两个平行的表面之间。这两个表面之间维持一定的温度差。再进一步假设表面是不可渗透的，而且没有化学反应。考虑稳态情况下由温度差引起的两个平面上的组分摩尔分数差。

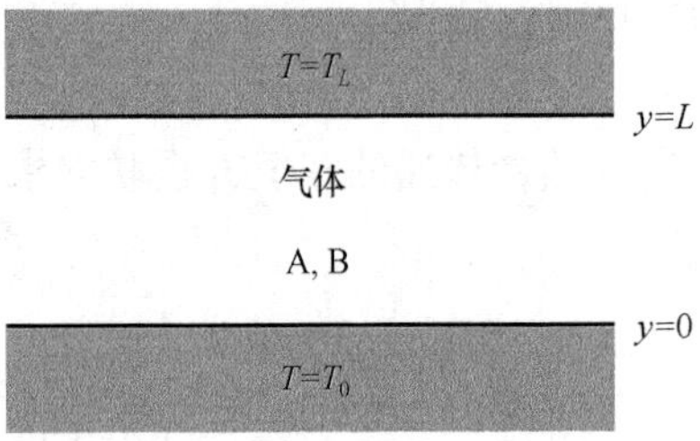

图 10.3　两个维持恒定温差 $T_L>T_0$ 的平行表面之间的二元气体混合物

由组分守恒方程可知：

$$\nabla\cdot\boldsymbol{N}_i=0 \tag{10.5.8}$$

由于表面固定、不可渗透且无表面反应，根据边界上的组分守恒方程，对于一维过程，有

$$N_i(0)=N_i(L)=0 \tag{10.5.9}$$

因此，对于任意的 y 值，有

$$N_i(y)=0 \tag{10.5.10}$$

根据传质的本构方程式(10.5.3)，有

$$RT\nabla\ln(\gamma_i x_i)+\beta_i\nabla T=0 \tag{10.5.11}$$

对于理想气体混合物，有

$$RT\nabla\ln x_i+R\sum_{\substack{j=1\\j\neq i}}^{n}x_j\alpha_{ij}\nabla T=0 \tag{10.5.12}$$

对于二元体系一维过程，可以得到：

$$\mathrm{d}x_{\mathrm{A}}=-x_{\mathrm{A}}x_{\mathrm{B}}\alpha_{\mathrm{AB}}\mathrm{d}\ln T \tag{10.5.13}$$

对于理想气体，热扩散因子 α_{AB} 几乎与摩尔分数无关，但与温度相关。对于 200～400K、1atm 下的二元气体，$0.01\ll|\alpha_{\mathrm{AB}}|\ll0.3$。在温差不是很大的情况下，$\alpha_{\mathrm{AB}}$ 可以用

平均值近似为常数。因此，由式(10.5.13)可得

$$\int_{x_A(0)}^{x_A(L)} \frac{dx_A}{x_A(1-x_A)} = -\bar{\alpha}_{AB} \int_{T_0}^{T_L} d\ln T \tag{10.5.14}$$

即

$$\frac{x_A(L)/x_B(L)}{x_A(0)/x_B(0)} = \left(\frac{T_0}{T_L}\right)^{\bar{\alpha}_{AB}} \tag{10.5.15}$$

可以由式(10.5.15)判断在一定的温度范围内，二元气体的热扩散效应是否可以忽略。

对于最小的 $|\alpha_{AB}|=0.01$，在 T_L=300K、T_0=200K 的条件下：

$$\frac{x_A(L)/x_A(0)}{x_B(L)/x_B(0)} = 0.996 \text{ 或 } 1.004$$

也就是说，温差引起的组成差别很小。由此可见，对于大多数分子量相差不是很大的体系，由于热扩散因子的绝对值较小，即使在温差达到 100K 的条件下，热扩散产生的组成变化是很小的。这也说明除前述三类特殊情况以外的大多数体系，热扩散的影响可以忽略。在热扩散分离同位素时，组分的分子量差异很小，热扩散因子的绝对值很小，导致单级分离因子非常接近于 1。因此，同位素的热扩散分离过程需要在两个垂直表面之间维持很大的温差，并结合由浮力诱导的自然对流，从而在高塔中产生足够大的分离因子。

在两个组分分子量相差很大的情况下，可能会有较大的 $|\alpha_{AB}|$，如 0.3。此时，在 T_L=300K、T_0=200K 的条件下：

$$\frac{x_A(L)/x_A(0)}{x_B(L)/x_B(0)} = 0.885 \text{ 或 } 1.129$$

这一分离因子数值表明，温差引起了相当大的浓度差。如果温度相差更大，浓度差会更大。这说明在组分分子量差别很大及温度梯度很大的情况下，需要考虑温度梯度引起的分子热扩散效应。

10.5.2　扩散热传导效应的分析[3]

考虑如图 10.4 所示的催化剂表面附近气体膜内的热量和质量传递。在固体表面($y=L$)处，发生快速不可逆化学反应 A⟶2B。气相主体($y=0$)中的温度给定为 $T=T_0$，浓度给定为 $C_A=C_{A0}$。在固体内部无热传导和扩散传质。系统为稳态，温度和组成只取决于 y。评估扩散热传导(Dufour 效应)在穿过气体膜的热量传递中的重要性。

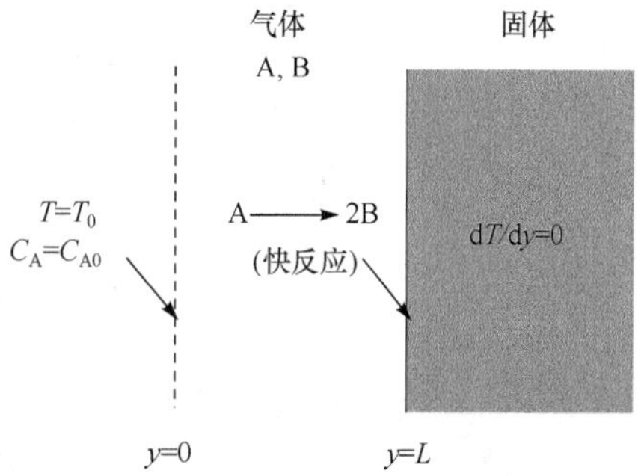

图 10.4　在催化剂表面发生快速不可逆化学反应的气体混合物的热量传递

对于该稳态非均相反应体系，根据组分守恒方程，有

$$\nabla \cdot \boldsymbol{N}_i = 0 \tag{10.5.16}$$

所以，一维传质通量 N_i 是与 y 无关的常量。对于固定边界或以边界为参照的通量，边界上组分守恒方程为

$$N_i^{\mathrm{S}}(L)-N_i(L)=R_{Si} \tag{10.5.17}$$

在界面固体侧，传质通量 $N_i^{\mathrm{S}}(L)=0$，因而

$$N_i(y)=-R_{Si} \quad i=\mathrm{A,B} \tag{10.5.18}$$

根据化学反应的计量系数关系，有 $N_{\mathrm{B}}=-2N_{\mathrm{A}}$。

根据传质本构方程式(10.5.3)，忽略热扩散通量，对于该二元理想气体混合物，$\mathcal{D}_{\mathrm{AB}}=D_{\mathrm{AB}}$，可以得出：

$$\frac{\mathrm{d}x_{\mathrm{A}}}{\mathrm{d}y}=-\frac{N_{\mathrm{A}}}{C_{\mathrm{t}}D_{\mathrm{AB}}}(1+x_{\mathrm{A}}) \tag{10.5.19}$$

对于低压气体，将 C_{t} 和 D_{AB} 近似为常数。实际上，这两个量都是温度的函数，在非等温条件下，它们不是常数。近似处理时，用平均温度下的数值作常数处理。组分 A 的通量为

$$N_{\mathrm{A}}=\frac{C_{\mathrm{t}}D_{\mathrm{AB}}}{L}\ln\frac{1+x_{\mathrm{A0}}}{1+x_{\mathrm{A}L}} \tag{10.5.20}$$

对于快速不可逆反应，$x_{\mathrm{A}L}=0$，所以

$$N_{\mathrm{A}}=\frac{C_{\mathrm{t}}D_{\mathrm{AB}}}{L}\ln(1+x_{\mathrm{A0}}) \tag{10.5.21}$$

对于这样的一维稳态非均相反应过程，由热量守恒方程可知，在气体膜内：

$$\frac{\mathrm{d}E}{\mathrm{d}z}=0 \tag{10.5.22}$$

即热量通量为常数。因为固体内无热量传递，所以固相的界面热量通量 $E^{\mathrm{S}}(L)=0$。根据边界守恒方程，该固定界面体系有

$$E^{\mathrm{S}}(L)-E(L)=H_S \tag{10.5.23}$$

因为固体表面无热源，即 $H_S=0$，所以对所有的 y 值都有 $E(y)=0$，即

$$-k\frac{\mathrm{d}T}{\mathrm{d}y}+q^x+N_{\mathrm{A}}\bar{H}_{\mathrm{A}}+N_{\mathrm{B}}\bar{H}_{\mathrm{B}}=0 \tag{10.5.24}$$

对于低压气体，$\bar{H}_i=H_i$，所以

$$-k\frac{\mathrm{d}T}{\mathrm{d}y}+q^x-N_{\mathrm{A}}(2H_{\mathrm{B}}-H_{\mathrm{A}})=0 \tag{10.5.25}$$

因为 $2H_{\mathrm{B}}-H_{\mathrm{A}}=\Delta H_{\mathrm{R}}$，即化学反应热，所以

$$-k\frac{\mathrm{d}T}{\mathrm{d}y}+q^x-N_{\mathrm{A}}\Delta H_{\mathrm{R}}=0 \tag{10.5.26}$$

扩散热传导通量 q^x 可以表示为

$$q^x = RT\alpha_{AB}(x_B N_A - x_A N_B) = RT\alpha_{AB}(1+x_A)N_A \tag{10.5.27}$$

根据化学反应计量系数可知，$M_A = 2M_B$，即 $M_A > M_B$，则 $D_A^T > 0$，因而 $\alpha_{AB} > 0$，所以 q^x 是正值，即本例中扩散热传导通量是指向固体表面的。

由式(10.5.26)和式(10.5.27)可得以下关系式：

$$-k\frac{dT}{dy} + RT\alpha_{AB}(1+x_A)N_A - N_A\Delta H_R = 0 \tag{10.5.28}$$

即

$$\frac{dT}{dy} = \frac{RT}{k}\left[-\frac{\Delta H_R}{RT} + \alpha_{AB}(1+x_A)\right]N_A \tag{10.5.29}$$

由式(10.5.29)可知，对于放热反应，$\Delta H_R < 0$，扩散热传导通量增大$|T_L - T_0|$；对于吸热反应，$\Delta H_R > 0$，扩散热传导通量减小$|T_L - T_0|$。从式(10.5.29)也可知，只有当 $\alpha_{AB}(1+x_A)$ 与 $|\Delta H_R / RT|$ 相当时，扩散热传导通量才是重要的。对于典型的反应热 $|\Delta H_R / RT| \approx 50$($T$=300K)；当二元理想气体的 α_{AB} 为最大值 0.3 时，扩散热传导通量只是热传导通量的 1%，所以通常忽略。

如果忽略扩散热传导通量，并假设 k 和 D_{AB} 为常数，在一定温度范围内化学反应热可以当作常数处理，利用式(10.5.21)，通过求解式(10.5.29)可以将温差表示为

$$T_L - T_0 = -\frac{C_t D_{AB}}{k}\Delta H_R \ln(1+x_{A0}) \tag{10.5.30}$$

10.5.3 质量和热量同时传递的传热系数[1]

在质量和热量同时传递的过程中，传质通量不为零时，即有传质同时发生，传质通量不仅影响浓度分布，也影响温度分布和通过相界面的热通量。

对于流体相，有以下的传热系数定义：

$$h^{\bullet} = \frac{E - \sum_{i=1}^{n} N_i \bar{H}_i}{\Delta T} = \frac{q}{\Delta T} \tag{10.5.31}$$

其中，上标 · 用于提示该传热系数对应于传质速率不为零的情况，即有传质的传热系数。对于没有传质发生的情况，传热系数为

$$h = \lim_{N_i \to 0}\left(\frac{E - \sum_{i=1}^{n} N_i \bar{H}_i}{\Delta T}\right) = \lim_{N_i \to 0}\left(\frac{q}{\Delta T}\right) \tag{10.5.32}$$

它对应于传质通量可以忽略，即无传质的传热系数。

有传质的传热系数与无传质的传热系数之间的关系可以用以下形式表示：

$$h^{\bullet} = h\Xi_H \tag{10.5.33}$$

其中，Ξ_H 是考虑了传质通量对传热系数影响的校正因子。h 和 Ξ_H 都取决于界面邻近区

域内的温度分布和浓度分布。

在膜模型中，假设所有的传质和传热阻力都集中在界面附近的薄膜内，而且发生在膜内的传热和传质现象是稳态的。主体流体内的浓度梯度和温度梯度都为零。图 10.5 是对该模型的图解。

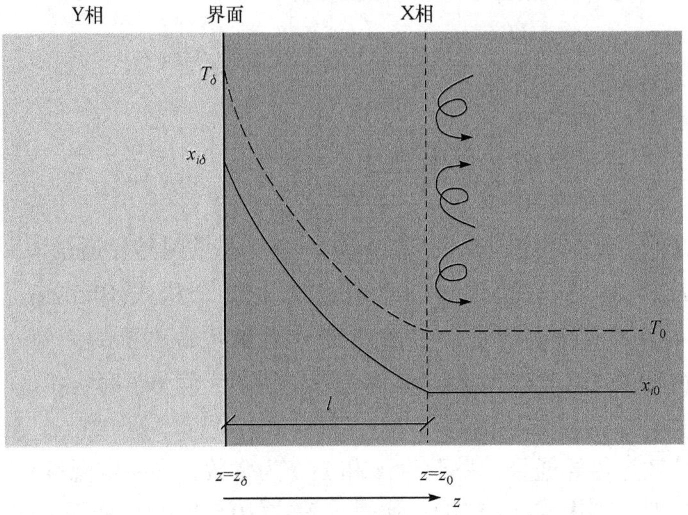

图 10.5 质量和热量同时传递的膜模型

对于平板膜内的稳态传递过程，热量守恒方程式(10.5.5)简化为

$$\frac{\mathrm{d}E}{\mathrm{d}z}=0 \tag{10.5.34}$$

在整个膜内热量通量 E 是常数，所以

$$E=E_0=E_\delta \tag{10.5.35}$$

由组分质量守恒方程式(10.5.1)可知，在膜内 $N_i(i=1,2,\cdots,n)$ 也是常数。根据式(10.5.7)，忽略扩散热传导通量，热量通量 E 可以写成：

$$E=-k\frac{\mathrm{d}T}{\mathrm{d}z}+\sum_{i=1}^{n}N_i\bar{H}_i \tag{10.5.36}$$

如果计算偏摩尔焓 $\bar{H}_i$ 的参考态，取为参考温度 T_{ref} 下纯物质的摩尔焓，可以写出：

$$\bar{H}_i=C_{pi}(T-T_{\mathrm{ref}}) \tag{10.5.37}$$

其中，C_{pi} 是组分 i 的摩尔等压热容，并假设其与温度无关。

定义传热速率因子：

$$\Phi_{\mathrm{H}}=\frac{\sum\limits_{i=1}^{n}N_iC_{pi}}{k/l} \tag{10.5.38}$$

定义无量纲距离

$$\eta = \frac{z - z_\delta}{l} \tag{10.5.39}$$

其中，l 是扩散路径长度，对于平板膜它等于膜厚度。

利用式(10.5.37)～式(10.5.39)，可以将式(10.5.36)写成以下形式：

$$\frac{\mathrm{d}\left(T - T_{\mathrm{ref}}\right)}{\mathrm{d}\eta} = \varPhi_{\mathrm{H}}\left(T - T_{\mathrm{ref}}\right) - \frac{E}{k / l} \tag{10.5.40}$$

并受制于以下边界条件：

$$\eta = 0, \quad T = T_\delta$$

$$\eta = 1, \quad T = T_0$$

假设导热系数和热容为常数(实际是取其在平均温度下的数值)，求解微分方程式(10.5.40)，得出温度分布为

$$\frac{T - T_\delta}{T_0 - T_\delta} = \frac{\exp\left(\varPhi_{\mathrm{H}}\eta\right) - 1}{\exp\left(\varPhi_{\mathrm{H}}\right) - 1} \tag{10.5.41}$$

对式(10.5.41)进行微分求得温度梯度，可得到热传导通量：

$$q = q^c = -\frac{k}{l}\frac{\mathrm{d}T}{\mathrm{d}\eta} = \frac{k}{l}\frac{\varPhi_{\mathrm{H}}\exp\left(\varPhi_{\mathrm{H}}\eta\right)}{\exp\left(\varPhi_{\mathrm{H}}\right) - 1}\left(T_\delta - T_0\right) \tag{10.5.42}$$

无传质的传热系数 h 为

$$h = k / l \tag{10.5.43}$$

在相界面上 $\eta = 0$ 处，热传导通量为

$$q_0 = \frac{k}{l}\frac{\varPhi_{\mathrm{H}}}{\exp\left(\varPhi_{\mathrm{H}}\right) - 1}\left(T_\delta - T_0\right) = h\varXi_{\mathrm{H}}\left(T_\delta - T_0\right) \tag{10.5.44}$$

对应的传热校正因子 $\varXi_{\mathrm{H}}$ 为

$$\varXi_{\mathrm{H}} = \frac{\varPhi_{\mathrm{H}}}{\exp\left(\varPhi_{\mathrm{H}}\right) - 1} \tag{10.5.45}$$

对于很小的传质通量，即 $N_i \to 0$，传热校正因子退化为 1，从而导致线性的温度分布。在传质速率很高的情况下，如喷雾蒸发或煤气化过程等，液滴或颗粒被引入到高温环境，有传质的传热系数与无传质的传热系数可能会有数量级上的差别。

解微分方程式(10.5.40)也可以求得热量通量 E，为

$$E = h\varXi_{\mathrm{H}}\left(T_\delta - T_0\right) + h\varPhi_{\mathrm{H}}\left(T_\delta - T_{\mathrm{ref}}\right) \tag{10.5.46}$$

这表明 E 的数值与任意选择的参考温度 T_{ref} 有关。对于相际传递过程，使用界面上的热量守恒条件 $E^y = E^x$ 就可以消除 T_{ref}。因此，T_{ref} 的选择并不重要。

10.6　质量和热量同时相际传递[1]

对于涉及两相的质量和热量同时传递的过程，如蒸发、冷凝或蒸馏等过程，在分析

传递现象时，需要对两相分别联立组分守恒方程和热量守恒方程，其中的热扩散项和扩散热传导项可以忽略。这些方程的边界条件取决于相界面上的质量和热量传递。对如图 10.6 所示的两相过程，涉及两个主体相：液相(L 相)和气相(V 相)，以及相界面 I。

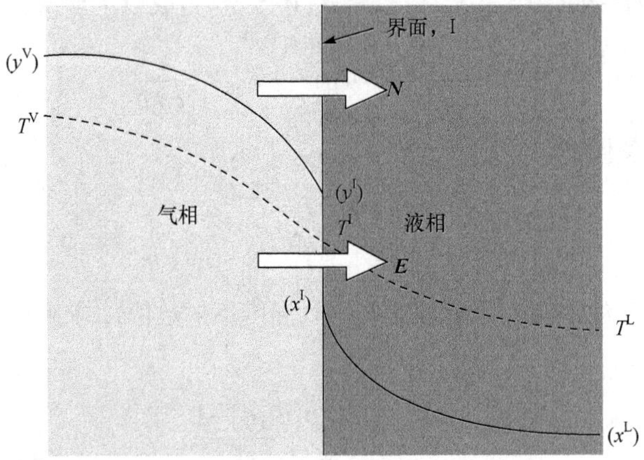

图 10.6 两相界面上传递过程的示意图[1]

10.6.1 相界面上的传质通量

考虑界面上无化学反应时相对于相界面的质量通量，根据普遍化的边界上的组分守恒方程可以写出：

$$\boldsymbol{N}_i^{\mathrm{L}} = \boldsymbol{N}_i^{\mathrm{V}} = \boldsymbol{N}_i^{\mathrm{I}} \tag{10.6.1}$$

$$\boldsymbol{N}_i^{\mathrm{L}} = \boldsymbol{J}_{\mathrm{L}i}^{M} + x_i \boldsymbol{N}_{\mathrm{t}}^{\mathrm{L}} \tag{10.6.2}$$

$$\boldsymbol{N}_i^{\mathrm{V}} = \boldsymbol{J}_{\mathrm{V}i}^{M} + y_i \boldsymbol{N}_{\mathrm{t}}^{\mathrm{V}} \tag{10.6.3}$$

$$\boldsymbol{N}_{\mathrm{t}}^{\mathrm{L}} = \boldsymbol{N}_{\mathrm{t}}^{\mathrm{V}} = \boldsymbol{N}_{\mathrm{t}} \tag{10.6.4}$$

其中，上下标 L、V 和 I 分别表示液相、气相和界面。

10.6.2 相界面上的热量通量

考虑界面上无热源时相对于相界面的热量通量，根据普遍化的边界上的热量守恒方程可以写出：

$$\boldsymbol{E}^{\mathrm{L}} = \boldsymbol{E}^{\mathrm{V}} = \boldsymbol{E} \tag{10.6.5}$$

即

$$\boldsymbol{q}^{\mathrm{V}} + \sum_{i=1}^{n} \boldsymbol{N}_i^{\mathrm{V}} \bar{H}_i^{\mathrm{V}}\left(T^{\mathrm{V}}\right) = \boldsymbol{q}^{\mathrm{L}} + \sum_{i=1}^{n} \boldsymbol{N}_i^{\mathrm{L}} \bar{H}_i^{\mathrm{L}}\left(T^{\mathrm{L}}\right) \tag{10.6.6}$$

用组分的摩尔焓近似其偏摩尔焓，那么

$$\boldsymbol{q}^{\mathrm{V}}+\sum_{i=1}^{n}\boldsymbol{N}_i^{\mathrm{V}}H_i^{\mathrm{V}}\left(T^{\mathrm{V}}\right)=\boldsymbol{q}^{\mathrm{L}}+\sum_{i=1}^{n}\boldsymbol{N}_i^{\mathrm{L}}H_i^{\mathrm{L}}\left(T^{\mathrm{L}}\right) \tag{10.6.7}$$

其中，上标 L、V 分别表示液相、气相。

10.6.3　相界面上的热平衡

相界面上，热平衡条件也应满足：

$$T^{\mathrm{V}}=T^{\mathrm{L}}=T^{\mathrm{I}} \tag{10.6.8}$$

10.6.4　相界面上的组分势能平衡

对于相际传质，相界面上组分的势能 ψ_i 是相等的。在无外力场的情况下，界面上两相各组分的化学势相等：

$$\mu_i^{\mathrm{V}}\left(T^{\mathrm{I}},y_i^{\mathrm{I}}\right)=\mu_i^{\mathrm{L}}\left(T^{\mathrm{I}},x_i^{\mathrm{I}}\right)\quad i=1,2,\cdots,n \tag{10.6.9}$$

10.6.5　相界面上传质通量绑定方程

由相界面上的热量通量关系式(10.6.7)可以得到，在相界面上：

$$\boldsymbol{q}^{\mathrm{L}}-\boldsymbol{q}^{\mathrm{V}}=\sum_{i=1}^{n}\boldsymbol{N}_i(H_i^{\mathrm{V}}-H_i^{\mathrm{L}}) \tag{10.6.10}$$

其中，$H_i^{\mathrm{V}}-H_i^{\mathrm{L}}$ 是组分 i 的相变焓 ΔH_i。

定义：

$$\lambda_i=H_i^{\mathrm{V}}-H_i^{\mathrm{L}}=\Delta H_i,\quad \lambda_y=\sum_{i=1}^{n}\lambda_i y_i,\quad \lambda_x=\sum_{i=1}^{n}\lambda_i x_i \tag{10.6.11}$$

将式(10.6.10)和式(10.6.11)与式(10.6.1)～式(10.6.4)相结合，有

$$\boldsymbol{q}^{\mathrm{L}}-\boldsymbol{q}^{\mathrm{V}}=\sum_{i=1}^{n-1}\left(\lambda_i-\lambda_n\right)\boldsymbol{J}_{\mathrm{V}i}^{M}+\lambda_y\boldsymbol{N}_{\mathrm{t}}=\sum_{i=1}^{n-1}\left(\lambda_i-\lambda_n\right)\boldsymbol{J}_{\mathrm{L}i}^{M}+\lambda_x\boldsymbol{N}_{\mathrm{t}} \tag{10.6.12}$$

从式(10.6.12)可以导出 $n-1$ 个独立的扩散通量与总传质通量 $\boldsymbol{N}_{\mathrm{t}}$ 的关系式：

$$\boldsymbol{N}_{\mathrm{t}}=\frac{\boldsymbol{q}^{\mathrm{L}}-\boldsymbol{q}^{\mathrm{V}}}{\lambda_y}-\frac{\sum_{k=1}^{n-1}\left(\lambda_k-\lambda_n\right)\boldsymbol{J}_{\mathrm{V}k}^{M}}{\lambda_y} \tag{10.6.13}$$

或者

$$\boldsymbol{N}_{\mathrm{t}}=\frac{\boldsymbol{q}^{\mathrm{L}}-\boldsymbol{q}^{\mathrm{V}}}{\lambda_x}-\frac{\sum_{k=1}^{n-1}\left(\lambda_k-\lambda_n\right)\boldsymbol{J}_{\mathrm{L}k}^{M}}{\lambda_x} \tag{10.6.14}$$

用式(10.6.13)消除式(10.6.3)中的 $\boldsymbol{N}_{\mathrm{t}}$ 可得

$$\boldsymbol{N}_i = \boldsymbol{J}_{\mathrm{V}i}^M - y_i\sum_{k=1}^{n-1}\Lambda_k^{\mathrm{V}}\boldsymbol{J}_{\mathrm{V}k}^M + y_i\frac{\Delta\boldsymbol{q}}{\lambda_y} \tag{10.6.15}$$

其中，$\Delta\boldsymbol{q} = \boldsymbol{q}^{\mathrm{L}} - \boldsymbol{q}^{\mathrm{V}}$，并定义以下参数：

$$\Lambda_k^{\mathrm{V}} = (\lambda_k - \lambda_n)/\lambda_y \tag{10.6.16}$$

可以将式(10.6.15)写成矩阵形式：

$$(\boldsymbol{N}) = \left[\beta^{\mathrm{V}}\right]\left(\boldsymbol{J}_{\mathrm{V}}^M\right) + (y)\frac{\Delta\boldsymbol{q}}{\lambda_y} \tag{10.6.17}$$

其中，矩阵$\left[\beta^{\mathrm{V}}\right]$的元素为

$$\beta_{ik}^{\mathrm{V}} = \delta_{ik} - y_i\Lambda_k^{\mathrm{V}} \quad i,k = 1,2,\cdots,n-1 \tag{10.6.18}$$

也可以用液相扩散通量写出类似于式(10.6.17)的表达式：

$$(\boldsymbol{N}) = \left[\beta^{\mathrm{L}}\right]\left(\boldsymbol{J}_{\mathrm{L}}^M\right) + (x)\frac{\Delta\boldsymbol{q}}{\lambda_x} \tag{10.6.19}$$

利用式(10.6.17)或式(10.6.19)，可以由 $n-1$ 个扩散通量 $\boldsymbol{J}_{\mathrm{V}i}^M$ 或 $\boldsymbol{J}_{\mathrm{L}i}^M$ 确定 $n-1$ 个通量 $\boldsymbol{N}_i\ (i = 1,2,\cdots,n-1)$。第 n 个通量则由式(10.6.20)确定：

$$\boldsymbol{N}_n = \boldsymbol{N}_{\mathrm{t}} - \sum_{i=1}^{n-1}\boldsymbol{N}_i \tag{10.6.20}$$

而总传质通量 $\boldsymbol{N}_{\mathrm{t}}$ 可以由式(10.6.13)或式(10.6.14)确定。

在 Δq 相对于平均潜热 $\sum_{i=1}^{n} y_i\Delta H_i$ 或 $\sum_{i=1}^{n} x_i\Delta H_i$ 很小的条件下，式(10.6.17)和式(10.6.19)右边的第二项就可以忽略。在实际过程中这个条件是经常满足的，因此，有

$$(\boldsymbol{N}) = \left[\beta^{\mathrm{V}}\right]\left(\boldsymbol{J}_{\mathrm{V}}^M\right) \tag{10.6.21}$$

或

$$(\boldsymbol{N}) = \left[\beta^{\mathrm{L}}\right]\left(\boldsymbol{J}_{\mathrm{L}}^M\right) \tag{10.6.22}$$

将组分 i 的相变焓 λ_i 看作绑定系数 v_i，那么式(10.6.21)和式(10.6.22)与第 7 章中的普遍化绑定方程完全一致。这表明传质的绑定方程为

$$\sum_{i=1}^{n}\lambda_i\boldsymbol{N}_i = \sum_{i=1}^{n}\Delta H_i\boldsymbol{N}_i = 0 \tag{10.6.23}$$

如果各组分的相变潜热相等，那么

$$\lambda_i = \lambda_n \tag{10.6.24}$$

$$\boldsymbol{N}_{\mathrm{t}} = \sum_{i=1}^{n}\boldsymbol{N}_i = 0 \tag{10.6.25}$$

即体系为等摩尔逆向传质。

需要注意的是，本节讨论的是相界面上各通量之间的关系，而两个主体相内的组分通量与该组分在相界面上通量之间的关系则需要根据主体相内的守恒方程分析。

10.7　质量和热量同时传递的选例

10.7.1　扩散分馏：恒沸物分离[1]

液体混合物在低于其沸点的温度下蒸发，蒸气所含的组分扩散通过一种惰性气体，然后在较低温度下冷凝。各组分在惰性气体中的扩散速率不同，导致冷凝液的组成不同于初始液体组成，从而实现恒沸物的分离。这就是扩散分馏。

如图 10.7 所示，2-丙醇(1)和水(2)的恒沸物在空气(3)存在时冷凝，可以产生富含水的冷凝液。由于 Maxwell-Stefan 扩散系数 $Đ_{13} < Đ_{23}$，水的扩散速度相对 2-丙醇大，2-丙醇和水的传质通量是不相等的，即 $N_2>N_1$。因为 $N_3=0$，冷凝液的组成为 $x_1 = N_1/(N_1+N_2)$ 及 $x_2 = N_2/(N_1+N_2)$，所以冷凝液中水的含量较高，这可以运用边界上的组分守恒方程导出。

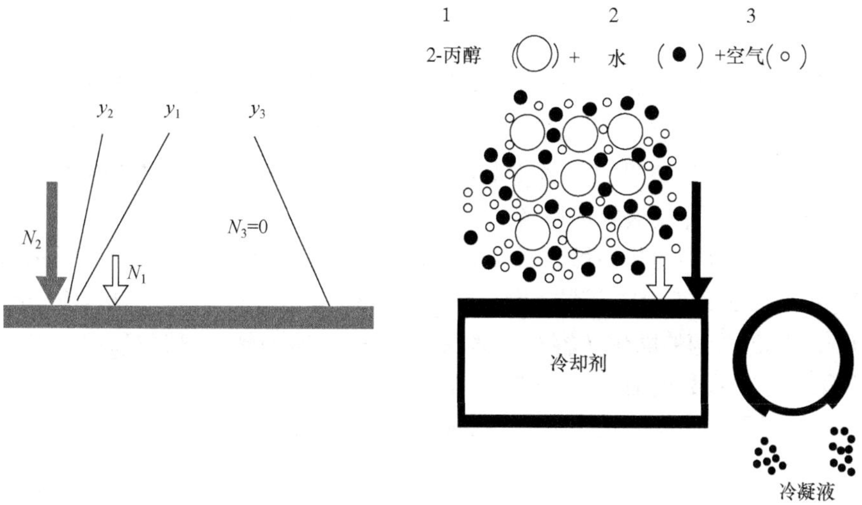

图 10.7　2-丙醇和水的恒沸物的扩散分馏

这样的扩散选择性分离过程已由实验证实。扩散选择性冷凝过程即所谓的扩散分馏过程涉及三个组分，是质量和热量同时传递的过程，是两相过程，其模型化需要联立求解组分守恒方程和热量守恒方程，并运用 Maxwell-Stefan 方程。

对该过程进行模型化时需做如下假设：

(1) 蒸气相被看作一个平板膜，而且蒸气是恒压理想气体。

(2) 每个液膜的组成和蒸气组成都不沿膜长度而变化。

(3) 气相传质可以用稳态分子扩散描述(换言之用膜理论描述)。

(4) 惰性气体不冷凝，即其通量为零。

(5) 液膜充分混合，以致其界面组成与主体组成相同(等同于假设液膜内无传质阻力)；液膜内无温度梯度。

(6) 气液界面处于平衡状态。

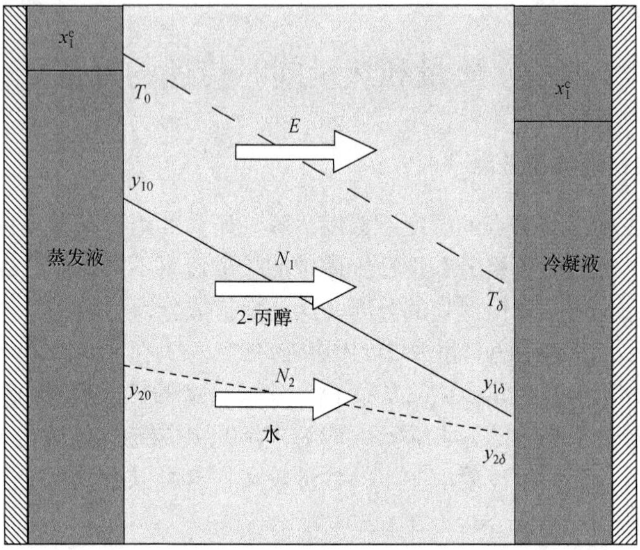

图 10.8 扩散精馏过程示意图

下面举例说明如何对该过程进行模型化处理(图 10.8)。在实验条件下，蒸发液 2-丙醇和水混合物的组成为 $x_1^e = 0.7625$、$x_2^e = 0.2325$，温度 T^e=40℃，冷凝温度 T^c=15℃，系统总压 101.3kPa。蒸发液膜和冷凝液膜之间的间隔 l=6.5mm。空气作为惰性气体。所要确定的是传质通量、冷凝液组成以及热量传递通量。

蒸气相气体混合物的物性可以近似为恒定值，即采用平均温度 27.5℃下的数值。三元体系气体的 Maxwell-Stefan 扩散系数：$Ɖ_{12}$ =1.393×10^{-5}m^2/s，$Ɖ_{13}$ =1.046×10^{-5}m^2/s $Ɖ_{23}$ = 2.554×10^{-5}m^2/s。2-丙醇的摩尔热容 C_{p1}=89.5J/(mol · K)，水的摩尔热容 C_{p2}=33.6J/(mol · K)，气体混合物的导热系数近似为 k=0.025W/(m · K)。

已经假设界面上两相平衡，所以扩散路径两端气相组成和对应的液相组成之间的平衡关系有

$$y_i = \gamma_i P_i^s x_i / P \tag{10.7.1}$$

饱和蒸气压 P_i^s 可以用安托万(Antoine)方程计算：

$$\ln P_i^s = A_i - B_i / (T + C_i) \tag{10.7.2}$$

Antoine 常数见表 10.2。所求 P_i^s 的单位是 mmHg，温度 T 的单位是℃。活度系数采用范拉尔(van Laar)方程求取，即

$$\ln \gamma_i = A_{ij} A_{ij}^2 x_j / (A_{12} x_1 + A_{21} x_2)^2 \quad i \neq j = 1,2 \tag{10.7.3}$$

2-丙醇(1)-水(2)体系的参数为

$$A_{12}=2.3405, \quad A_{21}=1.1551$$

表 10.2　Antoine 常数

常数	2-丙醇	水
A_i	20.44302	110.59499
B_i	46210.756	3994.923
C_i	252.636	233.426

对于该稳态无化学反应的一维体系，根据组分质量守恒方程式(10.5.1)，蒸气相内 $\nabla\cdot\boldsymbol{N}_i=0$，即各组分的传质通量为常数。根据传质本构方程式(10.5.3)，低压蒸气相(可以看作理想气体)只有化学势推动力而且热扩散效应可忽略，其离散型 Maxwell-Stefan 方程可以写成：

$$\Delta y_i=\frac{1}{C_{\mathrm{t}}}\sum_{j\neq i}\frac{\overline{y}_i N_j-\overline{y}_j N_i}{k_{ij}} \tag{10.7.4}$$

惰性气体是不凝气体，所以有

$$N_3=0 \tag{10.7.5}$$

其中

$$\Delta y_i=y_{i\delta}-y_{i0}$$

$$\overline{y}_i=\left(y_{i\delta}+y_{i0}\right)/2$$

$$k_{ij}=Đ_{ij}/l$$

$$C_{\mathrm{t}}=\frac{P}{RT}=\frac{P}{R0.5(T^{\mathrm{e}}+T^{\mathrm{c}})}$$

$y_{i0}(i=1,2)$ 可以根据气液平衡关系式(10.7.1)～式(10.7.3)，由 $x_i^{\mathrm{e}}(i=1,2)$ 和 T_0 确定，而 $y_{30}=1-y_{10}-y_{20}$。$y_{i\delta}(i=1,2)$ 需要根据气液平衡关系式(10.7.1)～式(10.7.3)，由 x_i^{c} 和 T_δ 确定，而 $y_{3\delta}=1-y_{1\delta}-y_{2\delta}$，$x_i^{\mathrm{c}}(i=1,2)$ 是未知的，它可以由 $x_i^{\mathrm{c}}=N_i/(N_1+N_2)$ 求得。

运用式(10.7.4)和式(10.7.5)，可以用迭代方法求解 $N_i(i=1,2)$ 和 $x_i^{\mathrm{c}}(i=1,2)$，解得

$$N_1=6.28\times10^{-3}[\mathrm{mol/(m^2\cdot s)}],\quad N_2=4.63\times10^{-3}[\mathrm{mol/(m^2\cdot s)}]$$

$$x_1^{\mathrm{c}}=0.575,\quad x_2^{\mathrm{c}}=0.425$$

显然，$x_2^{\mathrm{c}}>x_2^{\mathrm{e}}$，即水得到了富集，恒沸组成被打破。

根据式(10.5.38)，该过程的传热速率因子为

$$\varPhi_{\mathrm{H}}=\frac{\sum\limits_{i=1}^{n}N_iC_{pi}}{k/l}=0.187$$

根据式(10.5.43)和式(10.5.45)，无传质的传热系数 h 和校正因子 $\varXi_{\mathrm{H}}$ 分别为

$$h=\frac{k}{l}=3.85[\mathrm{W/(m^2\cdot K)}]$$

$$\Xi_{\mathrm{H}}=\frac{\Phi_{\mathrm{H}}}{\exp(\Phi_{\mathrm{H}})-1}=0.909$$

由式(10.5.44)可以求得在蒸发液膜表面处的热传导通量为

$$q_0=h\Xi_{\mathrm{H}}\left(T_\delta-T_0\right)=87.5(\mathrm{W/m^2})$$

10.7.2　水滴的蒸发[3]

本节考虑低压氮气中小水滴的蒸发。在已知水滴初始半径以及远离水滴处的温度和组成，即环境温度和组成时，确定水滴蒸发速率和完全蒸发所需的时间。对于环境温度远低于水沸点的情况，水滴半径 a 随时间缓慢变化，因此可以使用拟稳态模型，再用拟稳态模型得到的结果验证是否符合拟稳态条件，从而把所要处理的问题简化为一个只涉及球形对称的拟稳态传质和传热问题。选择水滴中心作为坐标原点。水滴初始半径记作 a_0，远离水滴处的温度和组分 i 的摩尔分数分别记作 T_∞ 和 $x_{i\infty}$，用 $i=\mathrm{N}$ 表示氮气，$i=\mathrm{W}$ 表示水，如图 10.9 所示。

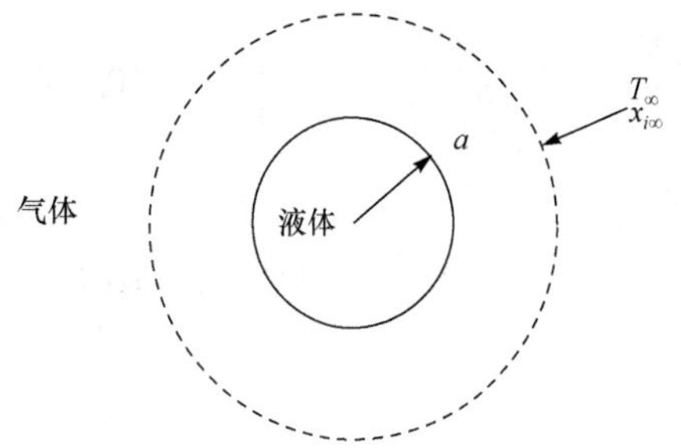

图 10.9　水滴在气体中的蒸发

对于这一问题，在拟稳态条件下，气相内组分守恒方程退化为

$$\frac{1}{r^2}\frac{\partial}{\partial r}\left(r^2N_{ir}\right)=0 \tag{10.7.6}$$

因此

$$N_{ir}(r)=\frac{a^2}{r^2}N_{ir}(a) \tag{10.7.7}$$

在这种情况下，相边界是移动的，其速度是 $\mathrm{d}a/\mathrm{d}t$。根据界面守恒条件，有

$$\left[N_{ir}(a)-C_i(a)\frac{\mathrm{d}a}{\mathrm{d}t}\right]^{(\mathrm{G})}=\left[N_{ir}(a)-C_i(a)\frac{\mathrm{d}a}{\mathrm{d}t}\right]^{(\mathrm{L})} \tag{10.7.8}$$

可以合理地假设水滴是由纯水构成的，即液体中氮的浓度可以忽略。因此，在液滴内部两个组分的通量都为零。将液滴中水的浓度记作 C_{L}，那么

$$N_{\mathrm{W}r}(a)=\left[C_{\mathrm{W}}(a)-C_{\mathrm{L}}\right]\frac{\mathrm{d}a}{\mathrm{d}t} \tag{10.7.9}$$

$$N_{\mathrm{N}r}(a)=C_{\mathrm{N}}(a)\frac{\mathrm{d}a}{\mathrm{d}t} \tag{10.7.10}$$

其中，$N_{ir}(a)$ 和 $C_i(a)$ 分别是界面上的气相通量和浓度。相对于液体水，大气压条件下的气相密度很小，保证了 $C_{\mathrm{L}}\gg C_{\mathrm{W}}$ 或 C_{N}。因此，相对于水的通量，氮气在界面上的通量可以被忽略。式(10.7.9)和式(10.7.10)很好地近似为

$$N_{\mathrm{W}r}(a) \approx -C_{\mathrm{L}} \frac{\mathrm{d}a}{\mathrm{d}t} \tag{10.7.11}$$

$$N_{\mathrm{N}r}(a) \approx 0 \tag{10.7.12}$$

由式(10.7.7)可知，在整个气相中氮气的通量也可以近似为零，即

$$N_{\mathrm{N}r}(r) = 0 \tag{10.7.13}$$

在整个气相中水的通量为

$$N_{\mathrm{W}r}(r) = -\frac{a^2}{r^2} C_{\mathrm{L}} \frac{\mathrm{d}a}{\mathrm{d}t} \tag{10.7.14}$$

对于低压条件下的二元气相体系，可以写出 Maxwell-Stefan 方程：

$$\frac{\partial x_{\mathrm{W}}}{\partial r} = \frac{1}{C_{\mathrm{t}}} \frac{x_{\mathrm{W}} N_{\mathrm{N}r}(r) - (1 - x_{\mathrm{W}}) N_{\mathrm{W}r}(r)}{Ɖ_{\mathrm{WN}}} \tag{10.7.15}$$

结合方程式(10.7.13)～式(10.7.15)，并进行从 $r = a$ 到 $r = \infty$ 的积分，可得

$$N_{\mathrm{W}r}(a) = \frac{C_{\mathrm{t}} Ɖ_{\mathrm{WN}}}{a} \ln\left[\frac{1 - x_{\mathrm{W}\infty}}{1 - x_{\mathrm{W}}(a)}\right] \tag{10.7.16}$$

在积分过程中，假设 $C_{\mathrm{t}} D_{\mathrm{WN}}$ 为常数，这对于中等温差的等压气体是一个良好的近似。

式(10.7.16)中含有两个未知量，液滴表面处气相水的通量 $N_{\mathrm{W}r}(a)$，以及表面处水在气相中的摩尔分数 $x_{\mathrm{W}}(a)$。如果体系是等温的，那么表面温度就是 T_∞。因而，从 $T = T_\infty$ 的水饱和蒸气压可以计算 $x_{\mathrm{W}}(a)$，从而求得 $N_{\mathrm{W}r}(a)$。对于这里所考虑的非等温体系，就必须通过热量守恒方程求得水滴表面的温度。

对这一体系的气相应用热量守恒方程，有

$$\frac{1}{r^2} \frac{\partial}{\partial r}\left(r^2 E_r\right) = 0 \tag{10.7.17}$$

对式(10.7.17)积分可得

$$r^2 E_r(r) = a^2 E_r(a) \tag{10.7.18}$$

用热量传递的本构方程，有

$$E_r(r) = -k_{\mathrm{G}} \frac{\partial T}{\partial r} + \sum_{i=\mathrm{W,N}} N_{ir}\left[\bar{C}_{pi}(T - T_0) + \bar{H}_i^0\right] \tag{10.7.19}$$

其中，k_{G} 是气体的导热系数。这里已经把气相(理想混合物)组分的偏摩尔焓用摩尔比热 $\bar{C}_{pi}$ 和在参考温度 T_0 下的焓 $\bar{H}_i^0$ 表达。

利用式(10.7.13)、式(10.7.14)、式(10.7.18)和式(10.7.19)可得

$$-k_{\mathrm{G}} r^2 \frac{\partial T}{\partial r} + a^2 N_{\mathrm{W}r}(a) \bar{C}_{p\mathrm{W}} T = -k_{\mathrm{G}} a^2 \left.\frac{\partial T}{\partial r}\right|_{r=a} + a^2 N_{\mathrm{W}r}(a) \bar{C}_{p\mathrm{W}} T(a) \tag{10.7.20}$$

根据热量守恒方程的边界条件，在液滴表面 $r = a$ 处，有

$$\left(E_r-\frac{\mathrm{d}a}{\mathrm{d}t}\sum_{i=1}^{n}C_i\bar{H}_i\right)^{(\mathrm{G})}=\left(E_r-\frac{\mathrm{d}a}{\mathrm{d}t}\sum_{i=1}^{n}C_i\bar{H}_i\right)^{(\mathrm{L})} \tag{10.7.21}$$

在所假定的拟稳态和球对称的条件下，液滴应该是等温的。因此，液滴近似为一个等温的纯水滴，即液滴内两个组分的通量和温度梯度都为零。于是有

$$\left(E_r-\frac{\mathrm{d}a}{\mathrm{d}t}\sum_{i=1}^{n}C_i\bar{H}_i\right)^{(\mathrm{L})}=-C_\mathrm{L}\bar{H}_\mathrm{W}^{(\mathrm{L})}\frac{\mathrm{d}a}{\mathrm{d}t} \tag{10.7.22}$$

由式(10.7.20)以及由边界组分守恒得出的式(10.7.11)和式(10.7.12)可得

$$\left(E_r-\frac{\mathrm{d}a}{\mathrm{d}t}\sum_{i=1}^{n}C_i\bar{H}_i\right)^{(\mathrm{G})}=-k_\mathrm{G}\left.\frac{\partial T}{\partial r}\right|_{r=a}-\frac{\mathrm{d}a}{\mathrm{d}t}\left\{\left[C_\mathrm{L}+C_\mathrm{W}(a)\right]\bar{H}_\mathrm{W}^{(\mathrm{G})}+C_\mathrm{N}(a)\bar{H}_\mathrm{N}^{(\mathrm{G})}\right\}$$

再次注意到，相对于液体水，大气压条件下的气相密度很小，这保证了 $C_\mathrm{L}\gg C_\mathrm{W}$ 或 C_N。因此，有

$$\left(E_r-\frac{\mathrm{d}a}{\mathrm{d}t}\sum_{i=1}^{n}C_i\bar{H}_i\right)^{(\mathrm{G})}\approx-k_\mathrm{G}\left.\frac{\partial T}{\partial r}\right|_{r=a}-C_\mathrm{L}\bar{H}_\mathrm{W}^{(\mathrm{G})}\frac{\mathrm{d}a}{\mathrm{d}t} \tag{10.7.23}$$

由式(10.7.21)～式(10.7.23)，边界热量守恒方程可转化为

$$k_\mathrm{G}\left.\frac{\partial T}{\partial r}\right|_{r=a}=-\bar{\lambda}C_\mathrm{L}\frac{\mathrm{d}a}{\mathrm{d}t}=\bar{\lambda}N_{\mathrm{W}r}(a) \tag{10.7.24}$$

其中，$\bar{\lambda}\equiv\bar{H}_\mathrm{W}^{(\mathrm{G})}-\bar{H}_\mathrm{W}^{(\mathrm{L})}$ 是水在温度 $T(a)$ 下的摩尔蒸发潜热。将式(10.7.24)代入式(10.7.20)得

$$-k_\mathrm{G}r^2\frac{\partial T}{\partial r}+a^2N_{\mathrm{W}r}(a)\bar{C}_{p\mathrm{W}}T=-a^2\bar{\lambda}N_{\mathrm{W}r}(a)+a^2N_{\mathrm{W}r}(a)\bar{C}_{p\mathrm{W}}T(a) \tag{10.7.25}$$

由式(10.7.25)可以得到关于气相温度分布的微分方程：

$$\frac{k_\mathrm{G}}{a^2N_{\mathrm{W}r}(a)}\frac{\partial T}{\partial r}=\frac{\bar{\lambda}+\bar{C}_{p\mathrm{W}}\left[T-T(a)\right]}{r^2} \tag{10.7.26}$$

假设 k_G 和 $\bar{C}_{p\mathrm{W}}$ 为常数，将式(10.7.26)从 $r=a$ 到 $r=\infty$ 进行积分，可以求得

$$N_{\mathrm{W}r}(a)=\frac{k_\mathrm{G}}{\bar{C}_{p\mathrm{W}}a}\ln\left\{1+\frac{\bar{C}_{p\mathrm{W}}\left[T_\infty-T(a)\right]}{\bar{\lambda}}\right\} \tag{10.7.27}$$

式(10.7.27)就是从热量守恒方程导出的水分传递通量表达式。从组分守恒方程导出的水分传递通量表达式则是式(10.7.16)。这两者相等可以得出表面温度和表面气相组成之间的关系式，即

$$\frac{1-x_{\mathrm{W}\infty}}{1-x_\mathrm{W}(a)}=\left\{1+\frac{\bar{C}_{p\mathrm{W}}\left[T_\infty-T(a)\right]}{\bar{\lambda}}\right\}^{Le^*} \tag{10.7.28}$$

其中，$Le^*=k_\mathrm{G}\big/\left(C_\mathrm{t}Ð_\mathrm{WN}\bar{C}_{p\mathrm{W}}\right)$ 是修正的 Lewis 数。注意，水的蒸发潜热 $\bar{\lambda}=\bar{\lambda}[T(a)]$ 由表面温度 $T(a)$ 所决定，其关系式可由成熟的热力学方法确定。$T(a)$ 和 $x_\mathrm{W}(a)$ 之间的关系可

以由气液平衡关系确定。对于理想气体，有

$$x_{\mathrm{W}}(a)=\frac{p_{\mathrm{W}}\left[T(a)\right]}{P} \tag{10.7.29}$$

其中，$p_{\mathrm{W}}\left[T(a)\right]$是水在温度 $T(a)$下的饱和蒸气压，它等于水在界面上的气相分压。

由式(10.7.28)和式(10.7.29)可以获得确定 $T(a)$的方程，即

$$1-\frac{p_{\mathrm{W}}\left[T(a)\right]}{P}=\left(1-x_{\mathrm{W}\infty}\right)\left\{1+\frac{\bar{C}_{p\mathrm{W}}\left[T_{\infty}-T(a)\right]}{\bar{\lambda}\left[T(a)\right]}\right\}^{-Le^{*}} \tag{10.7.30}$$

式(10.7.30)中，除了未知量 $T(a)$外，所有参数都与水滴半径 a 无关，因此可知水滴的温度与其大小无关，也与时间无关。由式(10.7.28)可知，$x_{\mathrm{W}}(a)$也与水滴半径 a 无关，即 $x_{\mathrm{W}}(a)$为一常数，可以将其写成 $x_{\mathrm{W}a}$。求得 $x_{\mathrm{W}a}$后，传质通量 $N_{\mathrm{W}r}(a)$可以利用式(10.7.16)获得。

最后，水滴半径的变化速率 $\mathrm{d}a/\mathrm{d}t$ 也可以根据式(10.7.11)确定，为

$$\frac{\mathrm{d}a}{\mathrm{d}t}=-\frac{C_{\mathrm{t}}Ɖ_{\mathrm{WN}}}{C_{\mathrm{L}}a}\ln\left(\frac{1-x_{\mathrm{W}\infty}}{1-x_{\mathrm{W}a}}\right)\quad a(0)=a_0 \tag{10.7.31}$$

解此微分方程可得

$$\begin{aligned} a^2(t)&=a_0^2-\beta t\\ \beta&=\frac{2C_{\mathrm{t}}Ɖ_{\mathrm{WN}}}{C_{\mathrm{L}}}\ln\left(\frac{1-x_{\mathrm{W}\infty}}{1-x_{\mathrm{W}a}}\right)\end{aligned} \tag{10.7.32}$$

可见液滴半径的平方值随时间线性减小。这一结果经常在各种小液滴的蒸发实验中观察到，有时称为半径-平方定律。水滴完全蒸发所需的时间即过程时间 t_{p}为

$$t_{\mathrm{p}}=\frac{a_0^2C_{\mathrm{L}}}{2C_{\mathrm{t}}Ɖ_{\mathrm{WN}}}\left[\ln\left(\frac{1-x_{\mathrm{W}\infty}}{1-x_{\mathrm{W}a}}\right)\right]^{-1} \tag{10.7.33}$$

它与扩散特征时间 t_{d}之比为

$$\frac{t_{\mathrm{d}}}{t_{\mathrm{p}}}=\frac{a_0^2}{Ɖ_{\mathrm{WN}}}\Big/\frac{a_0^2}{\beta}=\frac{2C_{\mathrm{t}}}{C_{\mathrm{L}}}\ln\left(\frac{1-x_{\mathrm{W}\infty}}{1-x_{\mathrm{W}a}}\right) \tag{10.7.34}$$

由于液体的总摩尔浓度大大超过气体的总摩尔浓度，$C_{\mathrm{t}}/C_{\mathrm{L}}\approx10^{-3}$，所以 $t_{\mathrm{d}}\ll t_{\mathrm{p}}$，拟稳态近似的条件可以得到很好地满足。

10.7.3　非等温吸收[5]

用水吸收空气中的氨，采用填料塔逆流操作。水从塔顶进入，富含氨的空气从塔底进入。如图 10.10 所示，气相的传质过程涉及三个组分：氨、水和空气(惰性)。在塔底部，由于氨的吸收引起焓变，放出的热量使得液体温度上升，从而使水蒸发，因此氨和水蒸气的传递方向相反。沿塔向上，水蒸气与进入塔内的冷水相遇，水蒸气在塔顶附近冷凝，因此氨和水蒸气同时穿过空气向液相传递。

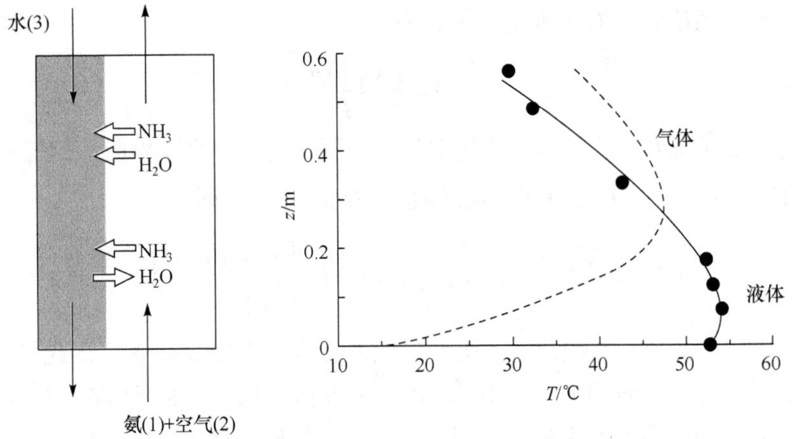

图 10.10 填料塔内水吸收空气中的氨

水在塔底部的蒸发和在顶部的冷凝是分析该问题时必须考虑的。沿塔高的液相温度分布表明，在塔底部有一个凸出的区域即高温区。这样的温度分布也出现在胺溶液吸收二氧化碳和硫化氢的吸收塔中。

这样的多组分体系质量和热量同时传递问题，需要用 Maxwell-Stefan 方程作为传质的本构方程以表示传质通量和推动力之间的关系，将组分守恒方程和能量守恒方程联立求解。这也是一个空间维数至少为二维(径向和轴向)的过程，需要用数值方法进行求解。

参 考 文 献

[1] Taylor R, Krishna R. Multicomponent Mass Transfer. New York: John Wiley & Sons, 1993.

[2] Wesselingh J A, Krishna R. Mass Transfer. New York: Ellis Horwood Limited, 1990.

[3] Deen W M. Analysis of Transport Phenomena. New York: Oxford University Press, 1999.

[4] Hirschfelder J D, Curtiss C F, Bird R B. Molecular Theory of Gases and Liquids. New York: John Wiley & Sons, 1954.

[5] Wesselingh J A, Krishna R. The Maxwell-Stefan approach to mass transfer. Chemical Engineering Science, 1997, 52(6): 961-911.

习 题

1. 炭颗粒的燃烧

在一定的温度范围内，炭的燃烧主要是通过反应

$$C(s)+\frac{1}{2}O_2(g)\longrightarrow CO(g)$$

进行的。该反应发生在炭的表面。在拟稳态条件下，考虑半径为 $R(t)$的炭颗粒悬浮在气体混合物中燃烧。假设气体含有氧(1)和一氧化碳(2)，远离颗粒处的摩尔组成 $x_{i\infty}$ 和温度 T_∞ 已知。该反应为极快反应。颗粒足够小，以致传质和传热的 Peclet 数很小，从而把问题简化为只涉及球形对称的稳态扩散和热传导的问题。

(1) 用界面组分守恒关系，将组分 1 和组分 2 的通量与表面反应速率相关联；推导反应速率和颗粒

半径变化速率 $\mathrm{d}R/\mathrm{d}t$ 之间的关系。令 C_C 为固体炭的浓度。

(2) 确定颗粒表面处的氧气通量 N_{10}。为简单起见，可以假设气相的 $C_t\mathcal{D}_{12}$ 与位置无关。

(3) 用界面能量守恒关系推导颗粒表面的热通量、反应速率和反应热之间的关系。此处假设辐射传热可忽略。

(4) 在条件(3)下确定颗粒温度 T_0。

2. 气体中可逆反应对热量传递的影响

如图 10.11 所示，由组分 A 和组分 B 组成的二元气体混合物被限制在两个温度不同的平板之间。在两个平板的表面发生快速可逆反应 $A \rightleftharpoons B$，因而 A 和 B 在表面上处于化学平衡状态，不存在均相反应。平衡常数 $K \equiv (C_B/C_A)_{eq}$，与温度相关。由范托夫(van't Hoff)方程，在上表面和下表面处的平衡常数之间有以下关系：

$$\ln\frac{K_L}{K_0}=\frac{\Delta H_R}{R}\left(\frac{1}{T_0}-\frac{1}{T_L}\right)$$

其中，ΔH_R 是反应热，假设为常数。由于温差足够小，总摩尔浓度、导热系数和扩散系数都可以很好地近似为常数。体系是稳态的，故温度和组成只与 y 相关。

(1) 根据 K_0、K_L 和其他参数，确定各组分的通量。

(2) 根据 K_0、K_L 和其他参数，导出热量通量的表达式。

(3) 确定在 $T_L \to T_0$ 的极限情况下，真实情况的热量通量与无化学反应的热量通量的比率。利用 K_0 与 K_L 之间的 van't Hoff 方程，说明 ΔH_R 的代数符号是如何影响热量通量比率的。

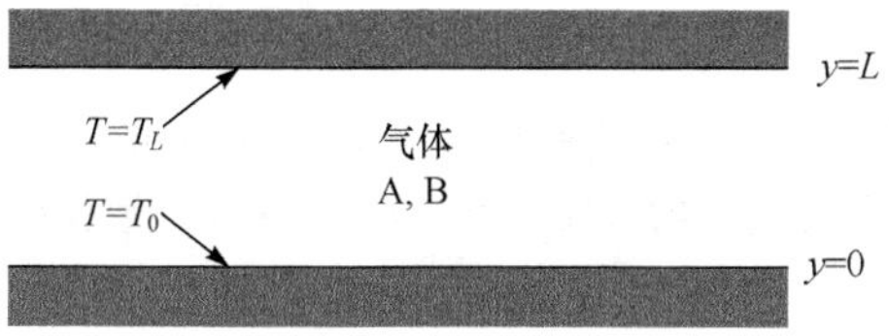

图 10.11

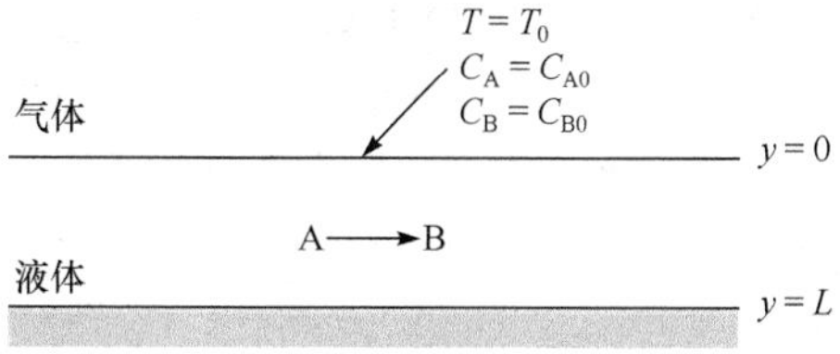

图 10.12

3. 温度相关的反应吸收

如图 10.12 所示，厚度为 L 的停滞液体膜把气体与不可渗透的热绝缘固体表面相分隔。组分 A 从气相扩散到液相，并在液相中发生一级不可逆反应。反应产物组分 B 从液相扩散到气相。一级均相反应速率常数与温度相关，有

$$k_V=k_{V0}\exp\left[\frac{E}{R}\left(\frac{1}{T_0}-\frac{1}{T}\right)\right]\approx k_{V0}\exp\left[\frac{E}{RT_0}\left(\frac{T-T_0}{T_0}\right)\right]$$

其中，k_{V0} 是温度 T_0 时的速率常数；E 是活化能；R 为摩尔气体常量。上式的第二个等号要求 $|T-T_0|/T_0 \ll 1$，在这里可以看作一个良好的近似。假设 k_{V0}、E 及反应热($\Delta H_R \equiv \bar{H}_B-\bar{H}_A$)都是已知常数。另外，假设温度 T_0 和气液界面上的液相浓度(C_{A0}、C_{B0})已知，并且体系是稳态的。

(1) 通过能量守恒，获得 $T(y)$和 $C_A(y)$ 之间的显式关系式。

(2) 推导用无量纲反应物浓度 $\Theta(\eta)$ 表示的微分方程和边界条件，其中

$$\Theta(\eta)\equiv\frac{C_A}{C_{A0}},\quad \eta\equiv\frac{y}{L}$$

证明所涉及的参数只有

$$Da \equiv \frac{k_{V0}L^2}{D_A}$$

$$\varepsilon \equiv \left(\frac{D_A \Delta H_R C_{A0}}{kT_0}\right)\left(\frac{E}{RT_0}\right)$$

4. 燃料液滴的燃烧

如图 10.13 所示，燃料小液滴的燃烧可以作为拟稳态的球形对称过程进行模型化。液滴由纯燃料(组分 A)构成，半径为 $R_0(t)$，其周围为含有氧气(组分 B)的黏滞气体膜。燃烧反应为 $A+mB \longrightarrow nP$，其中 P 代表所有燃烧产物。假设反应是极端快速反应，因此可以将其处理为只在位置 $r = R_f(t)$ 处的"火焰前沿"发生的反应。快速反应保证了在 $r = R_f$ 处 $x_A = x_B = 0$。因此，对于 $r < R_f$，只有 A 和 P 存在；对于 $r > R_f$，只有 B 和 P 存在。假设压力恒定，气体是理想混合物，而且燃烧产物不进入液滴。

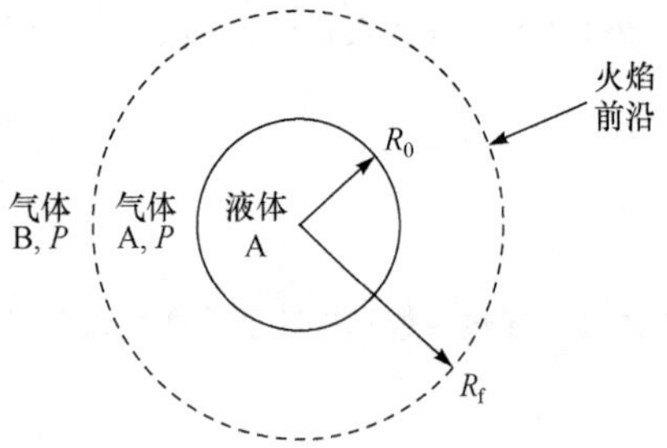

图 10.13

所需的热物理性质已知，并假设下列各量已给定：气相主体的摩尔分数($x_A = 0$，$x_B = x_{B\infty}$，$x_P = x_{P\infty}$)，主体温度($T = T_\infty$)，在给定瞬间的液滴半径(R_0)。描述液滴表面处气相摩尔分数的函数 $x_{A0}(T_0)$ 也已知，然而只有求得液滴温度 T_0 才能得到 x_{A0}。需要确定的量是 T_0、T_f、R_f 以及液滴表面处燃料的通量 $N_{Ar}(R_0) \equiv N_{A0}$。

(1) 定性勾画出预计的温度分布和浓度分布。

(2) 利用液滴表面处的界面组分守恒，将 $\mathrm{d}R_0/\mathrm{d}t$ 与气相侧的通量 N_{A0} 及 N_{B0} 相关联。证明 $|N_{P0}| \ll |N_{A0}|$。(提示：注意 $C_{A0} \ll C_L$，其中 C_{A0} 是液滴表面处 A 的气相浓度，C_L 是 A 在纯液体中的浓度)

(3) 利用火焰前沿处的界面组分守恒，关联三个组分在 $r = R_f$ 的通量。令 $N_{if}^{(-)}$ 和 $N_{if}^{(+)}$ 分别为 i 组分在火焰前沿内外侧的径向通量。

(4) 考虑火焰前沿以内区域($R_0 < r < R_f$)的气相传质，将 N_{A0} 用 x_{A0}、R_f 及其他已知量表示。简单起见，可以假设对于所有组分 $C_t \mathcal{D}_{ij}$ 与位置 r 无关。

(5) 考虑火焰前沿以外区域($r > R_f$)的气相传质，获得 N_{A0} 和 R_f 之间的另一个关系式。

(6) 利用液滴表面处的界面热量守恒关系，将 $\mathrm{d}R_0/\mathrm{d}t$ 与气相侧的热传导通量 q_0 相关联。组分 A 的摩尔潜热为 $\bar{\lambda} \equiv \bar{H}_A(T_0) - \bar{H}_L(T_0)$。

(7) 利用火焰前沿处的界面热量守恒关系，将 $r = R_f^{(-)}$ 和 $r = R_f^{(+)}$ 的温度梯度与 A 的通量和反应热 $\Delta H_R(T_f)$ 相关联。

(8) 写出两个气相区域($R_0 < r < R_f$ 和 $r > R_f$)的热量守恒方程，并说明如何确定其余的未知量。

5. 冷凝过程的膜模型

如图 10.14 所示，二元气体与一个冷的垂直表面相接触，其中一个组分 A 在表面上冷凝而另一个组分 B 不冷凝。假设气体组成和温度的变化仅限于厚度为 δ 的黏滞膜内；冷凝液层的厚度为 L。假设这些厚度是已知的，而且壁温 T_W、气相主体温度 T_∞ 和 A 在气相主体中的摩尔分数 $x_{A\infty}$ 也已知。与冷凝液相接触的气相中 A 的摩尔分数 x_{A0} 是界面温度 T_0 的已知函数。气相温度和组成只是 y 的函数。

(1) 假设 T_0 已知，因而 x_{A0} 已知，确定冷凝速率，即求 N_{Ay} 。

(2) 再次假定 T_0 已知，确定气体膜内的 $T(y)$ 。

(3) 现在假设预先不知道 T_0 。利用界面热量守恒推导另一个所需的方程，并说明如何计算 T_0 。可以假设液相中的温度 $T(y)$ 近似为线性。

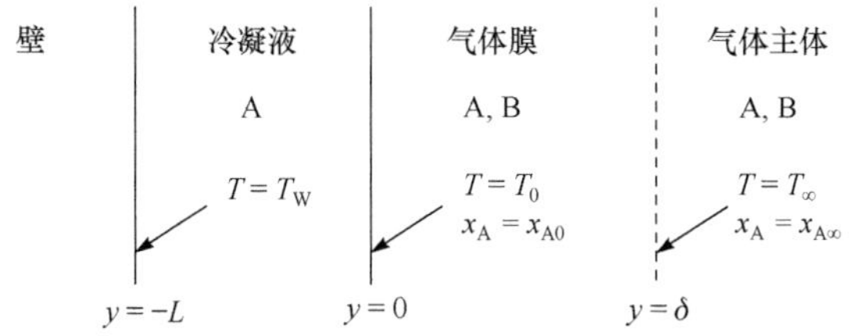

图 10.14

6. 三元气体混合物的非等温扩散和反应

如图 10.15 所示，半径为 a 的不可渗透球形颗粒悬浮在气体混合物中。气体含有组分 A、B 和 C。反应 A+B⟶C 发生在颗粒表面，反应热 ΔH_R 不为零。远离颗粒处的摩尔分数 $x_{i\infty}$ (i=A, B, C)和温度 T_∞ 已给定，而且气体是黏滞的。颗粒表面的摩尔分数 x_{is} 和温度 T_s 未知。气体压力恒定为大气压，所以气体混合物是理想气体。假设组成和温度只与径向距离有关，即 $x_i = x_i(r)$ 及 $T = T(r)$ 。

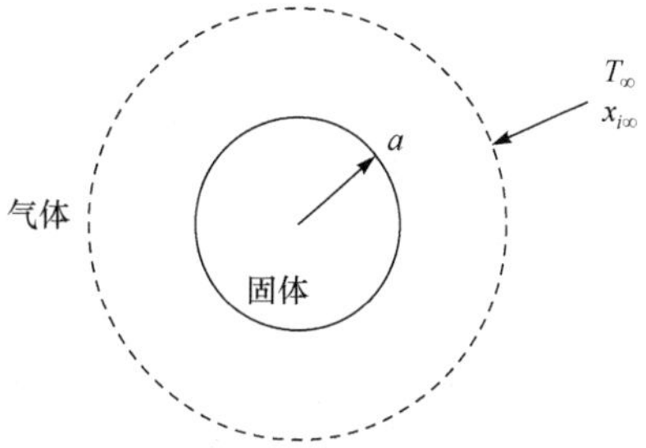

图 10.15

(1) 用产物的表面生成速率 R_{SC} 表示每个与位置相关的通量 $N_{ir}(r)$ 。

(2) 证明在整个气相内质量平均速度为零，即对于所有的 r，$v_r = 0$ 。注意，由于摩尔分数和温度的变化，质量密度 ρ 不一定为常数。

(3) 假设 R_{SC} 已知，确定 $T(r)$ 和 T_s 。简单起见，假设气体混合物的导热系数 k_G 为常数，而且 ΔH_R 随温度的变化可忽略。

(4) 假设 R_{SC} 已知，说明如何计算 $x_i(r)$ 。写出必须求解的微分方程及其边界条件。

(5) 对于这个常压体系，若已知描述反应动力学的函数 $R_{SC}(x_A, x_B, T)$ ，说明如何确定 R_{SC} 的数值。

第11章

湍流体系的传递

11.1 引　　言

流体的传质和传热问题必须考虑主体流动对传递过程的影响。换言之，必须确定混合物体系的质量平均速度或摩尔平均速度的时空分布。对于强制对流，包括层流和湍流，流动是由外加压力或表面移动所引起的，这样的流动受传热和传质的影响很小。因此，对于强制流动体系，可以根据实验或流体力学方程确定流体速度分布，再将其代入热量守恒方程和组分守恒方程。与此相反，对于自然对流体系，其流动是由密度变化所引起的，而密度变化本身是由温度和浓度变化所产生的。在自然对流的流体中，传热和传质必须与流体力学同时考虑，即传热、传质方程必须与动量传递方程一起联立求解。

如果流动体系中湍流条件占主导，除对流传递和分子传递以外，湍流旋涡对传递也有相当的贡献。要理解湍流传递就必须对湍流体系的流体力学有深入的理解。关于湍流流动模型的文献非常多。对此领域有兴趣的读者可以阅读相关的著作[1]和综述文献[2]。

本章讨论湍流条件下的传递模型，通过时间平均化处理建立湍流体系的动量、热量和组分的守恒方程并导出湍流通量，从湍流旋涡传递模型出发提出湍流通量的本构方程，由湍流速度分布模型出发导出旋涡传递系数。然后，将旋涡传递系数应用于湍流系统传质的普遍化模型，对特定情况的二组分体系和多组分体系湍流传质模型进行分析求解。

11.2 湍流的基本特性[3]

湍流流动具有三个基本特性：不规则性、时间相关性和三维性。

不规则性如图 11.1 所示，图中对比了假想粒子在管道中层流和湍流的运动轨迹。在充分发展的层流中，所有的运动都平行于管的轴向，特定流体粒子的轨迹是一条直线

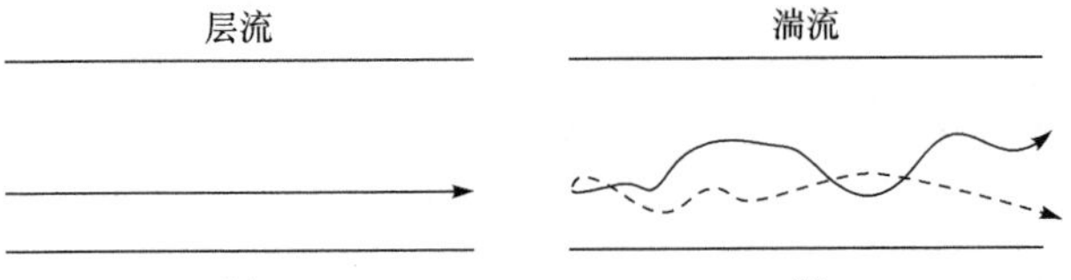

图 11.1　管内充分发展层流和湍流的流体粒子(质点)的轨迹

(b) 中的两条线对应于不同的时刻

[图 11.1(a)]。如果流速加快使流动成为湍流，那么任何粒子的轨迹都变成不规则的曲线[图 11.1(b)]。湍流流动的不规则性不仅是对空间位置而言，对时间也是如此。在同一点开始的流动径线时时刻刻都在随机变化。

即使在宏观稳定的湍流中，流动径线也是时刻变化的，这反映了湍流速度场是时间相关的固有特性。所谓“宏观稳态”是指体积流量一类的平均量或总量与时间无关。湍流的时间相关性可以通过连续测量固定位置的流速直接揭示。对于管内湍流，这样的速度测量产生如图 11.2 所示的轨迹。叠加在时均速度上的是一系列或大或小的随机扰动，它们具有相对较高的频率和较小的振幅。在任一瞬时的局部轴向速度表示为

$$v_z = \langle v_z \rangle + u_z \tag{11.2.1}$$

其中，$\langle v_z \rangle$是流体中某一点处的时均轴向速度；u_z是与该值的瞬时偏差。在特定时刻，扰动u_z可以是正的，也可以是负的。

图 11.2 中，在 $t<t_0$ 的时间段，流动是宏观稳态的，因此$\langle v_z \rangle$是在整个时间段内v_z的平均值。如果所计算的$\langle v_z \rangle$值收敛于一个典型的平均值，那么用于平均的时间间隔 t_a 必须足够长以包含很多扰动。如果系统或过程的特征时间(t_p)远大于扰动的特征时间(t_f)，即 t_a 满足 $t_f \ll t_a \ll t_p$，那么时间平均概念也对宏观非稳态流动有效。

管道内湍流的不规则性表明其速度场是三维的。任何湍流的三个速度分量都存在扰动，速度向量应该表示为

$$\boldsymbol{v} = \langle \boldsymbol{v} \rangle + \boldsymbol{u}\ ,\quad \langle \boldsymbol{u} \rangle \equiv 0 \tag{11.2.2}$$

三维扰动如图 11.3 所示。每个方向上都存在扰动，即使该方向速度分量的时均值为零。速度扰动通常用叠加在主流动上的不同大小和寿命的漩涡描述。根据定义，扰动的时均值为零。

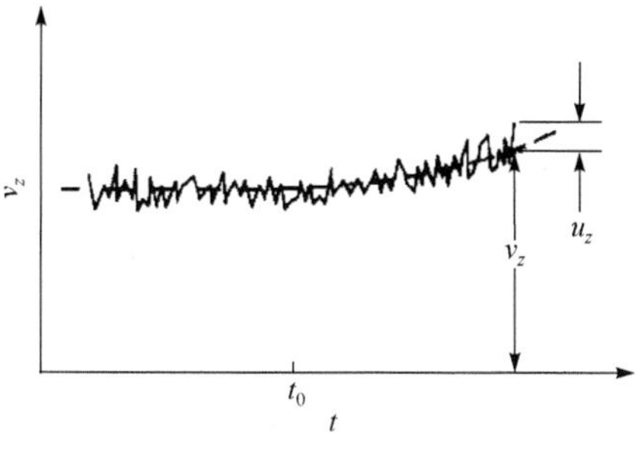

图 11.2　湍流中速度扰动的定性描述
虚线表示时均速度

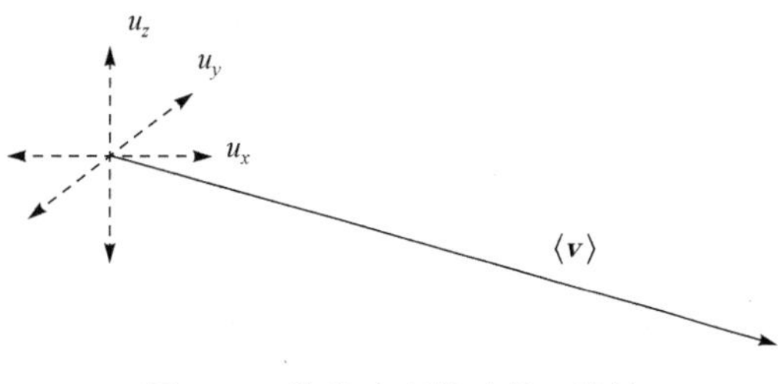

图 11.3　湍流速度扰动的三维性

高频低幅的速度扰动是湍流的本质特征。由于压力、温度和组分浓度等变量场都与速度相关，因此这些变量必定是波动的。尽管如此，对于大多数用途而言，确定了时均速度场就可以适当地表征湍流。对于大多数过程而言，速度扰动的计算是不现实的也是不必要的。因此，湍流体系传递过程的微分方程通常用时均变量表示。对于函数$F(\boldsymbol{r},t)$，其时均值定义为

$$\langle F\rangle \equiv \frac{1}{t_{\mathrm{a}}}\int_{t}^{t+t_{\mathrm{a}}} F(\boldsymbol{r},s)\mathrm{d}s \quad \frac{t_{\mathrm{f}}}{t_{\mathrm{a}}}\to 0,\quad \frac{t_{\mathrm{a}}}{t_{\mathrm{p}}}\to 0 \tag{11.2.3}$$

体系的压力、温度和组分摩尔浓度分别表示为

$$P=\langle P\rangle+p\,,\quad \langle p\rangle\equiv 0 \tag{11.2.4}$$

$$T=\langle T\rangle+\theta\,,\quad \langle \theta\rangle\equiv 0 \tag{11.2.5}$$

$$C_i=\langle C_i\rangle+\chi_i\,,\quad \langle \chi_i\rangle\equiv 0 \tag{11.2.6}$$

其中，p，θ 和 χ_i 均表示扰动。

时均量的一个重要特性是:任何一个时均量的反复时平均不会对该时均量产生影响。这是因为对时间积分的时平均是可分配的。以速度为例，对式(11.2.2)两边进行时平均，结果为

$$\langle \boldsymbol{v}\rangle=\langle\langle \boldsymbol{v}\rangle+\boldsymbol{u}\rangle=\langle\langle \boldsymbol{v}\rangle\rangle+\langle \boldsymbol{u}\rangle=\langle\langle \boldsymbol{v}\rangle\rangle \tag{11.2.7}$$

因此，“二次时平均”速度与“一次时平均”速度相等。

第二个关于时均量的规律是：时平均及其微分的顺序是可交换的。对于微分算符，如 ∇ 和 ∇^2，这是显而易见的，因为它们只含有空间偏导数，而时平均只涉及对另一自变量时间的积分。例如

$$\langle \nabla\cdot\boldsymbol{v}\rangle=\nabla\cdot\langle \boldsymbol{v}\rangle\,,\quad \langle \nabla^2\boldsymbol{v}\rangle=\nabla^2\langle \boldsymbol{v}\rangle \tag{11.2.8}$$

对于时均量的时间偏导数，也已证明符合交换律[4]。再如以速度为例，有

$$\left\langle \frac{\partial \boldsymbol{v}}{\partial t}\right\rangle=\frac{\partial}{\partial t}\langle \boldsymbol{v}\rangle \tag{11.2.9}$$

11.3　湍流传递的守恒方程[3]

11.3.1　总质量守恒

对于不可压缩流体，由总质量守恒导出的连续性方程为

$$\nabla\cdot\boldsymbol{v}=0 \tag{11.3.1}$$

对其两边进行时平均，有

$$\langle \nabla\cdot\boldsymbol{v}\rangle=\nabla\cdot\langle \boldsymbol{v}\rangle=0 \tag{11.3.2}$$

因此，时均速度与瞬时速度一样满足同一连续性方程。对于速度扰动项，可以将式(11.2.2)代入式(11.3.2)，得到

$$\nabla\cdot\boldsymbol{v}=\nabla\cdot(\langle \boldsymbol{v}\rangle+\boldsymbol{u})=\nabla\cdot\langle \boldsymbol{v}\rangle+\nabla\cdot\boldsymbol{u}=0 \tag{11.3.3}$$

对比式(11.3.2)和式(11.3.3)得

$$\nabla\cdot\boldsymbol{u}=0 \tag{11.3.4}$$

即瞬时速度扰动也遵守通常的连续性方程。

11.3.2　动量守恒

对于恒密度和恒黏度的牛顿流体，其动量守恒方程即 Navier-Stokes 方程为

$$\rho\left(\frac{\partial \boldsymbol{v}}{\partial t}+\boldsymbol{v}\cdot\nabla\boldsymbol{v}\right)=\rho g-\nabla P+\mu\nabla^2\boldsymbol{v} \tag{11.3.5}$$

在 Navier-Stokes 方程中，除了 $\boldsymbol{v}\cdot\nabla\boldsymbol{v}$ 以外，各项都是线性的。根据式(11.2.8)和式(11.2.9)所给出的交换律，时间平均对各线性项的影响只是简单地把原始变量替换成时均量，如同连续性方程。然而，非线性 $\boldsymbol{v}\cdot\nabla\boldsymbol{v}$ 需要特殊处理。先将其展开为

$$\boldsymbol{v}\cdot\nabla\boldsymbol{v}=\langle\boldsymbol{v}\rangle\cdot\nabla\langle\boldsymbol{v}\rangle+\boldsymbol{u}\cdot\nabla\langle\boldsymbol{v}\rangle+\langle\boldsymbol{v}\rangle\cdot\nabla\boldsymbol{u}+\boldsymbol{u}\cdot\nabla\boldsymbol{u} \tag{11.3.6}$$

对式(11.3.6)两边进行时间平均，右边的第一项保持不变，第二和第三两项由于 $\langle\boldsymbol{u}\rangle\equiv 0$ 而消失，第四项则不一定为零。因此，$\boldsymbol{v}\cdot\nabla\boldsymbol{v}$ 的时平均为

$$\langle\boldsymbol{v}\cdot\nabla\boldsymbol{v}\rangle=\langle\boldsymbol{v}\rangle\cdot\nabla\langle\boldsymbol{v}\rangle+\langle\boldsymbol{u}\cdot\nabla\boldsymbol{u}\rangle \tag{11.3.7}$$

将式(11.3.7)代入式(11.3.5)，得出时间平均的 Navier-Stokes 方程：

$$\rho\left(\frac{\partial\langle\boldsymbol{v}\rangle}{\partial t}+\langle\boldsymbol{v}\rangle\cdot\nabla\langle\boldsymbol{v}\rangle\right)=\rho g-\nabla\langle P\rangle+\mu\nabla^2\langle\boldsymbol{v}\rangle-\rho\langle\boldsymbol{u}\cdot\nabla\boldsymbol{u}\rangle \tag{11.3.8}$$

扰动产生的湍流项 $\rho\langle\boldsymbol{u}\cdot\nabla\boldsymbol{u}\rangle$ 出现在式(11.3.8)的右边。

将应力张量应用于 Navier-Stokes 方程中，由于

$$\mu\nabla^2\boldsymbol{v}=\nabla\cdot\boldsymbol{\tau} \tag{11.3.9}$$

两边时间平均，有

$$\mu\nabla^2\langle\boldsymbol{v}\rangle=\langle\mu\nabla^2\boldsymbol{v}\rangle=\langle\nabla\cdot\boldsymbol{\tau}\rangle=\nabla\cdot\langle\boldsymbol{\tau}\rangle \tag{11.3.10}$$

湍流对式(11.3.8)右边的贡献可以表示为一个张量的散度。利用式(11.3.4)，有

$$\nabla\cdot(\boldsymbol{uu})=(\nabla\cdot\boldsymbol{u})\boldsymbol{u}+\boldsymbol{u}\cdot\nabla\boldsymbol{u}=\boldsymbol{u}\cdot\nabla\boldsymbol{u}$$

因此，湍流项可以写成：

$$\rho\langle\boldsymbol{u}\cdot\nabla\boldsymbol{u}\rangle=\nabla\cdot(\rho\langle\boldsymbol{uu}\rangle) \tag{11.3.11}$$

定义湍流应力即 Reynolds 应力为

$$\boldsymbol{\tau}^*\equiv-\langle\rho\boldsymbol{uu}\rangle \tag{11.3.12}$$

湍流应力本质上就是湍流速度扰动所引起的动量传递通量。

将式(11.3.10)和式(11.3.12)代入式(11.3.8)，可以将时间平均的 Navier-Stokes 方程最终写成：

$$\rho\left(\frac{\partial\langle\boldsymbol{v}\rangle}{\partial t}+\langle\boldsymbol{v}\rangle\cdot\nabla\langle\boldsymbol{v}\rangle\right)=\rho g-\nabla\langle P\rangle+\nabla\cdot\left(\langle\boldsymbol{\tau}\rangle+\boldsymbol{\tau}^*\right) \tag{11.3.13}$$

求解湍流问题通常使用这一形式的 Navier-Stokes 方程。

11.3.3　热量守恒

对于纯物质或组成恒定的混合物，物性恒定体系的热量守恒方程为

$$\rho\hat{C}_p\left(\frac{\partial T}{\partial t}+\boldsymbol{v}\cdot\nabla T\right)=-\nabla\cdot\boldsymbol{q}+H_V \tag{11.3.14}$$

类似于式(11.3.6)和式(11.3.7)的处理，可以导出：

$$\langle\boldsymbol{v}\cdot\nabla T\rangle=\langle\boldsymbol{v}\rangle\cdot\nabla\langle T\rangle+\langle\boldsymbol{u}\cdot\nabla\theta\rangle \tag{11.3.15}$$

时间平均的热量守恒方程为

$$\rho\hat{C}_p\left(\frac{\partial\langle T\rangle}{\partial t}+\langle\boldsymbol{v}\rangle\cdot\nabla\langle T\rangle\right)=-\nabla\cdot\langle\boldsymbol{q}\rangle-\rho\hat{C}_p\langle\boldsymbol{u}\cdot\nabla\theta\rangle+\langle H_V\rangle \tag{11.3.16}$$

根据散度的运算规则，有

$$\nabla\cdot(\boldsymbol{u}\theta)=(\nabla\cdot\boldsymbol{u})\theta+\boldsymbol{u}\cdot\nabla\theta \tag{11.3.17}$$

再根据密度恒定的不可压缩流体的连续性方程式(11.3.4)，有

$$\boldsymbol{u}\cdot\nabla\theta=\nabla\cdot(\boldsymbol{u}\theta) \tag{11.3.18}$$

因此，时间平均的热量守恒方程可以写成：

$$\rho\hat{C}_p\left(\frac{\partial\langle T\rangle}{\partial t}+\langle\boldsymbol{v}\rangle\cdot\nabla\langle T\rangle\right)=-\nabla\cdot\langle\boldsymbol{q}\rangle-\rho\hat{C}_p\nabla\cdot\langle\boldsymbol{u}\theta\rangle+\langle H_V\rangle \tag{11.3.19}$$

定义湍流热量通量为

$$\boldsymbol{q}^*\equiv\left\langle\rho\hat{C}_p\theta\boldsymbol{u}\right\rangle \tag{11.3.20}$$

它是由湍流引起的额外热量通量，是相对于质量平均速度的。最终，时间平均的热量守恒方程为

$$\rho\hat{C}_p\left(\frac{\partial\langle T\rangle}{\partial t}+\langle\boldsymbol{v}\rangle\cdot\nabla\langle T\rangle\right)=-\nabla\cdot\left(\langle\boldsymbol{q}\rangle+\boldsymbol{q}^*\right)+\langle H_V\rangle \tag{11.3.21}$$

因此，湍流对热量传递的主要影响体现在相对于质量平均速度的导热通量上。

11.3.4 化学组分守恒

对于湍流体系的传质问题，需要对组分守恒方程进行时间平均。在多组分体系中，组分 i 的守恒方程为

$$\frac{\partial C_i}{\partial t}=-\nabla\cdot\boldsymbol{N}_i+R_{Vi} \tag{11.3.22}$$

将其进行时间平均可得

$$\frac{\partial\langle C_i\rangle}{\partial t}=-\nabla\cdot\langle\boldsymbol{N}_i\rangle+\langle R_{Vi}\rangle \tag{11.3.23}$$

组分 i 的通量为

$$\boldsymbol{N}_i=\boldsymbol{J}_i+C_i\boldsymbol{v}=\boldsymbol{J}_i+\left(\langle C_i\rangle+\chi_i\right)\left(\langle\boldsymbol{v}\rangle+\boldsymbol{u}\right) \tag{11.3.24}$$

因此，可以导出：

$$\langle \boldsymbol{N}_i \rangle = \langle \boldsymbol{J}_i \rangle + \langle C_i \rangle \langle \boldsymbol{v} \rangle + \langle \chi_i \boldsymbol{u} \rangle \tag{11.3.25}$$

定义组分 i 相对于质量平均速度的摩尔湍流通量为

$$\boldsymbol{J}_i^* \equiv \langle \chi_i \boldsymbol{u} \rangle \tag{11.3.26}$$

这是由湍流扰动引起的组分摩尔通量。因此

$$\langle \boldsymbol{N}_i \rangle = \langle \boldsymbol{J}_i \rangle + \boldsymbol{J}_i^* + \langle C_i \rangle \langle \boldsymbol{v} \rangle \tag{11.3.27}$$

时平均的组分守恒方程可以写成：

$$\frac{\partial \langle C_i \rangle}{\partial t} = -\nabla \cdot \left(\langle \boldsymbol{J}_i \rangle + \boldsymbol{J}_i^* \right) - \nabla \cdot \left(\langle C_i \rangle \langle \boldsymbol{v} \rangle \right) + \langle R_{Vi} \rangle \tag{11.3.28}$$

式(11.3.28)右边的第二项可以展开为

$$\nabla \cdot \left(\langle C_i \rangle \langle \boldsymbol{v} \rangle \right) = \langle C_i \rangle \nabla \cdot \langle \boldsymbol{v} \rangle + \langle \boldsymbol{v} \rangle \cdot \nabla \langle C_i \rangle \tag{11.3.29}$$

对于不可压缩流体，根据连续性方程式(11.3.2)，有

$$\nabla \cdot \left(\langle C_i \rangle \langle \boldsymbol{v} \rangle \right) = \langle \boldsymbol{v} \rangle \cdot \nabla \langle C_i \rangle \tag{11.3.30}$$

因此，不可压缩流体湍流体系时间平均的组分 i 的摩尔守恒方程可以写成：

$$\frac{\partial \langle C_i \rangle}{\partial t} + \langle \boldsymbol{v} \rangle \cdot \nabla \langle C_i \rangle = -\nabla \cdot \left(\langle \boldsymbol{J}_i \rangle + \boldsymbol{J}_i^* \right) + \langle R_{Vi} \rangle \tag{11.3.31}$$

如果用质量单位表示，则时间平均的组分 i 的质量守恒方程可以写成：

$$\frac{\partial \langle \rho_i \rangle}{\partial t} + \langle \boldsymbol{v} \rangle \cdot \nabla \langle \rho_i \rangle = -\nabla \cdot \left(\langle \boldsymbol{j}_i \rangle + \boldsymbol{j}_i^* \right) + \langle r_{Vi} \rangle \tag{11.3.32}$$

其中，$\boldsymbol{j}_i^*$ 是组分 i 相对于质量平均速度的质量湍流通量。再次表明湍流扰动的影响体现在相对于质量平均速度的通量上。

湍流对反应速率计算的影响也需要考虑。对于 $R_{Vi} = -k_1 C_i$ 的一级反应，其时间平均速率为

$$\langle R_{Vi} \rangle = -k_1 \langle \langle C_i \rangle + \chi_i \rangle = -k_1 \left(\langle C_i \rangle + \langle \chi_i \rangle \right) = -k_1 \langle C_i \rangle \tag{11.3.33}$$

因此，对于一级反应，反应速率的表示形式并不受时间平均的影响。然而，对于 $R_{Vi} = -k_2 C_i^2$ 的二级反应，其时间平均的速率变为

$$\langle R_{Vi} \rangle = -k_2 \left\langle \left(\langle C_i \rangle + \chi_i \right)^2 \right\rangle = -k_2 \left(\langle C_i \rangle^2 + 2 \langle C_i \rangle \langle \chi_i \rangle + \langle \chi_i^2 \rangle \right) = -k_2 \left(\langle C_i \rangle^2 + \langle \chi_i^2 \rangle \right) \tag{11.3.34}$$

其中，$\langle \chi_i^2 \rangle$ 表示在原始速率定律中使用时均浓度会系统地低估组分 i 的消耗速率。一般在使用时均浓度时，任何非线性的反应速率定律将导致一个额外项。

11.4　湍流传递的本构方程

11.4.1　湍流通量[3]

通过对守恒方程的时间平均化已导出了由湍流扰动所引起的动量、热量和组分的通

量，即三种湍流通量，其定义分别为式(11.3.12)、式(11.3.20)和式(11.3.26)。显然，尽管每个扰动量的时间平均值为零，但是湍流扰动能够产生动量、热量和组分的净通量，而且每种湍流通量都正比于速度扰动与对应扰动变量乘积的时均值。

湍流通量的一个重要特性是它们在固体表面的行为。在移动或静止的任何表面上，满足无滑动和无渗透条件时，速度扰动消失。在这样的表面上，速度 $\boldsymbol{v}=0$ ，因而 $\langle\boldsymbol{v}\rangle=0$ 和 $\boldsymbol{u}=0$ 。由于 $\boldsymbol{u}=0$ ，式(11.3.12)、式(11.3.20)和式(11.3.26)中 $\boldsymbol{\tau}^*=0$ 、 $\boldsymbol{q}^*=0$ 和 $\boldsymbol{J}_i^*=0$ 。因此，表面上的剪切应力可以通过简单地将时均速度代入通常的黏性应力公式进行计算，表面上湍流不对剪切应力产生贡献。类似地，热通量和组分通量可以分别根据相应的本构方程由时均场变量的梯度计算。虽然只知道时均场变量就可以计算流-固界面上的通量，但是不知道扰动就不能确定时均变量。由于在大多数流体中湍流通量的数量级大于其对应的分子传递通量，即使是最简单的流动，如管道内充分发展的流动，湍流通量都是强烈地与位置有关的函数。任何估算湍流通量 $\boldsymbol{\tau}^*$ 、 $\boldsymbol{q}^*$ 和 $\boldsymbol{J}_i^*$ 的方法都必须满足固体表面处为零的条件。

时间平均的守恒方程的数目只与时均变量场的数目相等，而速度、温度和浓度的扰动($\boldsymbol{u}$ 、 θ 、 χ_i)是未知量。任何在湍流中使用时间平均变量所产生的方法，都会出现严格推导的方程数目少于未知量数目的问题。因此，时间平均化的代价就是需要找到额外的未知变量之间的关系式，而这样的关系式不是显而易见的。解决这个问题的最简单的方式是以经验观察和物理推理为基础，构建湍流通量 $\boldsymbol{\tau}^*$ 、 $\boldsymbol{q}^*$ 和 $\boldsymbol{J}_i^*$ 与对应的时均变量之间的关系式，即湍流本构方程。如此一来，扰动本身被消除，问题被简化为湍流本构方程的具体确定。

11.4.2 旋涡传递模型

确定湍流通量 $\boldsymbol{\tau}^*$ 、 $\boldsymbol{q}^*$ 和 $\boldsymbol{J}_i^*$ 与时均变量之间的关系式，已知最好的方法是旋涡传递模型。从定义湍流动量通量、湍流热量通量和湍流组分通量的式(11.3.12)、式 (11.3.20)和式(11.3.26)可以看出，湍流通量 $\boldsymbol{\tau}^*$ 、 $\boldsymbol{q}^*$ 和 $\boldsymbol{J}_i^*$ 是由速度场、温度场和浓度场的扰动所引起的。一般认为湍流体系中场变量的扰动是由湍流旋涡所导致的。湍流旋涡能够驱使动量、热量和化学组分从其对应的高浓度区迁移至低浓度区，这就是所谓的旋涡传递。表观而言，旋涡传递非常像分子传递(扩散)的增强形式。

对于传热和传质，旋涡传递模型认为：湍流旋涡将流体单元从高温或高组分浓度区移动至低温或低浓度区，随后流体单元与其新的环境达到平衡。与该过程相伴的是其他流体单元以相反方向移动。由于湍流体系的扰动作用，两个相反方向的流体迁移量以及随之携带的热量和质量是不一致的。这种流体单元移动的净效应是高温区向低温区的传热，或高浓度区向低浓度区的传质。如此描述的机理与气体的热传导或分子扩散很类似，差别只是随机运动是旋涡尺度而不是分子尺度。因此，湍流热量通量也称为旋涡导热通量，而湍流组分通量则称为旋涡扩散通量。根据上述湍流通量的旋涡传递机理解释及其与分子传递的类似性，湍流通量 $\boldsymbol{\tau}^*$ 、 $\boldsymbol{q}^*$ 和 $\boldsymbol{J}_i^*$ 与相对应的时均变量之间的关系式即湍流传递的本构方程，可以表示为湍流通量与对应的时均变量的梯度之间的比例关系。

对于不可压缩的牛顿流体，湍流动量通量即湍流黏性应力 $\boldsymbol{\tau}^*$ 表示为

$$\boldsymbol{\tau}^* = \mu^*\left[\nabla\langle\boldsymbol{v}\rangle + \left(\nabla\langle\boldsymbol{v}\rangle\right)^{\mathrm{T}}\right] \tag{11.4.1}$$

其中，μ^* 是湍流动力黏度。对应地，湍流运动黏度 $\nu^* = \mu^*/\rho$。

相对于质量平均速度的湍流热传导通量 $\boldsymbol{q}^*$，也可以用类似的形式表示，即

$$\boldsymbol{q}^* = -k^*\nabla\langle T\rangle \tag{11.4.2}$$

其中，k^* 是湍流旋涡导热系数。对应地，湍流热量扩散系数 $\alpha^* = k^*/\rho\hat{C}_p$。

相对于质量平均速度的组分摩尔湍流通量 $\boldsymbol{J}_i^*$，也可以用类似的形式表示，即

$$\boldsymbol{J}_i^* = -\frac{\rho_{\mathrm{t}}}{M_i}D^*\nabla\langle\omega_i\rangle \quad i = 1,2,\cdots,n \tag{11.4.3}$$

其中，D^* 是湍流旋涡扩散系数，它对体系中所有的组分都是相同的。对于密度恒定的不可压缩流体，也可以写成：

$$\boldsymbol{J}_i^* = -D^*\nabla\langle C_i\rangle \quad i = 1,2,\cdots,n \tag{11.4.4}$$

相对于质量平均速度的组分质量湍流通量 $\boldsymbol{j}_i^*$，可以表示为

$$\boldsymbol{j}_i^* = -\rho_{\mathrm{t}}D^*\nabla\langle\omega_i\rangle \quad i = 1,2,\cdots,n \tag{11.4.5}$$

由于 $\boldsymbol{j}_i^*$ 是相对于质量平均速度的质量通量，根据其定义，也有

$$\sum_{i=1}^{n}\boldsymbol{j}_i^* = 0 \tag{11.4.6}$$

式(11.4.3)和式(11.4.5)不仅适用于二组分体系，也适用于多组分体系。也就是说，在湍流扩散中不存在耦合效应，因为湍流旋涡扩散传质不是针对特定组分的，即所有组分的湍流扩散传质的机理是相同的。

湍流通量的本构方程式(11.4.1)～式(11.4.3)也分别定义了动量、热量和组分 i 的旋涡传递系数 ν^*、α^* 和 D^*。这些旋涡传递系数具有与分子传递系数相同的单位(m^2/s)。根据旋涡传递模型，动量、热量和组分 i 的湍流通量都是由同一旋涡运动所引起的，即动量、热量和组分 i 的湍流通量的产生具有相同的机理。与分子传递的格点模型类似，可以预料每一种旋涡传递系数都具有 ul 的量级，其中 u 是旋涡特征速度，l 是旋涡特征尺寸。据此推理可以合理地认为旋涡传递系数 ν^*、α^* 和 D^* 是相等的，即

$$\nu^* = \alpha^* = D^* \tag{11.4.7}$$

这就是所谓的 Reynolds 类比。

如果定义湍流 Schmidt 数为

$$Sc^* = \nu^* / D^* \tag{11.4.8}$$

也定义湍流 Prandtl 数为

$$Pr^* = \hat{C}_p \mu^* / k^* \tag{11.4.9}$$

则有 $Sc^* = Pr^* = 1$。

对于湍流体系的传热和传质问题，通常由测定的速度分布估算 ν^*，再假定 Reynolds 类比是正确的(或几乎如此)。实际上，实验事实也支持旋涡传递系数近似相等的假设。在式(11.4.1)～式(11.4.5)适用的前提下，将估算 α^* 和 D^* 的问题替换成估算湍流运动黏度 ν^* 的问题。

在 11.4.1 节中已论述湍流通量 $\boldsymbol{\tau}^*$ 和 $\boldsymbol{q}^*$ 在固体表面处必定为零，然而一般情况下场变量的梯度在固体表面不为零。因此，在 y=0 的表面，任何模型都必须给出这样的结果：当 $y \to 0$ 时，$\nu^* \to 0$。这意味着与分子传递系数不同，旋涡传递系数是强烈地取决于空间位置的。概括起来可以表述为：分子传递系数(ν、α 和 D)是流体的性质，而旋涡传递系数(ν^*、α^* 和 D^*)则是流动的性质。

11.4.3 旋涡传递系数模型

充分发展的湍流流动的时均速度分布如图 11.4 所示。由图可知，速度分布可以分为以下三部分：

(1) 层流底层，其中的流动是层流。

(2) 过渡层，即从层流底层向中心过渡的区域。

(3) 充分发展湍流。

在固体表面附近流体的时均速度 $\langle \boldsymbol{v} \rangle$ 和湍流运动黏度 ν^* 都具有普遍的特性，而与体系的整体几何结构无关。也就是说，壁面附近旋涡速度和旋涡大小取决于流体性质和局部流体力学，几乎不受如管径或物体大小等因素的影响。壁面附近的流动可以用壁面剪切应力表征。

为了简洁起见，讨论沿 z 方向的流动，去掉分量的下标，并假定多组分流体混合物的质量平均速度 $\langle v \rangle$ 主要与离壁面的距离 y 有关。为了便于进一步的处理，定义下列包含流动信息的参数和变量。

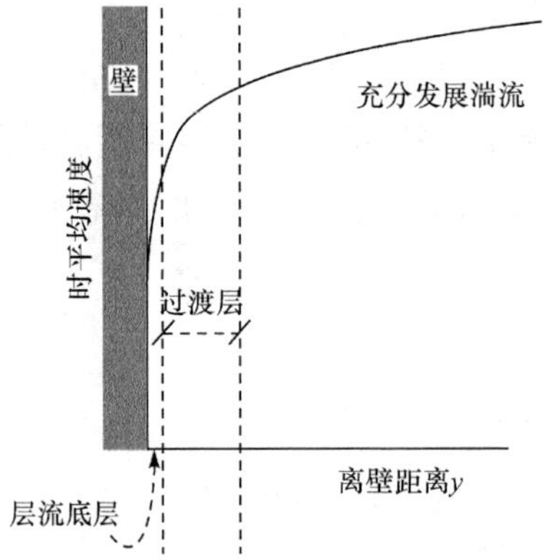

图 11.4 充分发展湍流流动的时均速度分布[5]

(1) 摩擦速度(或称为壁面速度) $v^{\#}$

$$v^{\#} = \sqrt{\tau_0 / \rho} \tag{11.4.10}$$

其中，τ_0 是界面或壁面上的剪切应力。

(2) 摩擦系数(Fanning 摩擦因子)f

$$f = 2\frac{\tau_0 / \rho}{U^2} = 2\left(\frac{v^{\#}}{U}\right)^2 \tag{11.4.11}$$

其中，U 是多组分流体混合物在通道内 $\langle v \rangle$ 对 y 的平均值。

(3) 无量纲速度

$$v^{+} = \frac{\langle v \rangle}{v^{\#}} = \sqrt{2 / f}\,\frac{\langle v \rangle}{U} \tag{11.4.12}$$

(4) 离壁面的无量纲距离

$$y^{+} = y v^{\#} \rho / \mu = y v^{\#} / \nu \tag{11.4.13}$$

估算湍流运动黏度 ν^{*} 的第一个成功的方法是 Prandtl 所提出的混合长度模型[6]。在混合长度模型中，假设湍流运动黏度具有以下形式：

$$\nu^{*} = l^2 \left| \frac{\mathrm{d}\langle v \rangle}{\mathrm{d}y} \right| \tag{11.4.14}$$

其中，参数 l 称为混合长度，它类似于气体动力学理论中的平均自由程。在物理意义上，混合长度 l 是湍流旋涡保持其一致性所需的距离。在式(11.4.14)中，$\mathrm{d}\langle v \rangle / \mathrm{d}y$ 取绝对值是为了保证剪切应力随流场方向而变。

定义无量纲混合长度：

$$l^{+} = l v^{\#} / \nu \tag{11.4.15}$$

用无量纲量表示的湍流运动黏度为

$$\frac{\nu^{*}}{\nu} = \left(l^{+}\right)^2 \left| \frac{\mathrm{d}v^{+}}{\mathrm{d}y^{+}} \right| \tag{11.4.16}$$

则估算 ν^{*} 取决于无量纲混合长度 l^{+} 的计算方法。从物理观点看，l^{+} 必定是离壁面的距离 y^{+} 的函数。关于 l^{+} 的最简单模型是 Prandtl 假定的与离壁面的距离成正比，即

$$l^{+} = \kappa y^{+} \tag{11.4.17}$$

其中，κ 是冯卡门(von Karman)常数，其值为 0.4。

尽管 Prandtl 混合长度模型即式(11.4.14)在湍流核心(y^{+}>30)条件下是有效的，但是在靠近壁面处由于固体表面阻碍混合机理，l^{+} 值被大大高估。van Driest[7]通过引入阻尼因子对 Prandtl 模型做了重要修正：

$$l^{+} = \kappa y^{+}\left[1 - \exp\left(-y^{+} / A^{+}\right)\right] \tag{11.4.18}$$

其中，A^+是阻尼长度常数。离壁面的距离超过该阻尼长度常数时，黏性效应就可以被忽略。对于管道内的流动，van Driest[7]经验地确定 $A^+ = 26$ 。对于平行于流动方向平板上的湍流， $A^+ = 25$[8]。

从式(11.4.14)可知，由湍流流动的速度分布可以估算出湍流运动黏度ν^*。对于不同的流动情况，需要用不同的速度分布模型描述。对于简单的流动状况，如圆管内的流动，可以获得足够的速度分布信息以估算湍流传递系数，从而计算在壁面和流体之间传质和传热的通量。

11.4.4 圆管内的湍流传递系数

首先考虑圆管内管壁附近的速度分布。用离开壁面的距离y作径向坐标：

$$y = R - r \tag{11.4.19}$$

其中，R是圆管的半径。定义无量纲管道半径为

$$R^+ = Rv^\# / \nu = Re\sqrt{f/8} \tag{11.4.20}$$

其中，流动的 Reynolds 数 $Re = 2RU/\nu$ 。

根据流体动量守恒方程式(11.3.13)，可导出在稳态条件下

$$\frac{1}{r}\frac{\mathrm{d}}{\mathrm{d}r}\left[r\left(\langle\tau_{rz}\rangle + \tau_{rz}^*\right)\right] = \frac{\mathrm{d}}{\mathrm{d}z}\langle P\rangle \tag{11.4.21}$$

利用轴对称条件，从 r=0 积分至 r 得

$$\langle\tau_{rz}\rangle + \tau_{rz}^* = \frac{\mathrm{d}\langle P\rangle}{\mathrm{d}z}\frac{r}{2} \tag{11.4.22}$$

在 r=R 的管壁上， $\tau_{rz}^* = 0$，所以

$$\frac{\mathrm{d}\langle P\rangle}{\mathrm{d}z} = -\frac{2\tau_0}{R} \tag{11.4.23}$$

将径向坐标 r 变换成 y，则 $\tau_{yz} = -\tau_{rz}$，式(11.4.22)可以变换成：

$$\langle\tau_{yz}\rangle + \tau_{yz}^* = \tau_0\left(1 - \frac{y}{R}\right) \tag{11.4.24}$$

根据牛顿流体的剪切应力本构方程及湍流应力本构方程，即分子传递项$\langle\tau_{yz}\rangle = \mu\dfrac{\mathrm{d}\langle v\rangle}{\mathrm{d}y}$及湍流项$\tau_{yz}^* = \mu^*\dfrac{\mathrm{d}\langle v\rangle}{\mathrm{d}y}$，可以得出总应力为

$$\langle\tau_{yz}\rangle + \tau_{yz}^* = \mu\left(1 + \frac{\nu^*}{\nu}\right)\frac{\mathrm{d}\langle v\rangle}{\mathrm{d}y} \tag{11.4.25}$$

式(11.4.24)与式(11.4.25)相等即可导出：

$$\frac{\mathrm{d}\langle v\rangle}{\mathrm{d}y}=\frac{\tau_0\left(1-\dfrac{y}{R}\right)}{\mu\left(1+\dfrac{v^*}{v}\right)} \tag{11.4.26}$$

这就是管道内充分发展的湍流的一般性速度梯度分布。对于管壁附近的区域，$y/R \ll 1$，并利用 y^+和 v^+的定义，有

$$\frac{\mathrm{d}v^+}{\mathrm{d}y^+}=\frac{1}{1+v^*/v} \tag{11.4.27}$$

如果湍流流动的速度分布采用 von Karman 通用速度分布(图 11.5)，则

(1) 壁面区，即层流底层：

$$v^+=y^+,\quad 0\leqslant y^+<5 \tag{11.4.28}$$

(2) 过渡区：

$$v^+=5.0\ln y^+-3.05,\quad 5\leqslant y^+<30 \tag{11.4.29}$$

(3) 湍流核心：

$$v^+=2.5\ln y^++5.0,\quad y^+\geqslant 30 \tag{11.4.30}$$

将式(11.4.28)和式(11.4.29)代入式(11.4.27)，得到下列 v^*/v 的表达式：

层流底层

$$\frac{v^*}{v}=0\quad 0\leqslant y^+<5 \tag{11.4.31}$$

过渡区

$$\frac{v^*}{v}=\frac{y^+}{5}-1\quad 5\leqslant y^+<30 \tag{11.4.32}$$

在过渡区，分子扩散和湍流扩散都起相当的作用。在 von Karman 模型中，参数值取 30。离壁面的距离超过此值，传递过程就是纯粹由湍流引起的。v^*/v 与 y^+ 的函数关系如图 11.5 所示。

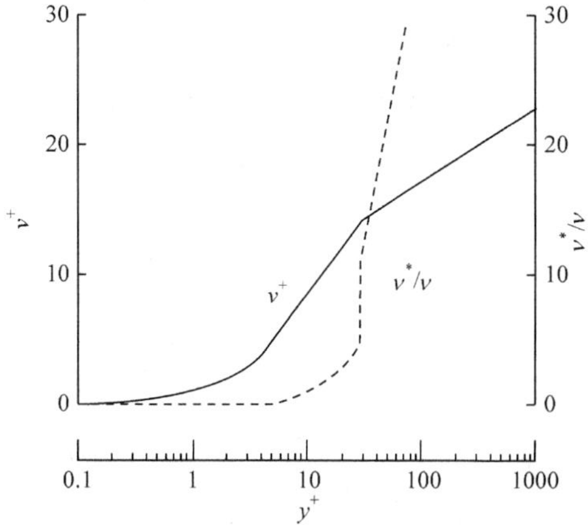

图 11.5　湍流速度分布 $v^+(y^+)$ 的 von Karman 模型及由其得出的 v^*/v 分布

由 Prandtl 模型可以将湍流运动黏度表示为

$$\frac{\nu^*}{\nu}=\left(l^+\right)^2\left|\frac{\mathrm{d}v^+}{\mathrm{d}y^+}\right| \tag{11.4.33}$$

注意到 $\frac{\mathrm{d}v^+}{\mathrm{d}y^+}\geqslant 0$，将式(11.4.33)代入式(11.4.27)可以得到 $\frac{\mathrm{d}v^+}{\mathrm{d}y^+}$ 的二次方程：

$$\left(l^+\right)^2\left(\frac{\mathrm{d}v^+}{\mathrm{d}y^+}\right)^2+\frac{\mathrm{d}v^+}{\mathrm{d}y^+}-1=0 \tag{11.4.34}$$

因此，可以得到 $\frac{\mathrm{d}v^+}{\mathrm{d}y^+}$ 的显式表达式为

$$\frac{\mathrm{d}v^+}{\mathrm{d}y^+}=\frac{-1+\sqrt{1+4\left(l^+\right)^2}}{2\left(l^+\right)^2} \tag{11.4.35}$$

将式(11.4.35)和式(11.4.33)相结合，可以得出 ν^*/ν 与 l^+ 的关系式。再结合式(11.4.18)，就可以建立 ν^*/ν 与 y^+ 的关系式。根据式(11.4.7)可以获得旋涡传递系数(ν^*、α^* 和 D^*)的表达式，可用于湍流传递过程的模型化。

11.5　湍流体系的传质模型

11.5.1　湍流条件下多组分传质模型

对于湍流条件下的传质问题，时间平均的组分守恒方程为式(11.3.23)，即

$$\frac{\partial\langle C_i\rangle}{\partial t}=-\nabla\cdot\langle \boldsymbol{N}_i\rangle+\langle R_{Vi}\rangle \tag{11.5.1}$$

而时间平均的本构方程为式(11.3.27)，即

$$\langle \boldsymbol{N}_i\rangle=\langle \boldsymbol{J}_i\rangle+\boldsymbol{J}_i^*+\langle C_i\rangle\langle \boldsymbol{v}\rangle \tag{11.5.2}$$

在式(11.5.1)和式(11.5.2)中，带尖括号的各量是时均量。在接下来的讨论中，尖括号被省略，并认为所考虑的量都是时均量。使用以质量平均速度为参考态的扩散通量，因为处理旋涡扩散需要同时考虑动量方程。

用矩阵形式表示多组分体系的守恒方程和本构方程，有

$$\frac{\partial(C)}{\partial t}=-\nabla\cdot(\boldsymbol{N})+(R_V) \tag{11.5.3}$$

和

$$(\boldsymbol{N})=(\boldsymbol{J})+\left(\boldsymbol{J}^*\right)+(C)\boldsymbol{v} \tag{11.5.4}$$

对于多组分体系的分子扩散通量，可以用矩阵形式的普遍化 Maxwell-Stefan 方程表

示，即

$$\left(\boldsymbol{J}\right)=C_{\mathrm{t}}\left[B^{\omega x}\right][B]^{-1}\left(\boldsymbol{d}\right) \tag{11.5.5}$$

其中，$\left[B^{\omega x}\right]$的元素由式(2.5.38)定义，$[B]$的元素由式(7.4.25)和式(7.4.26)定义，分子扩散的总推动力 $\boldsymbol{d}_i$ 则由式(7.4.7)所表示。

对于多组分体系的湍流扩散通量，如 11.4.2 节所述的旋涡传递模型，湍流旋涡扩散传质不是针对特定组分的，所有组分的湍流扩散传质的机理是相同的，是湍流扰动作用导致的旋涡尺度随机运动产生的从高浓度区向低浓度区传质的净效应。因此，式(11.4.3)适用于多组分体系，将其写成矩阵形式，有

$$\left(\boldsymbol{J}^{*}\right)=-\rho_{\mathrm{t}}D^{*}[M]^{-1}\nabla\left(\omega\right) \tag{11.5.6}$$

其中，$[M]$是以组分摩尔质量为对角元素的对角矩阵。

如果用质量单位表示，则时间平均的组分质量守恒方程可以写成：

$$\frac{\partial\left(\omega\right)}{\partial t}+\boldsymbol{v}\cdot\nabla\left(\omega\right)=-\frac{1}{\rho_{\mathrm{t}}}\nabla\cdot\left[\left(\boldsymbol{j}\right)+\left(\boldsymbol{j}^{*}\right)\right]+\frac{\left(r_V\right)}{\rho_{\mathrm{t}}} \tag{11.5.7}$$

或

$$\rho_{\mathrm{t}}\frac{\partial\left(\omega\right)}{\partial t}+\nabla\cdot\left(\boldsymbol{n}\right)=\left(r_V\right) \tag{11.5.8}$$

本构方程为

$$\left(\boldsymbol{n}\right)=\left(\boldsymbol{j}\right)+\left(\boldsymbol{j}^{*}\right)+\boldsymbol{n}_{\mathrm{t}}\left(\omega\right) \tag{11.5.9}$$

其中

$$\left(\boldsymbol{j}\right)=C_{\mathrm{t}}[M]\left[B^{\omega x}\right][B]^{-1}\left(\boldsymbol{d}\right) \tag{11.5.10}$$

以及

$$\left(\boldsymbol{j}^{*}\right)=-\rho_{\mathrm{t}}D^{*}\nabla\left(\omega\right) \tag{11.5.11}$$

式(11.5.6)和式(11.5.11)中的湍流旋涡扩散系数 D^{*}需要根据 11.4.3 节提出的方法，借助于速度分布求出湍流运动黏度，再根据 Reynolds 类比式(11.4.7)求得。

在已知速度分布的前提下，原理上可以由式(11.5.3)～式(11.5.6)或式(11.5.7)～式 (11.5.11)所构成的模型求出湍流条件下的组分浓度分布及传质通量。然而，对于三个以上的多组分体系，以及多种分子扩散推动力作用下，求解的数学过程相当复杂，一般情况下需要进行迭代计算的数值求解，只有在特定条件下可以相对容易地求得结果。

11.5.2　圆管内二组分流体的稳态湍流传质[5]

对于没有化学反应发生的等温等压不可压缩流体的湍流体系，有

$$\rho_{\mathrm{t}}\frac{\partial\omega_i}{\partial t}+\nabla\cdot\boldsymbol{n}_i=0 \tag{11.5.12}$$

无外场作用下的一维(y 方向)传质过程，考虑了分子扩散和湍流旋涡贡献的二元体系本构方程是

$$j_{iy}+j_{iy}^{*}=-\rho_{\mathrm{t}}\left(D+D^{*}\right)\frac{\mathrm{d}\omega_i}{\mathrm{d}y}\qquad i=1,2 \tag{11.5.13}$$

其中，D 是 Fick 扩散系数；D^{*} 是旋涡扩散系数。

由于二元体系只有一个 Fick 扩散系数 D，相应地只有一个分子 Schmidt 数 $Sc\equiv\nu/D$。组分质量通量 n_{iy} $(i=1,2)$ 为

$$n_{iy}=-\rho_{\mathrm{t}}\left(D+D^{*}\right)\frac{\mathrm{d}\omega_i}{\mathrm{d}y}+\omega_i n_{\mathrm{t}y} \tag{11.5.14}$$

根据分子 Schmidt 数和湍流 Schmidt 数的定义式(11.4.8)，借助无量纲距离的定义式(11.4.13)，可以得到：

$$n_{iy}=-\rho_{\mathrm{t}}\nu^{\#}\left[Sc^{-1}+\left(Sc^{*}\right)^{-1}\frac{\nu^{*}}{\nu}\right]\frac{\mathrm{d}\omega_i}{\mathrm{d}y^{+}}+\omega_i n_{\mathrm{t}y} \tag{11.5.15}$$

由式(11.5.15)并利用 R^{+} 和 y^{+}的定义可知，对于无化学反应的稳态过程，$R^{+}\left(1-\dfrac{y^{+}}{R^{+}}\right)n_{ir}$ 是与 r 或 y (y=R−r)无关的常数，而 $n_{iy}=-n_{ir}$，所以有

$$R^{+}\left(1-\frac{y^{+}}{R^{+}}\right)n_{iy}=R^{+}n_{i0}=\text{常数} \tag{11.5.16}$$

$$R^{+}\left(1-\frac{y^{+}}{R^{+}}\right)n_{\mathrm{t}y}=R^{+}n_{\mathrm{t}0}=\text{常数} \tag{11.5.17}$$

由式(11.5.15)～式(11.5.17)可得

$$n_{i0}=-\rho_{\mathrm{t}}\nu^{\#}\left[Sc^{-1}+\left(Sc^{*}\right)^{-1}\frac{\nu^{*}}{\nu}\right]\left(1-\frac{y^{+}}{R^{+}}\right)\frac{\mathrm{d}\omega_i}{\mathrm{d}y^{+}}+\omega_i n_{\mathrm{t}0} \tag{11.5.18}$$

前面已讨论过，在壁面附近区域可以将$1-y^{+}/R^{+}$ 项近似为 1，则简化后可以将式(11.5.18)写成：

$$\frac{\mathrm{d}\omega_i}{\mathrm{d}y^{+}}=A\left(y^{+}\right)\left(\omega_i-\xi_i\right) \tag{11.5.19}$$

其中，$A\left(y^{+}\right)$的定义如下：

$$A\left(y^{+}\right)=\frac{n_{\mathrm{t}0}}{\rho_{\mathrm{t}}\nu^{\#}}\left[Sc^{-1}+\left(Sc^{*}\right)^{-1}\frac{\nu^{*}}{\nu}\right]^{-1} \tag{11.5.20}$$

其中，ξ_i $(i=1,2)$是通量分率，$\xi_i=n_{i0}/n_{\mathrm{t}0}$。因为$\xi_i$ 是常数，所以可以写出：

$$\frac{\mathrm{d}(\omega_i-\xi_i)}{\mathrm{d}y^+}=A\left(y^+\right)\left(\omega_i-\xi_i\right) \tag{11.5.21}$$

该一阶常微分方程的通解为

$$\omega_i-\xi_i=C\exp\left[B\left(y^+\right)\right] \tag{11.5.22}$$

其中，C 为积分常数，而且

$$B\left(y^+\right)=\int_0^{y^+}A\left(y^+\right)\mathrm{d}y^+ \tag{11.5.23}$$

利用边界条件

$$y^+=0,\quad \omega_i=\omega_{i0}\ \text{(壁面)} \tag{11.5.24}$$

$$y^+=y_{\mathrm{b}}^+,\quad \omega_i=\omega_{i\mathrm{b}}\ \text{(主体流体)} \tag{11.5.25}$$

其中，y_{b}^+ 是从壁面到流体中某一位置的无量纲距离；在该位置上，可以安全地假设湍流水平已高到足以消除任何进一步的径向组成变化。

确定 C 并消除 ξ_i，获得组成分布为

$$\frac{\omega_i-\omega_{i0}}{\omega_{i\mathrm{b}}-\omega_{i0}}=\frac{\exp(\varPsi)-1}{\exp(\varPhi)-1} \tag{11.5.26}$$

其中，因子 $\varPsi$ 和 $\varPhi$ 定义如下：

$$\varPsi=B\left(y^+\right)=\int_0^{y^+}A\left(y^+\right)\mathrm{d}y^+ \tag{11.5.27}$$

$$\varPhi=B\left(y_{\mathrm{b}}^+\right)=\int_0^{y_{\mathrm{b}}^+}A\left(y^+\right)\mathrm{d}y^+ \tag{11.5.28}$$

在壁面($y=0$)处，湍流旋涡消失，$v^*=0$，即湍流扩散系数为零。因此，由式(11.5.13)可知在壁面($y=0$)处的扩散通量为

$$j_{i0}=-\rho_{\mathrm{t}}D\left.\frac{\mathrm{d}\omega_i}{\mathrm{d}y}\right|_{y=0}\quad(i=1,2) \tag{11.5.29}$$

也可以写成：

$$j_{i0}=-\frac{\rho_{\mathrm{t}}v^{\#}D}{\nu}\left.\frac{\mathrm{d}\omega_i}{\mathrm{d}y^+}\right|_{y^+=0}\quad(i=1,2) \tag{11.5.30}$$

对式(11.5.26)微分求得组成梯度：

$$\left.\frac{\mathrm{d}\omega_i}{\mathrm{d}y^+}\right|_{y^+=0}=\frac{A\left(y^+=0\right)}{\exp(\varPhi)-1}\left(\omega_{i\mathrm{b}}-\omega_0\right)\quad i=1,2 \tag{11.5.31}$$

将式(11.5.20)中的 v^* 取值为 0，获得 $A(0)=n_{t0}Sc/(\rho_{\mathrm{t}}v^{\#})$，因而扩散通量为

$$j_{i0} = -n_{t0}\frac{1}{\exp(\Phi)-1}(\omega_{ib}-\omega_{i0}) \quad i=1,2 \tag{11.5.32}$$

定义传质系数$k^{\bullet}$：

$$j_{i0} = \rho_t k^{\bullet}(\omega_{i0}-\omega_{ib}) \quad i=1,2 \tag{11.5.33}$$

那么

$$k^{\bullet} = \frac{n_{t0}}{\rho_t}\left[\exp(\Phi)-1\right]^{-1} \tag{11.5.34}$$

或

$$(k^{\bullet})^{-1} = \frac{\rho_t}{n_{t0}}\left[\exp(\Phi)-1\right] = \frac{\rho_t}{n_{t0}}\left(\Phi+\frac{1}{2}\Phi^2+\cdots\right) \tag{11.5.35}$$

由式(11.5.20)和式(11.5.28)可得

$$\Phi = \frac{n_{t0}}{\rho_t}\int_0^{y_b^+}\frac{1}{v^{\#}}\left[Sc^{-1}+\left(Sc^*\right)^{-1}\frac{\nu^*}{\nu}\right]^{-1}\mathrm{d}y^+ \tag{11.5.36}$$

在总质量通量n_{t0}很小而趋于零时，由式(11.5.36)可知Φ趋于零，因此，式(11.5.35)可以取Φ的一级近似。n_{t0}趋于零时的传质系数即零通量传质系数k，有以下表达式：

$$k^{-1} = \int_0^{y_b^+}\frac{1}{v^{\#}}\left[Sc^{-1}+\left(Sc^*\right)^{-1}\frac{\nu^*}{\nu}\right]^{-1}\mathrm{d}y^+ \tag{11.5.37}$$

注意，k不是总通量n_{t0}的函数。由$k^{\bullet}=k\Xi$给出的高通量校正因子为

$$\Xi = \frac{\Phi}{\exp(\Phi)-1} \tag{11.5.38}$$

根据特定的湍流模型可以求传质系数k。定义 Stanton 数为

$$St = k/U = \sqrt{f/2}k/v^{\#} \tag{11.5.39}$$

由式(11.5.37)和式(11.5.39)可得 Stanton 数的倒数的表达式为

$$St^{-1} = \sqrt{2/f}\int_0^{y_b^+}\left[Sc^{-1}+\left(Sc^*\right)^{-1}\frac{\nu^*}{\nu}\right]^{-1}\mathrm{d}y^+ \tag{11.5.40}$$

根据 Reynolds 类比式(11.4.7)，$Sc^*=1$，所以

$$St^{-1} = \sqrt{2/f}\int_0^{y_b^+}\left(Sc^{-1}+\frac{\nu^*}{\nu}\right)^{-1}\mathrm{d}y^+ \tag{11.5.41}$$

将 0～y_b^+做如下的划分：

(1) 0～y_1^+区域，其中分子扩散和湍流旋涡扩散对传质都有重要的贡献。

(2) y_1^+～y_b^+的湍流核心，其中湍流旋涡扩散对传质的贡献远远大于分子扩散的贡献，即

$$v^* / v \gg 1 \tag{11.5.42}$$

式(11.5.41)可以写成两个积分之和

$$St^{-1} = \sqrt{2/f}\int_0^{y_1^+}\left(Sc^{-1} + \frac{v^*}{v}\right)^{-1} \mathrm{d}y^+ + \sqrt{2/f}\int_{y_1^+}^{y_b^+}\left(\frac{v^*}{v}\right)^{-1} \mathrm{d}y^+ \tag{11.5.43}$$

其中用到了湍流核心分子扩散可以忽略的近似式(11.5.42)。湍流核心区的速度可以认为是管道内流体的径向平均速度，即 $v_b = U$。根据式(11.4.12)和式(11.4.27)，可以写出：

$$\int_0^{y_b^+} \mathrm{d}v^+ = v_b^+ = \sqrt{2/f} = \int_0^{y_1^+}\left(1 + \frac{v^*}{v}\right)^{-1} \mathrm{d}y^+ + \int_{y_1^+}^{y_b^+}\left(\frac{v^*}{v}\right)^{-1} \mathrm{d}y^+ \tag{11.5.44}$$

由式(11.5.44)可以将式(11.5.43)中的第二个积分项消除，获得用于 St 估算的最终表达式：

$$St^{-1} = 2/f + \sqrt{2/f}\int_0^{y_1^+}\left\{\left(Sc^{-1} + \frac{v^*}{v}\right)^{-1} - \left(1 + \frac{v^*}{v}\right)^{-1}\right\} \mathrm{d}y^+ \tag{11.5.45}$$

在已知或设定 v^* / v 与 y^+ 之间的函数关系(Sc 认为是常数)的前提下，可以从一般表达式(11.5.45)导出某些特殊情况下的 St。

在假设 $Sc = 1$ 的情况下，有

$$St = f/2 \tag{11.5.46}$$

这就是传质的 Reynolds 类比。

将式(11.4.31)和式(11.4.32)用于式(11.5.45)，可以获得稀溶液的 von Karman 类比：

$$St^{-1} = 2/f + 5\sqrt{2/f}\left\{Sc - 1 + \ln\left[1 + \frac{5}{6}(Sc - 1)\right]\right\} \tag{11.5.47}$$

如果湍流旋涡运动黏度按下式随 y^+ 而变：

$$\frac{v^*}{v} = 1.77\left(\frac{f}{2}\right)^{2/3}\left(y^+\right)^3 \tag{11.5.48}$$

则在 Schmidt 数被认为不等于 1 的前提下，Stanton 数的表达式为

$$St = \frac{1}{2} f Sc^{-2/3} \tag{11.5.49}$$

这就是 Chilton-Colburn 类比，而最初它是纯经验得到的。Stanton 数随 Schmidt 数的变化如图 11.6 所示。

基于不同的 $v^+\left(y^+\right)$ 模型，已提出了若干其他类比。将关于 l^+ 的混合长度模型如式 (11.4.18)代入式(11.4.33)，并结合式(11.5.45)可以计算 St。然而，在某些情况下可能需要进行数值积分。

即使是第 5 章中所讨论的膜理论，也可以完全归于式(11.5.45)所提供的框架中。如果假设传质过程由厚度为 y_b 的“有效”膜内的分子扩散所决定，并且湍流程度足以使得

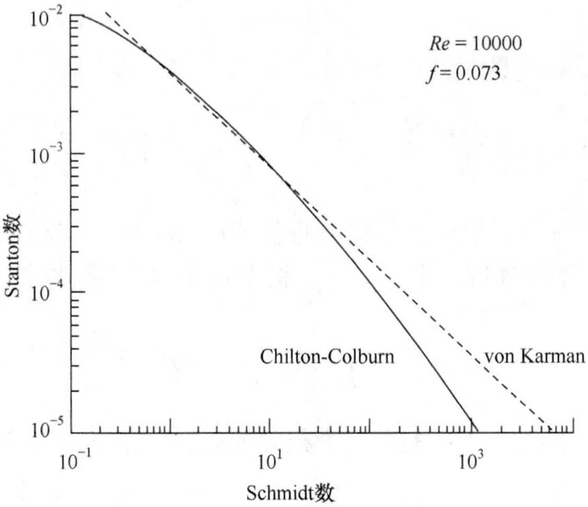

图 11.6 Stanton 数与 Schmidt 数的关系

在该距离以外区域的浓度梯度完全消除，那么可以得到

$$St^{-1} = y_{\mathrm{b}}^{+}\sqrt{2/f}\,Sc = U\frac{y_{\mathrm{b}}}{D} \tag{11.5.50}$$

其中，引入了关系式 $y_{\mathrm{b}}^{+} = y_{\mathrm{b}}\sqrt{f/2}\dfrac{U}{\nu}$。传质系数 $k = D/y_{\mathrm{b}}$，这是经典的膜理论结果。

【例 11.1】 十二烷基苯的薄膜磺化

十二烷基苯(DDB)的磺化是洗涤剂制造工业的重要过程。如图 11.7 所示，将含有 SO_3(1)和 N_2(2)的气体混合物引入一个冷管中与 DDB 液体薄膜接触。气相和液相并流向下流动。SO_3 和 DDB 之间的反应是瞬时发生的，因而主体总反应速率由 SO_3 从气相主体向气液界面的传质所控制。求 SO_3 在管式反应器入口处的通量。

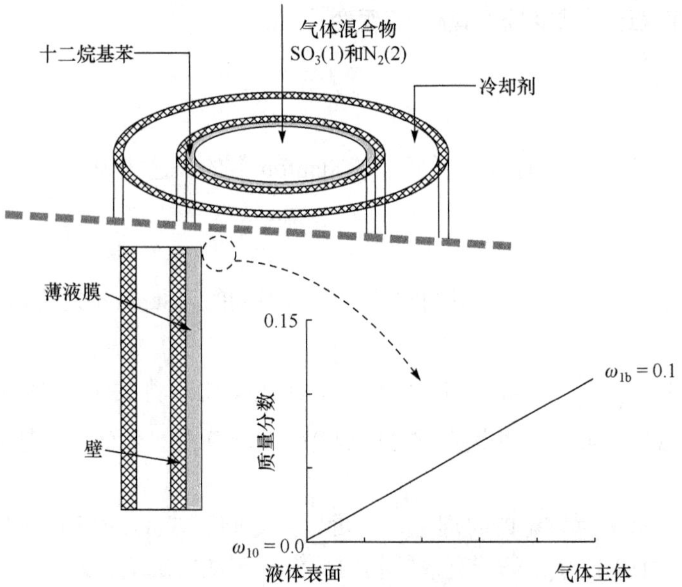

图 11.7 薄膜磺化器示意图

已知数据：管径 $d=25\text{mm}$，反应器入口的气相温度 $T=50℃$，压力 $P=130\text{kPa}$，进口气体混合物的组成(质量分数) $\omega_{1b}=0.1$ 和 $\omega_{2b}=0.9$，气相平均摩尔质量 $M=0.029\text{kg/mol}$，反应器入口处气体流速 $U=30\text{m/s}$，气体黏度 $\mu=19\mu\text{Pa}\cdot\text{s}$，50℃和 130kPa 的条件下 SO_3 在 N_2 中的扩散系数 $D=12\text{mm}^2/\text{s}$，液体降膜管内的摩擦因子可以按 $f/2=0.023/Re^{0.2}$ 计算。

解 因为 SO_3 和 DDB 之间的反应是瞬时的，所以 SO_3 在气液界面上的质量分数为零，即

$$\omega_{10}=0.0\text{，}\quad \omega_{20}=1.0$$

气体混合物的质量密度 $\rho_t=MP/RT=1.403(\text{kg/m}^3)$，Reynolds 数 $Re=\rho_t Ud/\mu=55388$。由此可以看到流动是完全湍流。计算摩擦因子为

$$f=2\times0.023/\left(55388\right)^{0.2}=0.005176$$

二组分气体混合物的 Schmidt 数为

$$Sc=\mu/\rho_t D=1.128$$

由式(11.5.47)计算 Stanton 数为

$$St=0.00244$$

因而，低通量质量传质系数为

$$k=USt=0.0732(\text{m/s})$$

因为 N_2 的通量为零，可以直接导出传质速率因子 $\varPhi$ 为

$$\varPhi=\ln\left(\omega_{2b}/\omega_{20}\right)=\ln\left(0.9/1.0\right)=-0.1054$$

因而，高通量质量传质系数为

$$k^{\bullet}=k\varPhi/\left(\mathrm{e}^{\varPhi}-1\right)=0.0773(\text{m/s})$$

在气液界面上，SO_3 的质量通量可以按下式计算：

$$n_{10}=\rho_t k^{\bullet}\left(\omega_{10}-\omega_{1b}\right)+\omega_{10}n_{t0}$$

对该二组分体系，由于 N_2 的通量 n_{20} 为零，可以求得

$$n_{10}=\frac{\rho_t k^{\bullet}\left(\omega_{10}-\omega_{1b}\right)}{\omega_{20}}$$

因此

$$n_{10}=1.403\times0.0773\times\left(0.0-0.1\right)=-0.0108[\text{kg/(m}^2\cdot\text{s)}]$$

11.5.3 圆管内多组分流体的稳态湍流传质

同样考虑多组分混合物，没有化学反应发生的等温等压不可压缩流体湍流体系，无外场作用下 y 方向的一维传质过程。为了将上述二组分体系的湍流旋涡传质过程分析扩展到多组分体系，对分子扩散只有组成推动力的多组分体系，分子扩散通量用扩展的 Fick 定律形式表示，即

$$(\boldsymbol{j})=-\rho_t\left[D^{\omega}\right](\nabla\omega) \tag{11.5.51}$$

其中，$\left[D^{\omega}\right]$ 是以质量平均速度为参考态的质量通量的 Fick 扩散系数矩阵。根据式(7.2.14)

和式(7.2.22)可以写出：

$$\left[D^{\omega}\right]=[M]\left[B^{\omega x}\right]\left[D^{M}\right]\left[B^{\omega x}\right]^{-1}[M]^{-1} \tag{11.5.52}$$

其中，$\left[D^{M}\right]$是以摩尔平均速度为参考态的摩尔通量的 Fick 扩散系数矩阵，它与组分的 Maxwell-Stefan 扩散系数之间的关系由式(7.7.8)给出，即

$$\left[D^{M}\right]=[B]^{-1}[\Gamma] \tag{11.5.53}$$

其中，$[\Gamma]$是热力学因子矩阵，其元素由式(7.7.4)定义。

对于一维过程，考虑了分子扩散和湍流旋涡扩散的通量可以用矩阵形式表示为

$$\left(j_y\right)+\left(j_y^*\right)=-\rho_{\mathrm{t}}\left(\left[D^{\omega}\right]+\left[D^*\right]\right)\frac{\mathrm{d}(\omega)}{\mathrm{d}y} \tag{11.5.54}$$

其中，$\left[D^*\right]$是湍流旋涡扩散系数矩阵。由于所有组分的旋涡扩散机理是相同的，$\left[D^*\right]$是一个标量和单位矩阵的积：

$$\left[D^*\right]=D^*[I] \tag{11.5.55}$$

对于无化学反应的稳态过程，也可以导出以矩阵形式表示的壁面上的质量通量：

$$(n_0)=-\rho_{\mathrm{t}}v^{\#}\left\{[Sc]^{-1}+\frac{v^*}{v}[I]\right\}\left(1-\frac{y^+}{R^+}\right)\frac{\mathrm{d}(\omega)}{\mathrm{d}y^+}+(\omega)n_{\mathrm{t0}} \tag{11.5.56}$$

其中，引入了 Schmidt 数矩阵$[Sc]=v\left[D^{\omega}\right]^{-1}$。需要特别注意，与二组分体系不同，对于三个以上组分的多组分体系，$\left[D^{\omega}\right]$是流体组成的复杂函数，即使是三组分的理想体系也是如此，这在第 7 章中已经论述。因此，$[Sc]$也是组成的函数。

如同在进行二组分体系分析时的简化，在壁面附近区域可以将$1-y^+/R^+$项近似为 1。在做这样的简化后，可以将式(11.5.56)写成：

$$(n_0)=-\rho_{\mathrm{t}}v^{\#}\left\{[Sc]^{-1}+\frac{v^*}{v}[I]\right\}\frac{\mathrm{d}(\omega)}{\mathrm{d}y^+}+(\omega)n_{\mathrm{t0}} \tag{11.5.57}$$

该微分方程组具有边界条件：

$$y^+=0\,,\quad(\omega)=(\omega_0)$$

$$y^+=y_{\mathrm{b}}^+\,,\quad(\omega)=(\omega_{\mathrm{b}})$$

由于一般情况下，$[Sc]$是组成的复杂函数，以式(11.5.57)表示的方程组只能通过数值解获得组成(ω)分布及组成梯度$\dfrac{\mathrm{d}(\omega)}{\mathrm{d}y}$分布。

在壁面($y=0$)处，湍流旋涡消失，$v^*=0$，即湍流扩散系数为零。因此，由式(11.5.54)可知在壁面($y=0$)处的扩散通量为

$$(j_0)=-\rho_t\left\{\left[D^{\omega}\right]\frac{d(\omega)}{dy}\right\}_{y=0} \tag{11.5.58}$$

也可以写成：

$$(j_0)=-\frac{\rho_t v^{\#}}{\nu}\left\{[D^{\omega}]\frac{d(\omega)}{dy^+}\right\}_{y^+=0} \tag{11.5.59}$$

由壁面($y=0$)处的组成 (ω_0) 及组成梯度 $\left.\frac{d(\omega)}{dy}\right|_0$ ，用式(11.5.57)即可获得组分的通量 (n_0) 。

只有对于稀溶液体系，$\left[D^{\omega}\right]$ 和 $[Sc]$ 的所有元素可以近似为与组成无关的常数。对于 $[Sc]$ 与组成无关的体系，可以对式(11.5.57)求解析解[5]。在 $[Sc]$ 与组成无关的条件下，式(11.5.57)可以写成：

$$\frac{d(\omega)}{dy^+}=\left[A\left(y^+\right)\right](\omega-\xi) \tag{11.5.60}$$

其中，矩阵 $\left[A\left(y^+\right)\right]$ 的定义如下：

$$\left[A\left(y^+\right)\right]=\frac{n_{t0}}{\rho_t v^{\#}}\left[[Sc]^{-1}+\frac{\nu^*}{\nu}[I]\right]^{-1} \tag{11.5.61}$$

(ξ) 是通量分率 $\xi_i=n_{i0}/n_{t0}$ 的列矩阵。因为 ξ_i 是常数，所以可以写出矩阵微分方程：

$$\frac{d\left(\omega-\xi\right)}{dy^+}=\left[A\left(y^+\right)\right](\omega-\xi) \tag{11.5.62}$$

矩阵微分方程式(11.5.62)的解为

$$\left(\omega-\omega_0\right)=\left[\exp[\Psi]-[I]\right]\left[\exp[\Phi]-[I]\right]^{-1}\left(\omega_b-\omega_0\right) \tag{11.5.63}$$

其中，矩阵 $[\Psi]$ 和 $[\Phi]$ 分别定义为

$$[\Psi]=\int_0^{y^+}[A\left(y^+\right)]dy^+ \tag{11.5.64}$$

$$[\Phi]=\int_0^{y_b^+}[A\left(y^+\right)]dy^+ \tag{11.5.65}$$

对式(11.5.63)进行微分求得组成梯度：

$$\left.\frac{d(\omega)}{dy^+}\right|_{y^+=0}=\left[A(0)\right]\left[\exp[\Phi]-[I]\right]^{-1}\left(\omega_b-\omega_0\right) \tag{11.5.66}$$

由于 $[A(0)]=n_{t0}[Sc]/(\rho_t v^{\#})$ ，因而，根据式(11.5.59)可得壁面处的扩散通量为

$$(j_0)=-n_{t0}\left[\exp[\Phi]-[I]\right]^{-1}\left(\omega_b-\omega_0\right) \tag{11.5.67}$$

用式(11.5.68)定义传质系数矩阵 $[k^{\bullet}]$ ：

$$(j_0)=\rho_t[k^\bullet](\omega_0-\omega_b) \tag{11.5.68}$$

那么，对于稀溶液，根据式(11.5.67)和式(11.5.68)有

$$[k^\bullet]=\frac{n_{t0}}{\rho_t}\big[\exp[\Phi]-[I]\big]^{-1} \tag{11.5.69}$$

在总质量通量 n_{t0} 很小而趋于零条件下的传质系数，即零通量传质系数 $[k]$，有以下表达式：

$$[k]^{-1}=\rho_t[\Phi]/n_{t0} \tag{11.5.70}$$

代入 $[\Phi]$ 的表达式(11.5.65)得

$$[k]^{-1}=\int_0^{y_b^+}\frac{1}{v^\#}\left[[Sc]^{-1}+\frac{\nu^*}{\nu}[I]\right]^{-1}\mathrm{d}y^+ \tag{11.5.71}$$

由 $[k^\bullet]=[k][\Xi]$ 给出的高通量校正因子矩阵为

$$[\Xi]=[\Phi]\big[\exp[\Phi]-[I]\big]^{-1} \tag{11.5.72}$$

如果体系适用于绑定方程：

$$\sum_{i=1}^{n}\nu_i' n_{iy}=0 \quad i=1,2,\cdots,n \tag{11.5.73}$$

其中，$\nu_i'=\nu_i/M_i$，是 i 组分质量通量的绑定系数。可以导出：

$$n_{iy}=\sum_{k=1}^{n-1}\beta_{ik}' j_{ky} \quad i=1,2,\cdots,n \tag{11.5.74}$$

其中，β_{ik}' 定义为

$$\beta_{ik}'\equiv\delta_{ik}-\omega_i\Lambda_k' \tag{11.5.75}$$

δ_{ik} 是克罗内克 δ 函数，而系数 Λ_k' 的定义为

$$\Lambda_k'=\left(\nu_k'-\nu_n'\right)\Big/\sum_{j=1}^{n}\nu_j'\,\omega_j \tag{11.5.76}$$

可以获得质量通量：

$$(n_0)=\rho_t[\beta_0'][k^\bullet](\omega_0-\omega_b) \tag{11.5.77}$$

其中，矩阵 $[\beta']$ 的元素由式(11.5.75)决定。

定义 Stanton 数矩阵为

$$[St]=[k]/U=\sqrt{f/2}[k]/v^\# \tag{11.5.78}$$

因此，对于稀溶液，Stanton 数矩阵 $[St]$ 的逆矩阵表达式为

$$[St]^{-1}=\sqrt{2/f}\int_0^{y_b^+}\left[[Sc]^{-1}+\frac{\nu^*}{\nu}[I]\right]^{-1}\mathrm{d}y^+ \tag{11.5.79}$$

式(11.5.79)可以写成两个积分之和：

$$[St]^{-1}=\sqrt{2/f}\int_0^{y_1^+}\left[[Sc]^{-1}+\frac{\nu^*}{\nu}[I]\right]^{-1}\mathrm{d}y^+ +\sqrt{2/f}\int_{y_1^+}^{y_b^+}\left[[Sc]^{-1}+\frac{\nu^*}{\nu}[I]\right]^{-1}\mathrm{d}y^+ \quad (11.5.80)$$

由式(11.5.44)可以获得用于$[St]$计算的最终表达式：

$$[St]^{-1}=2/f[I]+\sqrt{2/f}\int_0^{y_1^+}\left\{\left[[Sc]^{-1}+\frac{\nu^*}{\nu}[I]\right]^{-1}-\left[[I]+\frac{\nu^*}{\nu}[I]\right]^{-1}\right\}\mathrm{d}y^+ \quad (11.5.81)$$

如果假设 Schmidt 数矩阵等于单位矩阵，即$[Sc]=[I]$，那么有多组分传质的 Reynolds 类比：

$$[St]=(f/2)[I] \quad (11.5.82)$$

对于多组分体系，$[Sc]=[I]$要求多组分体系的所有D_{ij}^{ω}都相同，而且$\nu/D_{ij}^{\omega}=1$。事实上，只有由大小和性质相类似的组分构成的理想混合物才能满足这样的条件。在此条件下，多组分体系传质的 Chilton-Colburn 类比为

$$[St]=\frac{1}{2}f[Sc]^{-2/3} \quad (11.5.83)$$

将式(11.4.31)和式(11.4.32)用于式(11.5.81)，可以获得多组分体系稀溶液的 von Karman 类比：

$$[St]^{-1}=(2/f)[I]+5\sqrt{2/f}\left[[Sc]-[I]+\ln\left\{[I]+\frac{5}{6}[[Sc]-[I]]\right\}\right] \quad (11.5.84)$$

在用式(11.5.84)计算$[St]$时，可以利用基于矩阵的自然对数的数列展开的方法。函数$\ln(1+x)$可以展开成级数：

$$\ln(1+x)=x-\frac{1}{2}x^2+\frac{1}{3}x^3-\frac{1}{4}x^4+\cdots \quad (11.5.85)$$

当x处于-1和$+1$之间时，该级数是收敛的。同样，当矩阵$[A]$的所有特征值的绝对值都小于或等于 1 时，对于矩阵函数$\ln([I]+[A])$有

$$\ln([I]+[A])=[A]-\frac{1}{2}[A]^2+\frac{1}{3}[A]^3-\frac{1}{4}[A]^4+\cdots \quad (11.5.86)$$

如果矩阵$\frac{5}{6}[[Sc]-[I]]$所有的特征值都在-1和$+1$之间，那么$\ln\left\{[I]+\frac{5}{6}[[Sc]-[I]]\right\}$可以按式(11.5.86)计算，这时$[A]$就是$\frac{5}{6}[[Sc]-[I]]$。因此，矩阵$[St]^{-1}$可以通过基本的矩阵运算由式(11.5.84)求得。对于气体混合物，$[Sc]$的特征值具有 1 的数量级，因此可以使用这种方法计算$[St]$。

【例 11.2】 管壁式反应器内的甲烷化[5]

甲烷化反应$CO(1)+3H_2(2)\longrightarrow CH_4(3)+H_2O(4)$发生在一个内壁涂有催化剂的圆管内，如图 11.8 所示。反应器入口压力为 2.1MPa，温度为 658K。在通常的操作条件下，CO 和H_2之间的反应可以认

为是瞬时反应。反应入口处的气相主体组成为

$$y_{1b}=0.10\text{，}\quad y_{2b}=0.82\text{，}\quad y_{3b}=0.04\text{，}\quad y_{4b}=0.04$$

试估算在反应器入口处的甲烷稳态生成速率。

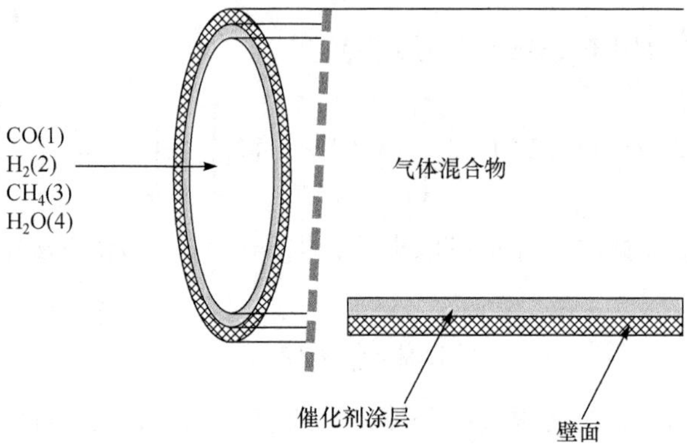

图 11.8　甲烷化反应器示意图

已知数据：管径 $d=0.05\text{m}$，反应器进口气速 $U=1.5\text{m/s}$，气体黏度 $\mu=1\times10^{-5}\text{Pa}\cdot\text{s}$，摩擦因子 $f=0.006$，二组分 Maxwell-Stefan 扩散系数 $Ð_{12}=Ð_{23}=Ð_{24}=13.5\times10^{-6}\text{m}^2/\text{s}$，$Ð_{13}=Ð_{14}=Ð_{34}=4.0\times10^{-6}\text{m}^2/\text{s}$。

分析　要确定甲烷的生成速率，应该用湍流旋涡扩散模型表示气相传质过程。由于该反应是瞬时的，而且氢气在化学计量系数上过量(H_2和 CO 的化学计量系数比是 3∶1，而气相主体中所含的这两种组分的比例是 8.2∶1)，因而在管壁催化剂表面上一氧化碳的摩尔分数必定为零：$y_{10}=0.0$。

反应发生在催化剂表面上，气相是一维稳态无均相反应的传质体系，故四个组分的摩尔通量之间的关系由反应计量系数决定：

$$N_1=-N_3\text{，}\quad N_2=-3N_3\text{，}\quad N_4=N_3$$

总摩尔通量是 N_i 的总和，可以表示为

$$N_t=N_1+N_2+N_3+N_4=-2N_3$$

因此，只需要确定一个通量即甲烷的通量。也可以利用质量通量和摩尔通量之间的关系

$$n_i=N_iM_i$$

以及上述的化学计量系数关系，将总的质量通量表示为

$$n_t=n_1+n_2+n_3+n_4=N_3\left(M_3+M_4-M_1-3M_2\right)$$

其中，$\left(M_3+M_4-M_1-3M_2\right)$项无疑等于零，因为在化学过程中质量是守恒的，即使摩尔量并不守恒。因此，总质量通量为零。

要确定的未知量是甲烷的质量通量和组分在催化剂表面上的质量分数，n_3、ω_{20}、ω_{30}和ω_{40}。界面上的组分质量分数受到约束，$\omega_{10}+\omega_{20}+\omega_{30}+\omega_{40}=1$，而 ω_{10}=0.0。

在这种情况下，求解的方法是搜索满足 ω_{10}=0.0 的甲烷质量通量。因此，不是在已知主体和界面的质量分数的条件下计算传质通量，而是在只知主体组成并设定甲烷质量通量初值的前提下，解线性方程组 $\left[St\right]^{-1}\left(n_0\right)=\rho_t v\left(\omega_0-\omega_b\right)$ 求取界面上组分的质量分数。在计算出 ω_{10}=0.0 (或以允许的收敛精度接近于零)时，获得甲烷质量通量的正确值。由于总质量通量为零，计算过程是相当容易收敛的。

解　第一步将主体相摩尔分数转换成质量分数，结果为

ω_{1b}=0.4816， ω_{2b}=0.2842， ω_{3b}=0.1103， ω_{4b}=0.1239

先设定以下的界面组成数值说明计算过程：ω_{10}=0.0， ω_{20}=0.2112， ω_{30}=0.3716， ω_{40}=0.4172。因此平均质量分数为 ω_1=0.2408， ω_2=0.2477， ω_3=0.2409， ω_4=0.2706。

将平均质量分数转换成摩尔分数，得到对应的平均摩尔分数为 $y_1 = 0.0532$， $y_2 = 0.7608$， $y_3 = 0.0930$， $y_4 = 0.0930$。

气体混合物的平均摩尔质量是 6.11kg/kmol，其质量密度由理想气体定律估算：

$$\rho_t = M\frac{P}{RT} = 2.3766(\text{kg/m}^3)$$

为了计算界面组成，需要估计传质通量。取通量 n_3 为

$$n_3 = 4.09\text{g/(m}^2\cdot\text{s)}$$

利用前面所讨论的化学计量关系，算出其他组分的通量值为

$$n_1 = -7.13\text{g/(m}^2\cdot\text{s)}，\quad n_2 = -1.54\text{g/(m}^2\cdot\text{s)}，\quad n_4 = 4.58\text{g/(m}^2\cdot\text{s)}$$

有了这些数据就可以解矩阵方程 $[St]^{-1}(n_0) = \rho_t v(\omega_0 - \omega_b)$ 以求取界面组成，结果为

ω_{10}=0.0， ω_{20}=0.2112， ω_{30}=0.3716， ω_{40}=0.4172

事实上，它们就是一开始设定的初值。对应的摩尔分数为

$$y_{10} = 0.0，\quad y_{20} = 0.69344，\quad y_{30} = 0.15328，\quad y_{40} = 0.15328$$

因此，甲烷的生成速率(摩尔通量)为

$$N_3 = 0.25373\text{mol}/(\text{m}^2\cdot\text{s})$$

靠近催化剂表面的组成分布如图 11.9 所示。因为总质量传质通量 n_t 为零，所以组成分布是线性的。

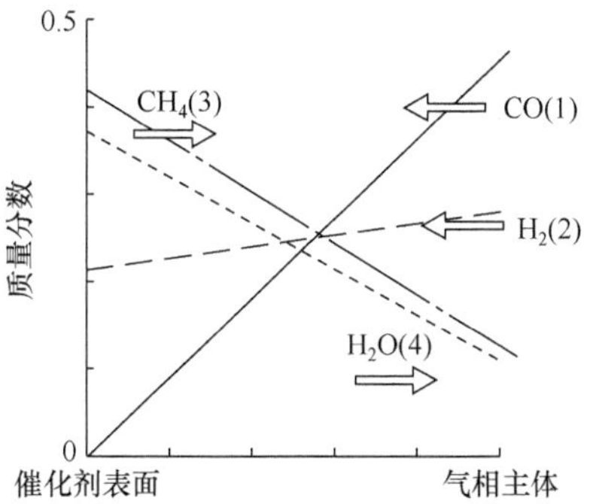

图 11.9　催化剂表面附近的组成(质量分数)分布

在求解过程中，需要先估计甲烷通量以及界面上组分质量分数的初值。界面上组分的质量分数是要求最终收敛的量。因此，上面所给的所有数值结果是对应量的最终值。在没有界面组成的相关信息的情况下，求解这一问题时，第一步是设平均质量分数等于主体质量分数以计算 Fick 扩散系数。首次迭代计算的界面质量分数是相当接近最终解的，而且，确定使一氧化碳的界面质量分数为零的甲烷通量是相当简单的，因为 ω_1 几乎是 n_3 的线性函数。

参 考 文 献

[1] Launder B E, Spalding D B. Mathematical Models of Turbulence. London: Academic Press, 1972.

[2] Gutfinger C. Topics in Transport Phenomena. New York: Halstead Press,1975.
[3] Deen W M. Analysis of Transport Phenomena. 2nd ed. New York: Oxford University, 2012.
[4] McComb W D. The Physics of Fluid Turbulence. Oxford: Clarendon Press, 1990.
[5] Taylor R, Krishna R. Multicomponent Mass Transfer. New York: John Wiley & Sons, 1993.
[6] Goldstein S. Modern Developments in Fluid Dynamics. Oxford: Clarendon Press, 1938.
[7] van Driest E R. On turbulent flow near a wall. Journal of Aerosol Science, 1956, 23:1007-1011.
[8] Kays W M, Crawford M E. Convective Heat and Mass Transfer. 3rd ed. New York: McGraw-Hill, 1993.

习　题

1. 在垂直圆管内，2-丙醇(1)和水(2)在氮气(3)存在的情况下冷凝。蒸气入口处的气相组成为 $y_1 = 0.1123$ 和 $y_2 = 0.4246$ 。此处与冷凝液相平衡的蒸气组成为 $y_1 = 0.1457$ 和 $y_2 = 0.1640$ 。试通过 von Karman 模型计算传质系数以求取冷凝速率。已知，二组分 Maxwell-Stefan 扩散系数：$\mathcal{D}_{12} = 15.99\text{mm}^2/\text{s}$ ，$\mathcal{D}_{13} = 14.44\text{mm}^2/\text{s}$ ，$\mathcal{D}_{23} = 38.73\text{mm}^2/\text{s}$ ；蒸气混合物密度：$\rho_t^V = 0.882\text{kg/m}^3$ ；蒸气混合物黏度：$\mu^V = 1.606\times10^{-5}\text{Pa}\cdot\text{s}$ ；蒸气相 Reynolds 数：$Re_V = 9574$ ；摩擦因子：$f/2 = 0.023Re_V^{-0.17}$ 。

2. 借助 Chilton-Colburn 类比的多组分扩展式估算传质系数，重复习题 1。

3. von Behren 等分析了管道中的多组分湍流传质。证明他们的模型从原理上是不正确的①。

① 本题参考了文献：von Behren G L, Jones W O, Wasan D T. Multicomponent mass transfer in turbulent flow. AIChE Journal, 1972, 18: 25-30. 读者也可以参考文献：Stewart W E. Multicomponent mass transfer in turbulent flow. AIChE Journal, 1973, 19: 398-400.

附　录

附录 A　矢量和张量

A.1　引言

本附录提供本书所用到的矢量和张量方面的基本知识。这里主要关注运算方面而不是基本理论，对于一些基本理论的证明，读者可以参考一些专门的书籍。

A.2　定义

标量是只有大小的量，如温度，而矢量是用大小和方向表征的，如速度。矢量通常用一个具有一定幅度和空间方向的箭头表示。如果两个矢量是平行地指向同一方向并且具有同样的幅度，那么这两个矢量是相等的。两个相等的矢量并不需要在同一直线上。矢量是独立于坐标系的。不管采用哪种坐标系表示，矢量都具有相同的幅度和方向。三维空间中的矢量可以看作三个数字的有序集合，每一个数字都与特定的方向相关；这些方向通常与一个坐标系相对应。这三个数就是该矢量在三个坐标方向上的分量。如果两个矢量相等，那么每个对应的分量也必定相等。在进行坐标变换时，矢量的分量必须遵循一定的规则。

三维空间中的二阶张量是用 9 个数的有序集合表示的量，每个数字都与两个方向相关。在传递过程原理中，最明显的张量例子是流体的应力。n 阶张量具有 3^n 个分量，每个分量对应于 n 个方向构成的集合。张量也遵循一定的变换规则。在张量分析中，标量和矢量被分别认为是零阶张量和一阶张量。本书不需要用到 $n>2$ 的张量，所以“张量”就用作“二阶张量”的简称。

本书除个别情况外，用斜体英文字母表示标量，如 f；加黑的斜体英文字母表示矢量，如 $\boldsymbol{v}$；加黑的斜体希腊文字母表示张量，如 $\boldsymbol{\tau}$；每种符号都可以是大写的，也可以是小写的。矢量和张量的大小通常用对应的斜体字母表示，为了清楚起见偶尔也用绝对值符号表示。例如，$\boldsymbol{v}$ 的大小写成 v 或 $|\boldsymbol{v}|$。对应于坐标轴方向的单位矢量记作 $\boldsymbol{e}_i$，其中，下标用于区分坐标轴。

直角坐标系中，矢量 $\boldsymbol{v}$ 可以表示为

$$\boldsymbol{v} = v_x\boldsymbol{e}_x + v_y\boldsymbol{e}_y + v_z\boldsymbol{e}_z = \sum_{i=x,y,z} v_i\boldsymbol{e}_i \tag{A.2.1}$$

其中，$\boldsymbol{e}_x$、$\boldsymbol{e}_y$ 和 $\boldsymbol{e}_z$ 是平行于各自坐标轴的单位矢量；v_x、v_y 和 v_z 是 $\boldsymbol{v}$ 的对应分量。

用分量形式表示的张量为

$$\boldsymbol{\tau} = \sum_{i=x,y,z} \sum_{j=x,y,z} \tau_{ij} \boldsymbol{e}_i \boldsymbol{e}_j = \begin{pmatrix} \tau_{xx} & \tau_{xy} & \tau_{xz} \\ \tau_{yx} & \tau_{yy} & \tau_{yz} \\ \tau_{zx} & \tau_{zy} & \tau_{zz} \end{pmatrix} \tag{A.2.2}$$

这种情况下每个分量(标量元素) τ_{ij} 对应于一对单位矢量，$\boldsymbol{e}_i \boldsymbol{e}_j$，它也称为单位并矢量。张量的 9 个分量可以用一个 3×3 矩阵表示。两个张量相等意味着它们的每个分量相等。

类似于矩阵的转置，张量 $\boldsymbol{\tau}$ 的转置 $\boldsymbol{\tau}^{\mathrm{T}}$ 为

$$\boldsymbol{\tau}^{\mathrm{T}} = \sum_{i=x,y,z} \sum_{j=x,y,z} \tau_{ji} \boldsymbol{e}_i \boldsymbol{e}_j = \begin{pmatrix} \tau_{xx} & \tau_{yx} & \tau_{zx} \\ \tau_{xy} & \tau_{yy} & \tau_{zy} \\ \tau_{xz} & \tau_{yz} & \tau_{zz} \end{pmatrix} \tag{A.2.3}$$

矢量和张量的加减与矩阵的加减相同，也就是对应元素的加减。同样，矢量或张量乘以(或除以)一个标量，也就是每个分量乘以(或除以)该标量。

A.3 矢量和张量的乘积

A.3.1 矢量的点积

矢量 $\boldsymbol{a}$ 和 $\boldsymbol{b}$ 的点积定义为

$$\boldsymbol{a} \cdot \boldsymbol{b} = ab\cos\varphi_{ab} \tag{A.3.1}$$

其中，φ_{ab} 是两个矢量之间的夹角(≤180°)。$\boldsymbol{a} \cdot \boldsymbol{b}$ 运算产生一个标量。

如果两个矢量互相垂直，那么 $\cos\varphi_{ab} = 0$，因而其点积为零。一个矢量与自身相点积，其结果是矢量大小的平方。矢量 $\boldsymbol{a}$ 的大小是

$$a = |\boldsymbol{a}| = (\boldsymbol{a} \cdot \boldsymbol{a})^{1/2} \tag{A.3.2}$$

矢量的点积是可交换的，即

$$\boldsymbol{a} \cdot \boldsymbol{b} = \boldsymbol{b} \cdot \boldsymbol{a} \tag{A.3.3}$$

也是可分配的，即

$$\boldsymbol{a} \cdot (\boldsymbol{b} + \boldsymbol{c}) = \boldsymbol{a} \cdot \boldsymbol{b} + \boldsymbol{a} \cdot \boldsymbol{c} \tag{A.3.4}$$

根据基本单位矢量的特殊性质，可以方便地直接利用矢量分量进行点积计算。对于一组正交(相互垂直)的单位矢量，根据式(A.3.1)，有

$$\boldsymbol{e}_i \cdot \boldsymbol{e}_j = \delta_{ij} \tag{A.3.5}$$

其中，δ_{ij} 是 Kronecker delta 函数，定义为

$$\delta_{ij} = \begin{cases} 1, & i = j \\ 0, & i \neq j \end{cases} \tag{A.3.6}$$

矢量 $\boldsymbol{a}$ 和 $\boldsymbol{b}$ 的点积可以表示为

$$\boldsymbol{a}\cdot\boldsymbol{b}=\left(\sum_i a_i\boldsymbol{e}_i\right)\cdot\left(\sum_i b_i\boldsymbol{e}_i\right)=\sum_i\sum_j a_i b_j\left(\boldsymbol{e}_i\cdot\boldsymbol{e}_j\right)=\sum_i\sum_j a_i b_j\delta_{ij}=\sum_i a_i b_i \tag{A.3.7}$$

矢量 $\boldsymbol{a}$ 的长度也可以用它的分量表达：

$$a=|\boldsymbol{a}|=\left(\sum_i a_i^2\right)^{1/2} \tag{A.3.8}$$

A.3.2　矢量的叉积

矢量 $\boldsymbol{a}$ 和 $\boldsymbol{b}$ 的叉积定义为

$$\boldsymbol{a}\times\boldsymbol{b}=ab\sin\varphi_{ab}\boldsymbol{e}_{ab} \tag{A.3.9}$$

其中，$\boldsymbol{e}_{ab}$ 是垂直于 $\boldsymbol{a}$ 和 $\boldsymbol{b}$ 所构成的平面的单位矢量。矢量 $\boldsymbol{a}$ 和 $\boldsymbol{b}$ 的叉积是不可交换的，但是是可以分配的，即

$$\boldsymbol{a}\times\boldsymbol{b}=-\boldsymbol{b}\times\boldsymbol{a} \tag{A.3.10}$$

$$\boldsymbol{a}\times(\boldsymbol{b}+\boldsymbol{c})=(\boldsymbol{a}\times\boldsymbol{b})+(\boldsymbol{a}\times\boldsymbol{c}) \tag{A.3.11}$$

用分量表示的矢量 $\boldsymbol{a}$ 和 $\boldsymbol{b}$ 的叉积，即

$$\boldsymbol{a}\times\boldsymbol{b}=\sum_i\sum_j\sum_k\varepsilon_{ijk}a_i b_j\boldsymbol{e}_k \tag{A.3.12}$$

其中，ε_{ijk} 是置换符号，为

$$\varepsilon_{ijk}=\begin{cases}0, & i=j,j=k,i=k\\ 1, & ijk=xyz,yzx,zxy\\ -1, & ijk=xzy,yxz,zyx\end{cases} \tag{A.3.13}$$

这等价于行列式：

$$\boldsymbol{a}\times\boldsymbol{b}=\begin{vmatrix}\boldsymbol{e}_x & \boldsymbol{e}_y & \boldsymbol{e}_z\\ a_x & a_y & a_z\\ b_x & b_y & b_z\end{vmatrix} \tag{A.3.14}$$

A.4　场变量的微分运算

A.4.1　哈密顿算符

哈密顿算符 ∇ 可以作为一个矢量处理。在直角坐标系中，它表示为

$$\nabla=\boldsymbol{e}_x\frac{\partial}{\partial x}+\boldsymbol{e}_y\frac{\partial}{\partial y}+\boldsymbol{e}_z\frac{\partial}{\partial z} \tag{A.4.1}$$

A.4.2　梯度

∇ 对一个场变量的直接运算(非点积或叉积)产生该变量的梯度，梯度是场变量的空间偏导数。标量函数 f 的梯度是矢量，在直角坐标系中表示为

$$\nabla f=\frac{\partial f}{\partial x}\boldsymbol{e}_x+\frac{\partial f}{\partial y}\boldsymbol{e}_y+\frac{\partial f}{\partial z}\boldsymbol{e}_z \tag{A.4.2}$$

矢量函数 $\boldsymbol{v}$ 的梯度是张量，在直角坐标系中表示为

$$\nabla \boldsymbol{v}=\begin{pmatrix} \partial v_x/\partial x & \partial v_y/\partial x & \partial v_z/\partial x \\ \partial v_x/\partial y & \partial v_y/\partial y & \partial v_z/\partial y \\ \partial v_x/\partial z & \partial v_y/\partial z & \partial v_z/\partial z \end{pmatrix} \tag{A.4.3}$$

A.4.3　散度

∇与一个场变量(矢量或张量)的点积产生该变量的散度。矢量 $\boldsymbol{v}$ 的散度是标量，在直角坐标系中表示为

$$\nabla\cdot\boldsymbol{v}=\frac{\partial v_x}{\partial x}+\frac{\partial v_y}{\partial y}+\frac{\partial v_z}{\partial z} \tag{A.4.4}$$

A.4.4　旋度

∇与一个矢量的叉积产生该变量的旋度。矢量 $\boldsymbol{v}$ 的旋度是矢量，在直角坐标系中表示为

$$\nabla\times\boldsymbol{v}=\left(\frac{\partial v_z}{\partial y}-\frac{\partial v_y}{\partial z}\right)\boldsymbol{e}_x+\left(\frac{\partial v_x}{\partial z}-\frac{\partial v_z}{\partial x}\right)\boldsymbol{e}_y+\left(\frac{\partial v_y}{\partial x}-\frac{\partial v_x}{\partial y}\right)\boldsymbol{e}_z \tag{A.4.5}$$

A.4.5　拉普拉斯算符

汉密尔顿算符与其自身的点积就是拉普拉斯算符，在直角坐标系中表示为

$$\nabla\cdot\nabla=\nabla^2=\frac{\partial^2}{\partial x^2}+\frac{\partial^2}{\partial y^2}+\frac{\partial^2}{\partial z^2} \tag{A.4.6}$$

它可以对标量、矢量或张量进行运算。在直角坐标系中，一个标量 f 的拉普拉斯值为

$$\nabla^2 f=\frac{\partial^2 f}{\partial x^2}+\frac{\partial^2 f}{\partial y^2}+\frac{\partial^2 f}{\partial z^2} \tag{A.4.7}$$

一个矢量 $\boldsymbol{v}$ 的拉普拉斯量则为

$$\nabla^2\boldsymbol{v}=\boldsymbol{e}_x\nabla^2 v_x+\boldsymbol{e}_y\nabla^2 v_y+\boldsymbol{e}_z\nabla^2 v_z \tag{A.4.8}$$

不同的坐标系，微分算符的运算表达式是不同的。表 A.4.1～表 A.4.3 给出了直角坐标系、柱坐标系和球坐标系中的各种微分算符运算式。

表 A.4.1　直角坐标系中的微分算符运算式

微分算符	运算式
梯度	$\nabla f=\frac{\partial f}{\partial x}\boldsymbol{e}_x+\frac{\partial f}{\partial y}\boldsymbol{e}_y+\frac{\partial f}{\partial z}\boldsymbol{e}_z$

续表

微分算符	运算式
散度	$\nabla\cdot\boldsymbol{v}=\frac{\partial v_x}{\partial x}+\frac{\partial v_y}{\partial y}+\frac{\partial v_z}{\partial z}$
旋度	$\nabla\times\boldsymbol{v}=\left(\frac{\partial v_z}{\partial y}-\frac{\partial v_y}{\partial z}\right)\boldsymbol{e}_x+\left(\frac{\partial v_x}{\partial z}-\frac{\partial v_z}{\partial x}\right)\boldsymbol{e}_y+\left(\frac{\partial v_y}{\partial x}-\frac{\partial v_x}{\partial y}\right)\boldsymbol{e}_z$
拉普拉斯算符	$\nabla^2 f=\frac{\partial^2 f}{\partial x^2}+\frac{\partial^2 f}{\partial y^2}+\frac{\partial^2 f}{\partial z^2}$

表 A.4.2 柱坐标系中的微分算符运算式

微分算符	运算式
梯度	$\nabla f=\frac{\partial f}{\partial r}\boldsymbol{e}_r+\frac{1}{r}\frac{\partial f}{\partial\theta}\boldsymbol{e}_\theta+\frac{\partial f}{\partial z}\boldsymbol{e}_z$
散度	$\nabla\cdot\boldsymbol{v}=\frac{1}{r}\frac{\partial}{\partial r}(rv_r)+\frac{1}{r}\frac{\partial v_\theta}{\partial\theta}+\frac{\partial v_z}{\partial z}$
旋度	$\nabla\times\boldsymbol{v}=\left(\frac{1}{r}\frac{\partial v_z}{\partial\theta}-\frac{\partial v_\theta}{\partial z}\right)\boldsymbol{e}_r+\left(\frac{\partial v_r}{\partial z}-\frac{\partial v_z}{\partial r}\right)\boldsymbol{e}_\theta+\left[\frac{1}{r}\frac{\partial}{\partial r}(rv_\theta)-\frac{1}{r}\frac{\partial v_r}{\partial\theta}\right]\boldsymbol{e}_z$
拉普拉斯算符	$\nabla^2 f=\frac{1}{r}\frac{\partial}{\partial r}\left(r\frac{\partial f}{\partial r}\right)+\frac{1}{r^2}\frac{\partial^2 f}{\partial\theta^2}+\frac{\partial^2 f}{\partial z^2}$

表 A.4.3 球坐标系中的微分算符运算式

微分算符	运算式
梯度	$\nabla f=\frac{\partial f}{\partial r}\boldsymbol{e}_r+\frac{1}{r}\frac{\partial f}{\partial\theta}\boldsymbol{e}_\theta+\frac{1}{r\sin\theta}\frac{\partial f}{\partial\phi}\boldsymbol{e}_\phi$
散度	$\nabla\cdot\boldsymbol{v}=\frac{1}{r^2}\frac{\partial}{\partial r}(r^2v_r)+\frac{1}{r\sin\theta}\frac{\partial}{\partial\theta}(v_\theta\sin\theta)+\frac{1}{r\sin\theta}\frac{\partial v_\phi}{\partial\phi}$
旋度	$\nabla\times\boldsymbol{v}=\frac{1}{r\sin\theta}\left[\frac{\partial}{\partial\theta}(v_\phi\sin\theta)-\frac{\partial v_\theta}{\partial\phi}\right]\boldsymbol{e}_r+\left[\frac{1}{r\sin\theta}\frac{\partial v_r}{\partial\phi}-\frac{1}{r}\frac{\partial}{\partial r}(rv_\phi)\right]\boldsymbol{e}_\theta+\left(\frac{1}{r}\frac{\partial}{\partial r}(rv_\theta)-\frac{1}{r}\frac{\partial v_r}{\partial\theta}\right)\boldsymbol{e}_\phi$
拉普拉斯算符	$\nabla^2 f=\frac{1}{r^2}\frac{\partial}{\partial r}\left(r^2\frac{\partial f}{\partial r}\right)+\frac{1}{r^2\sin\theta}\frac{\partial}{\partial\theta}\left(\sin\theta\frac{\partial f}{\partial\theta}\right)+\frac{1}{r^2\sin^2\theta}\frac{\partial^2 f}{\partial\phi^2}$

A.4.6 随体导数

传递过程原理常用的另一个微分算符是随体导数。其定义为

$$\frac{\mathrm{D}}{\mathrm{D}t}=\frac{\partial}{\partial t}+\boldsymbol{v}\cdot\nabla \tag{A.4.9}$$

其中，t 是时间；$\boldsymbol{v}$ 是流体混合物的质量平均速度。随体导数给出的是随流体移动的

观察者所感知到的场变量的变化率。$\boldsymbol{v}\cdot\nabla$ 项给出的是观察者的运动对表观变化率的贡献。

A.5 积分变换

A.5.1 体积分和面积分：散度定律

涉及体积分和面积分之间变换的三个很有用的关系式是

$$\int_V \nabla f \mathrm{d}V = \int_S \boldsymbol{n} f \mathrm{d}S \tag{A.5.1}$$

$$\int_V \nabla\cdot\boldsymbol{v}\mathrm{d}V = \int_S \boldsymbol{n}\cdot\boldsymbol{v}\mathrm{d}S \tag{A.5.2}$$

$$\int_V \nabla\cdot\boldsymbol{\tau}\mathrm{d}V = \int_S \boldsymbol{n}\cdot\boldsymbol{\tau}\mathrm{d}S \tag{A.5.3}$$

在这三个方程中，S 是完全包围体积 V 的表面，场变量(f，$\boldsymbol{v}$，$\boldsymbol{\tau}$)在 V 和 S 中是连续的而且具有连续的偏导数。矢量 $\boldsymbol{n}$ 是表面 S 的向外法向量。

式(A.5.1)是关于标量的。式(A.5.2)是关于矢量的，称为散度定理。散度定理的普遍化形式为式(A.5.3)，称为关于张量的散度定理。

A.5.2 积分式求导的 Leibniz 公式

用 $\boldsymbol{r}$ 表示空间位置点，对于标量和矢量的体积分进行求导的 Leibniz 公式分别为

$$\frac{\mathrm{d}}{\mathrm{d}t}\int_{V(t)} f(\boldsymbol{r},t)\mathrm{d}V = \int_{V(t)} \frac{\partial f}{\partial t}\mathrm{d}V + \int_{S(t)} (\boldsymbol{n}\cdot\boldsymbol{v}_{\mathrm{s}}) f\mathrm{d}S \tag{A.5.4}$$

$$\frac{\mathrm{d}}{\mathrm{d}t}\int_{V(t)} \boldsymbol{v}(\boldsymbol{r},t)\mathrm{d}V = \int_{V(t)} \frac{\partial \boldsymbol{v}}{\partial t}\mathrm{d}V + \int_{S(t)} (\boldsymbol{n}\cdot\boldsymbol{v}_{\mathrm{s}}) \boldsymbol{v}\mathrm{d}S \tag{A.5.5}$$

其中，$\boldsymbol{v}_{\mathrm{s}}$ 是表面的速度，也是位置和时间的函数。矢量 $\boldsymbol{n}$ 是表面 S 的向外法向量。实际上，Leibniz 公式可以应用于任意阶的张量。

附录B　矩 阵 分 析

B.1 引言

对于多组分体系的传质，使用矩阵和线性代数的方法进行数学描述具有很大的便利性。本附录对矩阵分析的相关内容做简要的介绍。

B.1.1 矩阵的定义

矩阵是其构成元素水平和垂直排列的直角阵列。例如

$$[A]=\begin{bmatrix} A_{11} & A_{12} & A_{13} & \cdots & A_{1m} \\ A_{21} & A_{22} & A_{23} & \cdots & A_{2m} \\ \vdots & \vdots & \vdots & & \vdots \\ A_{p1} & A_{p2} & A_{p3} & \cdots & A_{pm} \end{bmatrix} \tag{B.1.1}$$

这是一个 $p\times m$ 阶矩阵，其构成元素为 A_{ij}。

矩阵的转置$[A]^{\mathrm{T}}$是由矩阵的行和列相交换所构成的矩阵。一个 $p\times m$ 阶矩阵的转置是一个 $m\times p$ 阶矩阵。

$$[A]^{\mathrm{T}}=\begin{bmatrix} A_{11} & A_{21} & A_{31} & \cdots & A_{m1} \\ A_{12} & A_{22} & A_{32} & \cdots & A_{m2} \\ \vdots & \vdots & \vdots & & \vdots \\ A_{1p} & A_{2p} & A_{3p} & \cdots & A_{mp} \end{bmatrix} \tag{B.1.2}$$

B.1.2 矩阵的基本类型

除了上述直角矩阵外，矩阵代数中还经常出现下列主要形式的矩阵。

(1) 方块矩阵：如果列数和行数相等，即 $p=m$，矩阵$[A]$称为 m 阶方块矩阵。

$$[A]=\begin{bmatrix} A_{11} & A_{12} & A_{13} & \cdots & A_{1m} \\ A_{21} & A_{22} & A_{23} & \cdots & A_{2m} \\ \vdots & \vdots & \vdots & & \vdots \\ A_{m1} & A_{m2} & A_{m3} & \cdots & A_{mm} \end{bmatrix} \tag{B.1.3}$$

(2) 列矩阵：如果矩阵只有一列($m=1$)，而且 p 个元素排成一列，就是列矩阵(有时称为列向量)，它是 $p\times 1$ 阶矩阵。列矩阵用圆括号表示:

$$(b)=\begin{pmatrix} b_1 \\ b_2 \\ \vdots \\ b_p \end{pmatrix} \tag{B.1.4}$$

(3) 行矩阵：排成一行的 m 个元素是一个 $1\times m$ 阶矩阵，这样的矩阵称为行矩阵或行向量。它可以用列矩阵的转置表示：

$$(c)^{\mathrm{T}}=\begin{pmatrix} c_1 & c_2 & \cdots & c_m \end{pmatrix} \tag{B.1.5}$$

(4) 对角矩阵：除主对角元素外的元素都为零的方块矩阵称为对角矩阵。

$$[\lambda]=\begin{bmatrix} \lambda_1 & 0 & 0 & \cdots & 0 \\ 0 & \lambda_2 & 0 & \cdots & 0 \\ \vdots & \vdots & \vdots & & \vdots \\ 0 & 0 & 0 & \cdots & \lambda_m \end{bmatrix} \tag{B.1.6}$$

(5) 单位矩阵：如果一个对角矩阵的非零元素都等于 1，那么它就是一个单位矩阵，用符号$[I]$表示：

$$[I]=\begin{bmatrix}1 & 0 & 0 & \cdots & 0\\0 & 1 & 0 & \cdots & 0\\\vdots & \vdots & \vdots & & \vdots\\0 & 0 & 0 & \cdots & 1\end{bmatrix} \tag{B.1.7}$$

(6) 对称矩阵：对称矩阵是一个与其转置相等的方块矩阵，即

$$[A]=[A]^{\mathrm{T}} \quad 或 \quad A_{ij}=A_{ji} \tag{B.1.8}$$

(7) 反对称矩阵：反对称矩阵具有以下性质

$$[A]=-[A]^{\mathrm{T}} \quad 或 \quad A_{ij}=-A_{ji} \tag{B.1.9}$$

任何具有这样性质的反对称矩阵的主对角元素必定为零。

B.2　矩阵性质和基本运算

两个矩阵之间最简单的关系是相等。两个矩阵相等意味着它们的对应元素相等，这时两个矩阵必定是相同阶数的，因此

$$[A]_{p\times m}=[B]_{p\times m} \quad 或 \quad A_{ij}=B_{ij} \tag{B.2.1}$$

B.2.1　矩阵相加

只有两个相同阶数的矩阵才可以进行相加。矩阵相加就是相应位置的元素加和构成一个新矩阵，即如果$[C]=[A]+[B]$，那么

$$C_{ij}=A_{ij}+B_{ij} \tag{B.2.2}$$

矩阵的和也符合交换律和分配律：

$$[A]+[B]=[B]+[A] \tag{B.2.3}$$

$$[A]+([B]+[C])=([A]+[B])+[C] \tag{B.2.4}$$

B.2.2　标量与矩阵的乘积

如果$[A]$是一个$p\times m$阶矩阵，而λ是一个标量，那么$\lambda[A]$就是一个$p\times m$阶矩阵$[B]$，其中

$$B_{ij}=\lambda A_{ij} \tag{B.2.5}$$

B.2.3　矩阵之间的乘积

只有两个阶数相匹配的矩阵才可以相乘，即矩阵$[A]$的列数与矩阵$[B]$的行数相等，它们之间才可以进行乘积运算：

$$[C]_{p\times q}=[A]_{p\times m}[B]_{m\times q} \tag{B.2.6}$$

$$C_{ij}=\sum_{k=1}^{m}A_{ik}B_{kj} \tag{B.2.7}$$

一个 m 阶方块矩阵 $[A]$ 与一个 m 阶列矩阵 (b) 相乘，产生一个 m 阶列矩阵 (c):

$$(c)=[A](b)=\begin{bmatrix} A_{11} & A_{12} & A_{13} & \cdots & A_{1m} \\ A_{21} & A_{22} & A_{23} & \cdots & A_{2m} \\ \vdots & \vdots & \vdots & & \vdots \\ A_{m1} & A_{m2} & A_{m3} & \cdots & A_{mm} \end{bmatrix}\begin{pmatrix} b_1 \\ b_2 \\ \vdots \\ b_m \end{pmatrix}=\begin{pmatrix} \sum_{k=1}^{m} A_{1k}b_k \\ \sum_{k=1}^{m} A_{2k}b_k \\ \vdots \\ \sum_{k=1}^{m} A_{mk}b_k \end{pmatrix} \tag{B.2.8}$$

一个 m 阶行矩阵 (a) 可以用两种不同方式与一个 m 阶列矩阵 (b) 相乘。其内积产生一个标量：

$$c=(a)^{\mathrm{T}}(b)=(a_1 \quad a_2 \quad \cdots \quad a_m)\begin{pmatrix} b_1 \\ b_2 \\ \vdots \\ b_m \end{pmatrix}=\sum_{i=1}^{m} a_i b_i \tag{B.2.9}$$

同为 m 阶的行矩阵和列矩阵的外积是一个 m 阶方块矩阵:

$$\begin{gathered}[C]=(a)(b)^{\mathrm{T}} \\ C_{ij}=a_i b_j \quad i,j=1,2,\cdots,m\end{gathered} \tag{B.2.10}$$

矩阵相乘是可组合的、可分配的，但是一般是不可交换的，即

$$[A][B][C]=\big[[A][B]\big][C] \tag{B.2.11}$$

$$[A]\big[[B]+[C]\big]=[A][B]+[A][C] \tag{B.2.12}$$

$$[A][B]\neq[B][A] \tag{B.2.13}$$

B.2.4　矩阵的微分和积分

一个 $p\times m$ 阶矩阵 $[A]$ 的导数定义为

$$\frac{\mathrm{d}[A]}{\mathrm{d}t}=\begin{bmatrix} \frac{\mathrm{d}A_{11}}{\mathrm{d}t} & \frac{\mathrm{d}A_{12}}{\mathrm{d}t} & \cdots & \frac{\mathrm{d}A_{1m}}{\mathrm{d}t} \\ \frac{\mathrm{d}A_{21}}{\mathrm{d}t} & \frac{\mathrm{d}A_{22}}{\mathrm{d}t} & \cdots & \frac{\mathrm{d}A_{2m}}{\mathrm{d}t} \\ \vdots & \vdots & & \vdots \\ \frac{\mathrm{d}A_{p1}}{\mathrm{d}t} & \frac{\mathrm{d}A_{p2}}{\mathrm{d}t} & \cdots & \frac{\mathrm{d}A_{pm}}{\mathrm{d}t} \end{bmatrix} \tag{B.2.14}$$

而且，一个列矩阵的梯度为

$$\nabla(x)=\begin{pmatrix} \nabla x_1 \\ \nabla x_2 \\ \vdots \\ \nabla x_m \end{pmatrix} \tag{B.2.15}$$

矩阵乘积的微分也符合链式法则，即

$$\frac{\mathrm{d}\left[[A][B]\right]}{\mathrm{d}t}=[A]\frac{\mathrm{d}[B]}{\mathrm{d}t}+\frac{\mathrm{d}[A]}{\mathrm{d}t}[B] \tag{B.2.16}$$

矩阵积分的定义与其微分类似：

$$\int[A]\,\mathrm{d}t=\begin{bmatrix}\int A_{11}\mathrm{d}t & \int A_{12}\mathrm{d}t & \cdots & \int A_{1m}\mathrm{d}t\\ \int A_{21}\mathrm{d}t & \int A_{22}\mathrm{d}t & \cdots & \int A_{2m}\mathrm{d}t\\ \vdots & \vdots & & \vdots\\ \int A_{p1}\mathrm{d}t & \int A_{p2}\mathrm{d}t & \cdots & \int A_{pm}\mathrm{d}t\end{bmatrix} \tag{B.2.17}$$

B.3 逆矩阵和转置矩阵

一个 $m\times m$ 阶矩阵$[A]$的逆矩阵是一个 $m\times m$ 阶矩阵$[A]^{-1}$，具有以下性质：

(1) $$[A][A]^{-1}=[I] \tag{B.3.1}$$

(2) $$\left[[A]^{-1}\right]^{-1}=[A] \tag{B.3.2}$$

(3) $$\left[[A][B]\right]^{-1}=[B]^{-1}[A]^{-1} \tag{B.3.3}$$

(4) $$\left[[A][B][C]\right]^{-1}=[C]^{-1}[B]^{-1}[A]^{-1} \tag{B.3.4}$$

(5) $$\left[[A][B]\right]^{\mathrm{T}}=[B]^{\mathrm{T}}[A]^{\mathrm{T}} \tag{B.3.5}$$

(6) $$\left[[A]^{\mathrm{T}}\right]^{-1}=\left[[A]^{-1}\right]^{\mathrm{T}} \tag{B.3.6}$$

(7) 非奇异对角矩阵的逆矩阵也是对角矩阵：

$$[\lambda]=\begin{bmatrix}\lambda_1 & 0 & 0 & \cdots & 0\\ 0 & \lambda_2 & 0 & \cdots & 0\\ \vdots & \vdots & \vdots & & \vdots\\ 0 & 0 & 0 & \cdots & \lambda_m\end{bmatrix} \tag{B.3.7}$$

其逆矩阵为

$$[\lambda]^{-1}=\begin{bmatrix}\lambda_1^{-1} & 0 & 0 & \cdots & 0\\ 0 & \lambda_2^{-1} & 0 & \cdots & 0\\ \vdots & \vdots & \vdots & & \vdots\\ 0 & 0 & 0 & \cdots & \lambda_m^{-1}\end{bmatrix} \tag{B.3.8}$$

(8) 非奇异对称矩阵的逆矩阵也是对称的。

B.4 特征值和特征矢量

对于一个 $m\times m$ 阶的矩阵$[A]$，其特征方程为

$$\left|[A]-\lambda[I]\right|=0 \tag{B.4.1}$$

该行列式方程展开后具有多项式的形式：

$$\left|[A]-\lambda[I]\right|=P_m(\lambda)=0 \tag{B.4.2}$$

其中

$$P_m(\lambda)=\lambda^m+C_1\lambda^{m-1}+C_2\lambda^{m-2}+\cdots+C_{m-1}\lambda+C_m \tag{B.4.3}$$

该 m 阶的代数方程具有 m 个根，即有 m 个 λ_i 值满足式(B.4.4)：

$$P_m(\lambda_i)=0 \quad i=1,2,\cdots,m \tag{B.4.4}$$

矩阵[A]的特征方程 $P_m(\lambda)=0$ 的根 λ_1、λ_2、λ_3、…、λ_m 就是矩阵[A]的特征值。

B.4.1　特征值的性质

(1) 矩阵特征值的总和等于矩阵的主对角元素的总和，即矩阵的迹：

$$\lambda_1+\lambda_2+\lambda_3+\cdots+\lambda_m=A_{11}+A_{22}+A_{33}+\cdots+A_{mm}=\mathrm{tr}[A] \tag{B.4.5}$$

(2) 矩阵特征值的乘积等于矩阵的行列式，即

$$\lambda_1\lambda_2\lambda_3\cdots\lambda_m=|A| \tag{B.4.6}$$

(3) 当且仅当矩阵有为零的特征值时，矩阵是奇异的。

(4) 如果 λ 是矩阵[A]的特征值，那么 $1/\lambda$ 就是$[A]^{-1}$的对应特征值。

(5) 如果 λ 是矩阵[A]的特征值，那么 $c\lambda$ 就是 $c[A]$的特征值，其中 c 是一个任意标量。

(6) 实对称矩阵的特征值是实数。

B.4.2　特征矢量

对于每一个特征值 $\lambda_i(i=1,2,\cdots,m)$，满足方程

$$\left[[A]-\lambda_i[I]\right](e_i)=0 \tag{B.4.7}$$

的列矩阵(e_i)称为矩阵[A]的特征矢量。

B.4.3　相似矩阵

如果存在一个可逆矩阵[P]，使得矩阵[A]和[B]之间满足

$$[A]=[P]^{-1}[B][P] \tag{B.4.8}$$

那么矩阵[A]相似于矩阵[B]。如果矩阵[A]相似于矩阵[B]，那么矩阵[B]也相似于矩阵[A]，即

$$[B]=[P][A][P]^{-1} \tag{B.4.9}$$

相似矩阵具有相同的特征方程，因而它们具有相同的特征值。